수학의 천재들

제3판

위대한 수학, 경이로운 정리

Journey Through Genius

by William Dunham

경문
수학
산책

수학의 천재들

제3판

위대한 수학, 경이로운 정리

Journey Through
Genius

윌리엄 던햄 지음

조정수 옮김

KM 경문사

수학의 천재들

위대한 수학, 경이로운 정리

지은이 윌리엄 던햄
옮긴이 조정수
펴낸이 조경희
펴낸곳 경문사
펴낸날 1995년 3월 2일 1판 1쇄
2004년 2월 20일 2판 1쇄
2022년 11월 1일 3판 1쇄
등 록 1979년 11월 9일 제1979-000023호
주 소 04057, 서울특별시 마포구 와우산로 174
전 화 (02)332-2004 팩스 (02)336-5193
이메일 kyungmoon@kyungmoon.com

값 32,000원

ISBN 979-11-6073-590-1
ISBN 89-7282-390-2 (세트)

옮긴이 머리말

왜 우리나라에서는 위대한 수학자가 나오지 않을까? 우리가 수학을 이해하기에는 머리가 나쁘거나, 어렵고 답이 보이지 않는 수학 문제를 푸는데 필요한 인내심이 부족하거나, 또는 어떤 수학적 아이디어의 깊은 의미를 이해할 수 있는 능력이 부족한 국민이기 때문일까? 누구나 그렇지 않다고 답할 것이다. 그렇다면 왜 그럴까? 그 이유를 나는 '수학의 대중화'가 우리 사회에 뿌리를 내리지 못하고 있기 때문이라고 생각한다. 우리에게 수학이란 학문은 너무 멀리 떨어져 있다. 초등학교부터 중·고등학교, 그리고 대학으로 이어지는 동안 우리들은 수학을 지나치게 완성된 수학, 불변하는 수학, 우리의 삶과 아무런 연관이 없는 그런 학문으로 배웠기 때문이다. 수학적으로 생각하는 습관, 수학을 읽는 습관, 수학을 쓰는 습관, 수학적으로 행동하는 습관을 배우지 못했기에 수학을 즐기지 못하고 있는 것이다. 그러기에 우리 사회에서 이러한 수학의 문화를 찾아보기란 참으로 힘들다.

물질적이든 추상적이든 세상의 모든 것들이 지금 존재할 수 있는 이유는 과거라고 하는 역사가 있기 때문이다. 누구나 알고 있듯이 인류의 시작과 함께 수학의 역사 또한 시작되었으며 이것은 2,500년이 넘게 쌓여왔다. 이렇게 오랜 수학의 과거를 알아야 하는 것은 수학이 지금까지 축적된 결과만을 중요시하는 학문이 아니라 그 결과를 이룩할 수 있었던 역사적, 사회 · 문화적 배경과 수학적 사고의 발생 과정 또한 중요하기 때문이다. 그렇지만 학교의 수학 시간에는 지나치게 그 결과만을 강조함으로써 학생들은 그 결과의 배경이 되는 수학적 사고를 경험하지 못하게 되고, 결국 이러한 수학 교육은 우리들에게 수학을 즐기는 학문으로 느끼지 못하게 했다.

미국 유학 시절, 대학원의 수학사 교재였던 이 책을 읽으면서 수학이라는 문화와 수학적 사고의 발생 과정을 알게 되었으며, 그리고 수학을 즐기는 학문으로 느끼게 되었다. 던햄의 저서는 이렇게 나에게 수학의 역사에 대한 인식을 달리하게 해주었으며, 이런 느낌을 많은 사람들도 함께 느꼈으면 좋겠다는 생각으로 번역을 하게 되었다. 이 책은 위대한 여러 수학자와 그 수학자들의 위대한 정리들을 역사적, 사회·문화적, 개인적인 측면과 함께 그러한 정리를 창조하는 과정에서 경험했던 수학적 사고 과정 및 이들 정리들의 역사적 의의 등을 광범위하고 깊이 있게, 그러면서도 아주 쉬운 문장과 수학적 내용으로 소개하고 있다. 그러기에 고등학교 수학 정도를 아는 사람이라면 학생, 교사, 일반인 누구든지 수학의 역사를 쉽게 접할 수 있고 경험할 수 있다고 생각된다.

이 책의 내용 중 많은 부분이 서양사와 고대 수학에 관련된 것으로 많은 시간과 노력으로 이해하고 찾아보고 했지만 역자의 지식이 부족하여 혹시 잘못된 번역이나 내용이 있다면 언제든지 지적해주면 겸허하게 받아들이겠다.

끝으로 이 책이 나오기까지 여러 번 읽으면서 수정 및 잘못 번역된 부분을 교정해준 영남대학교 수학교육과 김진환 교수님과 교육대학원의 차신효, 박명진, 최지나 모두에게 감사의 마음을 전한다. 그리고 이 책의 출판을 위해 애써주신 경문사 여러분들께도 감사를 드린다.

수학의 대중화와 수학을 즐기는 그날이 이 땅에 오기를 바라면서…….

지은이 머리말

러셀(Bertrand Russell)은 자서전에서 청소년 시기에 겪었던 위기를 이렇게 회상했다.

> 뉴사우스게이트로 이어지는 들판으로 나 있는 좁은 길이 있었는데 혼자 그곳에 가서 일몰을 구경하며 자살을 생각하는 것이 습관처럼 되어버렸다. 그렇지만 자살하지 않았는데 그 이유는 수학을 더 알고 싶었기 때문이었다.

러셀처럼 인생의 위기로부터 구해줄 수 있는 절대적인 구세주를 수학에서 찾으려고 하는 사람이 얼마나 많겠느냐마는 그래도 많은 사람들은 수학의 힘, 더 나아가서 수학의 아름다움을 충분히 잘 알고 있다. 이 책은 장구하고 찬란한 수학의 역사를 조금 더 깊이 있게 알고자 하는 사람들을 위해 쓰여진 것이다.

학문에는 문학, 음악 그리고 예술 등 여러 학문들이 있는데 이들 각 학문을 연구하고자 할 때는 그 학문을 가장 적합하게 잘 예시할 수 있는 걸작들인 '최고의 소설들,' '최고의 교향곡들,' '최고의 그림들'을 중심으로 살펴보는 것이 일반적인 전통이다. 각 학문에 있는 창조적이며 획기적인 여러 결과들과 이러한 결과들을 만들어낸 인물들에 대해 잘 알도록 하기 위해 결과와 인물 중심으로 책을 쓰고 가르친다.

이 책은 수학에 대해 이와 비슷한 형식으로 접근하고 있는데, 수학에서 의미하는 창조적이며 획기적인 결과란 소설이나 교향곡이 아니라 정리를 말한다. 이런 이유로 이 책은 수학의 여러 분야에 대한 발전 과정을 단계별로 제시해놓은 전형적인 수학책이 아니다. 또한 이 책은 행성의 궤도를 구하거나 컴퓨터의 세계를 수학적으로 이해한다거나 가계부를 경제적으로 작성하는 방법 등과 같이 수학의 응용을 강조하는 책도 아니다. 물론 수학은 이러한 응용 분야에서도 놀랄 만한 성공을 거두어왔고 앞으로도 그러할 것이다. 그렇지만 유클리드나 아르키메데스 또는 칸토어가 엄청난 노력과 천재적 재능을 수학에 쏟아부었던 것이 수학의 이러한 세속적인 유용성 때문은 아니었다. 셰익스피어가 요리책 대신에 14행 형식의 서정시인 사랑의 소네트를 쓴 것에 대해, 또는 고흐가 광고 게시판은 그리지 않으면서 유화를 그린 것에 대해 변명할 필요가 없듯이 이들 수학자들도 자신들의 연구가 유용하게 응용될 것이란 점을 해명할 필요성을 느끼지 않았다.

이 책에서는 수학의 역사에서 가장 중요하면서 독창적인 논리적 증명들을 탐구하고 이러한 증명의 정리들이 왜 수학사에서 중요성을 가지는지, 그리고 어떻게 수학자들이 절박한 논리적 쟁점들을 해결했는지를 중심으로 살펴보고자 한다. 이 책의 각 장은 크게 세 가지 요소로 구성되어 있다.

첫째 요소는 이 발자취가 갖는 '역사성'의 강조이다. 각 장에 있는 '위대한 정리들' 은 2천3백 년 이상의 인류 역사를 거쳐서 만들어진 것이다. 이 책에서는 특정한 위대한 정리의 결과를 논하기 전에 이 정리가 나오기 전의 수학의 전반적인 상황과 그 당시의 세계상을 기술하였다. 다른 일과 마찬가지로 수학도 역사적 상황에 따라 창조되어왔는데, 그 예가 될 만한 역사적 사건으로는 카르다노의 3차 방정식의 해법을 구한 것이 코페르니쿠스의 태양 중심이론이 발표된 지 2년 후의 일이었고, 영국의 헨리 8세가 죽기 2년 전의 일이었다는 사실이 있다. 또 다른 예로는 1661년, 젊은 아이작 뉴턴이 케임브리지 대학교에 입학했을 때 이 대학에 불어닥친 왕정 복고의 직접적인 영향 등을 볼 수 있는데 이들 모두 흥미로운 사건들이 아닐 수 없다.

두 번째는 '전기적인' 요소이다. 수학은 영감, 불행 또는 기괴한 삶을 살았던 인간 존재의 산물이다. 이 책에 소개되어 있는 정리들은 친절하고 너그러웠던 오일러에서부터 논쟁하기 좋아했던 요한 베르누이, 르네상스 시대의 가징 세속적인 인물이었던 카르다노에 이르는 수많은 수학자들의 연구를 대표하는 것이다. 이들 수학자들의 개인적인 다양한 삶을 이해하는 것은 이들의 연구에 대한 올바른 인식을 갖도록 하는 데 중요하다.

마지막 요소이면서 이 책의 주요한 초점은 이러한 '수학의 걸작품들' 에 숨겨져 있는 창의성이다. 읽어보지 않고서 위대한 소설을 이해할 수 없듯이, 보지 않은 채 위대한 미술 작품을 감상할 수 없듯이 수학의 걸작품들에 대한 증명을 세심하고 단계별로 차근차근 살펴보지 않고서는 이 위대한 수학적 정리들을 이해할 수 없다. 이러한 이해가 가능하려면 상당한 집중력과 노력이 필요한데 이 책을 구성하고 있는 12개의 장들은 이것을 위한 안내 역할을 하고 있다.

수학의 획기적인 지식은 놀라운 영구성을 지니고 있다. 다른 학문에서는 오늘의 지식이 내일이면 사라져버리는 경우가 종종 있다. 약 1세기 전 스콧 경(Sir Walter Scott)은 영국 문학에서 가장 존경받던 작가 집단에 속해 있었지만 오늘날에는 그런 존경이 많이 사그라든 인물이 되어버렸다. 20세기에 들어오면서 슈퍼스타들의 출현과 퇴조는 숨막힐 정도로 빠르게 일어나고 있으며, 이 세상을 변화시킬 듯이 보였던 아이디어들은 지적인 쓰레기로 종종 전락하는 신세가 되고 있다.

분명한 사실이지만, 수학에도 변화가 있다. 그렇지만 엄격한 논리적 조건에 따라 정확하게 증명된 정리는 영원불멸의 정리가 된다. 기원전 300년에 있었던 피타고라스 정리에 대한 유클리드의 증명은 아무리 세월이 흘러도 그 증명의 아름다움과 타당성에는 변함이 없다. 하지만 대조적으로 알렉산드리아 대왕 시절의 천문학에 관한 이론들이나 의술은 원시적 과학의 대표적인 예로서 사람들의 웃음을 자아내게 한다. 19세기의 수학자 한켈(Hermann Hankel)은 이런 일을 다음과 같이 아주 적절하게 표현했다.

> 대부분의 과학에서는 한 세대가 지어놓은 것을 다른 세대가 허물어버리며, 어떤 학자가 정립해놓은 것을 다른 학자가 원상태로 되돌려놓는다. 수학에서만 그 이전 세대가 만들어놓은 낡은 구조물에 새로운 것을 덧붙이는 일이 일어나고 있다.

이런 의미에서 위대한 수학자들이 만들어놓은 시간을 초월한 수학을 살펴보면 헤비사이드(Oliver Heaviside)가 말한 훌륭한 다음 평을 이해할 수 있다. "논리가 허물어지지 않는 것은 영원불변하기 때문이다."

수학에서의 최고를 대표할 수 있는 정리들을 선정하여 이 책에 싣는 데 많은 측면들이 고려되었다. 이미 언급했듯이 이 책은 특별히 통찰력이나 창의성이 발휘된 증명을 찾는 데 주된 목적을 두고 있었다. 물론 이 선별 작업에는 개인적인 취향이 작용되기 때문에 다른 작가라면 위대한 정리의 목록이 분명 달라졌을 것이다. 이러한 점은 제외하더라도 이 작업은 독창적이면서 교묘한 연역 과정을 거쳐 겉으로는 전혀 이해할 수 없었던 것을 명확하게 만들어내는 수학자들을 직접 바라볼 수 있었던 너무나 좋은 경험이었다. 재능이란 다른 사람들이 어렵다고 하는 것을 쉽게 해내는 것이고, 천재성이란 다른 사람들이 불가능하다고 하는 것을 쉽게 처리하는 것을 말한다고 한다. 이 책에서는 이러한 많은 천재성을 분명히 보게 될 것이며 수학의 모나리자이며 햄릿이라고 할 수 있는 진정한 고전들을 경험하게 될 것이다.

그런데 다른 요인들도 위대한 정리들을 선별하는 데 영향을 주었다. 그 중 하나의 요인으로 역사의 주역이 되었던 수학자들의 연구 실례를 포함시키고 싶었다. 예를 들어, 유클리드, 아르키메데스, 뉴턴, 오일러의 연구 결과를 위대한 정리로 선택하는 것은 당연히 그렇게 해야 할 일이었다. 이러한 수학자들을 간과하는 것은 마치 렘브란트나 세잔의 작품에 대한 설명없이 미술사를 이야기하는 것과 같은 일이었다.

뿐만 아니라 다양성을 생각해서 수학의 여러 분야를 다루었다. 이 책에는 평면 기하학, 대수학, 수론, 해석학, 그리고 집합론의 영역에 속하는 내용들이 실려 있다. 이런 다양한 내용과 이들 사이의 상호 관련성은 이 책에 신선함을 더해준다고 본다.

또한 단순히 교묘한 속임수나 퍼즐보다는 중요성을 띤 수학적 정리들을 이 책에 담으려고 했다. 사실, 이 책에 있는 대부분의 결과에 의해 수학에서 오랫동안 풀리지 않았던 문제들이 해결되었거나 미래에 해결되기 원하는 훨씬 심오한 의문이 만들어졌는가 하면 두 가지 일이 모두 일어나기도 했다. 각 장의 끝에 있는 후기에는 위대한 정리에 의해 야기되었던 여러 쟁점들을 소개해놓았고 수학의 역사를 거치면서 이 정리가 어떤 반향을 일으켰는지를 기술해놓았다.

그런데 이 책의 난이도를 어느 수준 정도로 해야 할지 걱정스러웠다. 분명히 수학에는 수학의 전문가가 아니고서는 이해할 수 없는 깊이와 복잡성을 가진 많은 위대한 내용들이 있다. 하지만 일반적인 과학적 소양을 지닌 독자들을 대상으로 하는 책에 이러한 결과들을 싣는다는 것은 어리석은 짓이라고 판단했다. 따라서 이 책에 있는 정리들은 고등학교 수학 시간에 배웠던 대수와 기하 정도를 알고 있는 사람이라면 충분히 이해할 수 있도록 구성했다. 그렇지만 제7장에서 뉴턴의 연구를 설명할 때 제시해놓은 초등 미적분학의 응용과 제9장에서 오일러의 연구를 설명하면서 제시해놓은 삼각함수의 사인 곡선의 간단한 사용은 예외적이라고 할 수 있는 내용들이다. 많은 독자들이 이미 이러한 내용도 잘 알고 있다고 생각되며, 혹시라도 그렇지 않은 분들을 위해 이해하기 어려운 부분에 대해서는 쉬운 설명을 해놓았다.

이 책은 학문적 냄새를 물씬 풍기는 묵직한 그런 책이 아님을 강조하고 싶다. 이런 종류의 책에서는 언급할 수 없는 수학적으로나 역사적으로 미묘한 문제들이 틀림없이 있다. 틀렸거나 역사적으로 정확하지 않는 자료를 이 책에서 다루지 않으려고 했으며, 이러한 자료에 관련된 모든 쟁점들을 조사하는 것은 이 책의 의도를 벗어나는 것이라고 생각했다. 그래서 무엇보다도 이 책은 과학적 출판물이 아니라 일반 대중을 위한 출판물임을 분명히 강조하고자 한다.

이 책에서는 증명의 정확한 출처를 나타내는 단어를 첨부해놓았다. 각

수학자들이 사용했던 원형 그대로의 표기, 용어, 논리적 방법을 제시함과 동시에 오늘날의 독자들이 이해할 수 있도록 설명하고자 했다. 즉, 원형 그대로의 것을 너무 고집하다보면 어떤 수학적 결과들에 대해서는 오늘날의 독자들이 전혀 이해할 수 없을 것이라고 생각했다. 그렇지만 원형 그대로의 것에서 너무 벗어나버리면 원래 의도했던 이 책의 역사적 의미가 사라질 것이라는 갈등에 빠지게 되었다. 그래서 전체적으로 본다면 원래의 정리들이 가지고 있었던 모든 정신과 자세함을 궁극적으로 그대로 전달하려고 노력했다. 그리고 어느 정도의 변형된 내용은 마치 현대의 여러 악기를 사용해서 모차르트의 곡을 연주한다고 해서 심각한 비난을 받지 않는 것과 같은 정도라고 생각된다.

이제 2천여 년에 걸친 위대한 수학적 업적에 대한 여행을 시작하려고 한다. 이러한 업적의 결과들은 오래된 것이지만 생생함을 간직하고 있으며, 심지어 오랜 세월을 지났으면서도 여전히 사람들의 매력을 끄는 힘이 있다. 독자들이 이 책에 제시되어 있는 증명들을 이해할 수 있기를 희망하며 무엇이 이 증명들을 위대하게 만들었는지를 충분히 인식할 수 있기를 바란다. 이것이 가능한 독자는 앞으로 다른 사람의 위대함에 대한 올바른 인식에서 생겨나는 경외심을 느낄 수 있을 것이며, 또한 거장의 작품을 이해할 수 있다는 개인적인 자신감을 느낄 수 있을 것이다.

윌리엄 던햄

감사의 글

이 책을 준비하는 데 도움을 준 여러분들과 기관에 감사의 뜻을 전하고자 한다. 먼저, 국가 기관과 개인 기관 양쪽에서 아주 귀중한 연구 보조금을 지원해준 데 감사를 표하고자 한다. 1983년, 릴리 재단(Lilly Endowment, Inc.)에서는 여름 방학 동안의 급여를 제공해주었으며, 인문학을 위한 국립 재단(National Endowment for the Humanities)에서는 '역사적 맥락에 따른 수학의 위대한 정리들' 이란 제목의 1988년 여름 세미나를 지원해주었다. 릴리 재단과 NEH의 지원은 수학의 역사에 대해 별로 관심을 가지지 않았던 본인으로 하여금 하노버 대학과 오하이오 주립대학교에서 수학사를 정규 교과목으로 자리잡을 수 있는 계기를 제공해주었다.

오하이오 주립대학교에 대해, 특히 수학과에 대해, 이 책을 저술하고 있을 때 방문 교수의 일원으로 따뜻하게 맞아준 데 대해 진심 어린 감사를 전하고 싶다. 2년의 방문 기간 동안 끊임없는 도움과 지원을 아끼지 않았던 학과장 조셉 페라(Joseph Ferrar) 교수와 라이첼(Leitzel) 부부 교수에게도 항상 고마움을 느끼고 있다.

또한 많은 사람들이 이 책을 쓰는 데 도움을 주었다. 1980년의 연구 휴가 기간 동안 1900년대 이전의 수학 문헌들을 소개해준 도서관원인 에번스(Ruth Evans), 이 책을 쓰기 전에 있었던 여름 세미나에 대해 좋은 조언을 해주었던 NEH의 티그너(Steven Tigner)와 홀(Michael Hall), 던햄(Carol Dunham)의 열성과 격려, 매킨토시를 사용한 문서 편집을 가르쳐준 오하이오 주립대학교의 에드워즈(Amy Edwards)와 바우머-피나(Jill Baumer-Piña), 처음으로 책을 집필하는 사람을 위해서 항상 인내심을 가지고 도와준 출판사의 편집인인 스콜월터(Katherine Schowalter), 르윈(Laura Lewin), 로스(Steve Ross), 다른 학문과 마찬가지로 수학도 역사를 가지고 있으며 이를 무시해서는 안 된다는 견해를 전달하는 대변인 중의 한 사람인 볼링그린 주립대학교의 리키(V. Frederick Rickey), 세심하게 원고를 읽어주었으며 훌륭한 조언을 해 주었던 웨스트몬드 대학의 시프리(Barry A. Cipra)와 하우(Russell Howell), 그리고 출판에 앞서 마지막 단계의 편집에 대한 평을 해준 하노버 대학의 스미스(Jonathan Smith) 등 여러 분들에게 감사의 뜻을 전한다.

무엇보다도 이 책의 삽화를 준비하고 내용에 대한 좋은 충고를 많이 해준 던햄(Penny Dunham)에게 감사의 마음을 전한다. 페니는 아주 뛰어난 수학교사이며, NEH 세미나 그룹에서는 없어서는 안 될 동료이며, 조력자이며, 조언자이며, 아내이자 최고의 인생 동반자이다.

마지막으로 브렌단(Brendan)과 섀넌(Shannon)에게도 특별히 감사의 뜻을 전한다.

차 례

CHAPTER 01

히포크라테스의 궁형구적법

Hippocrates' Quadrature of the Lune
(기원전 440년경)

논증 수학의 출현

아주 오랜 옛날 수학의 발달에 대한 우리의 지식은 고고학적 잔존물이나, 현존하는 건물들, 또는 경험에 의한 추측 등에 의해 얻어진 것으로 많은 부분이 확실하지 않다. 하지만 분명한 사실은 기원전 1만 5천~1만 년경 농업 기술의 발견과 함께 인류는 아주 원시적이지만 수학에 있어서 가장 근원적인 두 가지 개념인 수와 공간에 대한 개념을 사용했다는 것이다. 가축의 수를 세거나 곡물을 분배하거나 할 때의 필요성에 의해 발생한 수 개념과 아이디어는 몇 세기에 걸쳐 학자들에 의해 확장되고 세련되어져서 산술로 발전하였고 뒤에는 대수로 발전하게 되었다. 마찬가지로 농부의 경우에는 논밭이나 농장의 넓이와 관련한 공간 관계에 대한 개념이 주로 필요하였을 것인데, 이러한 생각들은 세월을 거치면서 기하학으로 발전하게 되었다. 문명이 시작되던 때부터 수학의 거대한 두 분야인 산술과 기하는 원시적 형태로 공존해왔다.

그렇지만 항상 조화로운 공존이 있었던 것만은 아니었다. 이 산술과 기하 사이의 팽팽한 긴장은 수학의 역사에서 끊임없는 이야기를 만들어냈다. 한쪽 분야의 발전 때문에 다른 분야가 빛을 잃을 때도 있었고, 또 어떤 때는 논리적 엄밀성의 측면에서 한쪽 분야가 다른 분야를 능가하는 경우도 있었다. 그러다가도 새로운 발견이나 새로운 관점에 의해 상황이 역전되기도 했다. 장구하고 화려한 역사의 과정에서 수학이라는 학문이 음악이나 예술, 문학과 마찬가지로 새로운 발견이나 관점에 의해 상황이 역전되는 경우가 있다는 것은 수학을 하는 사람들에게는 큰 충격이었다.

고대 이집트의 문명 속에서 수학적 발전의 분명한 흔적들을 발견할 수 있다. 이집트 사람들은 상업, 농업, 그리고 점점 더 복잡해지는 일상 생활의 여러 다른 측면들을 더 순조롭게 하기 위하여 실용적인 측면에서의 수학을 강조하였다. 고고학적 자료에 의하면 기원전 2000년경 이집트인들은 원시적인 수체계뿐만 아니라 삼각형, 피라미드 등에 대한 몇 가지 기하적 아이디어를 가지고 있었다고 한다. 이러한 예로서 이집트의 건축가들

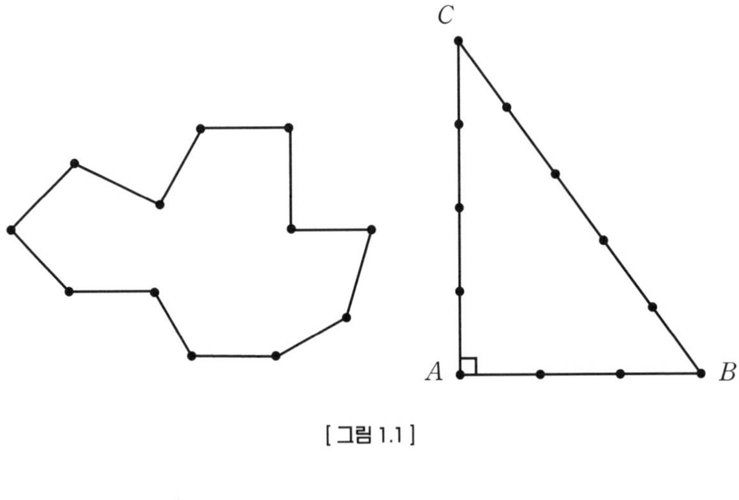

[그림 1.1]

이 직각을 만드는 독창적인 장치를 사용했다고 전해진다. 이들은 그림 1.1과 같이 줄을 12개의 동일한 길이만큼 매듭을 지어 고리 모양으로 만들었다. 연속해서 이어진 다섯 개의 매듭을 B에서 C로 잡아당겨 직선으로 만들고 A에서 이 줄을 잡아당기면 $\angle BAC$를 직각으로 하는 직각삼각형이 만들어진다. 건축가들은 이런 직각삼각형을 사용하여 피라미드나 사원 또는 다른 건물의 모서리에 필요한 완벽한 직각을 만들 수 있었다.

이 구성을 자세히 들여다보면 직각삼각형의 세 변 사이에 존재하는 피타고라스 관계를 이해하고 있음을 암시하고 있다. 어떻게 보면 이집트 사람들은 3, 4, 5의 길이를 변으로 하는 삼각형은 반드시 하나의 직각을 포함하고 있다는 사실을 알고 있었던 것 같다. 당연히 $3^2+4^2=9+16=25=5^2$ 이고 이것은 수학 전반에 걸쳐서 가장 중요한 관계 중 하나라는 사실을 일찍부터 어렴풋이 알았던 것이다(그림 1.2 참조).

수학적으로 엄밀히 말해 이집트 사람들이 알고 있었던 것은 '$\triangle BAC$가 직각삼각형이면, $a^2=b^2+c^2$이다.' 라는 피타고라스 정리 자체가 아니라 피타고라스 정리의 역을 알고 있었던 것이다. '$a^2=b^2+c^2$이면, $\triangle BAC$는 직각삼각형이다.' 다시 말해서, 'P이면, Q이다' 라는 명제의

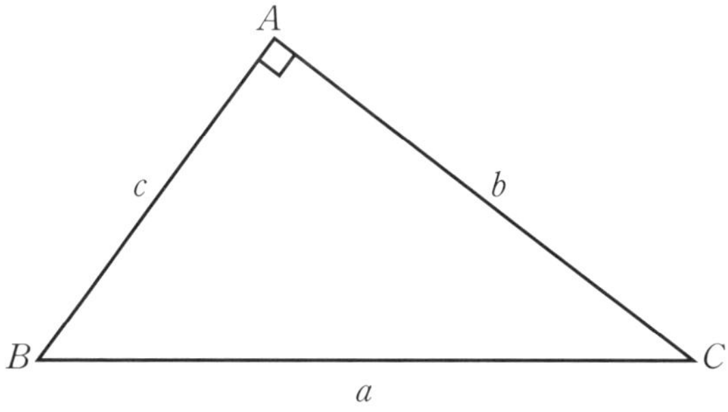

[그림 1.2]

경우와 관련해서 'Q이면, P이다'를 그 명제의 '역'이라고 한다. 아는 바와 같이 완벽하게 참인 문장일지라도 그 역은 거짓일 수도 있는데, 유명한 피타고라스 정리의 경우 그 명제와 그 역 둘 다 참이다. 이것에 대해서는 다음 장의 '위대한 정리들'에서 다루게 된다.

이집트인들이 3—4—5인 직각삼각형에 대해 어느 정도 기하학적 통찰을 가지고 있었다고는 생각되지만, 예를 들면 5—12—13인 삼각형이나 65—72—97인 삼각형도 마찬가지로 직각을 포함하고 있으므로 (왜냐하면 각 경우에 대해 $a^2=b^2+c^2$이 성립하므로) 이러한 경우에 대해서도 폭넓은 이해를 하고 있었는지는 알 수 없다. 좀더 비판적 관점에서 볼 때, 이집트인들이 이 관계를 어떻게 증명했는지는 전혀 알려진 바가 없다. 어쩌면 3—4—5 삼각형에 대한 자신들의 관찰을 지지할 만한 어떤 논리적 주장을 가지고 있었을 수도 있다. 혹은 수많은 시행착오를 통해 순수하게 이 관계를 발견했을 수도 있다. 어느 경우이든 신중하고 기교에 찬 논리적 주장에 따라 일반화된 수학적 결과를 증명하려는 생각은 이 당시 이집트인들의 어느 저술에서도 찾아볼 수가 없다.

이집트 수학에 대한 다음의 예는 이런 사실을 잘 보여주고 있다. 이 예를 보면 이집트인들이 윗부분을 자른 정사각형 피라미드의 부피를 어떻게 구했는지 알 수 있다. 이 정사각형 피라미드를 오늘날에는 정사각뿔대(frustum of a pyramid)라고 하는데, 그림 1.3에서 보는 것처럼 밑면에 평행하게 위쪽을 자른 모양을 하고 있다. 이 입체의 부피를 구하는 방법은 기원전 1850년경의 이집트 수학을 기록한 '모스크바 파피루스'(Moscow Papyrus)* 에 다음과 같이 기록되어 있다.

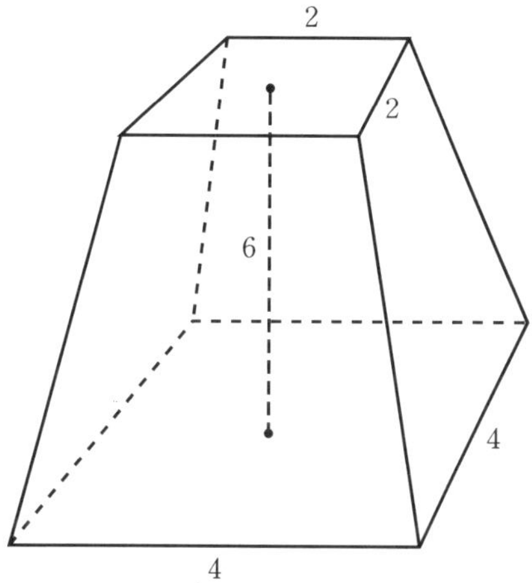

[그림 1.3]

밑면의 한 변의 길이가 4이고 윗면의 한 변의 길이는 2, 밑면에서 윗면까지의 수직 높이가 6인 정사각뿔대의 부피를 구하는 문제를 받았다고 하자. (밑면의 한 변의 길이인) 4를 제곱해서 16을 구한다. 또 이 길이를 두 배 해서 8을 구한다. (이제 윗면의 한 변의 길이인) 2를 제곱해서 4를 구한다. (지금까지 구한 수치) 16, 8, 4를 더해서 28을 구한다. (그리고 수직 높이인) 6을 3등분하여 2를 구한다. 그래서 28과 이 2를 곱하면 56을 얻는데 이 56이 바로 구하는 답이다.

*이집트 수학에 대한 최고의 기록 중의 하나는 린드 또는 아메스 파피루스이다. 아메스 파피루스라는 이름은 이 파피루스를 필경한 사람의 이름에서 유래한 것이다. 이 파피루스는 기원전 1650년경에 처음으로 작성되었고 복사본은 기원전 1850년경에 만들어졌다고 한다. 스코트랜드 출신의 이집트 골동품 수집가인 헨리 린드(Henry Rhind)는 1858년에 휴양차 이집트에 머무는 동안 테베라는 고대 건물 폐허 속에서 발견된 이 파피루스를 구입하였고 폐결핵으로 5년 후 죽은 뒤부터는 대영 박물관에 소장되었다. 린드 파피루스와 달리 모스코 파피루스의 저자는 알려지지 않고 있다. 기원전 1850년경에 기록된 것으로 린드 파피루스보다 약간 더 오래된 모스크바 파피루스는 러시아 수집가의 이름을 따서 골레니체프 파피루스(Golenischev Papyrus)라고도 하며 모스크바 미술박물관에 소장되어 있다.

이것은 가장 뛰어난 지시문의 하나로서 정사각뿔대의 부피를 정확하게 구할 수 있도록 해준다. 그런데 이 지시문은 직사각뿔의 수치를 다르게 한 경우 그 부피를 정확히 구할 수 있는 일반적인 공식을 제시하고 있지는 않다. 그래서 크기가 다른 직사각뿔의 부피를 구하기 위해 이집트인들은 이 특별한 경우를 일반화시켰을 것이다. 훨씬 간단 명료한 오늘날의 공식으로 표현하면 다음과 같다.

$$V=\frac{1}{3}h(a^2+ab+b^2)$$

여기서 a는 정사각형 밑면의 한 변의 길이, b는 정사각형 윗면의 한 변의 길이, 그리고 h는 정사각뿔대의 높이를 나타낸다. 더욱 이해하기 어려운 점은 이집트의 이 지시문이 어떻게 해서 정확한 답을 제공해주는지에 대한 아무런 기록이 없다는 사실이다. 대신 단지 "(이렇게 하면) 정답을 구한다"라고만 말하고 있을 뿐이다.

이러한 어떤 특정한 한 가지 예로부터 일반적인 결론을 이끌어내는 것은 당시로서는 상당히 위험한 일이었다. 폭군에 의한 독재 사회였던 이집트를 유지시키기 위해서는 수학 지식도 무조건 복종을 요구하는 명령과 같았다고 역사가들은 전한다. 이집트 사람들은 통치자에 대해 절대적인 복종을 하도록 되어 있었다. 유추해보면, "(이렇게 하면) 정답을 구한다"라는 수학적 방법을 통치자가 권위에 의해 제시했을 때 이집트 사람들은 그 이유에 대해 철저한 설명을 요구하는 경우가 거의 없었을 것이다. 전제적 국왕인 파라오가 지배하던 이집트에서는 수학 문제를 풀든 거대한 신전을 짓든 명령받은 대로만 해야 했다. 그래서 누구라도 그 명령에 의문을 품게 되면 결국에는 제대로 살아보기도 전에 미라 신세가 되었을 것이다.

또 다른 거대한 고대 문명이 메소포타미아에서 번성하였는데 이집트 수학보다도 훨씬 더 발전된 수학을 낳았다. 예를 들어, 바빌로니아 사람들은 한정된 대수 기호를 사용해서 상당히 복잡한 문제들을 풀었고, 기원전 1900년에서 기원전 1600년경에 만들어진 플림프턴 322*라 불리는 점토판에 보면 이집트인들보다는 훨씬 심도 있게 피타고라스 정리를 분명하게 이해하고 있음을 알 수 있다. 다시 말해, 바빌로니아 사람들은 5—12—13인 삼각형이나 65—72—97인 삼각형뿐만 아니라 다른 여러 경우의 삼각형이 직각삼각형임을 알고 있었다. 또한 이들은 아주 정교한 자리값 체계를 사용하였다. 현재 우리들은 인간의 손가락 개수인 10으로부터 만든 10진 기수법에 익숙해져 있기 때문에 바빌로니아 사람들이 60진법을 사용했다는 사실이 약간 의외일 수도 있다. 어느 누구도 이 고대인들이 60개의 손가락을 가졌을 것이라고 생각하지는 않지만, 이 60진법은 오늘날까지도 여전히 시간(1분은 60초)과 각(원에서 $6\times60^\circ=360^\circ$)을 측정하는 데 사용되고 있다.

그렇지만 이러한 업적에도 불구하고 이집트 사람들과 마찬가지로 이들도 단지 '어떻게'라는 부분만 다루고 있지 훨씬 중요한 '왜'라는 부분에 대해서는 다루지 않았다. 논증 수학——중요한 관계의 증명을 강조하는 이론적이고 연역적인 체계——의 출현은 더 늦은 시기에 다른 곳의 사람들에 의해 이루어졌다.

때는 기원전 1000년경이었고 장소는 그리스와 소아시아의 에게해 연

* 미국 컬럼비아 대학에 소장되어 있는 플림프턴(G.A. Plimpton)의 수집품 중에서 목록번호가 322인 이 점토판은 수학을 기록해놓은 가장 유명한 판으로 널리 알려져 있다. 이것은 기원전 1900년에서 기원전 1600년 사이의 고대 바빌로니아 시기에 기록된 것으로 그리스 수학의 발전 이전에 가장 발달된 수학을 보여주고 있다.

안이었다. 이곳에서는 역사상 가장 중요한 문명 중의 하나가 발생하고 있었는데, 이 문명의 놀랄 만한 여러 업적들은 서구 문화의 발전 과정에 계속해서 영향을 미쳐왔다. 자신들의 그리스 영토 안에서 그리고 지중해를 가로질러 여러 곳에서 번창하는 상업에 종사하면서 그리스 사람들은 활동적이면서 모험적으로 되어갔고 부유하고 세련되었으며, 그 이전 어떠한 서구 민족들보다도 훨씬 독립적인 사고와 행동을 하였다. 호기심 많고 자유로운 사고를 하는 이러한 상인들은 권위 앞에 온순하게 복종하지는 않았다. 사실 그리스 민주주의의 발달과 함께 시민이 바로 권력이 되었다.(비록 고전적 국가 형태에서의 시민에 대한 정의는 아주 협의적이었음을 강조하더라도.) 이러한 개개인의 시민들에게는 모든 것이 논쟁과 분석을 위해 개방되었고, 이집트와는 달리 어떠한 생각도 권력의 명령에 의해 수동적이고 맹목적으로 받아들여지지는 않았다.

기원전 400년경 어느 문명과도 비교할 수 없을 정도로 놀랄 만큼 발전했던 이 문명은 이미 풍요로운 지적 유산을 자랑하고 있었다. 서사 시인인 호메로스, 역사가인 헤로도토스와 투키디데스, 극작가인 아이스킬로스, 소포클레스, 에우리피데스, 정치가인 페리클레스, 그리고 철학가인 소크라테스 등 이들 각자는 기원전 4세기부터 업적을 남겼다. 명성이 하루아침에 사라지는 현대의 사람들에게 지난 2000년이라는 역사 속에서도 이들의 이름이 찬란하게 빛나고 있다는 사실은 놀라운 일이다.

자연을 정복하고 이성이야말로 인간의 조건임을 깨닫게 한 이들의 대담함은 오늘날까지도 존경받고 있다. 물론 그때까지도 수많은 미신과 무지함이 지배하고 있었겠지만, 그리스 사상가들은 아주 성공적이었다. 비록 자신들의 결론이 항상 정확하지 않다고 하더라도, 이 결론들은 미개한 과거로부터 꿈에도 생각하지 못했던 미래로 가는 길을 열어준다고 생각했다. '깨달음' 이란 용어는 역사에서 바로 이런 특별한 순간을 기술하는 데 적절하게 자주 사용되었다. 인류는 수천 년 간의 잠에서 깨어나 자연의 가장 위대한 무기인 인간의 정신으로 무장한 채 이 낯설고 신비한 세상과 직면하고 있었다.

이러한 일들은 수학의 경우에서 분명하게 일어났다. 기원전 600년경, 소아시아 서쪽 연안의 밀레토스라는 마을에는 소위 고대 '7현인' 중의 한 명인 위대한 탈레스(Thales, 기원전 640?-546?)가 살았다. 밀레토스의 탈레스는 흔히 논증 수학의 아버지로 불리는데, '어떻게' 라는 질문과 함께 '왜' 라는 질문을 함께 추구한 첫 번째 학자이기 때문이다. 이러한 이유로 해서 그는 최초의 수학자로 알려져 있다.

탈레스의 생애에 대해 말할 수 있는 확실한 증거는 거의 없다. 사실 마치 꾸며진 신비한 인물처럼 미지의 과거로부터 나타났기 때문에 어떤 업적이나 발견을 탈레스의 것이라고 해도 아무도 사실 여부를 추정할 수 없는 실정이다. 7세기경 전기 작가인 플루타르크*는 "…… 그 당시 오직 탈레스만이 단순한 사색의 수준 이상으로 철학을 끌어올린 인물이다"라고 적고 있다. 기원전 585년 유명한 수학자이며 천문학자로서 일식을 예측한 탈레스는 다른 전형적인 과학자와 마찬가지로 병적으로 멍한 상태였고 늘 무엇인가에 몰두해 있었다. 전설에 따르면, 어느 날 좋아하는 별을 쳐다보

* Plutarch(46?-120?): 그리스의 카이로네이아 출생으로 일찍이 아테네로 가서 아카데미아에서 플라톤 철학을 공부하고, 다시 자연과학과 변론술을 배웠다. '최후의 그리스인' 으로서 고전 그리스 세계에 통달한 일류 문화인이었다. 플라톤 철학을 신봉하고 박학다식한 것으로 유명하며, 저작 활동은 매우 광범위하여 전기, 속윤리(俗倫理), 철학, 신학, 종교, 자연과학, 문학, 수사학에 걸쳐 그 저술이 무려 250종에 달했던 것으로 추정된다. 현존 작품은 《전기》, 《영웅전(플루타르크 영웅전)》, 《윤리론집》(모두 그리스어로 씌었다) 등이 있다. 역사에 대한 기술은 사료 비판이 결여되어 있어 제1급 역사기술로는 평가되지 않으나 근세 서유럽에서 널리 애독되었다.

면서 걷다가 우물에 빠진 적도 있다고 한다.

논증 수학의 '아버지' 임에도 탈레스는 결혼을 하지 않았다. 친구인 솔론*이 왜 결혼을 하지 않느냐고 묻자 탈레스는 사람을 시켜 솔론의 아들이 죽었다는 소식을 솔론에게 전달하도록 하는 잔인한 계략을 꾸몄다. 플루타르크에 따르면 그때 솔론은 이렇게 말했다고 한다.

> …… 자기 머리를 치면서, 비통함에 어쩔 줄 몰라하는 사람들이 하는 모든 행동과 말을 했다. 그런데 탈레스는 솔론의 손을 잡고 웃으면서, "이처럼 결혼을 해서 애들을 키우고 하는 것이 너무나 큰 일이기에 안 하는 것이지. 자네 아들이 죽었다는 말은 내가 모두 꾸며낸 말이니까 너무 신경 쓰지 말게……."

이와 비슷한 다음 이야기를 보더라도 탈레스는 분명 온화한 사람은 아니었다. 어떤 농부가 있었는데 장에 갈 때면 항상 무거운 소금 자루를 당나귀의 등에 묶어서 갔다. 그런데 이 꾀 많은 당나귀는 개울을 건널 때 뒹굴면 많은 소금이 녹아서 소금 자루가 가벼워지는 것을 알고는 농부를 골탕 먹였다. 이에 화가 난 농부가 탈레스에게 조언을 구하자 탈레스는 다음번에 장에 갈 때는 이 당나귀에게 솜을 잔뜩 싣고 가도록 하라고 했다고 한다.

탈레스가 수학에서 최고의 명성을 얻은 것은 분명 사람이나 짐승에게 했던 행동 때문이 아니라, 단지 직관적으로 그럴 듯하다고 해서 기하에 관련된 진술을 진리로 받아들여서는 안 되며 반드시 엄밀하고 논리적인 증명에 따라야 함을 주장했기 때문이다. 이것이 바로 탈레스가 수학이라는

* Solon(기원전 638?-558?). 아테네의 입법가이며 그리스 7현인(賢人)의 한 사람.

학문에 남긴 적지 않은 유산이다.

정확히 말해 탈레스가 남겼다는 정리들은 어떤 것일까? 아래의 기하에 관련된 진술들은 탈레스가 최초로 증명했다고 한다.

- 모든 직각은 그 크기가 같다.
- 삼각형의 내각의 합은 두 직각과 같다.
- 이등변삼각형의 두 밑각은 그 크기가 같다.
- 반원에 내접하는 삼각형의 한 각은 직각이다.

위의 진술에 대한 탈레스의 증명은 어디에도 찾아볼 수가 없지만 이 진술들의 성격으로 볼 때 그가 증명했을 것이라고 믿어진다. 예를 들어, 마지막 명제를 살펴보자. 아래에 있는 증명은 유클리드의 《원론》(Euclid' s Elements)의 III권에 있는 명제 31에서 따온 것으로 이 증명의 명료성과 직접성을 고려할 때 분명히 탈레스가 증명한 것으로 판단된다.

정 리 반원에 내접하는 삼각형의 한 각은 직각이다.

증 명 중심이 O이고 지름이 BC인 반원을 그리고, 이 반원 위의 임의의 한 점 A를 잡는다.(그림 1.4) 여기서 증명해야 할 것은 $\angle BAC$가 직각이라는 것이다. OA를 그은 다음 $\triangle AOB$를 살펴보자. OB와 OA는 둘 다 반원의 반지름으로 길이가 같기 때문에 $\triangle AOB$는 이등변삼각형이다. 따라서 탈레스가 이미 증명했던 이등변삼각형에 대한 사실에 따라 $\angle ABO$와 $\angle BAO$는 같다.(현대적 용어로 말하면 합동이다.) 이제 이 두 각을 α라고 하자.

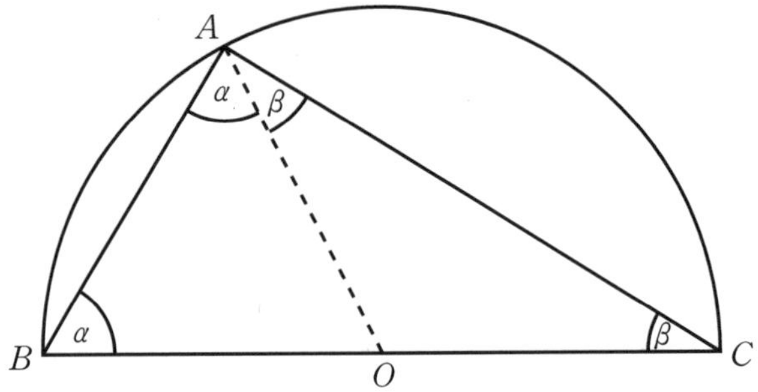

[그림 1.4]

마찬가지로, $\triangle AOC$에서 OA와 OC의 길이가 같기 때문에 $\angle OAC = \angle OCA$이다. 이 두 각을 β라고 하자. 큰 삼각형 BAC에서 보면,

$$\begin{aligned} 2\text{직각} &= \angle ABC + \angle ACB + \angle BAC \\ &= \alpha + \beta + (\alpha + \beta) \\ &= 2\alpha + 2\beta = 2(\alpha + \beta) \end{aligned}$$

$$\text{따라서, 1 직각} = \frac{1}{2}[2\text{직각}] = \frac{1}{2}[2(\alpha + \beta)] = \alpha + \beta = \angle \text{BAC}$$

Q.E.D.*

그리스 수학에서 탈레스 다음으로 중요한 인물이 바로 피타고라스이다. 기원전 572년경 사모스에서 태어난 피타고라스는 에게해 동쪽 연안에

* 수학에서 증명이 끝났음을 알릴 때 흔히 'Q.E.D.'를 적는데, 이것은 증명되었음을 뜻하는 라틴어 Quod erat demonstrandum의 약자이다. 이것은 독자에게 증명에서 주장하는 바가 끝났으며 새로운 방향으로 논지를 전개하고자 함을 알려주는 것이다. — 원주

살았는데 혼자서 위대한 탈레스의 수학을 공부했다고 한다. 폭군 폴리크라테스가 그 지역을 통치할 것이란 소식을 듣고 피타고라스는 이탈리아 남부에 있는 크로토나라는 그리스 마을로 피신하였는데 이곳에서 피타고라스 학파라고 불리는 학문 단체를 설립하였다. 이 학파의 사람들은 영(0)을 포함한 '자연수'(범자연수)를 특별한 것으로 생각하여 모든 자연 현상을 이해하는 데 핵심적인 기초라고 여겼다. 음악, 천문학, 또는 철학 등 어디에서나 '숫자'는 핵심적 역할을 하였다. 우리가 살고 있는 이 세상을 수학을 통해서 이해하려는 견해를 요즘 용어로 '수학화'라고 하는데 피타고라스 학파에서 그 유례를 찾을 수 있다.

수학의 영역에서 볼 때 피타고라스 학파는 두 가지 위대한 발견을 남겼는데 그 중 하나가 바로 피타고라스 정리였다. 오랜 역사에서 나온 다른 모든 결과와 마찬가지로 피타고라스의 정리의 증명에 대한 원기록은 없지만 피타고라스가 한 증명이라는데 이견을 제시하는 고대 사람은 아무도 없었다. 오히려 피타고라스가 자신의 증명이 가져다줄 모든 것에 대해 기쁨을 축하하는 뜻에서 황소를 제물로 바쳤다는 전설까지 전해진다.

피타고라스 학파의 또 다른 중요한 기여는 그의 정리보다는 상대적으로 환영을 덜 받았는데 그 이유는 이것이 직관적으로 받아들일 수 없을 뿐만 아니라 영을 포함한 자연수에 대해 만연되어 있던 신성함을 정면으로 거부했기 때문이었다. 피타고라스 학파에 의한 다음의 통약가능에 대한 방법은 그 당시 선호하던 기하학적인 것으로 현대적 용어로 표현하면 무리수를 발견한 것이었다.

두 선분 AB와 CD가 있을 때 더 작은 선분 EF를 단위로 해서 이 두 선분을 자연수 개로 나눌 수 있다면 이 두 선분은 서로 **통약가능**(通約可能, commeasurable)하다고 한다.

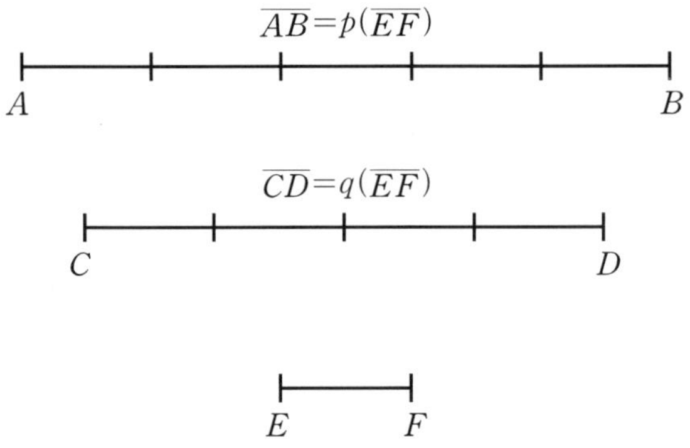

[그림 1.5]

다시 말해, 어떤 범자연수 p와 q에 대해, AB는 EF와 길이가 같은 선분 p개로 되어 있고, CD는 EF와 길이가 같은 선분 q개로 되어 있다.(그림 1.5) 따라서 $\overline{AB}/\overline{CD}=p(\overline{EF})/q(\overline{EF})=p/q$이다. (여기서 $\overline{AB}$는 선분 AB의 길이를 나타낸다.) p/q는 두 자연수의 **비**(ratio)이므로, 통약가능한 선분들의 길이의 비를 '유리수'(rational number)라고 부른다.

직관적으로 볼 때 피타고라스 학파의 사람들은 임의의 두 양은 언제나 통약가능하다고 생각했다. 그래서 두 선분이 주어져 있을 때, 아주 작은 길이 EF를 취하면 이 두 선분을 일정한 자연수 개로 나눌 수 있다는 사실을 절대 의심하지 않았다. 선분들의 통약가능성을 당연한 것으로 여기는 것은 피타고라스 학파 사람들에게는 아주 중요한 일이었다. 그 이유는 닮은 삼각형에 대한 증명에서 이 사실을 이용했기 때문이고 또 선분의 통약가능성은 자연수의 중요한 역할에 대한 그들의 철학적 입장을 대변해주고 있었기 때문이었다.

그런데 전설에 따르면 피타고라스 학파의 히파수스(Hippasus)는 정사각형의 한 변과 그 대각선(그림 1.6의 GH와 GI)은 통약가능하지 않다는 사실을 발견했다고 한다. 즉, 아무리 작은 선분의 길이를 취하더라도 정사각형의 한 변과 그 대각선을 일정한 자연수 개로 나눌 수 있는 그러한 길이를 갖는 EF는 존재하지 않는다는 것이다.

이 발견은 엄청난 결과를 가져왔다. 모든 선분 사이에는 통약가능성이 존재할 것이라는 생각하에 이루어졌던 피타고라스 학파의 여러 증명들은 이 발견으로 인하여 엉망이 되어버렸다. 통약가능성의 개념을 사용하지 않고서 삼각형의 닮음에 대한 대안적 증명이 나온 것은 2세기라는 시간이 지난 후 수학자 에우독소스(Eudoxus)에 의해서였다. 이 발견은 피타고라스 학파 사람들의 범자연수에 대한 숭배에 혼란스러운 충격을 주었다. 그 이유는 모든 양들이 항상 통약가능하지 않는다면 기하학에서의 모든 길이의 비를 범자연수로 표현한다는 것은 다소 부적절하기 때문이었다.

따라서 이 발견은 그 이후에 발생하는 모든 그리스 수학에서 기하학이

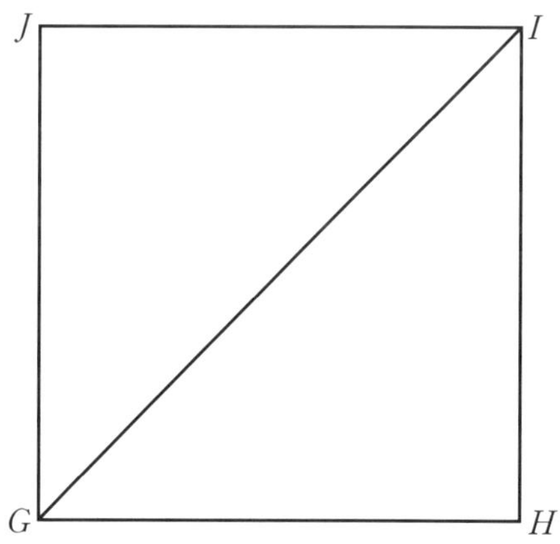

[그림 1.6]

산술보다 우월함을 차지하게 된 계기가 되었다. 그림 1.6에서 보면, 예를 들어 정사각형의 한 변과 그 대각선을 기하학에서 다루는 대상으로 간주하면 아무런 문제가 없다. 하지만 이들을 일단 수로 생각하게 되면 큰 문제가 야기된다. 왜냐하면 만약 위의 정사각형의 한 변의 길이를 1이라고 하면, 피타고라스 정리에 의해 그 대각선의 길이는 $\sqrt{2}$ 가 된다. 그리고 이 한 변과 대각선은 서로 통약가능하지 않으므로 $\sqrt{2}$는 p/q 형태인 유리수로 나타낼 수 없다. 수의 관점에서 본다면 $\sqrt{2}$는 산술적 성질이 아주 신비스러운 '무리수' 이다. 그래서인지 그리스 사람들은 수치적 방법은 피하고 어떤 크기를 단순히 기하적 실체로 다루는 것이 수학을 하는 데 더 낫다고 생각했다. 산술보다 기하에 대한 이러한 선호는 수천 년에 걸쳐 그리스 수학을 지배해왔다.

히파수스로 인해서 야기된 이 모든 불행에 화가 난 피타고라스 학파의 사람들은 그를 지중해 먼 바다로 데리고 가서 물 속으로 던져 죽였다는 전설이 무리수의 발견이 낳은 마지막 이야기였다. 만약 이 이야기가 사실이라면 이것은 다른 학문에 비해 상대적으로 엄격한 수학뿐만 아니라 자유로운 생각에 내재된 위험성을 알리는 것이다.

전설에 항상 등장하는 탈레스와 피타고라스는 그 실체가 분명하지 않은 인물들이지만, 키오스(Chios) 출신의 히포크라테스(Hippocrates, 기원전 440년경)는 그 실체가 이들보다는 분명하다. 사실, 진정한 형태의 수학적 증명을 최초로 시도한 사람이 바로 히포크라테스이며, 이것이 다음에서 다루게 될 위대한 정리의 첫 주제이다.

히포크라테스는 기원전 5세기경 키오스 섬에서 태어났다. 물론 이곳은 앞에서 언급한 여러 위대한 인물들이 태어난 곳이기도 하다. 비슷한 시대의 또 다른 '히포크라테스' 가 태어난 코스(Cos)는 키오스와 그리 멀리 떨어져 있지 않다. 그를 코스의 히포크라테스라고 하는데 그리스 의학의 아버지이며 의사들이 하는 히포크라테스 선서를 만든 사람이기도 하다.

수학자 히포크라테스에 대한 개인적 기록은 아주 빈약한 실정이다. 아리스토텔레스는 히포크라테스가 아주 뛰어난 수학자였지만 "수학 외의 다른 세상일에서는 멍청하고 분별력이 없는" 사람인 듯하다고 했다. 이것은 일상 생활의 잡다한 일로 지쳐버린 초기 수학자에게서 흔히 볼 수 있는 태도였다. 전하는 이야기에 따르면 히포크라테스는 자신을 쉬운 약탈 대상자로 삼은 해적들에 의해 재산을 모두 빼앗겨버렸는데 이것은 오히려 더 좋은 계기가 되었다. 돈이 궁해진 히포크라테스는 아테네를 여행하면서 가르치는 일을 하게 되었는데 이로써 보수를 받고서 가르치는 직업을 가진 몇 안 되는 사람들 중의 한 명이 되었다.

그가 어떤 사람이었던지간에 히포크라테스는 기하학에 두 가지 위대한 기여를 하였다. 첫 번째의 기여는 기하학 《원론》(原論, Elements)의 최초 저자였다는 사실이다. 이 《원론》은 수어진 몇 개의 공리나 공준으로부터 정확하고 논리적으로 기하학에 관련된 정리들을 전개해놓은 최초의 책이었다. 오늘날 그 내용은 전혀 남아 있지 않지만 적어도 히포크라테스가 이러한 업적을 이루었다는 사실은 높게 평가되어야 한다. 히포크라테스의 《원론》이 비록 뛰어난 가치를 지니고 있었지만 한 세기나 뒤에 나온 유클리드의 찬란한 《원론》에 의해 그 명성은 실추되어버렸다. 하지만 유클리드 《원론》이 히포크라테스 《원론》의 내용을 근간으로 하고 있기 때문에 설령 없어졌다고 하더라도 이 《원론》의 저술을 히포크라테스의 공적으로 돌리고 있다.

히포크라테스의 또 다른 중요한 기여는 바로 궁형구적법(弓形求積法, Quadrature of the lune)의 발견이다. 비록 현존하는 것이 빈약하고 간접적으로밖에 접할 수 없지만 어떻게든 남아 있다는 자체만으로도 다행스러운 일이다. 그런데 이 방법에 대한 히포크라테스 자신의 저술은 남아 있지 않고 기원전 335년경의 유데무스(Eudemus)에 의한 설명이 전부인데 더 심각한 문제는 유데무스의 설명조차도 남아 있지 않은 상태이다. 궁형 구적법에 대해 현재 우리가 알고 있는 것은 히포크라테스의 연구를 설명한 유데무스의 저술 내용을 논의했던 530년경의 심플리시우스(Simplicius)의 저술에 있는 내용이다. 심플리시우스와 히포크라테스 사이의 시간 간격이 거의 천 년에 이른다는 사실은 고대 수학을 다루는 역사가들이 얼마나 큰 어려움을 겪는지를 생생하게 보여주는 것이다. 비록 이처럼 시간적으로 큰 차이가 있다고 하더라도 그 업적의 출처가 의심스러운 것은 아니다.

구적법에 대한 몇 가지 사항

히포크라테스의 궁형(활꼴 또는 초승달 모양)에 대한 논의를 시작하기 전에, **'구적'** 의 개념에 대해 먼저 살펴볼 필요가 있다. 고대 그리스 사람들은 기하학적 도형의 대칭성, 시각적 아름다움, 그리고 기하학이 가지고 있는 섬세한 논리적 구조 등에 매료되어 있었다. 특히 단순하고 초보적인 기하를 기초로 하여 복잡하고 난해한 기하를 구성하는 방식에 관심을 가지고 있었다.

제2장에서 보듯이 기본적인 몇 가지 공리와 공준을 시작으로 해서 아주 정교한 기하학적 성질들을 전개해 나간 유클리드에 관한 내용을 보면 이 사실은 더욱 분명해진다. 단순한 것을 기초로 하여 복잡한 것을 만들어

가는 매력은 또한 그리스 기하학의 작도에서도 뚜렷하게 나타났다. 그리스 사람들의 경우 이 작도 게임은 단지 컴퍼스와 눈금 없는 직선자만을 사용하여 모든 작도가 이루어져야 한다는 규칙을 따라야 했다. 상당히 비정교한 이 두 가지 도구——가장 완벽하고 항상 동일한 일차원의 도형인 직선을 그릴 수 있는 도구와 가장 완벽하고 항상 동일한 이차원의 도형인 원을 그릴 수 있는 도구——는 질서, 단순성, 그리고 미적 감각을 추구했던 그리스 사람들의 섬세한 감수성에 맞는 아주 적절한 도구였을 것이다. 더욱이 이러한 작도는 포물선을 작도할 만큼은 아니었지만 그 당시의 기술 수준으로는 상당한 것이었다. 직선과 원이 지니고 있는 심미성에 대한 매료는 기하 도구로써 직선자와 컴퍼스를 아주 중요하게 생각하도록 했고, 동시에 손쉽게 활용 가능한 이들 도구들은 그리스 기하학에서 직선과 원의 역할을 향상시켰다.

따라서 고대 수학자들은 이들 도구에 의한 결과에 얽매이게 되었고 이 결과의 범위 내에서 수학 활동을 하게 되었다. 다음 내용에서 보겠지만 별것 아닌 것처럼 보이는 이 컴퍼스와 직선자를 이용하여 천재적인 기하학자들은 선분과 각의 이등분에서부터 평행선뿐만 아니라 직선 긋기, 대단히 아름다운 정다각형의 창조에 이르기까지 풍부하고 다양한 종류의 작도를 할 수 있었다. 그러나 기원전 5세기에 상당히 어려운 문제가 나타났는데 그것이 바로 평면 도형과 같은 넓이를 갖는 정사각형의 작도였다. 좀더 정확히 말하면,

- 평면 도형의 구적(또는 같은 넓이를 갖는 정사각형의 작도)이란 컴퍼스와 눈금 없는 직선자만을 사용하여 주어진 평면 도형과 같은 넓이를 갖는 정사각형을 작도하는 것이다. 주어진 이 평면 도형의 구적이

가능할 때 이 도형을 **구적가능**(quadrable) (또는 정사각형화)이라고 한다.

구적 문제가 그리스 사람들을 매료시켰다는 사실은 크게 놀랄 만한 것은 아니었다. 순수하게 실용적인 면에서 볼 때, 불규칙한 모양의 도형의 넓이를 구하는 것은 그렇게 쉬운 일만은 아니었다. 만약 그러한 도형과 같은 넓이를 가지는 정사각형을 작도할 수만 있다면 주어진 불규칙한 도형의 넓이를 구하는 것은 정사각형의 넓이를 구하는 아주 쉬운 문제로 바뀌게 된다.

그리스 사람들이 단지 실용적 측면에서 이 구적 문제에 큰 관심을 가진 것은 결코 아니다. 왜냐하면 만약 이 구적 문제를 해결하게 되면 비대칭적이며 비규칙적인 임의의 평면 도형을 대칭적이며 규칙적인 정사각형으로 바꿀 수 있게 되기 때문이다. 이성과 질서에 의해 지배되는 자연 세계를 탐구하는 사람들에게 비대칭인 것을 대칭인 것으로, 불완전한 것을 완전한 것으로, 불합리한 것을 합리적인 것으로 대체하는 이 과정은 아주 흥미로운 것이었다.

이러한 의미에서 볼 때, 구적은 인간 이성의 승리를 상징하며, 또한 우주 자체가 지니고 있는 단순성과 아름다움을 표현한 것이었다.

그래서 구적법의 고안은 그리스 수학자들에게는 특히 관심거리였고 이를 위하여 아주 창의적인 작도를 하였다. 수학에서 흔히 그러하듯이 구적을 하기 위해서는 먼저 많이 다루어 본 도형을 구적하고 그로부터 좀더 불규칙적이며 이상한 모양을 한 도형의 구적으로 단계적으로 진행한다. 이 구적 과정에서 첫 번째 중요한 단계는 직사각형의 구적으로 이 내용은 유클리드 《원론》 II권 명제 14에 있는 과정이며 유클리드 이전에 이미 알려

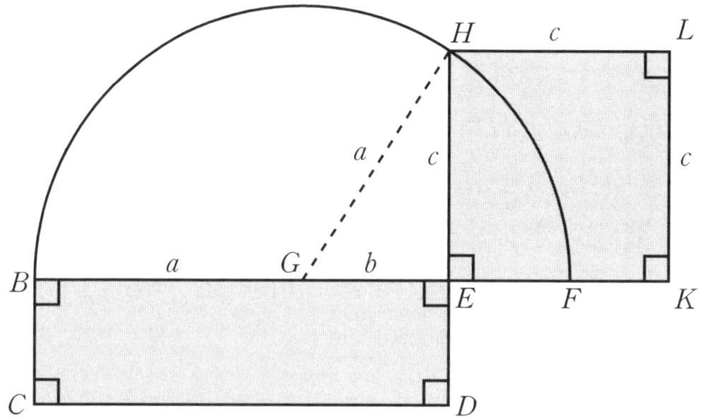

[그림 1.7]

진 것이다. 이 내용부터 먼저 소개하고자 한다.

단계1 | 직사각형의 구적(그림 1.7)

$BCDE$를 주어진 임의의 직사각형이라고 하자. 그러면 컴퍼스와 직선자만을 사용하여 이 $BCDE$와 같은 넓이를 갖는 정사각형을 작도해야 한다. 직선자를 사용해서 BE를 오른쪽으로 연장하고 컴퍼스로 ED와 길이가 같도록 EF를 이 연장선 위에 표시한다.——즉, $\overline{EF}=\overline{ED}$. 그 다음 BF를 이등분하여 그 중점을 G라고 하고 $\overline{BG}=\overline{FG}$를 반지름으로 하는 반원을 위 그림과 같이 그린다. 마지막으로 점 E에서 반원 BF에 수직인 선분 EH를 작도하고 EH를 한 변으로 하는 정사각형 $EKLH$를 작도하면 된다.

이제 조금 전에 작도한 한 변의 길이가 $\overline{EH}$인 음영으로 된 정사각형이 원래 주어졌던 직사각형 $BCDE$의 넓이와 같다는 것을 보여야 한다.

이것을 보이기 위해서는 몇 가지 작업이 필요하다. 기호상의 편의를 위해 선분 HG, EG, EH의 길이를 각각 a, b, c라고 하자. $\triangle GEH$는 작도에 의해 직각삼각형이므로 피타고라스 정리에 의해 $a^2=b^2+c^2$ 또는 $a^2-b^2=c^2$이 성립한다. 그리고 $\overline{FG}=\overline{BG}=\overline{HG}=a$는 모두 반원의 반지름이다. 또, $\overline{EF}=\overline{FG}-\overline{EG}=a-b$이고 $\overline{BE}=\overline{BG}+\overline{GE}=a+b$이다. 그러면 다음이 성립하게 된다.

넓이(직사각형 $BCDE$)$=$(밑변)$\times$(높이)
$=(\overline{BE})\times(\overline{ED})$
$=(\overline{BE})\times(\overline{EF})$ ($\overline{EF}=\overline{ED}$이므로)
$=(a+b)(a-b)$
$=c^2=$넓이(정사각형 $EKLH$)

따라서 주어진 직사각형의 넓이가 컴퍼스와 직선자를 사용한 작도에 의해서 만들어진 음영으로 된 정사각형의 넓이와 같음을 보였고 이로써 직사각형은 구적가능함을 알 수 있다.

이 직사각형의 구적이 완성됨으로해서 불규칙한 도형의 구적에 대한 진행은 박차를 가하게 되었다.

단계 2 | 삼각형의 구적(그림 1.8)

$\triangle BCD$가 주어져 있을 때, D에서 BC에 수선을 내려 만나는 점을 E

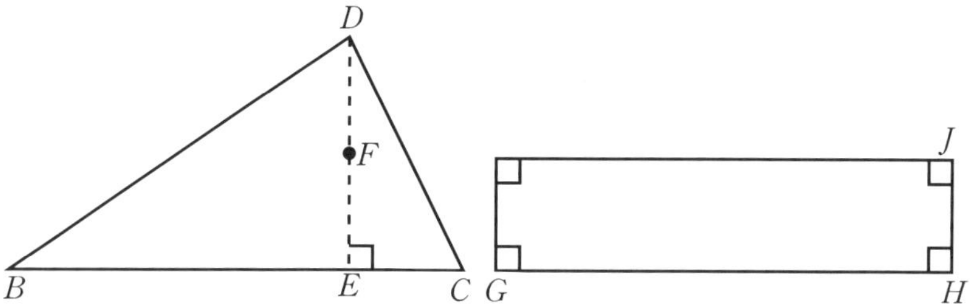

[그림 1.8]

라고 하자. 이 $\overline{DE}$를 삼각형의 '고도' 또는 '높이'라 하며 삼각형의 넓이는 1/2(밑변)×(높이)=$1/2(\overline{BC})\times(\overline{DE})$이다. 만약 DE의 중점을 F라 하고 $\overline{GH}=\overline{BC}$ 그리고 $\overline{HJ}=\overline{EF}$인 직사각형을 작도하면, 이 직사각형의 넓이는 $(\overline{HJ})\times(\overline{GH})=(\overline{EF})\times(\overline{BC})=1/2(\overline{DE})\times(\overline{BC})$=넓이($\triangle BCD$)가 된다. 그런데 앞의 단계 1을 적용하여 이 직사각형과 동일한 넓이의 정사각형을 작도하면 이 정사각형의 넓이는 또한 $\triangle BCD$의 넓이와 같게 된다. 이로써 삼각형은 구적가능함을 알 수 있다.

다음은 이보다 훨씬 더 일반화된 경우인 다각형의 구적가능에 대한 것이다.

단계 3 | 다각형의 구적(그림 1.9)

이번에는 그림 1.9와 같은 일반적인 다각형의 구적에 대해서 알아보자. 주어진 다각형에 대각선을 그어 넓이가 B, C, D인 여러 개의 삼각형으로 분할하면 이 다각형의 넓이는 $B+C+D$가 된다.

단계 2에 따라 삼각형은 구적가능하므로 한 변의 길이가 각각 b, c, d

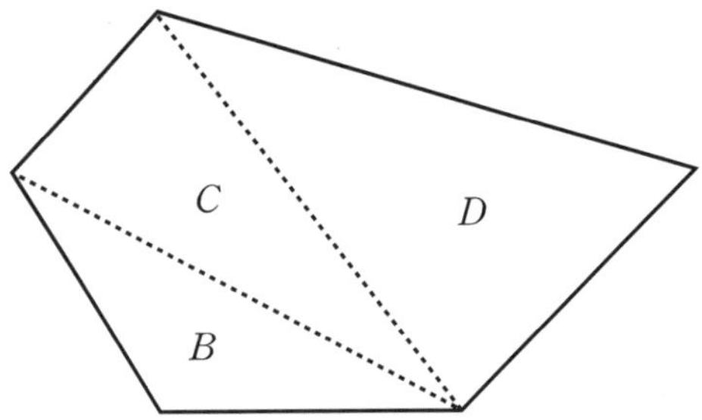

[그림 1.9]

이면서 넓이가 B, C, D인 정사각형을 작도할 수 있다(그림 1.10). 그런 다음 두 변의 길이가 각각 b, c이고 빗변의 길이가 x일 때, $x^2=b^2+c^2$을 만족하는 직각삼각형을 작도한다. 그리고 두 변의 길이가 각각 x와 d이고 빗변의 길이가 y일 때, $y^2=x^2+d^2$을 만족하는 직각삼각형을 작도한다. 그러면 한 변의 길이가 y인 음영으로 된 정사각형을 작도할 수 있다(그림 1.11).

이 사실들을 종합해보면, 다음이 성립함을 알 수 있다.

$$y^2=x^2+d^2=(b^2+c^2)+d^2=B+C+D$$

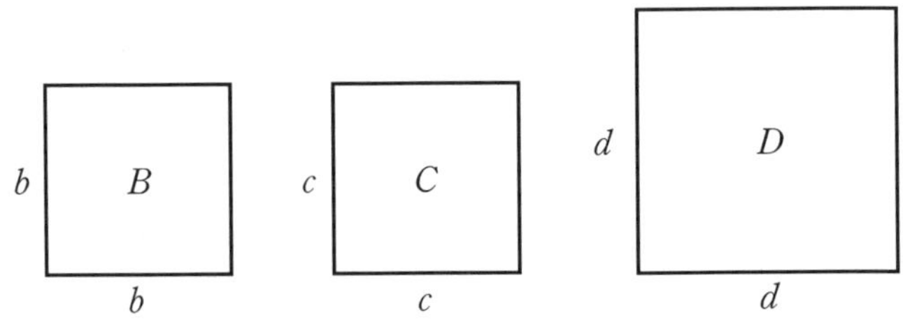

[그림 1.10]

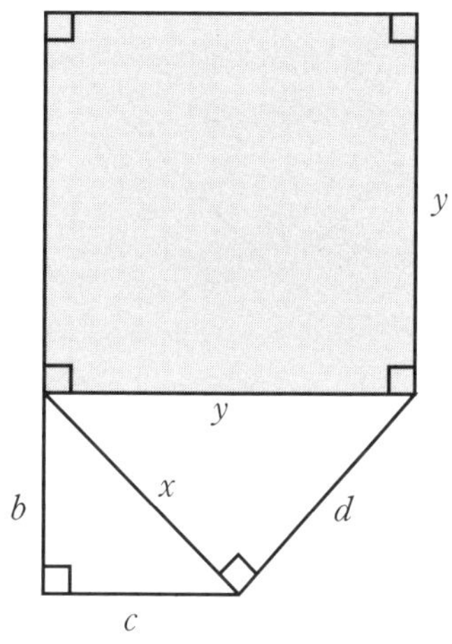

[그림 1.11]

따라서 주어진 다각형의 넓이는 한 변을 y로 하는 정사각형의 넓이와 같게 된다.

이 과정은 다각형을 대각선들에 의해 네 개, 다섯 개, 또는 여러 개의 삼각형으로 나누게 되는 상황에 쉽게 적용될 수 있다. 어떤 다각형이 주어지더라도(그림 1.12와 같은) 이 다각형을 여러 개의 삼각형으로 나눌 수 있고, 단계 2에 따라 각각의 삼각형과 같은 넓이를 갖는 정사각형을 작도한다. 이 정사각형들과 피타고라스 정리를 이용하여 주어진 다각형과 같은 넓이를 갖는 큰 정사각형을 만든다. 이렇게 하면 어떠한 다각형도 구적가능하게 된다.

비슷한 방법을 사용해서 구적가능한 두 넓이의 차 ── 합이 아니라 ── 에 해당하는 넓이를 갖는 도형의 구적도 마찬가지로 구할 수 있다. 즉, 넓이 F와 G의 차에 해당하는 넓이가 E라고 할 때, 그림 1.13에서 보

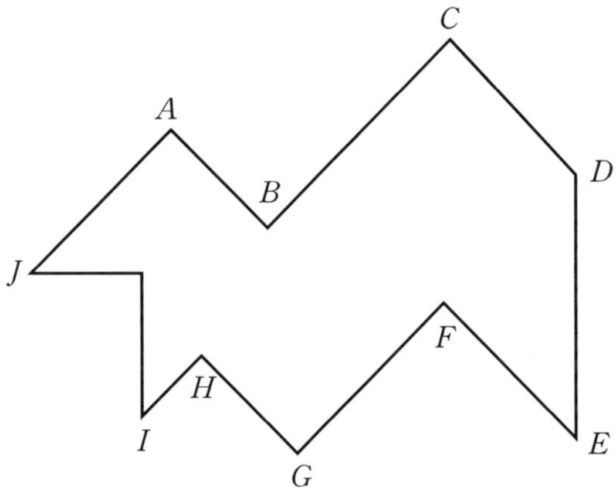

[그림 1.12]

는 것처럼 f와 g를 한 변으로 하는 두 정사각형이 이미 작도되어 있다. 그런 다음 빗변이 f, 다른 한 변이 g인 직각삼각형을 작도한다. 이 삼각형의 다른 한 변의 길이를 e라고 하고 이 길이를 한 변으로 하는 정사각형을 작도한다. 그러면 아래의 식을 얻게 된다.

$$\text{넓이(정사각형)} = e^2 = f^2 - g^2 = F - G = E$$

따라서 넓이 E(두 구적가능한 넓이의 차)도 구적가능하다.

이러한 방법을 사용하여 히포크라테스 시대의 그리스 사람들은 매우 불규칙한 다각형의 구적도 할 수 있었다. 그러나 이 성공은 직선으로만 된 도형——즉, 비록 온갖 종류의 각들이 만나고 있지만 이들 도형의 변은 항상 직선이다.——의 경우에만 한정된 것이므로 반쪽짜리 성공인 셈이었다. 훨씬 더 도전적인 문제는 곡선으로 이루어진 도형도 과연 구적이 가능할까 하는 것이었다. 컴퍼스와 직선자를 사용해서 곡선을 똑바른 직선

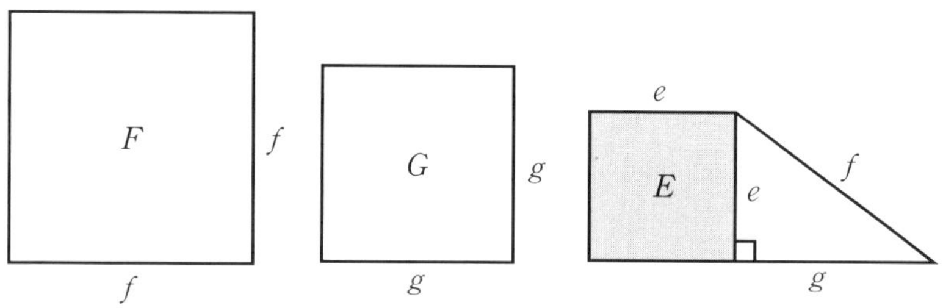

[그림 1.13]

으로 만들 수 있는 쉬운 방법이 없기 때문에 처음에는 불가능하게 보여졌다. 그러다가 기원전 5세기에 '궁형'이라고 하는 곡선으로 된 도형의 구적을 키오스의 히포크라테스가 성공했을 때 이것은 아주 뜻밖의 일로 받아들여지게 되었다.

위대한 정리: 궁형의 구적

궁형(lune)이란 두 개의 원형 모양의 호로 된, 즉 초승달 모양의 평면도형을 말한다. 히포크라테스도 이러한 모든 궁형에 대한 구적을 구하지는 못했고 단지 세밀하게 작도한 특수한 모양의 궁형에 대해서만 구적을 할 수 있었다. 후기에서 논의되는 바와 같이 이러한 구분은 그리스 기하에 대한 약간의 오해에서 나온 것이라고 보아진다. 히포크라테스의 증명은 다음과 같은 세 가지 예비 결과를 기초로 하고 있다.

- 피타고라스 정리
- 반원에 내접해서 생기는 임의의 각은 직각이다.

■ 두 원 또는 두 반원의 넓이의 비는 이들 도형의 지름의 제곱에 대한 비와 같다.

$$\frac{\text{넓이(반원 1)}}{\text{넓이(반원 2)}} = \frac{d^2}{D^2}$$

위의 세 가지 결과 중 처음 두 가지는 히포크라테스가 궁형에 대한 구적을 시도하기 훨씬 전에 이미 잘 알려진 사실들이었다. 하지만 세 번째 명제의 경우는 이야기가 좀더 복잡하다. 이 명제는 두 원이나 두 반원의 지름의 제곱을 이용하여 이들의 상대적 넓이를 비교하는 것이다(그림 1.14). 예를 들면, 만약 오른쪽 반원의 지름이 왼쪽 반원의 지름의 5배라면, 오른쪽 반원의 넓이는 왼쪽 반원의 넓이의 25배라는 뜻이다. 이 명제를 과연 히포크라테스가 타당성 있게 증명을 했는지에 대해 많은 의문이 제기되고 있어 수학 역사가들 사이에서도 의견이 일치하지 않고 있다. 히포크라테스는 아마 자신이 이것을 충분히 증명할 수 있다고 생각했을지도 모르지만, 현대의 학자들에 따르면 이 정리 ── 오랜 세월 후 유클리드 《원론》의 12권에 두 번째 명제로 제시되어 있다. ── 는 당시 히포크라테스가 다룰 수 있었던 수준을 훨씬 넘어선 논리적 어려움을 지니고 있다고 한다.(이 결과의 유도는 제4장에 제시되어 있다.)

이 문제는 잠시 접어두고 히포크라테스의 증명을 이제 살펴보기로 하자. 그림 1.15와 같이 중심이 O이고 반지름이 $\overline{AO}=\overline{OB}$인 반원을 그린다. AB에 수직이 되도록 OC를 작도하여 반원과 만나는 점을 C라 하고, AC와 BC를 긋는다. AC를 이등분하여 그 중점을 D라 하고, $\overline{AD}$를 반지름으로, D를 중심으로 하여 반원 AEC를 그리면 그림의 음영 부분과 같이 궁형 $AECF$가 만들어진다.

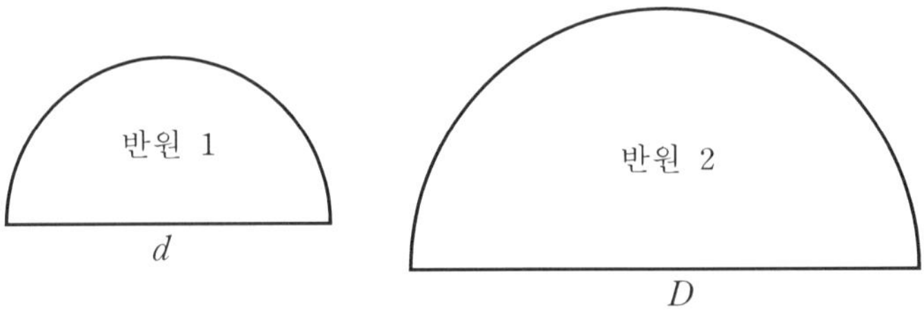

[그림 1.14]

히포크라테스는 이 문제를 간단하면서도 기막힌 방법으로 해결하였다. 먼저 음영으로 된 $\triangle AOC$의 넓이와 정확하게 같은 넓이를 갖는 궁형을 작도해야만 했다. 이것과 함께 삼각형은 구적가능하다는 사실을 적용하여 최종적으로 이 궁형도 구적가능하다는 결론을 내렸다.

정 리 궁형 $AECF$는 구적가능하다.

증 명 $\angle ACB$는 반원에 내접하고 있기 때문에 직각이다. $\triangle AOC$와 $\triangle BOC$는 SAS 합동조건에 의해 합동이며, 따라서 $\overline{AC}=\overline{BC}$이다. 그런 다음 피타고라스 정리를 적용하면 다음을 얻게 된다.

$$(\overline{AB})^2=(\overline{AC})^2+(\overline{BC})^2=2(\overline{AC})^2$$

AB는 반원 ACB의 지름이고, AC는 반원 AEC의 지름이므로, 앞에서 언급한 세 번째 원리를 적용하면 다음과 같이 된다.

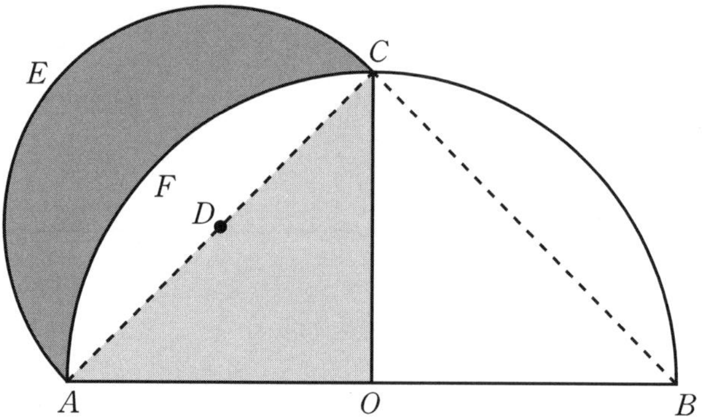

[그림 1.15]

$$\frac{\text{넓이(반원 } AEC)}{\text{넓이(반원 } ACB)}=\frac{(\overline{AC})^2}{(\overline{AB})^2}=\frac{(\overline{AC})^2}{2(\overline{AC})^2}=\frac{1}{2}$$

즉, 반원 AEC의 넓이는 반원 ACB의 넓이의 절반에 해당한다. 이제 사분원인 $AFCO$(사분원이란 원의 4분의 1을 말한다)를 살펴보자. 그런데 이 사분원의 넓이도 반원 ACB의 넓이의 반에 해당하므로 다음과 같이 말할 수 있다.

넓이(반원 AEC)=넓이(사분원 $AFCO$)

마지막으로 그림 1.16과 같이 이들 각각의 도형으로부터 공통 부분인 $AFCD$를 빼면 된다. 따라서,

넓이(반원 AEC)−넓이(공통 부분 $AFCD$)
=넓이(사분원 $AFCO$)−넓이(공통부분 $AFCD$)

그림에서 보는 것과 같이 아래의 사실이 성립하게 된다.

넓이(궁형 $ACEF$)=넓이($\triangle ACO$)
그런데 앞에서 본 것과 같이 이 삼각형과 동일한 넓이를 갖는 정사각형을 작도할 수 있으므로 결국 이 넓이는 이 궁형의 넓이와 같게 된다. 이것이 바로 구하려고 했던 구적이다.

Q.E.D.

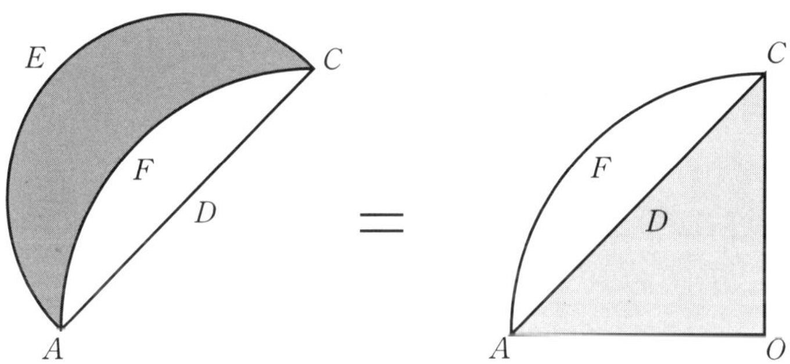

[그림 1.16]

이것은 진정한 수학적 승리였다. 히포크라테스 시대보다 발달된 5세기의 시각에서 이 사실을 되돌아 본 평론가 프로클로스*가 쓴 바에 따르면, 키오스의 히포크라테스는 "…… 궁형에 대한 구적을 구했고 기하에 관련된 다른 많은 발견들을 했다. 작도에 관한 한 그는 천재적이었다."

후 기

궁형의 구적에 대한 히포크라테스의 성공이 알려지자 그리스 수학자들은 가장 완벽한 곡선으로 된 도형인 원의 구적에 대해서도 낙관적이었을 것이다. 그 당시의 사람들은 이 문제의 해결에 많은 시간을 들였고, 비록 과거의 기록에 대한 진위를 파악하는 데 어려움이 있었지만 이후의 기록에 따르면 히포크라테스 자신이 이 시도를 했다고 한다. 5세기의 심플리시우스는 아포로디시아스(Aphrodisiensis) 출신의 알렉산더(Alexander, 210년경)의 말을 인용하여 히포크라테스가 원의 구적도 할 수 있다고 주장했다고 한다. 이 증거들을 종합해보면, 다음의 내용은 알렉산더가 생각했던 증명이라고 추측된다.

지름이 AB인 임의의 원이 주어졌다고 하자. 그리고 중심을 O로 하고 AB의 2배인 CD를 지름으로 하는 큰 원을 작도한다. 이 원의 반지름을 한 변으로 하는 정육각형을 이 큰 원에 내접시킨다. 즉,

$$\overline{CE}=\overline{EF}=\overline{FD}=\overline{DG}=\overline{GH}=\overline{HC}=\overline{OC}$$

---

* 프로클로스(Proclos, 410-485)는 비잔티움(지금의 터키)의 콘스탄티노플(지금의 이스탄불)에서 태어나서 그리스의 아테네에서 생을 마감한 5세기의 평론가. 부유한 집안 출생으로 부친의 직업을 이어받아 법률가가 되려고 했으나 알렉산드리아에서 아리스토텔레스의 철학을 공부하게 되었고 이곳에서 헤론(Heron)으로부터 수학을 배웠다. 그러나 알렉산드리아에서의 철학 공부에 만족하지 못한 채 아테네로 와서 그 당시 철학자 플루타르크와 그의 제자인 시리아누스(Syrianus)가 이끌던 플라톤의 아카데미에서 공부를 했다. 나중에는 이 아카데미의 교사가 되었고 시리아누스가 죽은 후에는 아카데미의 명실상부한 장이 되었다. 고기를 먹지 않았으며 결혼을 하지 않은 채 종교적인 청렴한 삶을 살았다. 유클리드의 원론에 관한 평을 썼는데 이 책은 아카데미에서 기하학을 가르치면서 쓴 것으로 그리스 기하학의 초기 역사에 대한 주요한 자료가 되었다. 프로클로스는 뛰어난 수학자는 아니었지만 예리하고 명석한 평론가였다고 한다.

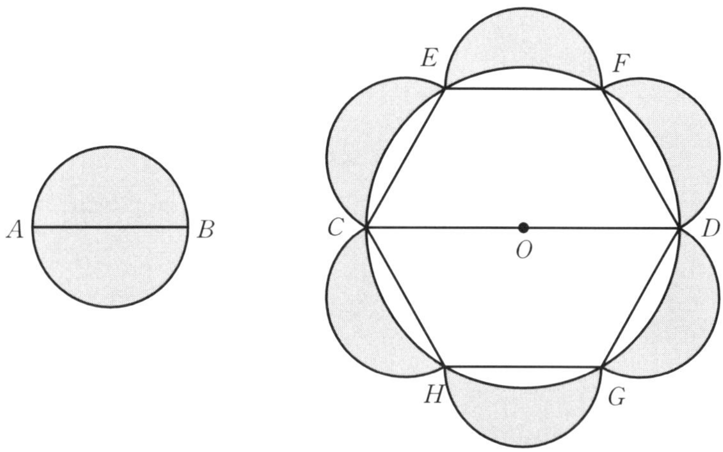

[그림 1.17]

여기서 중요한 사실은 큰 원의 반지름에 해당하는 이들 각 선분의 길이는 $\overline{AB}$의 길이와 같다는 점이다. 이들 선분을 지름으로 해서 그림 1.17과 같이 6개의 반원을 작도한다. 이렇게 하면 6개의 궁형과 AB를 지름으로 하는 원으로 된 음영 부분이 만들어진다.

이제 오른쪽 그림을 두 가지 다른 방법으로 분해하여 보자. 첫 번째는 정육각형 $CEFDGH$와 6개의 반원을 더하는 방법이고, 두 번째는 큰 원과 6개의 궁형을 더하는 방법이다. 이 두 가지 방법은 동일한 도형을 사용해서 분해를 했기 때문에 결국 같은 넓이를 갖는다. 그런데 6개의 반원은 $\overline{AB}$와 같은 길이를 지름으로 하는 3개의 원과 같으므로 다음이 성립한다.

$$\text{넓이(정육각형)} + 3\,\text{넓이(원 } AB\text{)} = \text{넓이(큰원)} + \text{넓이(6개의 궁형)}$$

또 원 AB보다 두 배의 지름을 갖는 큰 원의 넓이는 작은 원의 넓이의 $2^2=4$배이다. 따라서

$$\text{넓이(정육각형)}+3\,\text{넓이(원 }AB)=4\,\text{넓이(원 }AB)+\text{넓이(6개의 궁형)}$$

그리고 위의 방정식의 양변으로부터 '3 넓이(원 AB)'를 빼면 이와 같다.

$$\text{넓이(정육각형)}=\text{넓이(원 }AB)+\text{넓이(6개의 궁형)} \quad \text{또는}$$
$$\text{넓이(원 }AB)=\text{넓이(정육각형)}-\text{넓이(6개의 궁형)}$$

알렉산더에 따르면 히포크라테스는 다음과 같이 생각했다고 한다. 정육각형은 일종의 다각형이므로 구적가능하다. 그리고 앞에서 했던 방법에 따라 각 궁형의 구적도 구할 수 있으므로 이 방법을 계속 적용하면 6개 궁형의 넓이의 합과 같은 넓이를 갖는 정사각형을 작도할 수 있다. 따라서 AB를 지름으로 하는 원은 앞에서와 같이 간단하게 넓이를 빼주면 구적가능하게 된다.

하지만 히포크라테스의 이 생각에는 눈에 띄는 오류가 있음을 알렉산더는 지적하였다. 앞의 위대한 정리에서 본 히포크라테스가 구적을 구했다는 궁형은 내접한 정육각형의 변을 이용해서 작도한 것이 아니라 내접한 정사각형의 변을 이용해서 작도한 것이었다. 다시 말해서, 히포크라테스는 지금 제기하고 있는 이런 유형의 궁형에 대한 구적을 구하는 과정에 대해서는 한마디도 언급하지 않았다.

현대의 많은 학자들은 히포크라테스 정도의 수준 높은 수학자가 그러한 실수를 했다는 점을 의문스러워했다. 히포크라테스의 원래 증명을 전해주었던 알렉산더나 심플리시우스 또는 다른 전달자들이 이 증명을 어떤 식으로든지 잘못 전달했을 가능성이 훨씬 높은 듯하다. 어쨌든 이 모든 상황을 이해하는 것은 아마도 불가능할 것이다. 그렇지만 이러한 추론은 원의 구적이 사실상 가능하리라는 생각을 뒷받침하고 있었다. 그래서 앞에서 보았던 이런 증명이 원의 구적을 못 구하더라도, 조금만 더 노력하고 통찰을 얻는다면 아마 성공할 수 있으리라고 생각했다.

하지만 사정은 그렇지가 못했다. 수백 년 동안 수많은 사람들의 적지 않은 노력에도 불구하고 원의 구적에 대한 도전은 성공하지 못했다. 무수한 특별한 비결들이 제안되었지만, 결국에는 오류가 있음이 발견되었다. 점차 수학자들은 컴퍼스와 직선자를 사용한 원의 구적이 본질적으로 불가능할지도 모른다는 생각을 하게 되었다. 물론 심지어 2000년의 노력 뒤에도 정확한 증명이 나오지 않았다는 사실이 그 불가능성을 입증한 것은 아니다. 이 시기의 수학자들은 기하학적 덤불을 헤치고 나갈 수 있는 길을 찾을 만한 충분한 실력을 갖추지 못한 듯하다. 더구나 원의 구적이 불가능하다면, 다른 증명의 모든 논리적 엄밀함을 동원해서 이러한 불가능성이 증명되어야 함을 의미하는데 이러한 증명을 어떻게 착수해야 하는지도 명확하게 밝히지 못했다.

여기서 분명하게 짚고 넘어가야 할 점이 있다. 주어진 원과 같은 넓이를 갖는 정사각형이 존재할 것이라는 점에 대해서는 그 당시 어느 누구도 의심하지 않았다는 것이다. 예를 들어, 스크린에 고정된 한 원과 그 옆에는 작은 정사각형 불빛이 투사기에서 비추어지고 있다고 하자. 이 정사각형의 넓이는 원의 넓이보다 상당히 작다. 그런데 만약 이 투사기를 스크린으로부터 조금씩 멀어지게 하면, 이 정사각형 이미지의 넓이는 점차 커져서 결국 원의 넓이를 초과하는 정사각형이 된다. '연속적 증가'에 대한 직관적 관점으로 볼 때, 정사각형의 넓이가 변화하는 어느 순간에 이 정사각형의 넓이는 정확하게 원과 같은 넓이를 갖는다고 말할 수 있다.

그렇지만 이것은 논의의 대상이 아니다. 왜냐하면 지금 다루고 있는 문제는 이러한 정사각형이 존재하느냐는 것이 아니라 컴퍼스와 직선자를 가지고 이 정사각형을 작도할 수 있느냐는 것이기 때문이다. 특수한 이 두 가지 도구를 사용해야만 한다는 제한 때문에 바로 이러한 어려움이 야기되는 것이므로 이 제한을 제거하는 것은 규칙을 위반하는 것밖에 되지 않는다.

원의 구적 문제는 히포크라테스 시대 때부터 지금으로부터 불과 100여 년 전까지도 미해결로 남아 있었다. 그런데 1882년 독일의 수학자 린데만(Ferdinand Lindemann, 1852-1939)이 원의 구적이 불가능함을 마침내 명쾌하게 증명하는 데 성공했다. 이 증명의 자세한 사항은 상당히 어려우며 또한 이 책의 범위를 넘어서는 것이다. 하지만 다음의 내용은 이 오래된 문제에 대한 린데만의 해결 방법을 간단히 요약한 것이다.

그는 기하학에 관련된 문제를 수론의 영역으로 바꿈으로써 해결을 할 수 있었다. 만약 모든 실수를 그림 1.18에 있는 것처럼 큰 직사각형에 포함되도록 하면, 서로 배타적인 두 영역인 **대수적 수**(algebraic numbers)와 **초월수**(transcendental numbers)로 모든 실수를 구분할 수 있다.

정의에 따르면, 어떤 실수가 다음과 같은 다항식의 해가 될 때 **대수적 수**라고 한다.

$$a_n x^n + a_{n-1} x^{n-1} + \cdots + a_2 x^2 + a_1 x + a_0 = 0$$

여기서 모든 계수 a_n, a_{n-1}, $\cdots$, a_2, a_1, a_0은 정수이다. 따라서 유리수 $\frac{2}{3}$는 다항식 $3x-2=0$의 해이기 때문에 대수적 수이다. 무리수 $\sqrt{2}$도 $x^2-2=0$를 만족하므로 대수적 수이다. 심지어 $\sqrt[3]{1+\sqrt{5}}$ 라는 수도 $x^6-2x^3-4=0$을 만족하므로 대수적 수이다. 각각의 경우를 보면 이들 다항식의 계수가 모두 정수임을 알 수 있다.

형식을 조금 무시하고 말한다면, 산술과 기초 대수학에서 보게 되는 '쉬운' 또는 '친숙한' 숫자들을 대수적 수라고 생각해도 된다. 예를 들어, 모든 분수와 이들 분수의 제곱, 세제곱 등과 마찬가지로 모든 정수도 대수적 수이다.

반면, 대수적 수가 아닌 수를 **초월수**라고 한다. 즉, 정수 계수를 가진 다항식의 해가 아닌 수를 말한다. 이 초월수는 상대적으로 단순한 대수적 수에 비해 훨씬 복잡한 수이다. 정의에 따르면, 어떠한 실수라도 반드시 대수적 수이거나 초월수이며 동시에 양쪽에 속하는 경우는 없다. 이것은

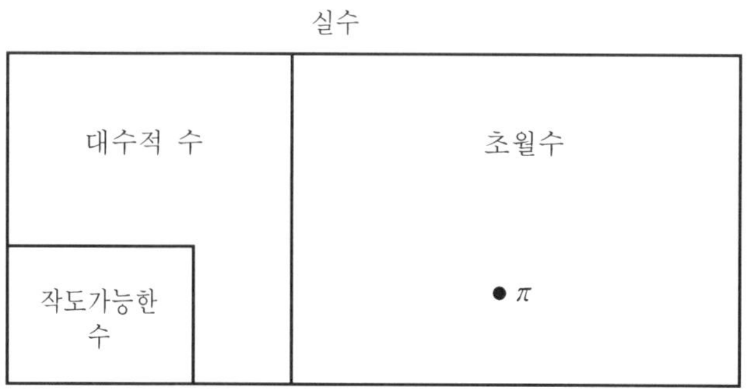

[그림 1.18]

엄격한 양분으로 마치 어떤 사람이라도 반드시 남자 아니면 여자이고 중간은 없는 것과 같다.

이제 컴퍼스와 직선자만을 사용해서 단위 길이(즉, 숫자 '1'을 나타내는 길이)로 구성할 수 있는 다른 수를 살펴보자. 작도가능한 길이의 전체 개수는 방대하지만 모든 실수를 포함하지 않는다는 사실이 밝혀졌다. 예를 들어, 길이 1로부터 시작하면 길이 2, 3, 4 … 뿐만 아니라 1/2, 2/5, 13/711과 같은 유리수의 길이 및 심지어는 제곱근만 갖는 무리수의 길이인 $\sqrt{2}$ 또는 $\sqrt{5}$ 도 작도할 수도 있다. 더 나아가 만약 두 길이를 작도할 수 있으면, 이들 길이의 합, 차, 곱, 또는 비를 작도할 수 있다. 이러한 과정들을 모두 종합하면 다음과 같이 아주 복잡한 수식도 실제로 작도가능하다.

$$\sqrt{\frac{6-2\sqrt{2}}{1+\sqrt{4+\sqrt{23-\sqrt{7}}}}}$$

마치 모든 대머리 남자들이 모든 남자의 부분 집합을 이루듯이 이런 작도 가능한 많은 숫자들은 대수적 수의 부분 집합이다. 그림 1.18에서 보는 것처럼, 이런 작도 가능한 길이는 정확하게 대수적 수에 포함되어 있다. 어떠한 초월수라도 컴퍼스와 직선자를 사용해서는 작도할 수 없다는 점이 중요하다. (이 유추를 조금 더 확장해 보면, 이것은 대머리 남자 집합에서는 어떤 여자도 발견될 수 없다는 말과 같다.)

이러한 모든 사실들은 린데만이 이 문제를 풀려고 했을 당시에 이미 알려져 있었다. 선구자들의 노력을 토대로 하여, 특히 프랑스의 천재 수학자 에르미트(Charles Hermite, 1822-1901)*, 린데만은 유명한 수인 π를 공략하였다.(기초 기하학에서 는 원의 원주와 지름의 비인데 제4장에서 이 중요한 상수에 대해서 좀더 살펴볼 것이다.) 린데만의 큰 업적은 이 π가 초월수임을 증명한 것이었다. 다른 말로 설명하면, π는 대수적이 아니므로 결국 작도가능하지 않다는 것이다. 바꾸어 말해서 이것은 $\sqrt{\pi}$ 또한 작도가능하지 않다는 사실을 말하는 것이다. 왜냐하면 만약 $\sqrt{\pi}$가 작도 가능하다면, 컴퍼스와 직선자를 불과 몇 번만 더 움직이고 나면 π도 역시 작도할 수 있기 때문이다.

π에 대한 이 발견은 처음에는 원의 구적을 다루는 기하와 아무런 연관성이 없는 듯 했는데 바로 이 발견이 그 동안 수많은 사람들이 구적 문제를 해결하는데 있어서 빠진 부분을 채워주고 있음을 알 수 있다.

정 리 원의 구적은 불가능하다.

증 명 마지막에 모순을 유도하기 위하여 원이 구적가능하다고 가정해보자. 그러면 컴퍼스를 사용해서 반지름이 $r=1$인 원을 쉽게 작도할 수 있으며, 이 원의 넓이는 $\pi r^2=\pi$가 된다. 위에서 가정한 바와 같이 원이 구적가능하다면, 컴퍼스와 직선자를 사용하여 열심히

* 19세기 후반의 프랑스 수학계를 이끈 거장으로 대수학, 해석학의 분야에서 큰 공헌을 했고, 수론, 불변식론(不變式論), 공변식론(共變式論), 방정식론, 타원함수론 등에 많은 업적을 남겼다. 라그랑주의 수치방정식의 논문과 가우스의 〈정수론 연구〉로 대수학을 공부했으며, 《신수학 연보》 창간호에 실린 〈5차 방정식의 대수적 해법〉으로 독창성을 보였으며, 이어 아벨함수로 관심을 돌려 이 문제에 관한 뛰어난 업적으로 학계에 알려지기 시작하였다. 에콜 노르말(1869) 및 소르본 대학(1870) 교수가 되어 퇴직할 때까지 27년 동안 교직에 있으면서 보렐(Borel), 푸앵카레(Poincaré) 등 많은 수학자를 가르쳤다. 그의 이름을 딴 '에르미트 형식'은 물리학, 특히 양자역학에서 중요한 역할을 하였으며 대수적 불변식론은 최고의 업적이라고 평가되고 있다. 또한 일반 5차 방정식을 타원함수로 푸는 해법은 대수학, 해석학에 새로운 지평을 열어, 푸앵카레의 보형(保型) 함수로 이어지는 계기가 되었다.

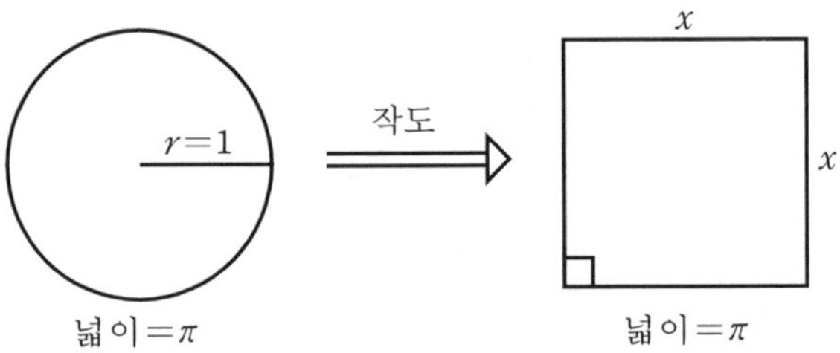

[그림 1.19]

호와 선을 그으면 결국 단지 유한 번의 단계 후에는 그림 1.19에서 보는 것과 같이 넓이가 π인 정사각형을 얻게 된다. 이런 과정으로, 각각의 네 변을 작도하게 되어 정사각형을 얻게 된다. 이 정사각형의 한 변의 길이를 x라 하자. 그러면

$$\pi = \text{원의 넓이} = \text{정사각형의 넓이} = x^2$$

이므로 컴퍼스와 직선자를 사용하여 $x=\sqrt{\pi}$의 길이를 작도할 수 있게 된다. 하지만 위에서 언급한 것처럼 $\sqrt{\pi}$와 같은 작도는 불가능하다.

그렇다면 이 증명에서 무엇이 잘못된 것일까? 이 증명을 다시 거슬러 올라가서 모순의 근원을 찾아보면, 원이 구적가능하다는 처음의 가정임을 발견할 수 있다. 따라서 원의 구적은 논리적으로 불가능하다는 결론을 내릴 수 있게 된다.

Q.E.D.

그래서 린데만의 발견으로 히포크라테스 시대 때부터 현대에 이르기까

지 많은 수학자들의 관심을 집중시켰던 원의 구적을 구하는 문제는 이로서 막을 내리게 되었다. 이 증명으로 궁형의 구적으로부터 시작된 그 많았던 증명과 단서들 모두가 단지 환상에 불과했음이 밝혀지게 되었다. 따라서 컴퍼스와 직선자만을 사용해서는 원을 정사각형으로 바꾸는 것이 불가능하다는 결론을 내리게 되었다.

그렇다면 과연 궁형에 대한 역사는 어떻게 되었을까? 앞의 위대한 정리에서 히포크라테스 궁형의 구적을 보았는데, 그는 두 가지 다른 유형의 궁형에 대한 구적도 역시 구했다. 그래서 기원전 440년까지 모두 세 가지 유형의 궁형이 구적가능하다고 알려졌다. 이때부터 거의 2000년이 넘도록 궁형의 구적은 답보 상태에 머물렀다. 그러다가 1771년 오일러(Leonhard Euler, 1707-1783) ── 이 책의 제9장과 10장에서 자세하게 다룰 인물 ── 가 구적가능한 두 가지 궁형을 더 발견하였다. 20세기에 이르러 체바토루(N.G. Tschebatorew)와 도로드나우(A.W. Dorodnow)가 이들 다섯 가지가 유일하게 구적가능한 궁형임을 증명할 때가지 별 다른 진전이 없었다. 따라서 후기의 첫 부분에서 알렉산더가 히포크라테스의 궁형 구적에 대한 오류를 지적했던 것과 같은 모양의 궁형을 포함해서 이 다섯 가지를 제외한 다른 모든 유형의 궁형들은 원과 마찬가지로 구적이 불가능하다.

히포크라테스와 그의 궁형에 대한 이야기로 마지막을 장식했는데 다소 심술궂은 이야기가 되었다. 처음에는 곡선으로 둘러싸인 도형은 컴퍼스와 직선자를 사용해서는 구적을 할 수 없다고 직관적으로 생각했다. 그러다가 히포크라테스 궁형에 대한 구적은 이러한 직관이 잘못되었음을 보여주었고, 이에 따라 구적에 대한 탐구는 봇물을 이루었다. 하지만 결국 린데만, 체바토루, 도로드나우의 구적에 대한 부정적 결과는 직관이 그렇게 결함이 있는 것은 아니라는 사실을 입증하였다. 곡선으로 둘러싸인 도형의 구적은 우리가 다룰 수 있는 범위를 훨씬 넘어선 예외적인 것으로 영원히 남아 있을 것이다.

CHAPTER 02

피타고라스 정리에 대한 유클리드의 증명

Euclid's Proof of the Pythagorean Theorem
(기원전 300년경)

유클리드의 《원론》

히포크라테스와 유클리드 사이에는 150년이라는 시간의 간격이 있었다. 비록 이 기간동안 그리스는 펠로폰네소스 전쟁*의 혼란을 겪기도 했고 알렉산더 대왕**(Alexander the Great, 기원전 356-323) 통치하에서는 그리스 제국의 영광을 경험하기도 했다. 또한 철학자인 플라톤과 아리스토텔레스, 아테네의 시인이며 희극 작가인 아리스토파네스(Aristophanes)

* 기원전 431～404년 사이에 아테네와 스파르타가 각각 자기편의 동맹 도시들을 거느리고 싸운 전쟁으로 스파르타의 승리로 끝났으나, 고대 그리스 쇠망의 원인이 되었다.

** 그리스 북쪽에 있었던 마케도니아 왕국의 왕으로 그리스, 페르시아, 인도에 이르는 대제국을 건설한 대왕이었다. 기원전 323년 바빌론에 돌아와 아라비아 원정을 준비하던 중, 33세의 젊은 나이로 갑자기 죽었다. 자기가 정복한 땅에 알렉산드리아라고 이름 지은 도시를 70개나 건설하였다고 한다. 이 도시들은 그리스 문화의 동방으로의 전파를 위한 거점이 되었고, 헬레니즘 문화의 형성에 큰 구실을 하였다. 그의 문화사적 업적은 유럽, 아시아, 아프리카에 걸친 대제국을 건설하여 그리스 문화와 오리엔트 문화를 융합시킨 새로운 헬레니즘 문화를 이룩한 데 있다. 그가 죽은 뒤 대제국 영토는 마케도니아, 시리아, 이집트의 세 나라로 갈라졌다.

와 역사가인 투키디데스(Thucydides)의 작품에 의해 그리스 문명은 점차 성장하여 성숙하고 풍요로운 발달을 했다. 기원전 300년경, 그리스 문화는 지중해 연안과 더 먼 지역으로 전파되었으며 명실상부하게 그리스는 서구 문명을 지배하고 있었다.

기원전 440년부터 기원전 300년까지의 시기에는 많은 개인들이 수학의 발달에 큰 기여를 했다. 이러한 인물 중에 플라톤(기원전 427-347)과 에우독소스(기원전 408?-355)가 있었는데, 에우독소스만 진정한 수학자였다.

아테네의 위대한 철학자였던 플라톤이 수학을 창조하는 데 받쳤던 열정과 이 학문을 가르쳤던 당시의 상황은 여기서 자세하게 다시 언급하지 않더라도 널리 잘 알려져 있다. 플라톤은 어릴 때 아테네의 소크라테스 밑에서 공부를 했는데 이로 인하여 존경하던 스승이었던 소크라테스에 관해 우리가 알고 있는 많은 지식들은 플라톤으로부터 전해진 것이다. 여러 해 동안 플라톤은 세상을 여행하면서 위대한 사상가들을 만났으며 이 여행을 통해 자신의 철학적 견해를 체계적으로 세웠다.

기원전 387년 고향인 아테네로 돌아와서 배움과 묵상을 위한 아카데미를 설립하였는데 여러 곳에서 뛰어난 재능을 갖춘 학자들이 이곳으로 모였고 이 아카데미는 플라톤의 인도하에 고대 세계의 지식의 중심지가 되었다.

이 아카데미에서는 여러 학문들을 가르쳤는데 수학보다 더 중요하게 생각하는 학문은 없었다. 플라톤은 수학의 아름다움과 질서정연함, 그리고 일상적인 생활사에 때묻지 않은 추상적이며 이상적 세계를 표현하는 데 매료되었다. 더구나 플라톤은 수학의 논리적 엄밀함은 최고의 정신집중, 영민함, 그리고 신중함을 요하기 때문에 인간의 정신 훈련을 위한 완벽한 학문으로 간주했다. 전설에 따르면 그의 유명한 아카데미로 들어가는 아치형 정문에는 "기하학을 모르는 사람은 여기에 들어오지 마라."라고 쓰여 있었다고 한다. 분명히 남성 우월주의를 표방하고 있었지만, 이 문구는 무엇보다도 수학적 성숙함을 보여줄 수 있는 사람만이 이 아카데미에서 지적 도전을 경험할 수 있다는 뜻이었다. 오늘날의 대학입학 수학능력평가 시험처럼 플라톤은 기하를 이상적인 입학 요구 조건으로 간주하였다고 할 수 있다.

비록 플라톤에 의해 완성된 수학은 거의 없지만, 이 아카데미는 유능한 수학자들을 많이 배출했는데 크니도스(Cnidos) 출신의 에우독소스는 그 중 한 사람으로 진정 위대한 수학자였다. 에우독소스는 이 아카데미가 세워질 무렵 아테네에 왔으며 플라톤의 강의를 듣게 되었다. 에우독소스는 가난해서 아테네 외곽에 있는 피라우스(Piraeus)에 살았기 때문에 매일 아카데미로 통학을 했는데 아마도 최초의 통학 학생 중의 한 명이었을 것이다. 생애 말에는 이집트를 여행했고 고향인 크니도스로 돌아온 뒤 계속해서 많은 과학적 발견들을 함으로써 과학의 새로운 영역을 확장시켰다. 천문학에 특히 관심이 많아 달과 행성들의 복잡한 움직임에 대한 설명을 생각해냈는데, 이것은 16세기 코페르니쿠스의 지동설에까지 영향을 주었다고 한다. 에우독소스는 자연 현상에 대해 결코 신성하거나 신비적 설명을 거부한 채 오직 관찰과 합리적 분석만을 따르려고 노력했다. 그래서 헤이스 경(Sir Thomas Heath)은 에우독소스를 "그 당시 진정한 과학자라고 부를 만한 한 사람을 꼽으라면 에우독소스이다"고 평했다.

에우독소스는 수학에서 두 가지 중요한 기여를 한 것으로 알려져 있다. 하나는 비례론(比例論, theory of proportion)이고, 다른 것은 소진법(消盡法, method of exhaustion)이었다. 비례론은 피타고라스 학파에 의해 발견된 통약 불가능한 길이 때문에 야기되었던 어려움을 극복할 수 있는 논리적 쾌거였다. 이 어려움은 특히 삼각형의 닮음에 관한 기하학적 여러 정리들에 나타나 있었던 것으로, 이 정리들은 임의의 두 길이(또는 양)들은 통약가능하다는 가정하에 증명된 것들이었다. 그런데 이 가정이 잘못된 것으로 판명됨에 따라 기하학의 주요한 여러 정리들에 대한 기존의 증명들도 폐기되어야만 할 처지에 놓여 있었다.

이것을 그리스 기하학의 '논리적 수치'라고 흔히 이야기하고 있다. 즉, 사람들은 여전히 이 정리들이 기록된 대로 참이라고 믿었지만 그렇다고 해서 이 믿음을 뒷받침할 만한 확고한 증명도 더 이상 없는 상태였다. 이런 상황에서 비례론을 개발하여 오랫동안 추구했던 이들 증명을 완성할 수 있도록 한 사람이 바로 에우독소스였다. 그리스 수학자들에게 안도의 한숨을 쉬도록 했던 그의 이론은 현재 유클리드의 《원론》 V권에 대부분 실려 있다.

에우독소스의 또 다른 위대한 기여인 소진법은 복잡한 기하학적 도형의 넓이와 부피를 구할 수 있는 뛰어난 응용력을 가진 방법이었다. 이 소진법의 개요는 이미 잘 알려진 일련의 단순한 기하학적 도형으로부터 비규칙적인 도형으로 접근해가는 것으로 앞선 도형보다 그 다음의 도형이 더 나은 넓이의 근사치를 제공하는 것을 이용하고 있다. 예를 들면, 완벽한 곡선 도형인 원은 그 넓이를 다루기가 아주 어려운 평면 도형이다. 그런데 이 원 안에 정사각형을 내접시키고, 그런 다음 이 정사각형의 변의 수를 두 배로 내접시키면 정팔각형을 얻게 되고, 그런 다음 다시 이 변의 개수를 두 배로 하면 정16각형을 얻게 된다. 이런 식으로 계속해가면 원의 넓이에 아주 근접한 근사치를 가지는 단순한 정다각형을 구할 수 있다. 에우독소스의 표현을 빌리자면, 이 다각형들은 안쪽으로부터 원의 넓이를 '소진시키고' 있는 것이다.

사실 이 과정은 제4장의 위대한 정리에서 아르키메데스(Archimedes)가 원의 넓이를 구할 때 사용했던 방법이다. 아르키메데스가 원의 넓이를 구할 수 있는 근본적인 논리적 도구를 가진 것은 에우독소스의 업적 덕분이었다. 더구나 아르키메데스 자신도 "원기둥과 같은 밑변과 같은 높이를 가진 뿔은 이 원기둥 부피의 1/3의 부피에 해당한다"라는 결코 사소하지 않은 이 정리를 증명하기 위하여 사용한 소진법을 에우독소스의 공로라고 하였다. 고등수학을 공부한 독자들은 이 소진법이 미적분학의 핵심인 '극한(limit)'이라는 현대적 개념의 기하학적 과거 개념임을 알 수 있을 것이다. 누구와도 비교할 수 없을 만큼 뛰어났던 아르키메데스 다음으로 가장 뛰어난 고대 수학자로 간주되고 있는 에우독소스의 기여는 이렇듯 엄청난 것이었다.

기원전 4세기 후반기 동안 마케도니아의 알렉산더 대왕은 세계 정복을 시작하였다. 이 정복 과정에서 기원전 332년 이집트에 진출하여 나일강 어귀에 알렉산드리아 도시를 건설했다. 이 도시는 급속하게 발달하여 그 후 30년 동안 인구가 50만 명에 이르게 되었다. 특히 중요한 점은 위대한 알렉산드리아 도서관의 신축으로 아카데미가 세계 최고의 학문 중심지로 성장하게 되었다는 것이다. 어떤 때는 60만 권 이상의 파피루스를 소장하였고 그 당시 세계 어느 곳보다도 훨씬 완벽하고 놀랄 만한 수집품들을 보유하고 있었다. 알렉산드리아는 그리스와 로마 시대를 거쳐 아랍인들에 의해 마지막으로 파괴되었던 641년까지 지중해 지역의 지식의 중심지 역할을 하였다.

기원전 300년경 알렉산드리아로 모여들었던 학자들 중에 수학을 체계화한 유클리드가 있었다. 아프리카 연안에 도착하기 전이나 후의 그의 생애에 대해서는 거의 알려진 바가 없지만 아카데미에서 플라톤의 제자들로부터 교육을 받은 것으로 추측된다. 그가 어디서 누구에게서 교육을 받았다는 것은 자세하게 언급할 만큼 중요하지 않다. 하지만 거의 모든 그리스 후배 수학자들이 어떤 식으로든지 알렉산드리아 학파와 연관되어 있을 정도로 유클리드는 심오한 영향을 미쳤다.

유클리드를 수학사에서 가장 위대한 이름들 중의 하나로 인식되도록 한 것은 바로 《원론》의 저술이었다. 이 저술은 수세기를 거듭하여 오늘날에 이르기까지 연구, 분석, 편집되어 서구 사회의 사상에 심오한 영향을 주었다. 그래서인지 서구 문명에서 출판된 모든 책 중에서 단지 성경만이 유클리드의 《원론》보다 더 많이 읽혀졌다고 한다.

극찬을 받아온 이 《원론》은 평면 기하와 입체 기하 그리고 수론으로부터 시작하는 465개의 명제를 13권의 책으로 나누어 실어놓은 거대한 수집록이었다. 이러한 정리들 중에서 유클리드 자신이 만든 정리는 얼마 안 된다고 알려져 있다. 그렇다고는 하지만 거대한 그리스 수학으로부터 그 당시까지 알려져 있던 수학적 사실들을 너무나 성공적이며 경외할 정도로 잘 조직화시켜 놓았기에 그 이전에 나왔던 모든 수학 관련 책들을 무색하게 만들어버렸다. 유클리드의 《원론》은 곧 수학 교과서가 되었고 따라서 수학자들이 I. 47이라고 말하면 그것은 《원론》의 제I권의 47번째 명제를 가리키게 되었다. 이것은 I Kings 7:23이 성경 구절을 말하는 것이라고 구체적으로 말하지 않아도 알 수 있는 것과 같은 것이다.

실제로 성경과 원론을 이렇게 나란히 비교할 수 있는 것은 유클리드의 이 눈부신 창조물보다 '수학의 성경책'이라고 불릴 만한 책은 그 어디에도 없기 때문이다. 수세기를 거치면서 원론은 2000판 이상이 출판되었는데 요즘 수학책의 저자들로서는 부러움의 대상이기도 하다. 앞에서 지적한 바와 같이 원론은 그 당시에도 엄청난 성공을 거둔 수학책이었다. 로마 제국이 몰락한 후 아라비아 학자들은 원론을 바그다드로 가져갔고 르네상스 기간에 유럽에 다시 소개됐을 때, 그 영향은 엄청난 것이었다. 16세기 이탈리아의 위대한 학자들에 의해서, 그리고 한 세기 뒤에는 영국의 케임브리지 대학생이었던 뉴턴(Isaac Newton)이 《원론》을 연구했다. 샌드버그(Carl Sandburg)의 아브라함 링컨(Abraham Lincoln)의 전기를 보면 학교 교육을 제대로 받지 못했던 링컨이 젊은 변호사로서 자신의 논리적 사고력을 높이기 위하여 《원론》을 읽었다고 한다.

> …… 유클리드의 《원론》을 구입했다. 그것도 2300년이나 오래된 책을 …… 순회재판을 하기 위해 여러 곳을 다닐 때도 여행용 가방에 항상 담고 다녔다. 밤이면…… 다른 사람들이 잠든 후 촛불 아래에서 이 《원론》을 읽었다.

링컨이 쓴 산문투의 문장들은 셰익스피어와 성경 구절의 영향을 받아 풍부하였다고 한다. 또한 그의 많은 정치적 주장들은 유클리드 명제가 담고 있는 논리적 전개 과정을 반영하고 있는 것은 잘 알려진 사실이다.

그리고 러셀(Bertrand Russell, 1872-1970)도 《원론》과 관련된 좋은 기억을 가지고 있었다. 자서전에서 러셀은 감격스러웠던 기억을 이렇게 적고 있다.

> 형한테서 배우던 열한 살 때 유클리드의 《원론》을 처음 접하게 되었다. 이것은 마치 첫사랑에 빠져버리는 것처럼 내 인생에서 가장 큰 사건 중의 하나였다.

이 장과 다음 장에서 《원론》을 다루게 되는데 지금까지 수많은 사람들이 거쳐간 그 순서대로 따르고 있다는 사실을 알고 있어야 한다. 《일리아드》(Iliad)와 《오디세이아》(Odysseia)와 같은 불과 몇 편의 고전만이 이러한 순서를 따르고 있다. 앞으로 다루려고 하는 명제들은 아르키메데스와 키케로, 뉴턴과 라이프니츠, 나폴레옹과 링컨이 공부했던 내용들이다. 어쩌면 여러분이 역사를 통한 이러한 위대한 학생들과 같은 대열에 함께 있다는 사실에 약간 의기소침할지도 모르겠다.

유클리드의 위대한 천재성은 많은 새로운 내용의 수학을 창조했다는 사실에 있는 것이 아니라 그 당시의 고전적 수학을 아주 명백하게 조직화해서 논리적 형태로 제시했다는 점이다. 이것은 결코 작은 업적이라고 할 수 없다. 《원론》은 수학의 여러 정리와 그 증명을 단순히 정리해놓은 것보다 훨씬 위대한 책이라는 점을 인식하는 것이 중요하다. 이 책을 통해서 수학자들은 여러 명제를 증명했던 탈레스 시대보다 더 오랜 과거로 거슬러갈 수 있다. 유클리드는 수학의 공리론적(axiomatic) 전개를 훌륭하게 제시했는데 이것이 바로 《원론》의 우수한 점이다. 그는 겨우 23개의 정의(definitions)와 5개의 공준(postulates), 그리고 5개의 공리(common notions or general axioms)를 사용해서 원론을 시작했다. 이들은 《원론》을 구축하고 있는 체계의 기초, 즉 '주어진 것들'이었다. 유클리드는 원하면 언제든지 이들을 사용하였다. 이러한 기초로부터 첫 번째 명제를 증명하였다. 그런 다음 이들 정의, 공준, 공리와 첫 번째 명제를 사용하여 두 번째 명제를 증명하였다. 이런 식으로 계속해나간 것이다.

하지만 유클리드가 단지 증명만 한 것은 아니었다. 이들 증명을 사용하여 《원론》의 공리적 구조를 만들어갔다. 이러한 전개는 큰 장점을 지니고 있다. 한 가지 장점을 들면, 이 공리적 전개에 따르면 순환 논리를 피할 수 있다. 각 명제는 일련의 명백하고 모호함이 없는 이전의 명제들로 구성되는데 이전의 이 명제들을 거슬러 올라가면 원래 주어졌던 공리에 도달하게 된다. 《원론》의 이러한 구성은 컴퓨터에 익숙한 사람이라면 주어진 명제의 증명이 어떤 결과들에 의해서 가능했는지를 정확하게 순서도로 쉽게 나타낼 수 있을 정도로 명확하다. 이런 방법은 명제를 증명할 때 이전의 어떤 결과들을 사용해야 하는지 또는 사용하지 말아야 하는지를 분명히 고려하지 않은 채 '무턱대고' 증명하는 방법과는 비교도 안 될 정도로 뛰어난 것이다. 중간부터 증명을 시작하는 데 있어서 야기될 수 있는 큰 문제는 A라는 정리를 증명하기 위해서 B라는 결과를 이용해야 하는데 이 B라는 결과는 다시 정리 A가 없이는 증명될 수 없는 상태에 빠지는 것이다. 이렇게 함으로써 순환 논리에 빠지게 되는데 마치 뱀이 자신의 꼬리를 삼키는 것과 같은 논리이다. 수학에서 이러한 순환 논리는 결코 아무런 도움이 되지 않는다.

이런 공리론적 방법은 또 다른 이점을 지니고 있다. 어떠한 명제라도 그와 관련된 이전의 명제들을 분명히 알 수 있기 때문에 기본 공준들 중에서 어떤 것을 삭제하거나 변경하게 되면 어떤 일이 생길 수 있는지를 즉각 알 수 있다. 예를 들면, 만약 공준 C나 이 공준과 관련된 어떠한 이전의 결과를 하나도 사용하지 않은 채 정리 A를 증명했다면, 설령 공준 C를 폐기했다고 하더라도 정리 A의 타당성은 그대로 인정된다. 이런 것들이 약간 어렵게 느껴질 수도 있는데, 바로 이와 똑같은 일이 유클리드의 다섯 번째 공준과 관련해서 일어났고 이 일은 수학사에서 가장 심오하고 긴 논쟁 중의 하나가 되었다. 이 일에 관한 이야기는 이 장의 후기에서 살펴볼 것이다.

그래서 《원론》의 이 공리론적 전개는 상당한 중요성을 띠고 있다. 비록 유클리드가 하나의 실수도 없이 완벽하게 전개는 못했지만, 최고 수준의 논리적 엄밀성과 기초적 가정으로부터 시작하여 작은 조각의 수학적 사실들을 엮어 최고 수준의 정교한 결론을 이끌어낸 그의 성공은 이후의 모든 수학 활동의 모델이 되었다. 오늘날 위상 수학이나 추상 대수학 또는 함수론과 같은 난해한 수학을 연구하는 수학자들이 먼저 공리들을 제시하고 차근차근 단계를 따라서 훌륭한 이론을 정립해나가는 이러한 방법은 2300년 전에 죽은 유클리드의 흔적인 것이다.

제I권: 서문

이 장에서는 《원론》의 제I권만 살펴볼 예정이며 나머지 권들은 제3장에서 다루게 된다. 그런데 제I권은 갑자기 평면 기하에 관한 여러 정의들로 시작되고 있다. (유클리드에 관련된 모든 자료들은 토마스 헤이스 경이 쓴 백과사전판인 13권으로 된 유클리드의 《원론》——The Thirteen Books of Euclid's Elements——에서 나온 것이다.) 처음 몇 가지 정의들은 다음과 같다.

- **정의 1** 점이란 부분이 없는 것이다.
- **정의 2** 선이란 폭이 없는 길이이다.
- **정의 4** 직선이란, 그 위에 점들이 고르게 놓여 있는 선이다.

유클리드를 공부하는 요즘 학생들에게 이러한 정의들은 받아들이기 힘들고 기이하게 느껴질 것이다. 분명한 점은 어떠한 논리적 체계라 할지라도 모든 용어를 정의할 수는 없다. 왜냐하면 이 정의 자체가 용어로 구성되어 있어서 이들 용어를 또다시 정의하여야 하기 때문이다. 만약 어떤 수학자가 모든 것에 대한 정의를 내리려고 한다면, 틀림없이 계속 빙빙 도는 식의 혼란에 빠지게 된다. 예를 들어, 유클리드가 말하는 '폭이 없는'의 의미는 무엇인가? '그 위에 점들이 고르게 놓여 있는'이란 수학적으로 어떤 의미인가?

오늘날의 관점에서 볼 때, 논리적 체계는 모든 후속 정의들과 관련되는 몇 개의 무정의 용어로 시작한다. 이러한 무정의 용어의 개수를 최소화해야 하는데 그렇다고 해서 이들을 모두 없앨 수도 없다. 그래서 현대의 기하학자들은 '점'과 '직선'을 무정의 용어로 받아들이고 있다. 유클리드 식의 이러한 정의들은 우리들 머릿속에 어떤 이미지를 전달하는 것으로 장점이 없는 것은 아니다. 그렇지만 간결하고 논리적 정의라는 면에서 볼 때 이들 처음 몇 가지 정의들이 만족스럽다고 할 수는 없다.

다행스럽게도 유클리드의 그 다음 정의들은 더 성공적이었다. 이들 몇 가지는 제I권에서 중요한 정의들로 여기에서 차근하게 살펴봐야 할 것들이다.

- **정의 10** 한 직선이 다른 직선 위에서 같은 크기의 접각(接角, 서로 이웃하는 각)을 만들 때, 이들 같은 크기의 각을 직각이라고 하고 다른 직선 위에 서 있는 직선을 그 직선에 수직이라고 한다.

유클리드가 직각을 90도로 정의하지 않은 것이 요즘 독자들에게는 약간 생소하게 느껴질 것이다. 사실, 《원론》의 어느 곳에서도 각의 크기를 나타내는 단위인 '도'를 볼 수 없다. 이 책에서 각의 크기를 나타내는 유일한 것은 직각뿐이며, 앞으로 알게 되겠지만 유클리드는 한 직선과 이루는 크기가 같은 두 접각 중 하나를 직각으로 정의하고 있다.

- **정의 15** 원이란 한 선에 의해서 둘러싸인 평면 도형을 말하는데 이 도형 내부의 한 점에서 이 선에 닿는 모든 직선은 서로 길이가 같다.

말할 필요도 없이 여기서 원 내부의 '한 점' 이란 원의 중심을 말하고, 길이가 같은 '직선들' 은 반지름을 말하고 있다.

정의 19와 22까지 유클리드는 **삼각형**(세 개의 직선으로 이루어진 평면 도형)과 **사각형**(네 개의 직선으로 이루어진 평면 도형), 그리고 이들의 하위 도형으로 **정삼각형**(세 변의 길이가 같은 삼각형)과 **이등변 삼각형**(두 변의 길이가 같은 삼각형)을 정의하였다. 그리고 다음의 마지막 정의는 특히 중요하다.

- **정의 23** 평행선이란 같은 평면에 있으면서 양방향으로 무한히 연장할 수 있는 직선으로 어느 방향에서도 서로 만나지 않는 직선을 말한다.

여기서 주목해서 봐야할 부분은 유클리드는 직선상의 어느 점에서나 같은 거리에 있는 두 직선을 평행이라고 정의하지 않았다는 점이다. 그의 정의는 아주 단순해서 논리적 모순에 빠질 가능성이 적었다. 즉, 평행선이란 단지 같은 평면에서 절대 만나지 않는 선들이라고 했다.

이러한 정의들을 토대로 하여 유클리드는 자신이 만든 기하학을 위한 다섯 가지의 공준을 제시하였다. 이 공준들은 증명이 요구되지 않는 자명한 진리임을 염두에 두어야 한다. 유클리드는 이들 공준들을 아주 사려 깊게 선정했으며 이렇게 함으로서 서로 중복되거나 내적 불일치를 피할 수 있도록 했다.

- **공준 1** 임의의 한 점에서 임의의 다른 점으로 직선을 긋는 것(을 할 수 있다.)
- **공준 2** 유한 선분을 직선으로 계속 연장하는 것(을 할 수 있다.)

이 두 공준을 잠깐 생각해보면 눈금 없는 직선자를 사용한 작도가 가능함을 말하고 있다. 예를 들어, 만약 두 점을 직선으로 연결하려고 할 때——직선자를 사용해서 실제로 하는 일——그렇게 할 수 있는 논리적 근거를 공준 1이 제공해주고 있는 것이다.

- **공준 3** 중심과 거리(즉, 반지름)가 주어진 원을 그리는 것(을 할 수 있다.)

이 공준은 주어진 점을 중심으로 하고 주어진 거리를 반지름으로 해서 컴퍼스를 가지고 원을 그릴 수 있는 일이 가능하다는 논리적 근거를 제시하고 있다. 따라서 이들 세 가지 공준은 유클리드 기하에 관련된 도구들의 사용에 정당성을 부여해주었다.

정말 그럴까? 여러분이 기하학을 배울 때를 생각해보면 컴퍼스를 다른 용도로도 사용했음을 기억할 것이다. 말하자면, 평면 도형 위에 주어진 고정된 어떤 길이를 다른 곳으로 옮길 때도 컴퍼스를 사용했다. 즉, 주어진 선분의 길이를 다른 곳으로 그대로 옮기려고 할 때, 선분의 한쪽 끝에 컴퍼스의 침을 맞추고 적당히 컴퍼스를 펴서 다른 끝에는 연필심의 끝을 맞춘다. 그런 다음 이 컴퍼스를 움직이지 않도록 들어올려 잡은 채로 옮기고자 하는 곳으로 옮겨간다. 이 과정은 간단하고 아주 유용한 절차이다. 그렇지만 유클리드가 말하는 규칙에 따른다면, 이런 식으로 길이를 옮기는 것에 대한 논리적 근거인 공준이 없기 때문에 이 과정은 할 수가 없다. 이러한 결과로 수학자들은 종종 유클리드의 컴퍼스는 '오므라드는' 컴퍼스라고 말한다. 다시 말해서, 비록 원을 그리는 것은 완벽하게 가능하지만 (공준 3에서 허용하고 있으므로), 일단 컴퍼스를 그 평면으로부터 들어올리게 되면 펴진 상태로 그대로 있지 않고 펴기 전의 원상태로 되돌아간다는 것이다.

어떻게 해서 이런 일이 생겼을까? 왜 유클리드는 고정된 길이를 옮기는 이렇게 중요한 일을 가능하도록 하는 공준을 추가하지 않았을까? 그 이유는 의외로 간단하다. 그는 제I 권의 세 번째 명제에서 이것을 증명했기 때문에 구태여 이 절차를 공준으로 삼을 필요가 없었다. 즉, 유클리드는 그의 컴퍼스가 일단 그 평면에서 들어올리고 나면 '오므라드는' 것이었지만 길이를 옮기는 독창적인 방법을 소개했으며 왜 이 방법이 가능한지도 증명했다. 유클리드는 이런 식으로 적어도 유도할 수 있는 것은 공준이나 공리로 취급하지 않음으로써 공준을 최소화할 수 있었는데 이 점이 그의 위대함이다.

■ **공준 4** 모든 직각은 서로 같다.

이 공준은 작도하고는 관련이 없지만 유클리드 기하학 전체에 걸쳐서 비교를 위한 통일된 기준을 제시하고 있다. 직각은 정의 10에서 소개되고 있는데 이 공준에서 보면 유클리드는 '평면의 어느 곳에 있건 상관없이 두 직각은 같다' 라는 사실을 가정하고 있다. 이를 바탕으로 하여 유클리드는 그리스 수학에서 가장 논란을 일으켰던 명제를 제시하기에 이르렀다.

- **공준 5** 한 직선이 두 직선과 만나서 같은 쪽에 두 직각보다 작은 내각을 만들게 되면, 이 두 직선을 무한히 연장했을 때 이 두 직선은 두 직각보다 작은 쪽에서 만난다.

그림 2.1에서 보는 것처럼, 이 공준이 의미하는 것은 $\alpha+\beta<2$직각이면 직선 AB와 CD는 오른쪽에서 만난다는 것이다. 공준 5를 유클리드의 평행선 공준이라고 한다. 하지만 이렇게 부르는 것은 다소 잘못이 있다고 보이는데, 왜냐하면 사실 이 공준은 두 직선이 만나는 조건을 말한 것이므로 정의 23에 따라 비평행 공준이라고 부르는 것이 더 정확하다.

분명히 이 공준은 다른 나머지 공준과는 상당히 다른 점을 지니고 있다. 다른 공준보다 내용이 길고, 그림을 그려봐야만 이해가 되고, 그리고

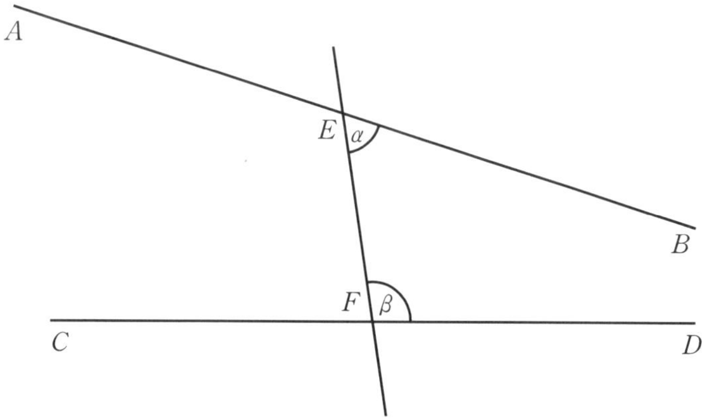

[그림 2.1]

자명한 진리라고 하기에는 좀 거리감이 있다. 이 공준은 "모든 직각은 크기가 같다"와 같이 직관적으로 쉽게 받아들일 수 있는 다른 공준들과 같이 취급하기에는 너무 복잡해보인다.

이런 이유 때문인지 사실 많은 수학자들은 이 다섯 번째 공준을 정리로 봐야한다고 직감했다. 이들 수학자들은 유클리드가 길이를 컴퍼스로 옮기는 것을 공준으로 만들 필요가 없었던 것처럼 이 공준도 공준으로 만들 필요가 없지 않을까라고 생각하게 되었다. 다시 말해서, 유클리드가 기하학에 관련된 좀더 초보적인 성질을 다루면서 이 공준을 증명할 수 있었을 것이라고 생각했다. 그런데 유클리드 자신도 이 문제에 대해서 어느 정도 염려스러웠던지 제Ⅰ권에서 가능하면 이 평행선 공준의 사용을 자제하였다. 즉, 앞에서 살펴본 다른 공준들은 마음 편하게 필요할 때면 언제든지 사용했는데 반해, 28번째의 명제를 다룰 때까지 이 다섯 번째 공준을 사용하지 않았다. 후기에서 보게 되겠지만 유클리드가 이 공준의 사용을 미룬 것이 이 공준 자체의 모순 때문이 아닐까라는 의심을 품는 것과 이 의심을 해소하기 위하여 실제로 증명을 제시하는 것과는 전혀 별개의 문제였다.

이 논란의 대상이 되었던 공준과 더불어, 유클리드는 다섯 개의 공리(또는 상식적 관념, common notions)를 첨부하여 《원론》의 서문을 완성하였다. 역시 자명한 진리인 이 공리들은 단지 기하학에만 관련된 것이 아니라 더욱 일반적인 성질을 나타낸 것이다.

- **공리 1** 어떤 것에 대해 같은 것들은 또한 서로 같다.
- **공리 2** 같은 것에 같은 것을 더하면, 이들의 전체는 서로 같다.
- **공리 3** 같은 것에 같은 것을 빼면, 이들의 그 나머지는 서로 같다.
- **공리 4** 서로 겹쳐지는 것은 또한 서로 같다.

- **공리 5** 전체는 부분보다 더 크다.

이 공리들 중에서 네 번째 공리만 조금의 비난을 받았다. 이 공리를 통해서 유클리드가 의미했던 것은 평면상의 일정 부분을 차지하는 어느 도형을 고정한 채 옮겨서 다른 도형 위에 정확하게 겹쳐지도록 놓는다면, 이 두 도형은 모든 면에서 서로 같다는 것이다. 즉, 이 둘은 각의 크기가 같고, 변의 길이도 같고, 모든 것이 다 같다는 뜻이다. 이러한 기하적 성질을 가지고 있는 공리 4는 오히려 공준에 포함시켜야 옳지 않느냐는 주장이 오래 전부터 있어 왔다.

지금까지 살펴본 이들 정의, 공준 및 공리들은 《원론》이라는 거대한 건축물을 떠받치는 기초였다. 이들 기초에 대한 논의를 끝내는 이 시점에서, 어린 러셀의 얘기로 다시 돌아가 또 다른 훌륭한 자서전적 고백을 들어보는 것은 《원론》의 서문에 대한 생각을 정리하는 데 좋을 것이라고 본다.

> 유클리드가 많은 것을 증명했다고 들었고, 그가 이 증명들을 공리로부터 시작했다는 사실에 나는 많이 실망했다. 처음에 형이 그런 식으로 증명하면서 그렇게 하는 것에 대한 타당한 이유를 나에게 대지 못했을 때 그 공리들을 받아들일 수가 없었다. 그런데 형이 "네가 이 공리들을 받아들이지 않으면, 더 이상 공부를 해나갈 수 없어"라고 했다. 그래서 난 마음이 내키지 않았지만 계속 더 배우고 싶어서 이 공리들을 어쩔 수 없이 받아들였다.

제 I 권: 초기의 명제들

서문에서 정의, 공준, 공리가 준비됨으로 해서 유클리드는 제 I 권에 있는 48개의 명제들 중에서 첫 번째 명제를 증명할 수 있게 되었다. 여기에서는 제I권의 논리적 절정이라고 하는 명제 I. 47과 I. 48을 다루는 것이 목적이므로 특별히 관심을 끌거나 혹은 중요한 명제들만 다루고자 한다.

만약 여러분이라면 몇 개의 선별된 공리로부터 기하학을 전개해 나가려고 할 때, 제일 첫 번째 명제로 어떤 명제를 내세우고 싶은가? 유클리드는 바로 다음의 명제를 그 첫 번째 명제로 내세웠다.

명제 I.1 주어진 유한 직선을 사용하여 정삼각형을 작도하기.

증 명 유클리드는 그림 2.2에서 보는 것처럼 주어진 선분 AB를 가지고 작도를 시작했다. A를 중심으로, AB를 반지름으로 해서 원을 작도하였다. 그런 다음 B를 중심으로, AB를 다시 반지름으로 하여 두 번째 원을 작도했다. 이 두 번의 작도는 물론 공준 3에 의한 것으로 이 작도에서는 해당 평면으로부터 컴퍼스를 들어올렸을 때 이 컴퍼스가 그대로 펴진 상태를 유지해야 하는 것이 요구되지는 않았다. 두 원이 만나는 점을 C라 하여 유클리드는 공준 1에 따라 직선 CA와 CB를 그은 다음 $\triangle ABC$가 정삼각형이라고 했다. 서문에 있는 (이 책에서는 제시하지 않았던) 정의 15에 의하여 $\overline{AC}=\overline{AB}$이고 $\overline{BC}=\overline{AB}$인데 그 이유는 이들이 해당 원의 반지름이기 때문이다. 공리 1에 따르면 어떤 것과 같은 것들은 또한 서로 같기 때문에 $\overline{AC}=\overline{AB}=\overline{BC}$가 된다. 따라서 이 삼각형은 정의에 따라 정삼각형이라고 결론 내릴 수 있다.

Q.E.D.

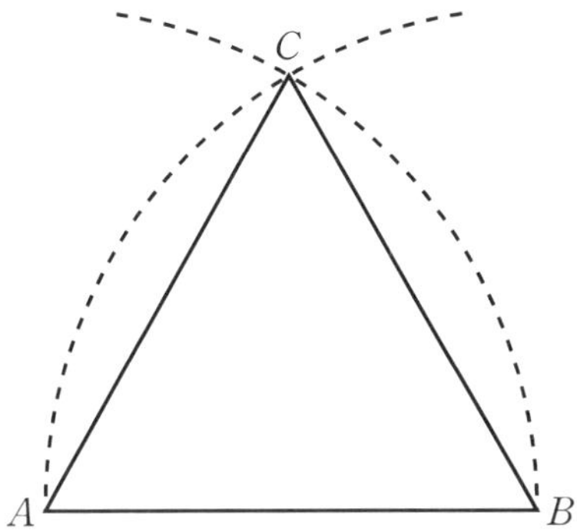

[그림 2.2]

이것은 두 개의 공준, 한 개의 공리, 그리고 두 개의 정의를 사용한 아주 간단한 증명이었기 때문에 언뜻 보기에는 완벽하게 보인다. 그렇지만 애석하게도 이 증명에는 결함이 있다. 고대 그리스인들이 비록 《원론》을 높게 평가했었지만 그들 또한 유클리드의 이 첫 번째 증명에 논리적 결함이 있음을 알고 있었다.

이 결함의 원인은 점 C에 있었는데, 그 이유는 도대체 두 원이 이 점에서 만난다는 사실을 유클리드가 어떻게 증명할 수 있었을까? 이들 두 원이 서로 만나지 않고서는 절대 지날 수가 없다는 것을 어떻게 알고 있었을까? 이것은 그가 제시한 첫 번째 명제이기 때문에 그 전에 이들이 서로 만난다는 것을 증명하지 않았다는 것은 분명하다. 더구나 공준이나 공리 어디에도 이 문제에 대한 언급이 없었다. 이 점 C가 존재한다는 사실에 대한 유일한 정당성은 그림에 의해서만 부여될 수 있는 것이었다.

그러나 이런 식으로 정당성을 부여하는 데는 문제가 있었다. 유클리드가 그의 기하학에서 금지하고 싶었던 한 가지가 있었다면, 그것은 바로 그림에 의한 정당성을 증명으로 받아들이는 것이었다. 유클리드 자신의 기본적 원칙에 따르면, 증명은 반드시 논리에 따라 공준과 공리로부터의 신중한 이론 전개에 의해 진행되어야 하며 모든 결론은 궁극적으로 이들에 의해 좌우되어야 한다는 것이었다. 그래서 "말하려고 하는 것을 그림이 보여주잖아"라고 그가 말했을 때, 유클리드는 자기 스스로 정한 바로 그 원칙을 어기게 되었다. 만약 그림으로부터 결론을 유도해도 상관없다면, 작도된 삼각형이 정삼각형으로 보인다는 식으로 관찰에 따라 명제 I.1을 충분히 증명할 수 있게 된다. 이런 식의 시각적 판단에 의지하게 되면 모든 것을 잃어버리게 되는 것이다.

현대 기하학자들은 이 원들이 서로 만난다는 주장을 정당화하기 위해서 '연속성 공준'이라고 하는 공준이 추가되어야 한다고 생각해왔다. 또한 《원론》의 이곳 저곳에서 나타나는 유사한 결함들을 메우기 위하여 수학자들은 여러 공준을 발표하였다. 21세기가 시작될 무렵 수학자 힐베르트(David Hilbert, 1862-1943)는 20개의 공준을 사용해서 자신이 생각하는 기하학을 만들었고, 이를 통하여 유클리드 기하학의 많은 헛점들을 메워나갔다. 이런 결과로 1902년 러셀은 유클리드의 원론에 대해 다음과 같은 비판적 평가를 내리기도 했다.

> 그가 내린 정의들은 정의하고자 하는 것을 항상 정의하지 못하며, 그가 내린 공리들은 항상 증명할 수 없는 것은 아니며, 그가 했던 증명들은 그가 의식하지 못한 많은 공리들을 필요로 한다. 타당한 증명은 그림을 그려보지 않은 상태일 때 논증적 힘을 발휘하는데 유클리드가 초기에 했던 많은 증명들은 이러한 점에서 실패했다.…… 논리의 걸작이라고 하는 그의 《원론》에 대한 가치는 상당히 지나치게 과장되어져온 것이다.

논리를 바탕으로 하지 않은 채 그림에 의존했다면 유클리드는 틀림없이 흔히 말하는 태만죄를 범한 것이다. 하지만 465개의 명제 어디에서도 그는 태만죄를 범하지 않았는데 그가 제시한 465개의 정리 중 어느 것도 틀린 것이 없기 때문이다. 그가 했던 증명들 중에서 몇 개에 대해 부분적인 수정을 가하고 몇 개의 빠진 공준을 추가함으로써 유클리드의 《원론》은 오랜 세월에 걸친 여러 시험을 잘 통과해왔다. 러셀의 비난에 동조하는 사람들은 무엇보다도 먼저 그리스 시대의 천문학자나 화학자 또는 물리학자들의 업적과 유클리드의 업적을 비교해보아야 할 것이다.

이들 과학자들을 오늘날의 기준으로 본다면 이들의 업적은 아주 원시적이어서 오늘날의 어느 누구도 달의 이동이나 사람의 간이 하는 작용에 대한 이들의 설명을 보려고 고대 서적을 뒤적이지 않는다. 그렇지만 유클리드의 업적은 오늘날에도 자주 참고하고 있으며 그의 업적은 놀라울 만큼 시간을 초월해서 존재하고 있다. 이러한 일이 가능한 것은 잘 수집된 자료 때문이라든지 혹은 더 정밀한 도구의 빌명 때문이 아니었다. 그것은 바로 예리한 인간 이성에 기초했기 때문에 가능했던 것이며 또한 유클리드는 이런 이성을 풍부하게 소유하고 있었다.

명제 Ⅰ.2와 Ⅰ.3이 앞에서 언급했던 고정된 컴퍼스의 이동에 대한 명확한 공준 없이도 어떤 길이를 옮길 수 있음을 확고히 했다면, 명제 Ⅰ.4는 유클리드가 처음으로 합동에 대한 개요를 밝힌 명제이다. 현대적 용어로 말하면, 중고등학교 기하 시간에 배웠던 변-각-변 또는 SAS 형태의 합동에 해당한다. 만약 두 삼각형이 각각 같은 길이의 두 변을 갖고 이들 두 변 사이의 낀 각이 각각 같으면, 이 두 삼각형은 모든 면에서 서로 합동이다(그림 2.3).

증명을 살펴보면, 유클리드는 $\overline{AB}=\overline{DE}$, $\overline{AC}=\overline{DF}$ 그리고 $\angle BAC=$

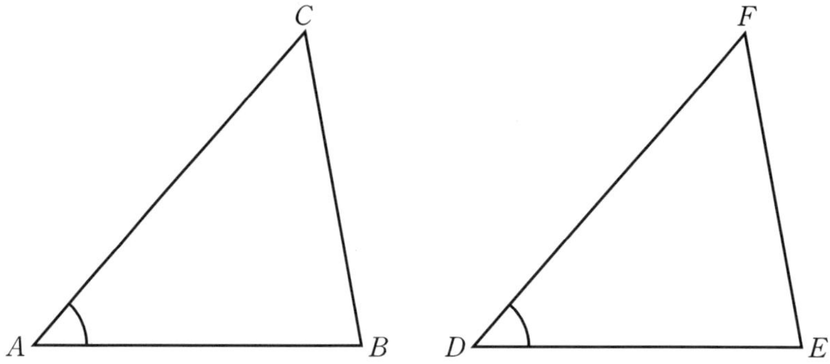

[그림 2.3]

$\angle EDF$라고 먼저 가정했다. 그런 다음, $\triangle DEF$를 집어올려 $\triangle ABC$ 위로 옮겨놓고서 이들 삼각형은 완전히 포개졌다고 주장했다. 이렇게 포개어짐을 이용한 증명은 오래 전부터 사용하지 않았는데, 어떻든 간에 평면으로부터 도형을 움직일 때 조금이라도 찌그러지거나 삐뚤어지지 않는다고 누가 장담할 수 있는가? 이러한 위험성 때문에 힐베르트는 SAS를 공리 IV.6으로 삼았다.

명제 I.5는 이등변삼각형의 밑각의 크기는 서로 같다는 것을 진술하고 있다. 이 정리는 일명 "어리석은 자들이 건너는 다리"라고 불렸다. 이 이름은 유클리드가 이등변삼각형을 애매하게 다리 모양하고 비슷하게 그린 것에서 유래했다고도 하고, 기하학을 잘 모르는 학생들이 기하학의 논리를 따라갈 수가 없어 원론의 나머지 부분으로 건너갈 수 없었다는 사실에서 유래했다고도 한다.

다음 명제인 I.6은 만약 어떤 삼각형의 두 밑각이 같으면 이 삼각형은 이등변삼각형이라는 것으로 명제 1.5의 역이다. 물론 정리와 그 정리의 역은 논리학자에게는 상당한 관심이 가는 것으로, 원론의 논리적 흐름을 거슬리지 않은 채 생략하기도 하고 뒤로 미루기도 하였지만 이들 논리학자와 마찬가지로 유클리드는 명제를 증명한 다음 종종 그 명제의 역에 대한 증명을 제시해 놓았다.

삼각형의 합동에 대한 유클리드의 두 번째 아이디어 ――변-변-변 또는 SSS ――는 명제 I.8로 제시되어 있다. 이 명제는 '두 삼각형에서 한 삼각형의 세 변이 다른 삼각형의 세 변과 각각 같으면 이 두 삼각형의 대응하는 각각의 각도 마찬가지로 같다' 라는 내용이다.

몇 가지의 작도가 그 뒤에 나와 있다. 유클리드는 컴퍼스와 눈금 없는 직선자를 사용해서 주어진 한 각을 이등분하는 방법(명제 I.9)과 주어진 선분을 이등분하는 방법(명제 I.10)을 작도를 통해 증명해보였다. 이들 이등분 방법의 후속 결과로서 주어진 선의 수선을 작도하는 방법을 보였는데, 주어진 선 위의 정해진 한 점에서 수선을 작도하는 하는 경우(명제 I.11)와 주어진 선 위에 있지 않는 점에서 이 선으로 수선을 내려긋는 경우(명제 I.12)로 나누어서 작도 방법을 설명했다.

유클리드가 제시한 다음 두 명제들은 그림 2.4에서 보는 것처럼 접각인 $\angle ABC$와 $\angle ABD$에 관한 것이다. 명제 I.13에 보면, CBD가 직선이라면 이 두 각의 합은 두 직각이 된다는 사실이 증명되어 있다. I.14에서

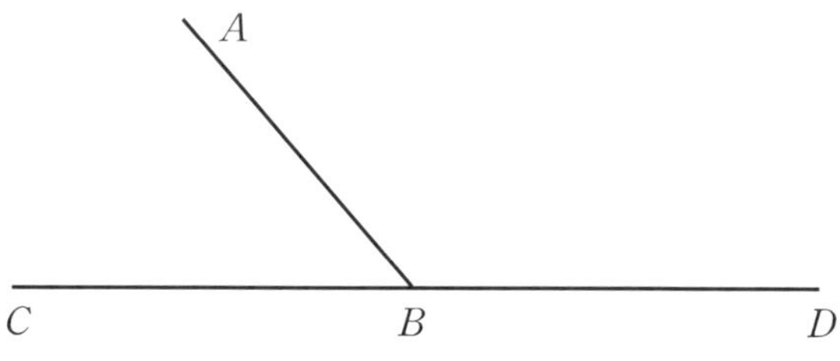

[그림 2.4]

유클리드는 $\angle ABC$와 $\angle ABD$의 합이 두 직각이면 CBD는 직선이라는 명제 I. 13의 역을 증명했다. 직선과 관련된 각의 이러한 성질을 이용하여 단순하지만 중요한 명제인 I. 15를 증명했다.

명제 I.15 두 직선이 서로 만나서 생기는 맞꼭지각(vertical angles)은 서로 같다(그림 2.5).

증 명 AEB가 직선이므로, 명제 I. 13에 따라 $\angle AEC$와 $\angle CEB$의 합은 두 직각이 된다. 마찬가지로 $\angle CEB$와 $\angle BED$의 합도 두 직각이 된다. 이제, 모든 직각은 같다고 하는 공준 4와 공리 1, 2를 함께 적용하면 $\angle AEC + \angle CEB = \angle CEB + \angle BED$가 성립한다. 그런 다음, 양변에서 $\angle CEB$를 빼고 공리 3을 적용해서, 유클리드는 접각 $\angle AEC$와 $\angle BED$가 서로 같다는 결론을 내렸다.

Q. E. D.

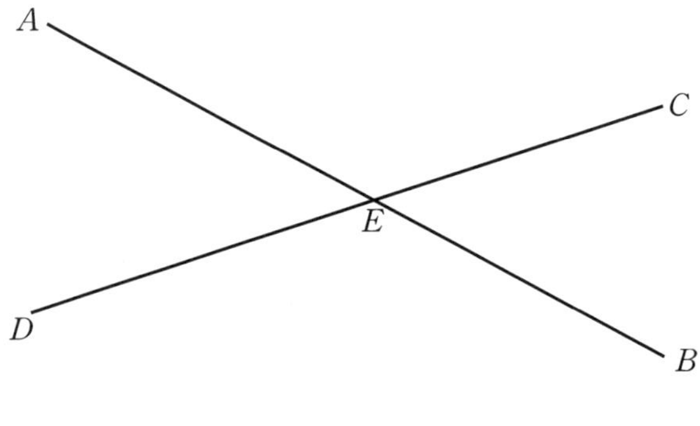

[그림 2.5]

명제 I. 15의 증명은 일명 외각 정리(exterior angle theorem)라고 하는 명제 I. 16의 증명을 가능하게 했는데 이 명제는 제I 권에서 가장 중요한 명제 중의 하나이다.

명제 I.16 임의의 삼각형에서 한 변을 연장해서 생기게 되는 외각은 이 삼각형의 안쪽에 있으면서 이 외각의 맞은 편에 있는 어느 두 각보다도 더 크다.(외각 정리)

증 명 그림 2.6에서 보는 것처럼 BC를 D까지 연장한 $\triangle ABC$가 있다고 할 때, $\angle DCA$가 $\angle CBA$나 $\angle CAB$ 보다 더 크다는 것을 증명해야 한다. 명제 I. 10에 따라서 유클리드는 먼저 AC를 이등분한 점을 E라 하고, 첫 번째 공준에 따라 직선 BE를 그었다. 공준 2와 명제 I. 3에 따라 BE를 연장해서 $\overline{EF}=\overline{EB}$가 되도록 작도했다. 마지막 작도는 이렇게 해서 생긴 FC를 긋는 것이었다.
삼각형 AEB와 CEF에서 이등분에 의해 $\overline{AE}=\overline{CE}$가 됨을 알 수 있다. 그리고 명제 I. 15에 의해 맞꼭지각인 $\angle 1$과 $\angle 2$가 같고,

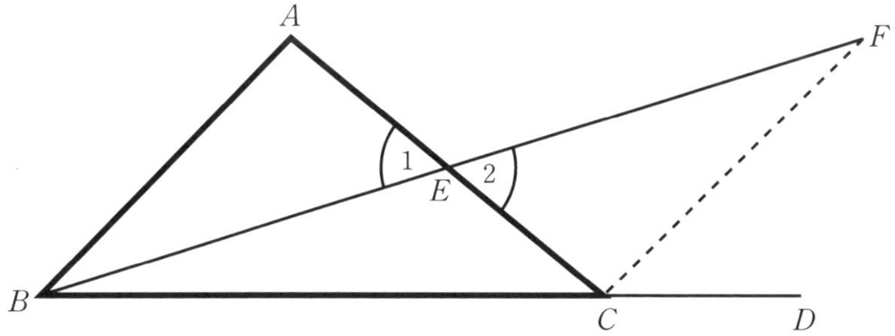

[그림 2.6]

작도에 의해 $\overline{EB}=\overline{EF}$가 됨을 또한 알 수 있다. 그래서 이 두 삼각형은 명제 I.4에 의해 합동이므로(즉, SAS에 의해), $\angle BAE$는 $\angle FCE$와 같게 된다. 그런데 전체는 부분보다 더 크다는 공리 5에 의해 $\angle DCA$는 분명히 $\angle FCE$보다 크다. 따라서 이러한 사실들을 종합하면, 외각 $\angle DCA$는 맞은편에 있으면서 내각인 $\angle BAC$보다 크다. 이와 같은 증명 과정을 거치면 $\angle DCA$가 $\angle ABC$ 보다 더 크다는 사실도 또한 증명할 수 있는데, 이로서 증명은 완성되었다.

Q.E.D.

이 외각 정리는 기하학적인 부등식을 나타내는 것이다. 다음에 소개할 《원론》의 몇 개 명제들 역시 이러한 부등식에 관련된 것이다. 예를 들면, 명제 I.20은 삼각형에서 임의의 두 변의 합은 이 삼각형의 나머지 한 변보다 더 길다는 것이다. 감각적인 쾌락을 물리치고 간소한 생활 속에서 영혼의 평화를 찾았던 고대 그리스의 쾌락주의 학파는 이 정리를 너무 가볍게 생각했는데, 그들은 이 정리가 당나귀조차도 알 수 있을 정도로 자명하고 너무 명백하다고 여겼다. 즉, 만약 당나귀가 그림 2.7에서처럼 점 A에 서 있고 먹을 것은 점 B에 있다고 하면, A에서 B로 직접 가는 길이 A에서 C로 간 다음 다시 C에서 B로 두 변을 따라가는 것보다 더 짧다는 것을 이 미천한 동물도 본능적으로 분명히 알고 있다. 이런 이유로 해서 명제 I.20은 진정 자명한 진리이므로 공준에 포함되어야 한다는 주장이 제기되어졌다. 그렇지만 유클리드는 명제로서 증명할 수 있는 것을 구태여 공준으로 삼지 않았고, 이 정리에 대한 그의 증명은 상당히 훌륭한 논리를 바탕으로 하고 있었다.

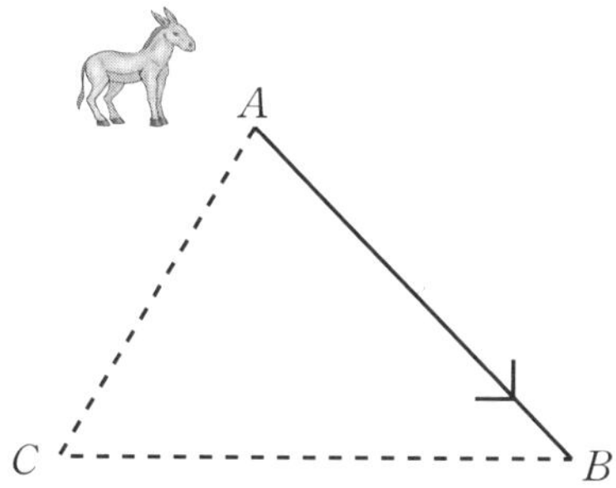

[그림 2.7]

유클리드는 합동에 관한 중요하면서 마지막 정리인 I. 26에 앞서 부등식에 관한 명제를 몇 개 더 제시하였다. 그는 I. 4의 SAS 합동의 결과로서 얻어진 각-변-각, 또는 ASA 합동에 대한 증명을 먼저 했다. 그리고 I. 26의 두 번째 부분에서 합동에 관한 네 번째이면서 마지막인 '각-각-변' 에 관한 명제를 제시하였다. 다시 말해서, 만약 그림 2.8에서처럼 $\angle 2 = \angle 5$, $\angle 3 = \angle 6$, 그리고 $\overline{AB} = \overline{DE}$라면, 이 두 삼각형 ABC와 DEF는 합동이라는 것이다.

처음에는 ASA로부터 바로 얻어지는 결과이기 때문에 이것을 삭제하고 싶어지는 마음이 생긴다. 즉, $\angle 2 + \angle 3 = \angle 5 + \angle 6$은 쉽게 보일 수

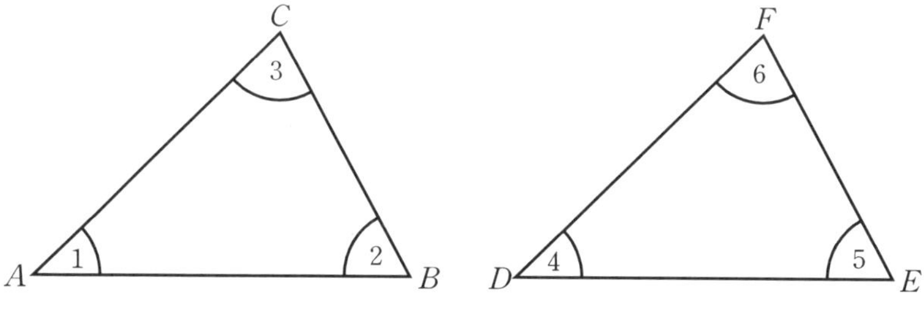

[그림 2.8]

있으므로

$$\angle 1 = 2\text{직각} - (\angle 2 + \angle 3) = 2\text{직각} - (\angle 5 + \angle 6) = \angle 4$$

라고 주장할 수 있다.

이 '각-각-변' 합동은 결국 ASA 합동을 거꾸로 해놓은 것인데, 그 이유는 같은 변인 AB와 DE의 어느 끝에 있는 각이든 서로 같다는 사실을 증명했기 때문이다.

이것은 짧은 증명임에도 불구하고 여기에는 논리적 오류가 숨어 있다. 유클리드는 한 삼각형의 세 내각의 합은 두 직각이 된다는 것을 아직 증명하지 않았기 때문에 이 명제를 쓸 수가 없었다. 사실 이 중요한 정리가 없이는 AAS 합동 명제를 증명하기는 절대 불가능할 듯하다. 그러나 유클리드는 다음에서 보는 것처럼 모순을 이용하여 명쾌하게 이것을 증명했다.

명제 I.26 (AAS) 만약 두 삼각형에서 두 각이 서로 같고, 이 두 각 사이에 있지 않은 한 변이 다른 한 변과 같으면, 다시 말해서 …… 이 같은 두 각 중에서 한 각을 대응되도록 하면 그 나머지 변은 그 나머지 변과 같고 그 나머지 각은 그 나머지 각과 같다.

증 명 그림 2.9를 보자. 가정에 의해 $\angle 2 = \angle 5$, $\angle 3 = \angle 6$, 그리고 $\overline{AB} = \overline{DE}$가 성립한다. 그러면 유클리드는 BC와 EF도 마찬가지로 같을 수밖에 없다고 주장했다. 이것을 증명하기 위하여 그는 반대로 한 변이 다른 변보다 길다고 가정했다. 예를 들어, $\overline{BC} > \overline{EF}$라

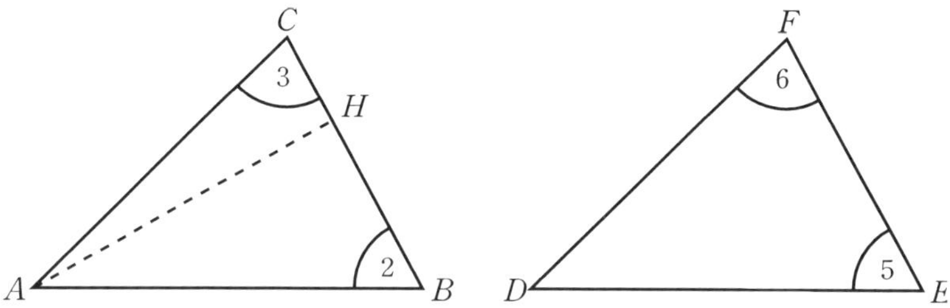

[그림 2.9]

고 하자. 그러면 선분 BH의 길이가 EF의 길이가 같도록 작도할 수 있다. 그리고 선분 AH를 긋는다.

이렇게 되면, 가정에 의해 $\overline{AB}=\overline{DE}$이고 $\angle 2=\angle 5$이기 때문에, 그리고 작도에 의해 $\overline{BH}=\overline{EF}$이기 때문에, SAS에 의해 $\triangle ABH$와 $\triangle DEF$는 합동이다. 따라서 $\angle AHB$와 $\angle 6$은 합동인 도형에서 대응하는 각이므로 $\angle AHB=\angle 6$이다.

그런 다음 유클리드는 작은 △AHC에 주목했다. 이 삼각형의 외각인 AHB와 내대각인 $\angle 3$ 둘 다 $\angle 6$과 같았기 때문에 $\angle AHB$와 $\angle 3$은 같다. 그런데 유클리드는 중요한 명제인 I.16에서 외각은 내대각보다 항상 크다는 사실을 이미 증명했었다. 여기서 생긴 모순은 증명의 시작 부분에서 가정했던 $BC \neq EF$가 잘못 되었음을 보여주는 것이다. 따라서 유클리드는 결론을 내리기를 이들 변 BC와 EF는 같고, SAS에 의하여 원래의 두 삼각형 ABC와 DEF는 합동이다.

Q.E.D.

다시 한번 아주 독창적인 이 증명의 중요성을 주목해보자. 합동에 대한 이 네 가지 패턴인 SAS, SSS, ASA, AAS 모두 삼각형의 세 내각의 합은 두 직각과 같다는 사실을 전혀 참조하지 않고 있다.

명제 I.26을 마지막으로 제I권의 첫 부분은 끝을 맺고 있다. 되돌아보면 유클리드가 많은 업적을 남겼음을 알 수 있다. 아직까지 평행선 공준을 사용하지 않았으면서도 그는 네 가지 합동에 대한 패턴, 이등변 삼각형, 맞꼭지각 및 외각에 대한 명제들을 증명했고 또한 여러 가지 작도를 수행했다. 그러나 이런 것에 만족하지 않고 그의 능력으로 할 수 있는 한 모든 것을 하고자 했다. 이제 평행에 대한 개념이 원론에 막 나타나려 하고 있다.

제 1 권: 평행선과 그에 관련된 주제들

명제 I.27 한 직선이 두 직선과 만나서 생기는 엇각이 서로 같으면, 이 두 직선은 서로 평행하게 된다.

증 명 그림 2.10에서 $\angle 1 = \angle 2$라 가정하고 유클리드는 선분 AB와 CD가 평행임을 증명하고자 했다. 즉, 정의 23에 따라 이들 선분들이 절대 만날 수 없음을 보이고자 했다. 그래서 간접증명법을 적용하여, 이들 직선이 서로 만난다고 가정하여 모순을 유도했다. 즉, 이들 선분 AB와 CD를 아주 충분히 멀게 연장하면 점 G에서 만난다고 가정하자. 그러면 EFG는 길쭉하게 잡아당겨진 삼각형이 된다. 그래서 $\triangle EFG$의 외각인 $\angle 2$는 이 삼각형의 내대각인 $\angle 1$과 같게 된다. 그런데 I.16의 외각정리에 따르면 이런 일은 있을 수 없다. 따라서 AB와 CD를 아무리 멀리 연장을 하더라도

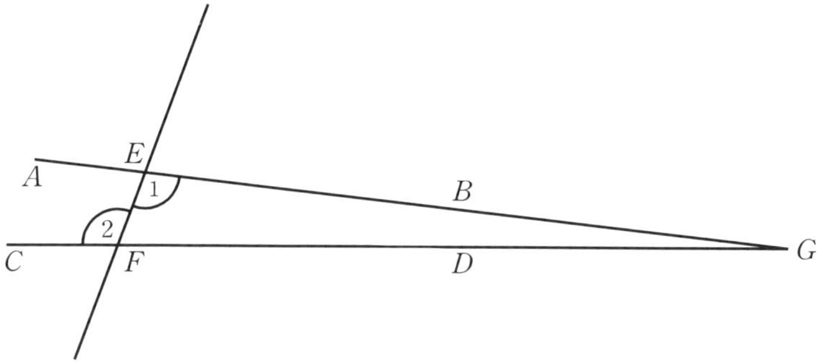

[그림 2.10]

이들은 절대 만나지 않는다고 결론지을 수 있다. 이것은 직선의 평행에 대한 유클리드의 정의와 정확하게 일치하므로, 증명은 완결된 것이다.

Q.E.D.

명제 I.27은 평행선에 관한 큰 얼음 덩어리를 깨기 시작하는 명제였지만 유클리드는 이 명제의 증명에서도 여전히 평행선 공준의 사용을 미루고 있었다. I.27의 역에 해당하는 명제인 I.29를 증명하면서 유클리드는 그렇게 논란거리가 되었던 평행선 공준을 마침내 사용하였다.

명제 I.29 한 직선이 평행한 직선들과 만나서 생기게 되는 엇각들은 서로 같다.

증 명 유클리드는 그림 2.11에서 AB와 CD가 평행선이라고 가정하고 $\angle 1 = \angle 2$라고 주장했다. 다시 한번 유클리드는 간접 공략 방법을 취했다. 다시 말해서, $\angle 1 \neq \angle 2$라고 가정했고, 이 가정으로부터 모순을 유도하려고 했다. 이 두 각이 서로 같지 않다면 한 각의 크기는 반드시 다른 각보다 커야 하기 때문에, $\angle 1 > \angle 2$라고 가정할 수 있다. 명제 I. 13에 의해

$$2\text{직각} = \angle 1 + BGH > \angle 2 + \angle BGH$$

이다. 여기서 마침내 유클리드는 바로 이러한 상황에 정확하게 적용되는 공준 5를 가져왔다. $\angle 2 + \angle BGH < 2$직각이므로, 공준 5에 따라 직선 AB와 CD는 오른쪽에서 결국 만나게 된다고 결론 내릴 수 있다. 하지만 이들 직선들이 평행하다고 가정했기 때문에 이렇게 결론을 내리는 것은 분명히 불가능하다. 따라서, 모순이 생겼으므로 $\angle 1$은 절대 $\angle 2$보다 클 수가 없게 된다. 마찬가지 방

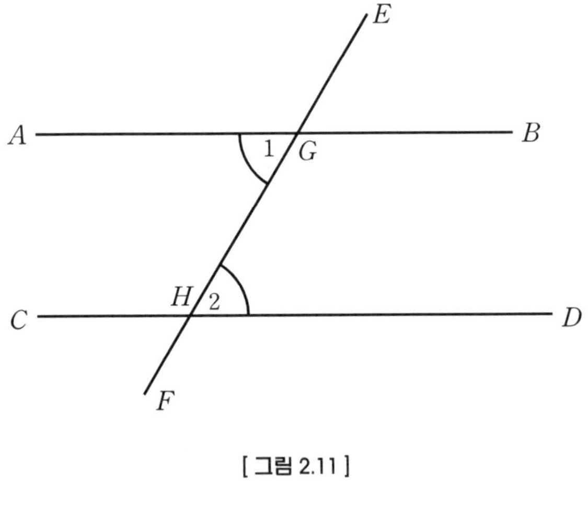

[그림 2.11]

법으로 증명하면 ∠2는 ∠1보다 또한 클 수가 없게 된다. 요약하면, 평행선에 의해 생기는 엇각들은 서로 같다.

Q.E.D.

이 증명의 계(corollary, 系, 증명에 의한 결과)로서, 유클리드는 동위각도 마찬가지로 같다고 쉽게 추론했다. 즉, 그림 2.11에서 $\angle EGB = \angle 2$이라는 것이다. 이렇게 되는 이유는 $\angle EGB$와 ∠1이 맞꼭지각이기 때문이다.

결국 평행선 공준에 푹 빠져버린 유클리드는 이제 이 공준을 사용하지 않고서는 아무것도 못할 지경이 되었다. 제I권의 나머지 20개의 명제에서, 한 개만 빼고는 모두 이 공준을 직접 사용했거나 또는 이 공준을 기초로 하는 명제들이었다. 이 예외적인 명제가 I.31인데, 유클리드는 이 명제에서 직선 위에 있지 않은 한 점을 지나면서 주어진 직선에 평행한 직선을 작도하는 방법을 보였다. 그리고 모두들 기다려왔던 다음 정리에는 분명하게 평행선 공준이 깊숙히 새겨져 있음을 볼 수 있다.

명제 I.32 임의의 삼각형에서 세 내각(의 합)은 두 직각과 같은 크기이다.

증 명 그림 2.12에서와 같이 $\triangle ABC$가 주어져 있을 때, 유클리드는 명제 I.31에 근거하여 변 AB와 평행이 되도록 CE를 그었고 BC를 D까지 연장하였다. 평행선 공준의 결과인 명제 I.29에 의해 평행선에서 ∠1과 ∠4는 서로 안쪽의 엇각이기 때문에 $\angle 1 = \angle 4$이고, 그리고 ∠2와 ∠5는 평행선에서 서로 동위각이기 때문에 $\angle 2 = \angle 5$이다. 따라서 이 각들은 그림에서와 같이 직선 BCD

위에 만들어졌기 때문에 $\angle ABC$의 세 내각의 합은 $\angle 1 + \angle 2 + \angle 3 = \angle 4 + \angle 5 + \angle 3 = 2$ 직각이 된다. 이렇게 해서 삼각형의 세 내각의 합은 2 직각이라는 유명한 결과가 증명된 것이다.

Q.E.D.

여기서부터 유클리드는 좀더 큰 게임으로 눈을 돌렸다. 명제 I. 32 다음에 나오는 몇 가지 명제들은 삼각형과 평행사변형의 면적에 관련된 것이며, 명제 I. 41에서 그 절정에 달하고 있다.

명제 I. 41 만약 평행사변형이 삼각형과 같은 밑변을 가지면서 동일한 두 평행선 사이에 있으면, 이 평행사변형의 넓이는 이 삼각형의 넓이의 두 배이다.

이것은 그리스인들이 즐겨 사용했던 기하적 표현으로, 이 방법에 따르면 삼각형의 넓이는 이 삼각형의 밑변을 그대로 밑변으로 하면서 높이가 같은 평행사변형의 넓이의 절반이라고 한다. 이러한 조건을 만족하는 평행사변형 중 하나는 직사각형이며 직사각형의 넓이는 (밑변)×(높이)이

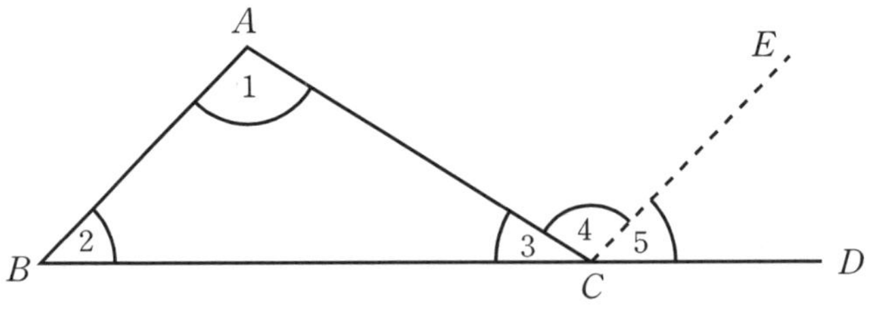

[그림 2.12]

므로, I. 41은 현대적 공식인 넓이 (삼각형)$=\frac{1}{2}bh$를 포함하고 있음을 알 수 있다.

그렇지만 유클리드는 이러한 대수적 용어를 사용해서 생각하지 않았다. 위와 같이 대수적 기호를 사용한 것이 아니라, $\triangle ABC$를 그림 2.13에서처럼 평행사변형 $ABDE$와 같은 밑변을 가지면서 두 평행선 AB와 DE 사이에 놓이도록 했다. 그러면 유클리드가 증명했던 대로 넓이(평행사변형 $ABDE$)$=2\times$넓이($\triangle ABC$)가 된다.

몇 개의 명제들을 제시한 다음, 명제 I. 46에서 유클리드는 임의의 선분이 주어졌을 때 이 선분으로 정사각형을 작도하는 법을 보였다. 말할 필요도 없이 정사각형은 네 변 모두뿐만 아니라 네 각 모두가 같기 때문에 정사변형이다. 언뜻보면 제I권이 동일한 길이의 세 변으로 된 도형인 정삼각형의 작도로 시작하고 있다는 사실을 기억하고 있다면 이것은 너무 자명한 명제처럼 보일 수도 있나. 그런데 유클리드의 증명을 살펴보면 왜 이 증명이 이렇게 뒤에 나와 있는지를 알게 된다. 증명의 많은 부분이 평행선에 관련된 성질들을 토대로 하고 있어서 당연히 중요한 명제인 I. 29 뒤에나 나올 수밖에 없었다. 그래서 제I권의 시작에 정삼각형의 작도를 다룬 반면 정사각형의 작도는 거의 끝으로 미루었던 것이다.

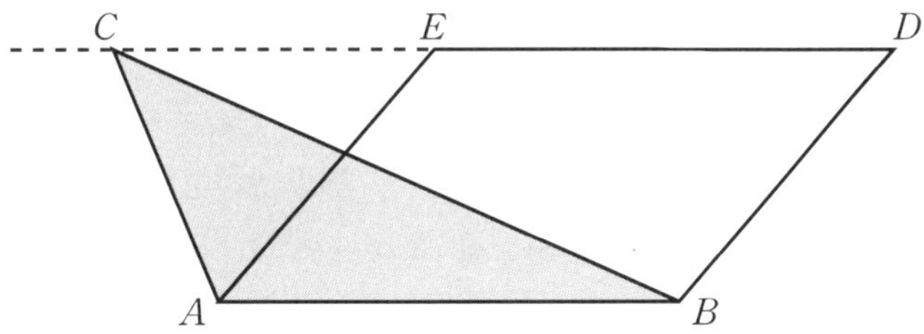

[그림 2.13]

이렇게 해서 46개의 명제를 다루었고 제I권에서는 이제 두 개의 명제만 남았다. 유클리드는 마지막을 위해서 최고의 명제를 아껴둔 듯하다. 이러한 서문에 해당하는 모든 명제들을 다룸으로써, 역사상 모든 수학을 통틀어 가장 중요한 결과 중의 하나라고 할 수 있는 피타고라스 정리를 공략할 준비를 마친 셈이었다.

위대한 정리: 피타고라스 정리

앞에서 지적했던 것처럼, 이 위대한 정리는 유클리드 이전에 이미 잘 알려져 있었던 것으로 결코 그가 발견한 것이 아니었다. 그렇지만 많은 사람들이 이 정리의 증명을 유클리드가 했다는 사실을 인정하고 있다. 이 증명의 아름다움은 필요한 사항들을 아주 절약해서 사용했다는 데 있다. 즉, 유클리드는 단지 그가 만들었던 공준, 공리, 그리고 처음의 46개 명제들만을——다소 부족한 도구 상자였지만——사용해서 이 증명을 했다. 아직까지 그가 언급하지 않은 기하학에서의 주제들을 살펴보자. 유클리드가 조사했던 유일한 사변형은 평행사변형이었고, 원은 대체로 전혀 탐구하지 않았고, 그리고 기하학에서 아주 중요한 주제인 닮음은 제VI권에 가서야 언급되어 있다. 삼각형의 닮음을 이용하여 이 피타고라스 정리를 간단하게 증명할 수 있지만, 유클리드는 이 주요한 명제의 증명을 제VI권에까지 결코 미루고 싶지 않았다. 그는 되도록 빨리 그리고 직접 이 피타고라스 정리를 증명하고자 했으며 이로써 이 명제는 원론의 47번째 명제가 된 것이다. 이러한 측면에서 볼 때, 이 정리 앞에 제시되었던 많은 것들이 제I권의 절정이라고 할 수 있는 피타고라스의 이 위대한 정리를 위한 것이었음을 알 수 있다.

자세한 증명으로 들어가기에 앞서, 유클리드의 언어로 표현된 이 정리와 이것의 증명을 위해서 그가 사용했던 아주 독창적인 공략법의 개요를 살펴보고자 한다.

명제 I.47 직각이 있는 삼각형에서, 이 직각의 맞은 변 위에 있는 정사각의 넓이는 이 직각을 낀 두 변 위에 있는 정사각형들의 넓이의 합과 같다.

유클리드의 이 명제는 $a^2=b^2+c^2$의 대수적 방정식에 대한 기술이 아니라 직각삼각형의 세 변에 작도된 정사각형에 관련된 기하학적 현상을 기술해놓았다는 데 주목할 필요가 있다. 유클리드는 AB와 AC 위에 작도된 작은 정사각형들의 넓이의 합이 그림 2.14에서와 같이 빗변 BC 위에 작도된 큰 정사각형의 넓이와 같다는 사실을 증명하고자 했다. 이 증명을 하기 위해서, 유클리드는 직각의 꼭지점에서 시작해서 큰 정사각형의 변에 평행이 되면서 이 정사각형을 두 개의 직사각형으로 자르도록 직선 AL을 긋는 신기해서 믿기 어려울 정도의 놀라운 전략을 생각해냈다. 그런 다음 유클리드는 왼쪽의 직사각형의——B와 L을 두 꼭지점으로 갖는——넓이가 변 AB 위에 작도된 정사각형의 넓이와 정확하게 같다는 놀라운 사실을 증명했다. 마찬가지로, 오른쪽 직사각형의 넓이는 변 AC 위에 작도된 정사각형의 넓이와 같다. 이러한 사실로부터 이 두 직사각형의 넓이의 합인 큰 정사각형은 이들 작은 정사각형의 넓이의 합과 같다는 사실을 즉각 얻을 수 있었다.

이 일반적인 전략은 아주 독창적이었는데, 그래도 완벽한 증명을 위해

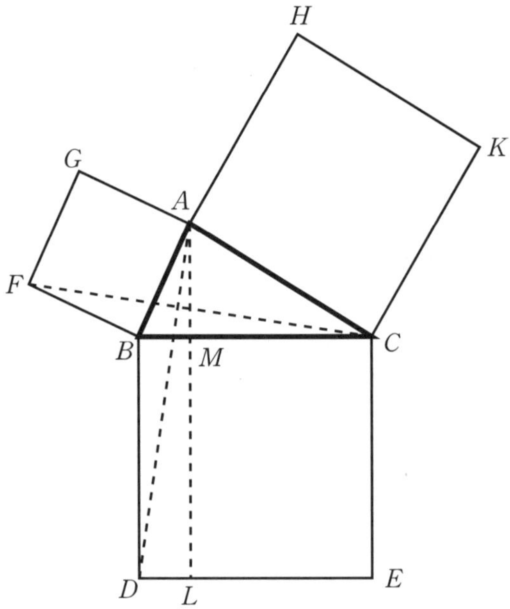

[그림 2.14]

서는 여전히 보충할 것이 필요했다. 그런데 다행스럽게도 유클리드는 이 모든 예비 작업을 이미 이전의 명제들로써 마쳤기 때문에 단지 이들 각 명제들을 신중하게 잘 조합하는 일만 남았다.

증 명 가정에 따라, 유클리드는 $\angle BAC$가 직각임을 알았다. 명제 I.46을 적용하여 이 삼각형의 각 변에 정사각형을 작도했고, 명제 I.31에 따라 A를 지나면서 BD에 평행이 되도록 AL을 그었다. 그리고 나서 선분 AD와 FC를 그었는데, 언뜻보면 왜 이렇게 하는지 어리둥절하지만 곧 그 이유를 알게 된다.

CA와 AG가 같은 직선상에 있다는 점을 입증하는 것이 유클리드로서는 아주 중요했다. 이것은 정사각형의 작도에 의해 $\angle GAB$가 직각이고 또한 가정에 의해 $\angle BAC$가 직각임을 알게 되어 해결가능했다. 이 두 각의 합은 두 직각이므로, 명제 I. 14에 의해 GAC는 직선이다. 흥미로운 것은 이렇게 명백하고 사소한 점을 증명하는 데 있어서 그는 $\angle BAC$가 직각이라는 사실을 유일하게 한 번 사용했다는 것이다.

이제 유클리드는 기다란 두 삼각형인 ABD와 FBC에 주목했다. 이들 삼각형의 짧은 변들은——AB와 FB——같은 정사각형의 변이므로 서로 같다. 그리고 이 두 삼각형의 긴 변들도——BD와 BC——같은 정사각형의 변이므로 길이가 서로 같다. 그렇다면 이 두 삼각형의 대응하는 각은 어떨까? $\angle ABD$는 $\angle ABC$와 정사각형의 직각인 $\angle CBD$의 합이고, $\angle FBC$는 $\angle ABC$와 정사각형의 직각인 $\angle FBA$의 합임을 주목해야 한다. 공준 4에 따르면 모든 직각은 서로 같고, 공리 2에 따르면 같은 것의 합은 또한 서로 같으므로, $\angle ABD = \angle FBC$가 성립한다. 따라서 유클리드는 가느다란 두 삼각형 ABD와 FBC가 SAS에 의해 합동임을 입증한 셈이었다. 즉, 명제 I. 4에 의해 이 두 삼각형의 넓이는 서로 같다.

지금까지는 별 문제가 없다. 그 다음으로 유클리드는 $\triangle ABD$와 직사각형 $BDLM$이 같은 밑변(BD)을 가지며 같은 평행선(BD와 AL) 안에 있으므로, 명제 I. 41에 의해 $BDLM$의 넓이는 $\triangle ABD$ 넓이의 두 배임을 알았다. 마찬가지로, $\triangle FBC$와 정사각형 $ABFG$도 밑변 BF를 공유하고 있다. 더구나 유클리드는

GAC가 직선이고, 그래서 삼각형과 정사각형 둘 다 평행선 BF와 GC 사이에 놓여 있다는 사실을 증명하는 데 노력을 많이 했다. 따라서 명제 I. 41에 의해 정사각형 $ABFG$의 넓이는 $\triangle FBC$의 두 배이다.
그는 이러한 결과들과 또 앞에서 증명했던 삼각형의 합동을 결합시켜서 다음과 같은 결론을 이끌어냈다.

넓이(직사각형 $BDLM$)=2 넓이($\triangle ABD$)
=2 넓이($\triangle FBC$)
=넓이(정사각형 $ABFG$)

여기까지 오면 이 증명의 절반을 완성한 셈이다. 그 다음으로 유클리드는 직사각형 $CELM$의 넓이와 정사각형 $ACKH$의 넓이가 같음을 증명했다. 앞에서 했던 것과 유사한 방법으로, 먼저 AE와 BK를 그은 다음, BAH가 직선임을 증명했고, 그런 다음 $\triangle ACE$와 $\triangle BCK$가 합동임을 증명하기 위해 SAS를 사용했다. 명제 I. 41을 다시 적용하여, 유클리드는 다음과 같이 연역적으로 추론했다.

넓이(직사각형 $CELM$)=2 넓이($\triangle ACE$)
=2 넓이($\triangle BCK$)
=넓이(정사각형 $ACKH$)

끝으로, 다음과 같은 간단한 조작으로 피타고라스 정리를 얻었다.

넓이(정사각형 $BCED$)

$\quad = $넓이(직사각형 $BDLM$)$+$넓이(직사각형 $CELM$)

$\quad = $넓이(정사각형 $ABFG$)$+$넓이(정사각형 $ACKH$)

Q.E.D.

이렇게 해서 수학의 모든 분야에서 가장 중요한 증명 중의 하나가 완성되었다. 유클리드가 사용했던 도형(그림 2.14)은 이러한 중요성 때문인지 유명세를 얻었다. 이 그림은 풍차를 닮았다고 해서 '풍차' 그림이라고 종종 불리기도 한다. 이 풍차 그림은 라틴어로 쓰여진 1566년도 판《원론》에서도 분명히 볼 수 있다. 이 사실에서 볼 때, 4세기보다 더 오래 전의 학생들도 우리가 조금 전에 했던 증명을 이해하려고 이 그림을 가지고 씨름했던 것이 분명하다.

유클리드의 이 증명이 물론 피타고라스 정리를 증명하는 데 유일한 방법은 아니다. 사실, 아주 독창적인 증명에서부터 그저 지루하고 평범한 증

PROPOSIT. XLVII.

Theorema.

EN τοῖς ὀρθογωνίοις τριγώνοις: τὸ ἀπὸ τῆς τὴν ὀρθὴν γωνίαν ὑποτεινούσης πλευρᾶς τετράγωνον ἴσον ἐστὶ, τοῖς ἀπὸ τῶν τὴν ὀρθὴν γωνίαν περιεχουσῶν πλευρῶν τετραγώνοις.

In triangulis rectangulis: quadratum lateris angulum rectum subtendentis, est æquale quadratis laterum, rectum angulum continentium.

ἡ ἔκθεσις.

Sit triangulus rectangulus αβγ, habens an

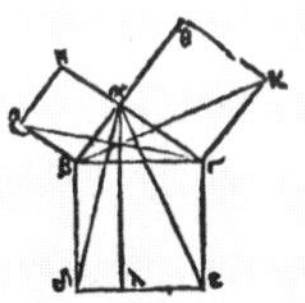

gulum βαγ rectum. ὁ διορισμός. Dico quod quadratum lateris βγ, est æquale quadratis laterum βα, αγ. ἡ κατασκευή. Describatur à linea βγ, quadratum βδεγ. Item à linea βα quadratum βκ. Præterea à linea αγ quadratum γθ. Ducatur per punctum α, alterutri linearum βδ, γε, æquedistans recta linea αλ. Ducantur duę lineæ rectæ αδ, ζγ.

[1566년도판의《원론》에 있는 명제 I.47]

명에 이르기까지 수백 가지의 다른 방법들이 있다. (이 중에는 오하이오 주의 하원의원이며 나중에는 미국의 제20대 대통령까지 지낸 가필드James A. Garfield의 증명법도 있다.) 머리를 멍하게까지 하지는 않지만 당황스러울 정도로 많은 다른 증명법에 대해 알고 싶은 독자들은 루미스(E. S. Loomis)의 **'피타고라스의 명제'**(The Pythagorean Proposition)를 참고하기 바란다.

명제 I. 47은 제I권의 절정에 해당하는 명제였지만, 유클리드는 마지막으로 한 가지의 증명을 더 남기고 있었는데, 바로 피타고라스 정리의 역이었다. 이 역의 증명에서도 앞의 경우와 마찬가지로 유클리드는 그의 독창성과 효율성을 잘 발휘했다. 그런데 이 증명이 당연히 얻어야 할 명성을 얻지 못하고 있는 점이 아쉽다. 사실, 대부분의 학생들이 일상 생활에서 한번쯤은 반드시 피타고라스 정리의 증명을 만나게 되는 데 반해 이 역의 증명은 극소수의 사람들만이 알고 있거나 또는 그 증명의 타당성을 확신하고 있다.

이 증명에 관해서 두 가지 특징을 언급할 수 있다. 첫째는 조금 전에 본 증명에 비해 상당히 짧다는 점이다. 둘째는 유클리드가 이 역명제를 증명하는 데 피타고라스 정리를 사용했다는 점이다. 전례가 없었던 새로운 방법은 아니라 하더라도 이런 논리적 방법은 적어도 주목할 가치는 있는 것이다. 왜냐하면 명제 I. 27과 그 역인 I. 29는 평행선에 관련된 훌륭한 두 명제인데 유클리드는 이들 명제를 증명할 때는 한쪽을 증명하려고 다른 쪽을 사용하지 않았다. 그렇지만 피타고라스 정리의 역인 명제 I. 48을 증명하면서 명제 I. 47에 완전히 근거를 두고 있는 증명 방식을 볼 때 I. 27과 그 역인 I. 29도 분명히 이런 식으로 연계되어 있을 것이다.

명제 I.48 삼각형에서 세 변 중 한 변 위에 있는 정사각형이 이 삼각형의 나머지 두 변 위에 있는 두 정사각형과 넓이와 같으면, 이 삼각형의 나머지 두 변이 이루는 각은 직각이다.

증 명 그림 2.15에서처럼 유클리드는 $\triangle ABC$에서 $\overline{BC}^2=\overline{AB}^2+\overline{AC}^2$이라고 가정하고 증명을 시작했다. 그는 $\angle BAC$가 직각임을 보여야만 했다.

이를 증명하기 위해서, 유클리드는 먼저 명제 I. 11에 따라 A에서 AC에 수직이 되도록 AE을 그었다. 그리고 $\overline{AD}=\overline{AB}$가 되도록 작도를 하고 CD를 그었다. 이렇게 하고 나면 이제 삼각형 BAC와 DAC가 합동임을 증명하는 것이 이 증명의 핵심이 된다.

이 두 삼각형에서 변 AC는 분명히 공통이고, 작도에 의해 $\overline{AD}=\overline{AB}$이다. $\angle BAC$가 직각이라는 주장은 못하지만(사실, 이 정리에서 입증하려고 하는 것이 이것이므로), 수선의 작도에 의해 $\angle DAC$가 직각이라는 사실은 알고 있다. 이로서 유클리드는 아

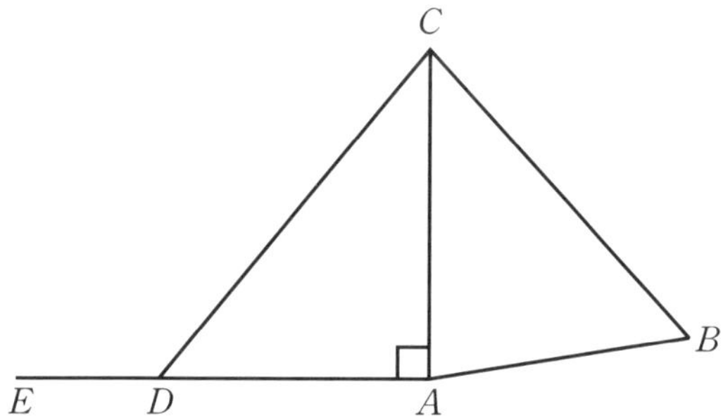

[그림 2.15]

래의 결론을 이끌어내기 위하여 직각삼각형 DAC에 피타고라스 정리를 완벽하게 적용할 수 있는 근거를 마련했다. 가정에 의해서 다음과 같다.

$$\overline{CD}^2=\overline{AD}^2+\overline{AC}^2=\overline{AB}^2+\overline{AC}^2=\overline{BC}^2$$

그런데 $\overline{CD}^2$과 $\overline{BC}^2$이 같다는 것은 $\overline{CD}$와 $\overline{BC}$가 같다는 의미이다. 따라서 SSS에 의해 $\triangle DAC$와 $\triangle BAC$는 서로 합동이다. 이 결과에 따라 ∠BAC와 $\angle DAC$도 서로 합동일 수밖에 없다. 그런데 $\angle DAC$는 작도에 의해 직각이므로 $\angle BAC$도 직각이다.

Q.E.D.

두 명제 I.47과 I.48은 앞뒤로 연계하여 완벽하게 직각삼각형의 성질을 밝히고 있다. 삼각형의 빗변에 있는 정사각형이 나머지 두 변에 있는 두 정사각형의 넓이와 같을 때 이 삼각형은 직각삼각형이라고 유클리드는 증명했다. 이러한 증명은 기하학의 최고의 예이며 여전히 그 최고 위치를 지키고 있다.

게다가 피타고라스 정리에 관한 이들 두 명제는 다른 측면에서 볼 때도 놀라운 것이다. 유클리드가 이들 명제를 아주 훌륭한 방법으로 증명했다는 것이 한 가지 놀라운 점이며, 또 다른 한 가지는 이들 명제가 원래부터 참이었다는 사실이다. 직각삼각형과 정사각형 넓이의 합 사이에 이렇게 밀접한 관계가 있다는 사실을 직관적으로 깨닫기는 불가능하다. 예를 들면, 이 정리는 삼각형의 두 변의 길이의 합은 나머지 한 변의 길이보다 길다는 너무도 직관적으로 자명한 진리인 명제 I.20과는 전혀 다르다. 자명하기는 고사하고 피타고라스의 이 정리에는 아주 이상한 사실이 내포되어 있는데 이 정리가 너무 유명한 까닭에 사람들이 이것을 인식하지 못하고 있다.

직관적으로 생각해도 너무 이상한 이 사실은 《비유클리드의 혁명》(The Non-Euclidean Revolution)이라는 트뤼도(Richard Trudeau)의 책에 잘 묘사되어 있다. 트뤼도는 우리가 살고 있는 세계뿐만 아니라 자연 속에서도 언제든지 볼 수 있을 만큼 직각은 친밀한 존재라고 한다. 직각보다 더 '평범하고' 또는 '자연스러운' 것이 어디 있을까? 그런데 트뤼도는 이렇게 말하고 있다.

> 나에게는 이 피타고라스 정리가 너무나 놀라운 것이다.…… $a^2=b^2+c^2$ …… 은 어떠한 마음속의 기억도 상기시키지 못한다.…… 왜냐하면 이 방정식은 너무 추상적이고 명확해서 오히려 낯설게 느껴진다. 이러한 식이 일상적으로 접하는 직각과 도대체 무슨 관련이 있을지 나는 상상조차도 할 수 없다. 그런데 친밀감이라는 천을 벗겨버렸을 때, 종종 일어나는 것처럼 이 피타고라스 정리가 새롭게 보인다. 너무나 어리둥절할 뿐이다.

후기

역사를 통해서 볼 때, 《원론》의 제I권에서 가장 큰 특징은 논란의 대상이 되었던 평행선 공준이었다. 사람들이 이 평행선 공준이 참인지를 의심해서 이런 문제가 발생한 것은 아니었다. 사실 이 공준이 논리적으로 필요했다는 점에는 모든 사람들이 동의를 하고 있다. 기하학은 추상적인 방식으로 우주의 이치를 설명하는 일종의 '순수 물리학'이며 평행선 공준의 진리를 규정하는 분명한 물리적 실체이다.

따라서 유클리드의 이 공준이 과연 필요했느냐 하는 것은 논의의 대상이 아니었다. 이 공준을 명제가 아니라 공준으로 분류했다는 사실이 문제였다. 프로클러스는 이 견해를 다음과 같은 평으로 요약하였다. "이 〔공준 5〕는 다른 공준들과 함께 삭제되어야 한다. 왜냐하면 이것은 정리이기 때문이다."

공준을 모두 없애버리자는 이런 확신이 놀라운 것은 아니다. 무엇보다도——고대 기하학자들을 정말 난감하게 했을 것인데——이 공준은 명제처럼 보이는데 그 이유는 이 공준이 다른 공준보다는 길게 문단 형식으로 진술되어 있기 때문이다. 더구나 유클리드는 공준을 표현할 때 가능하면 길게 적는 것을 피하려고 했으며 뿐만 아니라 아주 복잡한 명제들을 증명하는데 이 공준의 사용을 자제했던 것으로 보인다. '만약 그가 제시한 다른 공준과 공리가 I. 16이나 I. 27 또는 네 가지 합동 유형과 같은 정리들을 만들어낼 정도로 내용이 풍부했다면' 그 다음의 추론은 '그렇다면 반드시 이 공준과 공리들이 마찬가지로 평행선 공준을 항의할 수 있어야만 한다' 는 것이었다.

이것을 해결하기 위해서 공준 5를 유도해내고자 했다. 공준 5를 증명하기 위해서 수학자들은 다른 공준이나 공리뿐만 아니라 유클리드의 명제 I. 1에서 I. 28까지 모두 사용해보았지만 어느 것도 공준 5와 관련이 없었다. 수많은 수학자들이 이 증명을 하려고 했다. 그렇지만 수년 동안의 실패는 수십 년이 되었고 다시 수백 년의 실패로 이어졌다. 이 증명은 미해결로 남게 되었다.

이 과정에서 기하학자들은 평행선 공준과 논리적으로 동치인 많은 새로운 결과들을 얻게 되었다. 공준 5를 증명하면서 수학자는 겉으로 보기에는 분명한 사실이지만 그때까지 증명되지 않은 명제를 가정해서 사용하는 일들이 자주 일어났다. 문제가 생기는 이유는 이 명제를 유도하려면 다시 평행선 공준 자체를 사용해야만 한다는 것이었다. 논리학자의 입장에서 보면, 이 둘은 동일한 개념을 표현하고 있으며 논리적으로 동치인 명제를 가정으로 삼아서 하는 공준 5의 '증명'은 사실 전혀 증명이 아니었다.

평행선 공준과 동치인 유명한 공준들 중에서 네 가지를 소개하면 아래와 같다. 중요한 점은 공준 1부터 4를 사용해서 이들 중 어느 한 가지라도 증명이 되었으면, 이 네 가지와 동치인 공준 5 또한 증명이 되어야만 했다.

- **프로클로스의 공리**(Proclos' axiom): 한 직선이 평행인 두 직선 중 어느 하나와 만난다면, 이 직선은 반드시 다른 한 평행선과도 만난다.
- **등거리 공준**(equidistance postulate): 평행선은 어디에서 재더라도 떨어진 거리가 같다.
- **플레이페어의 공준**(Playfair's postulate)*: 주어진 직선 위에 있지 않는 한 점을 지나면서 이 직선에 평행인 직선은 오직 하나뿐이다.
- **삼각형 공준**(the triangle postulate): 삼각형의 세 내각의 합은 두 직각이다.

* 플레이페어(John Playfair, 1748-1819)는 1785년 에든버러 대학교의 수학 교수가 된 스코트랜드 태생의 수학자이다. 18세기의 대학에서는 유클리드의 《원론》을 가지고 기하학을 강의했다. 플레이페어는 수강 학생들을 위한 교재로 《원론》을 출판했으며, 이 책에서 증명을 간략하게 하기 위해서 대수 기호를 사용했다. 18세기 《원론》을 공부하던 사람들에게 '평행선 공준'은 문제거리였는데, 1756년 글래스고 대학교의 심슨(Robert Simson)이 다른 가정을 사용한 이 공준의 증명을 발표했고, 1795년 플레이페어는 플레이페어 공준으로 이 문제를 해결하였다. 이미 5세기에 프로클로스가 이와 유사한 것을 내놓았기에 분명 새로운 일은 아니었다. 플레이페어는 프로클로스의 공리로부터 자신의 공준을 유도했다고 분명히 밝혔는 데도 그의 이름을 딴 공준이 된 것은 의아한 일이라고들 한다.

논리적으로 동치인 이 공준들이 제시되었음에도 불구하고, 평행선 공준의 본질은 르네상스 시대를 거치면서도 미해결로 남아 있었다. 이런 이유로 이 평행선 공준을 다른 공준이나 공리, 정리로부터 연역해낸다면 그 사람의 이름은 수학사에서 영원불멸의 명성을 얻을 수 있었다. 가끔 거의 증명에 도달한 듯했지만 여전히 세계에서 가장 뛰어난 수학자의 노력까지도 허사로 만들었다.

그러다가 19세기에 이르러 세 명의 수학자에게서 이 문제를 해결할 수 있는 영감이 갑작스럽게 동시에 떠올랐다. 그 첫 번째 인물은 비길 데 없이 뛰어난 수학자 가우스(Carl Friedrich Gauss, 1777-1855)였는데 그에 대해서는 제10장에서 자세히 다루게 된다. 가우스는 삼각형의 각의 크기를 도(°)라는 측정 단위로 이 문제를 다시 재조명하고자 했다. 삼각형의 세 내각의 합이 180도임을 증명하기 위해서 일단 180도가 아니라고 가정했다. 그러면 두 가지의 가능성이 남게 되었다. 세 내각의 합이 180도보다 크거나 또는 180도보다 작다. 그는 이 두 가지 경우에 대한 연구를 계속해 나갔다.

직선은 무한히 길다는 사실을 사용해서(유클리드도 마찬가지로 암시적으로 이를 가정했는데 이에 대해 어느 누구도 반론을 제기하지 않았다.) 가우스는 삼각형의 세 내각의 합이 180도보다 크다는 경우에 대해서 논리적 모순을 발견하게 되었다.

따라서 이 경우는 이제 제외되었다. 마찬가지로 다른 경우에 대해서도 논리적 모순이 발견된다면 가우스는 평행선 공준의 필요성을 간접적으로 입증한 셈이 되었다.

삼각형의 세 내각의 합이 180도보다 작다고 가정했을 때, 그에 따른 결과에 대해 가우스는 파헤치기 시작했다. 그런데 그 결과는 의외로 한번도

본적도 없고 아주 이상하여 직관적으로 받아들일 수 없는 것이었다.(잠시 후에 소개될 것임.) 그럼에도 불구하고 가우스는 그렇게 가정해서 발견한 것에서 전혀 논리적 모순을 발견할 수가 없었다. 1824년 그는 이 상황을 다음과 같이 요약하였다.

> …… 삼각형의 세 내각의 합은 180도보다 작을 수가 없다.…… 이것이…… 배를 난파시키는 암초이다.

이 독특한 기하학을 점점 더 깊이 있게 연구해 들어감에 따라, 가우스는 이 기하학에 논리적 모순이 전혀 존재하지 않는다는 사실을 확신하게 되었다. 뿐만 아니라 아무런 모순 없는 일관성 있는 기하학이 아니라, 그의 말을 빌려서 표현하자면 다른 대안적 기하학, 즉 '비유클리드' 기하학을 전개하고 있다는 사실을 깨닫기 시작했다. 1824년 가우스는 이 사실을 개인적인 편지에서 다음과 같이 밝히고 있다.

> 삼각형의 세 내각의 합이 180도보다 작다고 가정하니까 우리가 지금까지 알고 있는 기하학과는 전혀 다른 이상한 기하학이 생겼는데, 아무리 살펴보아도 모순이라고는 전혀 찾아볼 수가 없어서 나는 아주 만족스럽다.

이것은 놀라운 말이었다. 그렇지만 그 당시 전 세계적으로 최고의 수학자로 손꼽히던 가우스는 그의 이 발견을 공식적으로 발표하지 않았다. 이런 결정을 하게 된 배경에는 기존의 기하학과 전혀 다른 기하학의 발견을 공표하고 난 후에 직면하게 될 거센 논란이 자신의 고귀한 명성을 먹칠할 수도 있다는 부담감 때문이 아니었을까 짐작된다. 친한 친구에게 보낸

1829년의 편지에서 가우스는 자신의 발견을 발표할 계획이 없음을 말했다.

> …… 내 발견을 논문으로 발표하려고 아주 광범위하고 깊이 있게 연구했지만, 아마도 내 생전에는 그런 일이 있지 않을 거야. 왜냐하면 내가 이것을 발표하면 아둔한 사람들(Boeotians)이 얼마나 악을 쓰면서 덤비겠어. 그게 겁나네.

요즘 사람들은 이런 옛날 말이 내포하는 암시를 이해하기 힘들지 모르지만, 여기서 '아둔한 사람들'이라고 하는 것은 상상력이 없고 미숙하며 우둔한 사람들을 일컫는 단어라고 알면 충분하다. 분명히 가우스는 자신의 새로운 이런 아이디어가 수학자들 사이에서 받아들여지든 말든 아무 상관도 하지 않았다.

평행선 공준의 연구에 뛰어든 다음 사람은 헝가리 수학자인 요한 볼리아이(Johann Bolyai, 1802-1860)였다. 볼리아이의 아버지인 볼프강 볼리아이(Wolfgang Bolyai)는 가우스의 친구였는데 유클리드의 이 공준을 증명하려고 생의 많은 시간을 허비했던 수학자였다. 그 당시 자식들은 아버지와 같은 직업 ——성직자나 구두 수선공 또는 주방장——을 가지려고 하였고 젊은 볼리아이도 아버지로부터 평행선 공준을 증명하려는 다소 기이한 직업을 이어가려고 했다.

그렇지만 아버지 볼프강은 그 일이 얼마나 어려운지 잘 알고 있었기 때문에 그의 아들에게 다음과 같이 강하게 만류하는 편지를 썼다.

> 평행선 공준에 대해 네가 하려고 하는 일을 그만두거라. 난 그 일의 끝을 너무 잘 알고 있다. 모든 것을 암울하게 만들었고 내 인생에게 기쁨을 빼앗아 간 이 끝도 없는 어둠 속을 나는 그 동안 지나왔다.…… 그러니 제발 그 평행

선 공준에 손대지 말아다오.

하지만 젊은 요한 볼리아이는 아버지의 충고를 무시했다. 가우스와 마찬가지로 볼리아이도 삼각형의 세 내각의 합과 관련된 결정적인 세 가지 경우를 깨닫게 되었고 평행선 공준과 동치인 경우를 제외하고는 모두 제거하려고 시도했다. 그렇지만 가우스처럼 그도 성공하지 못했다. 이 문제에 대해 볼리아이가 점점 더 깊이 연구해 들어가자, 그도 역시 유클리드 기하학과 논리적으로 타당하게 경쟁할 수 있는 기하학이 존재한다는 결론에 이르렀다. 그는 이상하지만 분명 일관된 명제들로 된 이 기하학에 깜짝 놀라면서 "아무것도 없는 것에서부터 새로운 이상한 세계를 창조했다"고 적었다.

가우스와는 달리, 볼리아이는 그의 발견을 발표하는 데 꺼려하지 않았고 그의 아버지가 쓴 1832년의 책에 부록으로 이 발견을 실었다. 아버지 볼리아이는 아들의 발견에 흥분하여 이 책을 친구인 가우스에게 보냈다. 그런데 아버지와 아들 볼리아이는 가우스가 보낸 편지 내용에 놀랄 수밖에 없었다.

내가 만약 감히 (자네 아들의) 논문을 칭찬하지 않겠다는 말로 이 편지를 시작한다면 자네는 잠시 놀랄 게 뻔하겠지. 하지만 달리 어떻게 표현할 도리가 없네. 그 논문을 칭찬하게 되면 바로 나 자신을 칭찬하게 되기 때문이네. 그 논문의 전체 내용, 자네 아들이 취했던 연구 과정, 그리고 그가 얻었던 결과들 모두가 30년 내지 35년 동안 내가 마음 속에 품어왔던 것과 너무도 똑같다네.

가우스가 자신을 열성적으로 숭배하는 이 젊은이에게 찬물을 끼얹었다는 것을 누구나 쉽게 짐작할 수 있다. 최고의 수학자라는 자신의 명성 때문에 "…… 그런 놀라운 방법으로 나를 앞지른 사람이 내 오랜 친구의 아들이었다는 게 너무나 기쁘네"라고 가우스는 자신을 자비스러운 듯 묘사했다. 그렇지만 여전히 볼리아이는 자신의 위대한 발견이 가우스의 책상 속에서 수십 년 동안 처박혀 있었던 것과 같은 것이라는 사실을 알고서 크게 자존심 상했다.

그러나 요한 볼리아이의 자존심은 또 한번 상처를 입게 되었다. 러시아 수학자인 로바체프스키(Nikolai Lobachevski, 1793-1856)가 가우스와 볼리아이가 했던 똑같은 과정을 거쳐서 3년 전인 1829년에 벌써 비유클리드 기하학에 대한 해설을 발표했다는 소식을 얼마 뒤에 접하게 된 것이다. 다만 로바체프스키가 그의 논문을 러시아어로 작성했기 때문에 서부 유럽 쪽에는 그때까지 전해지지 않았었다. 여기서 우리는 과학 분야에서 가끔 일어나듯이 여러 개인들이 동시에 그리고 독자적으로 동일한 발견을 할 수 있다는 사실을 접하게 된다. 볼프강 볼리아이는 이것을 다음과 같이 아주 매력적으로 표현했다.

> …… 마치 봄철이면 어디에서나 제비꽃을 볼 수 있듯이, 많은 것들이 여러 장소에서 동시에 발견되는 획기적인 일이 일어난다는 것이 사실인 듯하다.

또 다른 개혁자인 리만(Georg Friedrich Bernhard Riemann, 1826-1866)이 기하에서의 직선은 무한한 길이를 갖는다는 다른 견해를 제시할 때까지 이러한 발견에 따른 영향은 거의 느낄 수가 없었다. 가우스, 볼리아이, 그리고 로바체프스키가 삼각형의 세 내각의 합이 180도보다 큰 경우를 제외한 것은 바로 이 직선의 무한성 때문이었다. 그렇지만 이런 무한성을 가정해야 할 필요성이 조금이라도 있었을까? 유클리드의 두 번째 공준은 유한 선분을 계속해서 직선으로 연장할 수 있다고 했지만, 이것이 직선의 끝에 절대 도달할 수 없음을 단순히 주장하는 것은 아니지 않을까? 리만은 유한한 길이를 가지면서 끝이 없는 ——원과 같은 것—— 직선의 경우를 쉽게 상상할 수 있었다. 그는 다음과 같이 이것을 설명했다.

> …… 한계가 없다는 것과 무한하다는 것은 반드시 구분되어야 한다. 공간이 한계가 없다는 것은 …… 어떠한 외적 경험보다도 더 큰 경험적 확실성을 소유하고 있다. 그러나 이 공간의 무한성은 절대 외적 경험으로부터 생기지 않는다.

리만은 한계는 없지만, 즉 끝점은 없지만 유한한 길이의 직선을 가정하고 기하학을 다시 조사한 결과 세 내각의 합이 180도보다 큰 삼각형에서의 모순이 사라졌다. 이로써 그는 삼각형의 세 내각의 합이 두 직각보다 큰 경우의 또 다른 유형의 비유클리드 기하학을 발견한 것이었다. 유클리드와 볼리아이와는 다른 기하학이지만, 리만의 기하학도 마찬가지로 일관성이 있었다.

오늘날 이들 네 사람 모두를 비유클리드 기하학의 창시자로 인정하고 있다. 개척자로서 이들은 그 영광을 함께 나누는 것이 공평할 듯하다. 그렇지만 이들의 발견에도 불구하고 평행선 공준과 관련된 문제는 근본적으로 완벽하게 해결되지 못했다. 왜냐하면 이들은 자신들이 창조했던 기하학을 아주 높은 수준까지 끌어올리기는 했지만, 이 새로운 기하학들이 유클리드 기하학과 대등한 것이라는 자신들의 주장을 입증할 논리적 증명을 논문으로 출판한 것이 아니라 단지 직감하는 수준이었기 때문이었다. 가우스, 볼리아이, 로바체프스키, 그리고 리만의 확신에도 불구하고, 언젠가 미래에 뛰어난 수학자가 나타나 삼각형의 세 내각의 합을 180도보다 작은 경우와 큰 경우로 가정했을 때의 모순을 찾을 수도 있을 가능성은 여전히 남아 있었다.

이 오랜 이야기의 마지막을 장식한 사람은 이탈리아의 수학자 벨트라미(Eugenio Beltrami, 1835-1900)였는데, 그는 1868년 비유클리드 기하학이 유클리드의 기하학과 마찬가지로 논리적인 모순이 없다는 사실을 명쾌하게 증명하였다. 만약 가우스, 볼리아이, 로바체프스키 그리고 리만의 기하학 어딘가에 모순이 잠재해 있다면 유클리드의 기하학에도 모순이 존재할 수밖에 없다는 점을 벨트라미는 입증했던 것이다.

모든 사람들이 유클리드의 기하학이 절대적 일관성을 갖추고 있다고 생각했기 때문에, 이러한 벨트라미의 결론은 결국 비유클리드 기하학도 유클리드의 기하학만큼이나 훌륭하다는 의미였다. 이 말은 비유클리드 기하학이 유클리드 기하학과 비교해서 절대 논리적으로 열등하지 않다는 것이다. 가우스, 볼리아이, 로바체프스키가 말한 비유클리드 기하학 —— 즉, 삼각형의 세 내각의 합이 180도보다 작다는 기하학 —— 의 기이한 내용들이 어떤 것인지 알아보기 위해서 비유클리드 기하학의 두 가지 결과에 대한 증명을 살펴보자. 첫 번째 증명은 삼각형의 합동을 다른 시각에서 조명한 것이다. 물론, 평행선 공준을 처음 사용하기 이전에 이미 입증된 유클리드의 합동에 대한 명제들은 이 비유클리드 기하학에서도 여전히 적용되는데, 그 이유는 이들 명제들이 다른 공준과 공리를 제외하고는 어떤 것도 참조하지 않은 채 증명되었기 때문이었다. 놀라운 일은 볼리아이의 기하학에서는 합동을 입증하는 다른 방법이 있는데 이것을 '각-각-각' 명제라고 한다.

유클리드 기하학에서는 두 삼각형의 대응하는 세 각의 크기가 같으면 이 두 삼각형은 닮음이라고 한다. 이 두 삼각형은 같은 모양이지만 그렇다고 합동일 필요는 없다. 예를 들어, 아주 작은 정삼각형과 큰 정삼각형이 있을 때 이들은 합동은 아니지만 대응하는 세 각이 모두 같다. 그런데 이런 일은 비유클리드 기하학에서는 있을 수 없음을 다음 정리는 말해주고 있다. 볼리아이 기하학에 의하면 두 삼각형이 서로 같은 모양이면, 이들은 반드시 같은 크기여야만 한다.

정 리 **(AAA)** 두 삼각형에서 한 삼각형의 세 각이 다른 삼각형의 세 각과 각각 같으면, 이 두 삼각형은 서로 합동이다.

증 명 그림 2.16의 삼각형 ABC와 DEF에서, $\angle 1 = \angle 4$, $\angle 2 = \angle 5$, $\angle 3 = \angle 6$이라고 가정하자. 변 AB와 DE의 길이가 같을 수밖에 없다는 사실을 입증하려고 한다. 모순을 이끌어내어 증명하기 위해 이들이 서로 다르다고 가정하고 또한 $\overline{AB} < \overline{DE}$라고 가정하자.

$\overline{DG} = \overline{AB}$를 작도하고 명제 I. 23에 따라 $\angle DGH = \angle 2$가 되도록 긋는다. 그러면 ASA에 의해 $\triangle ABC$와 $\triangle DGH$는 서로 합동이고, 이에 따라 $\angle DGH = \angle 2 = \angle 5$이고 마찬가지로 $\angle DHG = \angle 3 = \angle 6$이 된다.

이제 오른쪽 삼각형의 아래쪽에 있는 사변형 $EFHG$를 살펴보자. DGE와 DHF는 직선이기 때문에 명제 I. 13에 의해 $\angle EGH = (180^\circ - \angle DGH) = (180^\circ - \angle 5)$이고 $\angle FHG = (180^\circ - \angle DHG) = (180^\circ - \angle 6)$이다. 따라서, 사변형 $EFHG$의 네 각의 크기의 합은

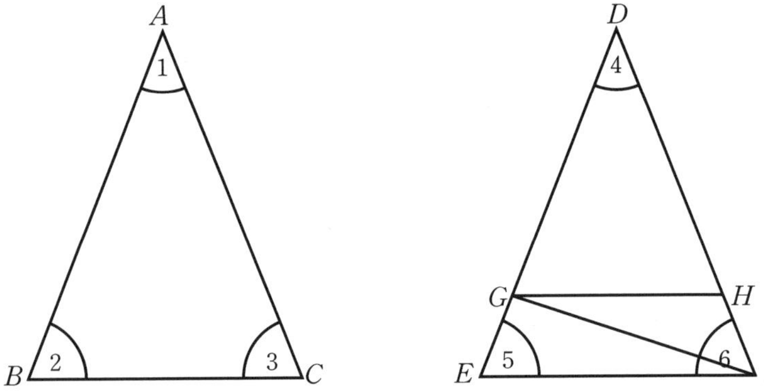

[그림 2.16]

$$(180^\circ - \angle 5) + (180^\circ - \angle 6) + \angle 6 + \angle 5 = 360^\circ$$

이제 이 사변형을 지나는 대각선 GF를 그어보자. 이 대각선은 사변형을 두 개의 삼각형으로 나누는데, 비유클리드 기하학의 기본 성질에 따라 각 삼각형의 세 내각의 합은 180도보다 작다.

그래서 이 두 삼각형의 모든 각의 합은 이 사변형의 네 각을 모두 합한 크기로 360도보다 작을 수밖에 없다. 그런데 사변형의 네 각의 합은 이미 알고 있는 것처럼 360도이다.
여기서 모순이 생기게 되는데, 이것은 증명의 첫 단계에서 $\overline{AB} \neq \overline{DE}$라고 가정한 것이 틀렸음을 의미한다. 따라서, 이들 변은 서로 길이가 같다. 그러면 원래 두 삼각형 ABC와 DEF는 명제 I.26의 ASA에 의해 합동이며 이것이 처음에 보이고자 했던 것이다.

Q.E.D.

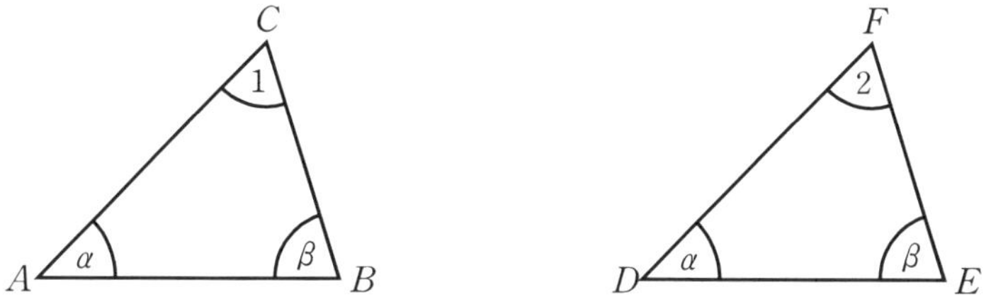

[그림 2.17]

이 명제로부터 놀랄 만한 계(系)를 쉽게 유도할 수 있다. 비유클리드 기하학에서는 삼각형의 내각의 합이 항상 같지 않은 삼각형들도 존재한다! 유클리드 기하학에서는 가장 기본적인 성질로 기하학적 추론에서 그렇게 많이 사용되는 이것도 비유클리드 기하학에서는 폐기되어야만 하는 것이다. 그림 2.17에 있는 가설적인 두 삼각형을 생각해보자. 이들 삼각형은 밑변에 동일한 각 α와 β를 가지지만, 변 AB는 변 DE보다 훨씬 짧다.

여기서는 $\angle 1$과 $\angle 2$가 같을 수 없다는 사실을 입증하려고 한다. 만약 이 각들이 서로 같다면, 조금 전에 증명했던 AAA합동 정리에 의해 이들 두 삼각형은 합동이지만 $\overline{AB} \neq \overline{DE}$이기 때문에 분명히 합동이 될 수 없다. 두 삼각형이 서로 합동이 아니므로 한 삼각형의 내각의 합 $\angle 1+\alpha+\beta$는 다른 삼각형의 내각의 합 $\angle 2+\alpha+\beta$와 다름을 알 수 있다. 이 사실을 요약해 보면, 비유클리드 삼각형에서는 두 각의 크기를 안다고 하더라도 세 번째 각의 크기를 알 수 없다는 것이다. 이런 결과를 접하게 되면 볼리아이가 '이상한 새로운 세계'라고 말한 뜻을 알게 되며 또한 왜 그렇게 많은 사람들이 이 기하학의 모순이 곧 눈에 나타날 것이라고 생각했는지 알 수 있다. 그러나 앞에서 언급한 것처럼 이들의 생각은 틀린 것이었다.

지금까지 살펴본 이러한 19세기의 발견들에 의해 유클리드의 입지는 어떻게 되었을까? 한편으로는 유클리드 기하학은 이 세상을 논리적으로 모순 없이 설명하는 유일한 기하학의 위치에서 물러나게 되었다. 평행선 공준이 논리적 필요성에 의해서 만들어진 것이 아니라는 사실은 모든 사람을 너무도 놀라게 했다. 다시 말해서, 유클리드가 이 공준을 가정했지만 수학적 필요성 때문이 아니었다. 유클리드 기하학과 똑같은 타당성을 지닌 기하학들이 엄연히 존재하고 있다.

그렇지만 다른 기하학의 발견은 최종적으로 볼 때 유클리드의 명성을 훼손시켰다기보다는 향상시켰다고 말할 수 있다. 많은 사람들이 다른 자명한 공준과 공리로부터 이 평행선 공준을 증명하려고 했고 아는 바와 같이 결국에는 실패했는데, 유클리드는 이런 함정에 빠지지 않았다. 그 대신, 공준으로서 꼭 있어야 할 자리에 단순히 그것을 놓아두었을 뿐이다. 유클리드조차도 2000년 뒤에 다른 유형의 기하학들이 발견되리라고는 생각하지 못했을 것이다. 그렇지만 그는 수학자로서 직감에 따라 평행선에 관한 이 성질이 아무리 길고 복잡해보이더라도 다른 것과는 분리되고 독립된 공준이어야 한다고 생각했던 것 같다. 그리고 그의 이 직감은 22세기나 지나서야 수학자들에 의해 처음부터 모든 것이 맞았다고 입증되었다.

CHAPTER 03

유클리드와 소수의 무한성

Euclid and the Infinitude of Primes
(기원전 300년경)

《원론》 제 II 권에서 제 VI 권까지

《원론》의 제 I 권에 있는 48개의 명제는 유클리드의 수학적, 조직적 능력을 보여준 불후의 업적이다. 제 I 권은 《원론》의 첫 부분에 나오기 때문에 I 권이 가장 잘 알려졌으며, 대다수 사람들이 이 책을 연구하고 공부했다. 그렇지만 I 권은 13권으로 나누어진 책 중 한 권에 불과하다. 그래서 제3장에서는 이 고전의 나머지 책들을 개관하고자 한다.

제 II 권은 오늘날 '기하학적 대수학'이라고 하는 내용을 다루고 있다. 즉, 오늘날에는 대수방정식으로 아주 쉽게 표현할 수 있는 관계들을 기하학적 용어로 표현해놓았다. 당연히 대수학의 개념은 그리스 사람들에게는 생소했으며, 공식적인 체계로 나타난 것도 그로부터 수세기가 지난 후였다. 아래의 대표적인 명제를 보면 제 II 권의 기하학적 대수학이라고 하는 내용이 어떤 것인지를 알 수 있게 된다. 이 명제를 처음 대하면 다소 복잡해보이지만 조금만 깊게 살펴보면 간단하고 잘 알려진 대수 공식을 뜻하는 명제임을 알 수 있을 것이다.

명제 II.4 한 선분을 임의로 자르면, 자르기 전의 선분에 만들어진 정사각형은 잘려진 부분에 만들어진 두 정사각형과 잘려진 부분에 의해 만들어진 직사각형의 두 배와 같다.

증 명 유클리드는 선분 AB에서 시작하여 이 선분의 임의의 점 C에서 그림 3.1과 같이 잘랐다. $\overline{AC}=a$, $\overline{BC}=b$라고 하면, '전체 선분에 만들어진 정사각형' 의 넓이는 — 즉, $(a+b)^2$ — 잘려진 두 선분에 만들어진 두 정사각형의 넓이의 합에 — a^2+b^2 — 잘려진 두 선분에 의해 만들어진 직사각형의 넓이의 두 배를 — $2ab$ — 더한 것과 같게 된다. 다시 적어보면 다음과 같다.

$$(a+b)^2=a^2+b^2+2ab=a^2+2ab+b^2$$

Q.E.D.

물론 이것은 중학교 수학 교과서의 대수 부분에 나오는 유명한 항등식이다. 유클리드는 대수적 표현이 아니라 선분 AB에 의해 만들어진 정사각형을 두 개의 작은 정사각형과 합동인 두 개의 직사각형이 되도록 기하학적인 분해를 통해서 이 명제에 접근했다. 접근 방식은 다를지 모르지만 그의 기하학적 표현과 이것의 대수적 표현은 서로 분명히 동치이다. 제II권의 많은 부분은 이렇게 기하학적 대수학에 관련된 내용이다. 제II 권은 일반 다각형의 구적을 다루는 명제 II.14로 끝을 맺고 있는데 이 구적의 증명은 제1장에서 언급했다.

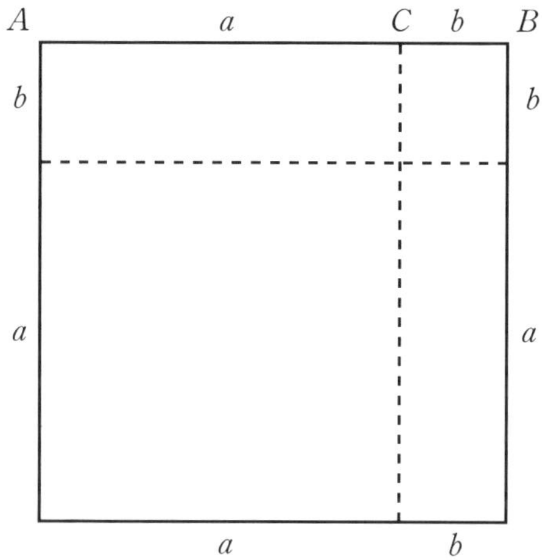

[그림 3.1]

제III권에는 원에 관련된 37개의 명제가 있다. 원은 제I권에서의 작도 과정에서 사용되었지만 원 자체에 대한 내용이 초점은 아니었다. 제III권에서 유클리드는 원에서의 현, 접선, 각에 대한 일반적인 결과들을 증명했다. 명제 III.1은 주어진 임의의 원의 중심을 찾는 방법을 보여주고 있다. 물론 정의 15에 따르면 모든 원은 반드시 그 중심을 가지지만, 평면 위에 이미 그려진 원의 경우에 그 중심을 찾는다는 것은 그렇게 쉬운 일은 아니다. 따라서 유클리드는 이 중심을 찾는 데 필요한 작도를 제공하였다.

명제 III.18에서 유클리드는 주어진 원에 그은 접선과 원의 중심에서 접점에 그은 반지름은 직각으로 만난다는 것을 증명하였다. 몇 개의 명제를 증명한 다음, 중요한 결과인 '원에서 같은 부분에 의해 만들어진 각들은 서로 크기가 같다'를 제시하였다. 즉, 그림 3.2에서 보는 것처럼 $\angle BAD$와 $\angle BED$는 원 $BAED$의 같은 부분에 의한 각이므로 서로 같다. 현대

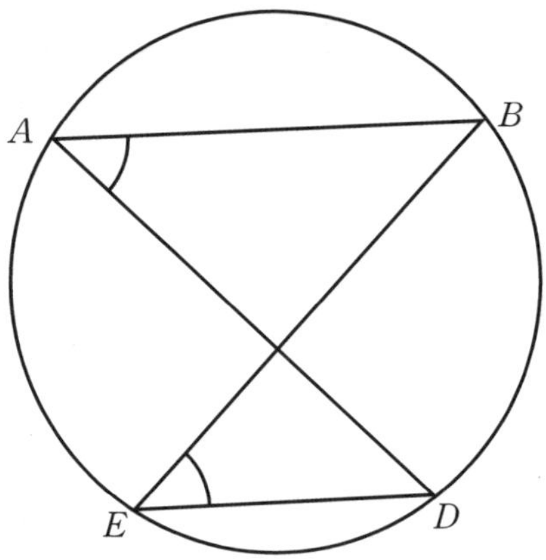

[그림 3.2]

적 용어로는 이 두 각은 같은 호 BD와 만난다 또는 호 BD에 대한 원주각은 서로 같다라고 표현하고 있다.

이 정리를 증명 한 후, 유클리드는 종종 '원형 사변형' 으로 불리는 원에 내접하는 사변형의 개념을 다루었다. 이것에 관련된 결과는 다소 특수한 것으로 보일 수도 있지만, 이 결과는 제5장의 위대한 정리 부분에서 중요하게 언급될 것이기 때문에 여기서는 유클리드의 간단한 증명만 싣고자 한다.

명제 III.22 원에 내접하는 사변형에서 대각의 합은 두 직각과 같다.

증 명 원에 내접하는 사변형 $ABCD$에서 그림 3.3과 같이 두 대각선 AC와 BD를 긋는다. 그러면 $\angle 1+\angle 2+\angle DAB=2$직각인데, 그 이유는 이 각들은 $\triangle ABD$에 있기 때문이다. 그런데 $\angle 1$

과 $\angle 3$은 호 AD와 만나기 때문에 $\angle 1 = \angle 3$이고, $\angle 2$와 $\angle 4$는 호 AB와 만나므로 $\angle 2 = \angle 4$가 된다. 따라서

$$
\begin{aligned}
2\text{ 직각} &= (\angle 1 + \angle 2) + \angle \mathrm{DAB} \\
&= (\angle 3 + \angle 4) + \angle \mathrm{DAB} = \angle \mathrm{DCB} + \angle \mathrm{DAB}
\end{aligned}
$$

다시 말하면, 원에 내접하는 사변형의 대각의 크기를 더하면 두 직각이 되고, 이것으로 증명은 끝난 것이다.

Q.E.D.

명제 III.31은 반원에 내접하는 각은 직각임을 입증했는데, 이것의 증

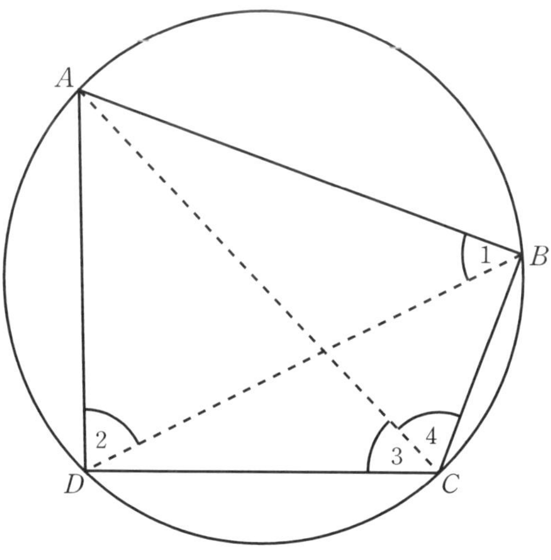

[그림 3.3]

명은 제1장에서 제시했다. 제1장의 내용과 관련해서 볼 때, 원에 관한 원론의 어떠한 책에서도 유클리드는 궁형의 구적에 대한 문제를 다루지 않았으며, 또한 원의 원주($C=\pi D$)나 넓이($A=\pi r^2$)와 같은 익숙한 결과들조차도 제III권에서 다루지 않았다. 원에 관련된 이러한 내용들은 제4장에서 다루게 될 아르키메데스에 의해 완전하게 파헤쳐진다.

유클리드의 네 번째 책은 내접과 외접하는 유형의 기하적 도형을 취급하고 있다. 원론에 있는 모든 작도에서 컴퍼스와 눈금 없는 직선자만의 사용으로 한정했는데 이러한 한계에도 불구하고 그는 상당히 복잡하고 정교한 결과들을 얻었다.

예를 들어, 명제 IV.4에는 주어진 삼각형에 원을 내접시키는 작도 방법이 제시되어 있다. 이 작도에서 핵심은 이 삼각형의 세 각의 이등분선이 만나는 점을 원의 중심으로 잡는 것이다. 그 다음 명제에서 유클리드는 주어진 삼각형에 원을 외접시키는 방법을 설명했다. 이번 경우에는 이 삼각형의 세 변의 수직이등분선이 만나는 점을 원의 중심으로 삼았다.

이로부터 유클리드는 모든 변의 길이가 같고 모든 각의 크기가 같은 정다각형의 작도를 생각했다. 이 정다각형은 대칭과 미를 갖춘 '완벽한' 다각형으로 그리스 사람들의 상상을 매혹하는 도형이었다.

유클리드가 《원론》의 시작을 정삼각형의 작도로 시작했고, 명제 I.46에서는 주어진 선분을 한 변으로 하는 정사각형을 작도했다는 사실을 기억하고 있을 것이다. 명제 IV.11에서, 유클리드는 정오각형을 원에 내접시키는 방법, 그리고 명제 IV.15에서는 정육각형을 내접시키는 방법을 첨가해서 정다각형의 작도를 확장시켰다.

그리고 제IV권의 마지막은 정15각형 —— 즉, 길이가 같은 15개의 변으로 된 다각형 —— 에 관한 것이었다.

유클리드는 주어진 임의의 원에 변 AC를 한 변으로 하는 정삼각형과 변 AB를 한 변으로 하는 정오각형을 내접시켰는데, 이 두 도형은 꼭지점 A를 공유하고 있다(그림 3.4). 유클리드가 관찰한 바에 따르면, 호 AC는 이 원의 원주의 1/3이고, 반면 호 AB는 이 원주의 1/5이다. 따라서 이들의 차인 호 BC는 이 원주의 $1/3-1/5=5/15-3/15=2/15$가 된다. 만약 B에서 C까지의 현을 이등분한 다음 이 현을 이등분하는 점에서 바깥쪽으로 수선을 그어 원과 만나는 점을 E라고 하면, 호 BC는 이등분된다. 이렇게 하고 나면, 호 BE는 이 원의 15분의 1에 해당하는데 바로 이 호 BE가 정15각형의 한 변의 길이가 된다. 이 원 주위로 이러한 현을 15개 복사하면 정15각형의 작도가 완성된다.

유클리드는 《원론》에서 더 이상 정다각형에 대해서 언급하지 않았지만, 만약 어느 누구라도 이런 다각형을 작도하기를 원한다면, 위에서 말한 이등분 과정에 따라 변의 개수가 2배인 정다각형도 작도할 수 있을 것이

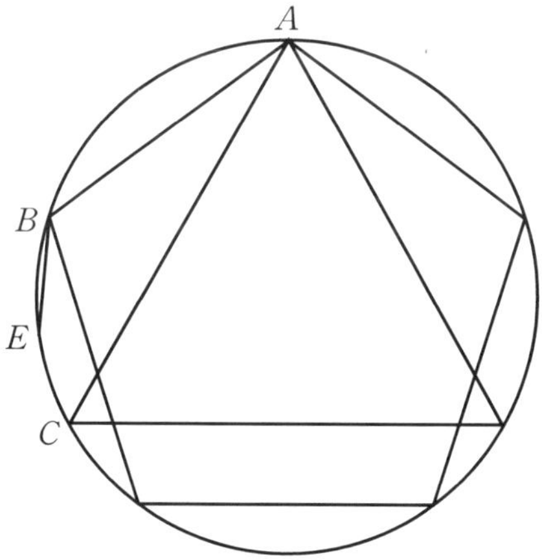

[그림 3.4]

다. 정삼각형의 작도에 성공한 그리스 기하학자들은 정 6, 12, 24, 48, … 각형을 작도할 수 있었고, 정사각형으로 시작해서는 정 8, 16, 32, 64, … 각형을, 그리고 정오각형으로부터는 정 10, 20, 40, … 각형을 작도할 수 있었다. 유클리드의 마지막 정다각형의 작도인 정15각형은 정 30, 60, 120, … 각형의 작도를 가능하도록 했다.

이 도형들은 상당히 많은 작도 가능한 정다각형이지만, 그렇다고 해서 모든 정다각형들을 포함하고 있지는 않았다. 예를 들어, 유클리드는 정7각형이나 정9각형, 또는 정17각형의 작도에 대해서는 어느 곳에서도 설명을 하지 않았는데, 그 이유는 위에서 언급한 정다각형의 변의 개수를 '두 배로' 늘이는 훌륭한 방법이 적용되지 않는 도형들이기 때문이었다. 그리스 사람들은 다른 유형의 정다각형의 작도에 많은 시간과 노력을 투자했지만 결과적으로는 아무것도 얻을 수 없었을 것으로 추측된다. 대다수 수학자들은 유클리드가 제시한 도형들이 작도 가능한 유일한 정다각형이며, 다른 정다각형들은 컴퍼스와 눈금 없는 직선자를 사용해서는 작도할 수 없는 도형들이라고 추측했지만, 사실 유클리드는 그렇다고 분명히 밝히지는 않았다.

이런 이유로 해서 1796년, 그 당시 10대에 불과했던 가우스가 정17각형의 작도법을 발견했다는 소식은 엄청난 충격이었다. 이 발견으로 젊은 가우스는 수학적 천재의 제1서열에 들게 되었다. 가우스는 제2장에서 비유클리드 기하학에 관한 그의 업적에서 소개되었는데, 제10장에서 이 놀라운 천재 수학자를 다시 다루게 된다.

정리해보면, 《원론》 중에서 제I권에서 제IV권까지는 삼각형과 다각형, 원, 그리고 정다각형의 본질적 요소를 설명하고 있다. 이 시점에서 돌이켜 보면, 유클리드는 아주 유용한 개념인 닮음을 사용하지 않은 채 그가 할 수 있는 한 많은 양의 기하를 해결했다. 제 I 권에서 말했듯이, 닮음에 관련된 증명과 이에 따른 비의 개념은 피타고라스 학파에 의한 통약 불가능한 길이의 발견으로 인하여 치명적 타격을 입었는데, 이 상처는 에우독소스의 뛰어난 비례론에 의해 마침내 논리적 결함을 메우게 되었다. 유클리드는 이러한 에우독소스의 생각을 원론의 제 V 권에서 충분히 발전시켰다. 이 아이디어들은 너무나 깊이 있고 의미 있어서 심지어 19세기의 무리수에 관련된 아이디어에까지도 영향을 미쳤음이 입증되었을 정도이다. 그렇지만《원론》의 제 V 권에서 다루는 많은 정리들은 현재 우리가 당연하게 받아들이고 사용하고 있는 실수 체계의 성질을 만족한다. 이것은 제 V 권의 약간 억지스러운 증명들에 대한 불필요한 논의를 야기시켰다. 그러면 이제 원론의 제 VI 권의 내용을 살펴보자.

제 VI 권에서 유클리드는 평면 기하학의 닮은 도형에 대한 연구를 시작했다. 이런 도형들에 대한 그의 정의는 가히 의미심장하다고 말할 수 있을 정도이다.

- **정의 VI.1** 직선으로 된 도형들의 **닮음**이란 이들의 대응하는 각이 서로 같고, 같은 크기의 각과 이웃하는 변들이 서로 비례할 때이다.

이 정의는 이중 목적을 지닌 것으로, 닮음이 되기 위해서는 각의 크기는 서로 같아야 하고 그리고 변들은 서로 비례해야 한다는 것이다. 비전문적인 용어로 표현한다면, 이들 두 조건은 두 도형이 서로 같은 모양이라고 할 때 이 말에 내포된 의미가 무엇인지를 말해주고 있다. 일반적으로 두 도형이 서로 닮았다고 할 때는 이들 두 조건이 반드시 필요한 것은 분명하다. 예를 들어, 그림 3.5에 있는 직사각형과 정사각형은 각의 크기는 같지만, 두 도형의 변들이 서로 비례적이지 않기 때문에 서로 다른 모양을 하고 있는 것이다.

한편, 정사각형과 마름모의 경우를 보면 변들은 같은 비를 유지하지만 —— 즉, 1:1 —— 각들이 서로 다르기 때문에 마찬가지로 서로 다른 모양을 하고 있다.

흥미로운 것은 닮음이 되기 위한 이러한 요건들이 그 대상을 삼각형의 영역으로 한정하고 나면 무용지물이 되고 만다는 것이다. 제V권에 있는 에우독소스의 이론을 사용해서, 유클리드는 명제 VI.4에서 만약 두 삼각형의 대응하는 각의 크기가 같으면, 이 두 삼각형의 대응하는 변들의 비는 같다는 사실을 증명하였다. 역으로, 명제 VI.5에서 그는 만약 두 삼각형의 변들의 비가 같으면, 이들의 대응하는 각들이 서로 같다는 사실을 증명하였다. 요약해보면, 닮음에 관련된 모든 논의들이 세 변을 가지는 도형의 경우에는 아주 간단하게 해결되는데, 그 이유는 닮음의 두 조건 중 어느 한 조건이 다른 조건을 내포하기 때문이다. 따라서 닮음에 대한 유클리드의 증명에서 삼각형에 관련된 것이 가장 큰 부분을 차지하고 있는 것도 알고 보면 그리 놀라운 것은 아니다.

이러한 결과들 중 하나가 아래의 명제 VI.8이다.

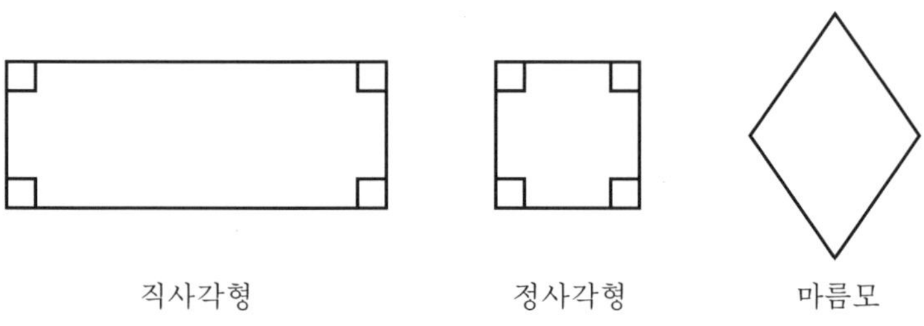

[그림 3.5]

명제 VI.8 직각삼각형에서 직각의 꼭지점에서 밑변으로 수선을 내리면, 두 삼각형이 만들어지는데 이 수선에 의해 이웃하는 두 삼각형은 원래 삼각형과 닮음이며 이 두 삼각형은 또한 서로 닮음이다.

증 명 제VI권에서 제시한 명제들을 사용하면, 사실 이 명제는 간단하다. 그림 3.6에서 $\triangle BAC$와 $\triangle BDA$는 $\angle BAC$와 $\angle BDA$에서 둘 다 직각을 포함하고 있으며, 이 두 삼각형은 또한 $\angle 1$을 공유하고 있다. 명제 I. 32에 의해 이 두 삼각형의 세 번째 각도 같다. 따라서 이 두 삼각형의 세 각이 각각 같으므로 이들은 닮음이고 명제 VI. 4에 의해 이들의 변들은 서로 비가 같다. 삼각형 BAC와 ADC의 닮음과 작은 두 삼각형 BDA와 ADC의 닮음도 같은 식으로 증명된다.

Q.E.D.

34번째의 명제를 마지막으로 제VI권을 끝냄으로써 유클리드는 평면

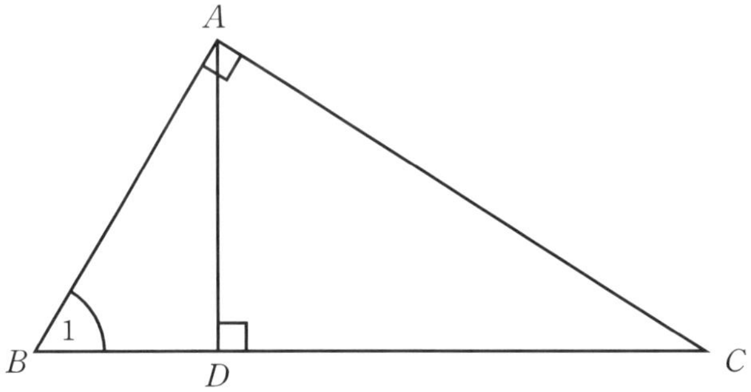

[그림 3.6]

기하학의 필수적인 내용을 완성하게 되었다. 그렇지만 《원론》을 단순히 기하학에 관한 교과서라고 생각했던 사람들이 종종 놀라듯이 아직까지도 7권의 책이 남아 있다. 유클리드의 그 다음 연구 주제는 수학의 어떠한 분야에 못지않게 풍부하고 찬란한 역사를 가지고 있으며 후세 수학자들을 위한 금광으로 알려졌던 분야이다. 그것은 바로 정수론(number theory)으로서 다음의 위대한 정리에서 그 내용을 알 수 있다.

유클리드의 정수론

일상적으로 흔히 자연수를 사용하기 때문에 이 수를 사소하게 생각하여 깊은 연구의 대상으로 취급할 필요가 없을 것이라고 단순하게 생각할 수도 있다. 평면기하학의 복잡한 내용을 1+1=2나 2+1=3과 같은 문제와 비교하게 되면 이 수를 연구하고자 하는 의욕을 상실하게 될 수도 있다. 그러나 정수론을 이런 식으로 조금이라도 피상적으로 생각했다면 빨리 그 생각을 버려야 할 것이다. 왜냐하면 수학에서 이 분야는 몇 대를 거치면서 수학자들에게 지적 호기심을 일으켰으며 이들을 당황하게 하는 문제들을 던졌기 때문이다. 이 정수론 분야에서 가장 오래된 중요한 발전을 찾을 수 있는 곳이 바로 유클리드 《원론》의 제VII권에서 제IX권에 있는 내용들이다.

제VII권은 자연수의 성질에 관한 22개의 새로운 정의로 시작하고 있다. 예를 들면, 유클리드는 **짝수**를 똑같은 두 부분으로 나누어지는 수로, 그리고 홀수는 그렇지 않은 수로 정의했다. 가장 중요한 정의가 **소수**(prime number)에 관한 것인데, 1보다 큰 수로서 1과 자기 자신만으로 나누어지는 수(유클리드의 표현으로는 '측정되는 수')라고 정의했다. 예를 들면 2, 3, 5, 7, 그리고 11이 소수이다. 1보다 크면서 소수가 아닌 수를 **합성수**(composite number)라고 한다. 다시 말해서, 합성수는 1과 자기 자신을 제외한 다른 수를 약수로 가지는 수이다. 몇 가지 예로는 4, 6, 8, 9, 10, 그리고 12가 있다. 그런데 1은 소수도 합성수도 아니다.

더 나아가서, 유클리드는 어떤 수의 '부분'들 — 즉, 진약수들(proper divisor: 어떤 수 자신보다 작은 약수들)의 합이 바로 자신이 되는 수를 **완전수**(perfect number)라고 정의했다. 6은 완전수인데 그 이유는 6의 진약수는 1, 2, 3(진약수만 필요하므로 6의 약수로서 6 자신은 제외한다)이고 1+2+3=6이기 때문이다. 그 다음의 완전수는 28인데, 28의 진약수들의 합이 1+2+4+7+14=28이 되기 때문이다. 한편, 15와 같은 수는 완전수가 아닌데 15의 진약수들의 합이 1+3+5=9≠15이기 때문이다. 수를 사용해서 점을 치는 점쟁이들이나 다른 사이비 과학자들은 오랫동안 이 완전수에 특별한 매력을 느껴왔다. 그렇지만 이들은 6번째와 28번째가 아주 중요하고 의미 있는 자리수라는 사실을 발견하지는 못했다. 유클리드가 이들 완전수에 대한 탐구를 점이나 사이비 과학적 입장에서가 아니라 수학적 성질로 한정함으로써 중요한 의미를 발견할 수 있었던 것은 다행스러운 일이었다.

사용할 용어에 대한 정의를 한 후, 유클리드는 '유클리드 호제법(Euclid's algorithm)'으로 알려진 방법의 증명을 활용하여 제VII권에 있는 처음 두 명제에 대한 해설을 시작했다. 이 방법은 두 자연수의 모든 공약수 중에서 최대공약수를 찾는 확실한 방법이다. 이 알고리즘의 사용법을 살펴보기 위해서, 1387과 3796의 최대공약수를 구해보자.

먼저 두 수 중에서 작은 수로 큰 수를 나누고 그 나머지를 구한다. 이를

보면,

$$3796=(1387\times 2)+1022$$

다음은 처음 나머지 1022로 처음 약수 1387를 나누면 다음을 얻게 된다.

$$1387=(1022\times 1)+365$$

이 과정을 나머지가 0이 나올 때까지 반복한다. 위의 경우에는 두 번째 나머지 365로 1022를 나눈다.

$1022=(365\times 2)+292$ 그런 다음
$365=(292\times 1)+73$ 그리고 마지막으로
$292=(73\times 4)$

나머지가 0이 되면, 유클리드는 바로 이전의 나머지 ── 이 예에서는 73 ── 가 두 수 1387과 3796의 최대공약수임을 입증했으며, 이것에 대한 훌륭한 증명도 제시했다. 최대공약수를 구하는 유클리드의 이 절차는 항상 유한 번이면 끝나게 되는데, 그 이유는 나머지들 ── 1022, 365, 292, 73 ── 이 점점 더 작아지기 때문이다. 자연수에 대해서 이 절차를 적용할 경우 무한 번 계속할 필요가 없다는 사실은 분명하다. 사실, 처음 나머지가 1022였기 때문에, 이 나머지가 0이 되도록 하는데는 최대 1023번이면 가능하다고 분명히 말할 수 있다(물론, 위에서 본 것처럼 단지 다섯 번만에 가능했지만).

유클리드의 이 알고리즘은 구체적으로 적용할 곳이 분명하며 또한 전적으로 기계적인 방법이므로 두 수의 최대공약수를 구하는 데 특별한 통찰이나 독창성이 필요하지 않는다. 그래서 컴퓨터에 프로그램하여 쉽게 이 과정을 수행할 수도 있다. 이러한 적용과 방법면에서보다는 덜 분명하겠지만, 유클리드 알고리즘은 또한 정수론의 이론적인 면에서 아주 중요한 의미를 가지고 있다.

유클리드는 제VII권 전체에 걸쳐서 정수론을 다루면서, 아주 중요한 명제인 VII.30을 증명하였다. 이 명제는 어떤 소수 p가 두 수 a와 b의 곱을 나머지가 없이 나누면, 이 소수 p는 a와 b 중 어느 한 수(또는 둘 다)를 나머지 없이 나누게 된다는 것이다. 예를 들면, 소수 17은 $2720=34\times80$를 나누어 떨어지게 하므로 17은 두 수 중의 한 수인 34를 당연히 나머지 없이 나눈다. 그러나 합성수 12는 $48 = 8\times6$을 나머지 없이 나누지만, 인수인 두 수 8이나 6 중 어느 수도 나누지 못한다. 이렇게 된 것은 물론 12가 소수가 아니기 때문이다.

명제 VII.31은 조금 뒤에 살펴볼 위대한 정리를 증명하는 데 중요한 역할을 하는 명제이다. 이 명제에 대한 유클리드의 증명은 오늘날 정수론 교과서에서 보는 것과 똑같은데 그 증명은 다음과 같다.

명제 VII.31 임의의 합성수는 어떤 소수에 의해 측정된다(즉, 나누어진다).

증 명 A를 임의의 합성수라고 하자. '합성수' 정의에 의해, $1<B<A$이면서 나머지가 없게끔 A를 나누는 어떤 작은 수 B가 반드시 존재한다. 이제 이 B는 소수 아니면 합성수이다. 만약 B가 소수라면, A는 이 명제에서 주장하는 것처럼 소수를 약수로 가지게 되므

로 증명은 끝나게 된다. 한편, B가 소수가 아니라면 약수를 가지게 되는데, 이 약수를 C라 하면 $1<C<B$가 성립한다. 만약 이 C가 소수라면, 이 증명은 또한 끝나게 된다. 왜냐하면 C가 B를 나머지 없게 나누고, 다시 B가 A를 나머지 없게 나누므로, 결국 이 소수 C는 A를 나머지 없게 나누기 때문이다. 그런데 만약 C가 합성수라면 어떻게 될까? C는 진약수 D를 가지게 되므로, 이 과정을 계속 반복하게 된다.

이렇게 반복해 나갈 때 최악의 경우는 다음과 같이 크기 순으로 아래로 정렬된 소수가 아닌 약수가 계속 나오게 될 때이다.

$$A>B>C>D>\cdots>1$$

그런데 이 수들은 모두 양의 자연수이다. 유클리드가 명확하게 입증한 바에 따라, 우리가 찾은 약수가 소수임에 틀림없다는 결론에 이른다. 왜냐하면 "…… 만약 [소수인 약수가] 찾아지지 않는다면, 무한히 많은 수들이 A를 나누게 되는데, 앞에 나온 수는 다음에 오는 수보다 작다. 그런데 이것은 자연수에서는 불가능한 현상이다." 당연히 이 불가능은 큰 수부터 작은 수로 아래로 정렬된 자연수 고리에서는 단지 유한 개의 자연수만 있기 때문이다. 따라서 이 과정은 결국 유한 번으로 끝나게 된다는 점을 알 수 있다. 이 고리에서 마지막 수는 반드시 소수이며 또한 그 앞에 나온 모든 수의 약수이므로 결국 A의 약수가 된다.

Q.E.D.

이 증명에서 그리고 그의 알고리즘에서도 유클리드는 임의의 자연수 n에서 시작하면, 크기 순으로 아래로 정렬된 n보다 작은 양의 정수는 반드시 유한하다는 중요한 아이디어를 이용했다. 그런데 수의 범위를 분수로 확장하면 이런 현상은 일어나지 않는다. 왜냐하면 아래와 같이 양의 분수를 크기 순으로 아래로 정렬하면 끝없이 계속되기 때문이다.

$$\frac{1}{2} > \frac{1}{3} > \frac{1}{4} > \frac{1}{5} > \cdots$$

마찬가지로 음의 정수로 확장해도 아래로 정렬된 고리는 끝이 없게 된다.

$$32 > 22 > 12 > 2 > -8 > -18 > -28 > \cdots$$

그렇지만 유클리드가 했던 것처럼 양의 정수로 제한하고 나면, 이 아래로 정렬된 수는 반드시 유한 번의 단계를 거치면 끝나게 된다.

제 VII 권의 마지막 증명을 끝낸 다음 유클리드는 거침없이 바로 제 VIII 권에 착수했다. 그런데 수에 대한 이론이라는 같은 주제를 다루고 있는 세 권의 책을 조금 길더라도 한 권으로 만들지 않았던 이유는 분명하지가 않다. 마침내 그는 중요한 명제 IX.14를 제시하였다.

명제 IX.14 만약 한 수가 어떤 소수들에 의해 나누어지는 최소의 수라면, 이 수는 이들 소수들을 제외하고는 어떠한 다른 소수에 의해서도 나누어지지 않는다.

요즘 용어로 표현해보면, 이 명제는 임의의 수는 소수들의 곱으로 표현될 수 있는데 반드시 한 가지 방법에 의해서만 표현된다는 것을 말하고 있다. 즉, 어떤 수를 소수들의 곱으로 일단 나타냈다면, 다른 소수들의 곱으로 표현하려고 하는 것은 무모한 일이다. 왜냐하면 어떠한 다른 소수들을 사용해서는 주어진 수를 이들 소수의 곱으로 표현할 수 없기 때문이다. 오늘날 이 명제를 '소인수 분해의 유일성 정리'(Unique factorization theorem) 또는 '산술 기본 정리'(Fundamental theorem of arithmetic)라고 한다. 기본 정리라는 의미에서 알 수 있듯이 이 명칭은 정수론 또는 '고차 산술'에서 핵심적 역할을 하고 있음을 의미하는 것이다.

소인수 분해의 유일성 정리의 의미를 다음 문제를 통해서 알아보자. 8이라는 숫자를 가지고 계속 거듭제곱해 나간다고 가정하자. 그러면 $8^2=64$, $8^3=512$, $8^4=4096$, $8^5=32,768$ 등으로 된다. 끝자리수를 0으로 하는 숫자가 나올 때까지 이것을 계속한다. 그렇다면 백 번 정도면 끝자리가 0인 숫자가 나올까, 혹은 천 번, 또는 백만 번?

소인수 분해의 유일성 정리를 적용하면 이런 수를 절대 찾을 수 없음을 금방 알 수 있다. 왜냐하면 가령 끝자리가 0으로 끝나는 어떤 숫자 N을 마침내 찾았다고 하자. 그렇다면 이 N은 8을 계속해서 곱해서 얻어진 수이기 때문에, 그리고 $8=2\times2\times2$이기 때문에, 이 N은 2를 여러 개 곱해서 나타낼 수 있어야 한다. 그렇지만 만약 N이 0으로 끝나는 숫자라면, 10에 의해 나누어지는 수라는 뜻이므로 당연히 소수 5로도 나누어 떨어져야 한다. 그러나 이것은 모순이다. 유클리드의 명제 IX. 14의 증명에 따르면, 만약 N이 2의 거듭제곱으로 표현된다면, 다른 어떠한 소수 —— 특히 소수 5 —— 로도 이 N을 나눌 수 없다고 했다. 요약하면, 8을 수백 년 동안 아무리 곱하더라도 끝자리가 0인 수는 나올 수가 없다.

지금까지의 여러 명제들을 보면 소수가 정수론에서 중요한 역할을 한다는 사실을 분명히 알 수 있다. 특히, 1보다 큰 수는 자기 자신이 소수이거나 소수들의 곱으로 오직 한 가지 방법으로만 나타낼 수 있기 때문에, 소수가 정수를 구성하는 벽돌과 같다고 생각할 수 있다. 이런 의미에서 수학에서 소수는 기초 화학에서의 원자와 같은 역할을 하며 또한 원자를 이해하려는 부단한 노력이 요구되는 만큼 소수도 그러한 철저한 연구의 대상이 되어야 한다.

유클리드 이전부터 수학자들은 소수를 나열하여 소수의 분포에 숨어있는 패턴이나 소수를 이해하는 데 도움이 될 만한 단서들을 찾으려는 노력을 계속 해왔다. 참고로 작은 소수부터 수십 개만 나열해보면 다음과 같다.

2, 3, 5, 7, 11, 13, 17, 19, 23, 29, 31, 37, 41, 43,
47, 53, 59, 61, 67, 71, 73, 79, 83, 89, 97, 101,
103, 107, 109, 113, 127, 131, 137, 139, 149, 151

이 소수들을 보면 2를 제외한 모든 소수들은 홀수(2보다 큰 모든 짝수들은 2를 약수로 가지기 때문에)라는 사실을 제외하면 금방 어떤 패턴을 찾을 수 없다. 그런데 조금 더 자세히 살펴보면 수가 커질수록 소수들이 나타나는 횟수가 작아지거나 두 소수 사이의 간격이 더 벌어지는 것을 볼 수 있다. 예를 들면, 2와 20 사이에는 8개의 소수가 있지만, 102와 120 사이에는 단지 4개의 소수밖에 없다. 더욱 이 바로 이웃하는 두 소수 113과 127 사이에는 13개의 연속하는 합성수들에 의한 간격이 있다는 사실을 주목할 필요가 있다. 처음 100까지의 수에서 이렇게 긴 간격이 있는 경우는 한 번도 없다.

소수의 개수가 이렇게 희박해지는 분명한 현상은 생각보다는 쉽게 설명될 수 있다. 10이나 20에 있는 수들을 보면 크기가 작은 수일수록 인수의 개수도 작다. 그런데 백, 천, 백만과 같은 큰 수들의 경우 작은 수로 된 많은 인수들을 가진다. 어떤 수가 소수가 되기 위해서는 자신보다 더 작은 수를 인수로 가지지 않아야 하는데 큰 수의 경우 자신보다 크기가 작은 많은 약수를 가지기 때문에 소수가 될 수 있는 가능성이 그만큼 희박해진다.

사실, 만약 소수를 계속해서 추적해간다면, 이 수들 사이의 엄청나게 큰 간격을 발견할 수 있다. 예를 들면, 2101과 2200 사이에 있는 수들의 경우 단지 10개만 소수이며, 10,000,001과 10,000,100 사이의 수들 중에서는 단지 2개만 소수에 해당한다. 그래서 오늘날의 학생들과 마찬가지로 그리스 시대에도 아마 소수가 결국에는 없어지지 않을까라는 생각을 했을 것이다. 즉, 소수가 차츰 희박해져서 결국에는 없어져 그 이후의 모든 수들은 합성수일지도 모른다는 것이다.

이 추측을 지지하는 몇 가지 증거들이 제시되었지만 유클리드의 생각을 뒤집기에는 충분하지 않았다. 명제 IX.20에서 그는 비록 소수가 점차 희박해지더라도 유한 개의 소수로 된 집합이 모든 소수를 포함할 수는 없다는 사실을 증명했다. 이 명제의 증명은 종종 '소수의 무한성'(infinitude of primes)이라고 불리는데, 그 이유는 모든 소수의 집합은 유한하지 않다는 것을 증명했기 때문이다. 유클리드의 이 증명은 고전적 독창성을 지닌 위대한 정리이다. 사실, 이 증명은 간단하면서도 우아하고 너무나 심오한 수학적 정리의 최고의 예로 자주 인용되고 있다. 20세기 영국의 수학자 하디(G.H. Hardy, 1877-1947)는 그의 훌륭한 학술 논문인 〈한 수학자의 핑계〉(A Mathematician's Apology)에서 유클리드의 이 증명은 "…… 발견되었을 때와 마찬가지로 여전히 참신하고 의미 있으며, 지난

2천 년 동안 [이 증명에] 조금도 더 무언가가 추가된 적이 없었다"라면서 증명의 간결함과 심오함에 찬사를 보냈다.

위대한 정리: 소수의 무한성

소수의 무한성에 대한 유클리드의 독창적인 증명을 하는 데 필요한 모든 요소들 중에서 한 가지만 빼고 지금까지 모두 살펴보았다. 이 한 가지는 아주 간단한 것으로, 만약 $N>M$이면서 N과 M 둘 다 어떤 자연수 G에 의해 나누어 떨어지면, 이들의 차 $N-M$도 반드시 G에 의해 나누어 떨어진다는 것이다. 이것은 쉽게 입증할 수 있다. N이 G에 의해 나누어 떨어진다는 뜻은 어떤 자연수 A에 대해 $N=G\times A$가 성립한다는 것이다. 그리고 M이 G에 의해 나누어 떨어진다는 뜻은 마찬가지로 어떤 자연수 B에 대해 $M=G\times B$가 성립한다는 것이다. 그래서 $N-M=G\times A-G\times B=G\times(A-B)$이고 $A-B$가 자연수이므로, $N-M$은 반드시 G에 의해 나누어 떨어진다. 예를 들면, 5의 배수인 두 수의 차도 5의 배수이며, 어떤 두 수가 8의 배수이면 이들의 차도 8의 배수이다.

이 명백한 원리를 바탕으로 해서 이제 유클리드의 고전적 결과인 소수의 무한성에 대한 다음 명제의 증명을 시도해보자.

명제 IX.20 소수들은 할당된 다수의 소수들보다 항상 많다.

또다시 유클리드의 특이한 용어 때문에 이 명제의 의미를 파악하기가 쉽지 않다. 그가 의미하는 것은 유한 개의 소수들의 모임이 주어질 때

——즉, 어떤 '할당된 다수의'——이 모임에 없는 소수를 찾을 수 있다는 것이다. 간단히 말하면, 유한 개의 소수로 된 집합은 결코 모든 소수를 포함할 수 없다는 것이다.

증 명 유클리드는 유한 개의 소수들 $A, B, C, \cdots, D$를 가지고 증명을 시작했다. 그의 목적은 이들 유한 개의 소수들과는 다른 소수를 찾는 것이었다. 이를 위해서, 첫 번째 단계로 $N=(A \times B \times C \times \cdots \times D)+1$이라는 숫자를 만들었다. 위의 유한 개의 모든 소수들을 곱해서 1을 더한 이 수는 분명히 이들 소수 중 그 어느 수보다 더 크다. 1보다 큰 임의의 수는 소수이거나 합성수인 것처럼 이 N도 소수 또는 합성수이며, 이들 각각의 경우에 대해 증명을 해야 한다.

경우1 N이 소수라고 하자.

N은 $A, B, C, \cdots, D$보다 크기 때문에, N은 이들 수에 포함되어 있지 않는 새로운 소수이므로 증명은 이것으로 끝난다.

경우 2 N이 합성수라고 하면?

명제 VII. 31에 의해, N은 반드시 소수인 약수를 가지는데 이것을 G라고 하자. 그런데 유클리드는 이 G는 원래의 소수들 중에는 포함될 수 없다고 했다.——여기에 그의 수학적 추론의 핵심이 있다. 증명을 위해서 $G=A$라고 가정해보자.($A, B, C, \cdots, D$가 소수 전체 집합이므로 이들 중 어떤 소수가 G가 되어야 한다.) 그러면 G는 $A \times B \times C \times \cdots \times D$를 나누고, (경우 2에서 가정한 바와 같이 N이 합성수이므로) G는 동시에 N도 나눈다. 따라서, G는 이 두 수의 차도 반드시 나누어야 한다.

$$N-(A \times B \times C \times \cdots \times D)$$
$$=(A \times B \times C \times \cdots \times D)+1-(A \times B \times C \times \cdots \times D)=1$$

즉, G는 1을 나눈다는 의미가 된다. 그런데 이것은 불가능한데, 그 이유는 소수 G는 적어도 2 이상인 소수이어야 하는데, 이런 소수 중에서 1을 나누는 수는 없기 때문이다. 마찬가지로 $G=B$ 또는 $G=C$ 등이라고 가정해도 상황은 같아진다. 따라서 유클리드가 주장한대로 G는 $A, B, C, \cdots, D$에 없는 소수이다.

이러한 이유로 해서, N이 소수이든 합성수이든 상관없이 새로운 소수를 얻을 수 있다. 따라서 주어진 유한 개의 소수들은 모든 소수를 포함할 수 없으므로 항상 다른 소수들에 의해 보충되어진다.

Q.E.D.

다음의 구체적인 두 예는 유클리드의 이 증명의 요지를 잘 설명해준다. 예를 들면, 가령 주어진 소수의 집합을 {2, 3, 5}라고 하자. 그러면 $N=(2 \times 3 \times 5)+1=31$은 소수이다. 그런데 31은 주어진 소수인 2, 3, 5보다 분명히 크기 때문에, 주어진 소수 집합에 있지 않은 새로운 소수이다. 이 예는 위의 증명에서 첫 번째 경우에 해당된다.

한편, 주어진 소수의 집합을 {3, 5, 7}이라고 하면 $N=(3 \times 5 \times 7)$

$+1=106$이 된다. 그러면 이 106은 소수가 아닌 합성수이면서 분명히 주어진 소수인 3, 5, 7보다 크다. 그러나 두 번째 경우에서 증명한 바에 따르면 106은 합성수이므로 반드시 소수인 약수를 가져야만 한다. ── 이 경우 $106=2\times53$ 그리고 2와 53 둘 다 주어진 소수 집합인 {3, 5, 7}에 없는 새로운 소수들이다. 따라서 N이 합성수인 경우에도 주어진 유한 개의 소수 집합에 없는 새로운 소수를 찾을 수 있다.

이 증명은 수학에서의 고전으로 항상 남을 것이다. 그렇다고 해서 수의 이론에 대한 유클리드의 연구가 아주 끝난 것은 아니었다. 홀수인 두 수의 차는 짝수라는 수학적 사실과 같이 그렇게 놀랄 만한 것은 아닌 몇 개의 명제에 대한 증명을 제시한 후, 그는 완전수에 관한 명제로서 제IX권을 끝마쳤다. 그는 이 완전수에 대한 정의를 제VII권의 서두에서 했는데 그런 다음 아마 완전히 잊어버린 듯했다. 그러다가 다음 명제에서 다시 제시하였다.

명제 IX.36 1부터 시작해서 원하는 만큼 많은 수를 계속해서 2배씩 더하여 그 합이 소수이면, 이 합과 그 합의 마지막 수를 곱해서 나오는 수는 완전수이다.

현대적 용어의 도움을 얻어서 유클리드가 의미하고자 하는 것을 좀더 구체적으로 살펴보자. 1에서 시작해서 계속해서 2의 거듭제곱을 더해서 이들의 합 $1+2+4+\cdots+8+\cdots+2^n$이 소수이면, 이 합 $1+2+4+\cdots+8+\cdots+2^n$과 이 합에 마지막으로 더해진 수 2^n을 곱해서 나오는 수인 $N=2^n(1+2+4+\cdots+8+\cdots+2^n)$은 틀림없이 완전수라는 것이다.

이 명제에 대한 유클리드의 증명 대신에 몇 가지 구체적인 예를 통해서 이 명제의 의미를 살펴보자. 예를 들면, $1+2+4=7$은 소수이므로 유클리드의 정리에 따라 $N=4\times7=28$은 완전수가 된다. 이것은 앞에서 이미 입증한 것이다. 다른 예를 보면, $1+2+4+8+16=31$은 소수이므로 $N=16\times31=496$은 완전수이어야 한다. 이를 알아보기 위해서, 496의 진약수를 모두 적어보면 1, 2, 4, 8, 16, 31, 62, 124이다. 그리고 이들을 모두 더하면 496이므로 완전수임이 입증되었다.

말이 난 김에 좀더 살펴보면 $1+2+4+8+\cdots+2^n$이 반드시 소수일 필요는 없다. 예를 들면, $1+2+4+8=15$ 또는 $1+2+4+8+16+32=63$은 합성수이다. 유클리드의 완전수에 관한 정리는 그 합이 소수가 되는 특수한 경우에만 적용 가능한 것이다. 7과 31과 같이 그 합이 소수가 되는 수를 오늘날에는 '메르센 소수' (Mersenne primes)* 라고 부른다. 이것은 1644년 이런 성질을 가진 수에 관한 논문을 쓴 프랑스의 성직자이면서 수학자인 메르센(Father Marin Mersenne, 1588-1648)에 경의를 표하기 위하여 붙여진 이름이다. 메르센 소수와 완선수와의 연결 때문에, 메르센 소수는 오늘날까지도 정수론을 연구하는 학자들을 매료시키고 있다.

어쨌든 명제 IX.36의 증명과 더불어 유클리드는 완전수를 찾는 아주 훌륭한 방법을 제시하였다. 이러한 주제와 이들의 오늘날의 동향에 대해서는 후기에서 다시 다루고자 한다.

---

* $M_p=2^p-1$(p: 소수)이 소수이면 메르센 소수라고 한다. $p=2,\ 3,\ 5,\ 7,\ 13,\ 17,\ 19,\ \cdots$인 경우는 소수인데, $p=11$인 경우는 소수가 아니다. 그 이유는 $M_{11}=2^{11}-1=2047=23\times89$로 인수분해되기 때문이다.

《원론》의 마지막 책들

제VII권에서 제IX권에 걸쳐서 유클리드는 자연수에 대한 총 102개의 명제를 증명하였다. 그런 다음 제X권에서는 갑자기 전혀 다른 주제를 다루었는데, 많은 사람들에 따르면 이 책은 원론 13권의 책 중에서 가장 길고 수학적으로 가장 정교하다고 한다.

제X권에 있는 115개의 명제를 통해 유클리드는 통약불가능한 양(길이)에 대한 문제를 언급했는데, 이 주제는 오늘날의 용어로 설명하면 실수의 제곱근에 관련된 문제였다. 이 결과들은 이해하기가 까다롭고 세심하게 정의하고 조사해야 할 개념들과 관련이 있는 것이므로 수학적으로 다소 복잡하다. 다음의 명제를 예로서 살펴보자.

명제 X.96 어떤 도형의 넓이가 유리수로 표현될 수 있는 직선과 a sixth apotome에 의해 둘러싸여 있다면, 이 넓이를 이루는 변의 길이는 a medial area a medial whole의 길이를 갖는 직선이다.

이 명제의 증명은 제쳐두고라도 유클리드의 이 진술문 자체만이라도 이해하기 위해서는 'apotome'와 'medial'*과 같은 용어의 의미를 먼저

*명제 X.96에 나오는 이들 용어들은 무리수에 대한 기하학적 해석으로 무리수로 표현되는 길이에 대한 서로 다른 평균을 표현한 것이다. 즉, 기하평균을 medial, 산술평균을 binomial, 조화평균을 apotome이라고 했다. 이에 대한 설명은 이 책의 수준을 넘어선 내용이므로 더 자세한 것은 Thomas L. Heath 경에 의해 소개된 The Thirteen Books of Euclid's Elements: Volume III Books X-XIII(Dover, 1956)이나 http://aleph0.clarku.edu/~djoyce/java/elements/toc.html을 참고하기 바람.

파악해야 할 것이다. 이러한 명제들은 현대에 와서는 유리수와 무리수를 사용해서 나타내면 쉽게 해결될 수 있는 주제들이기 때문에 요즘 독자들에게는 별 가치 없는 진부한 것으로 보인다.

제XI권에서 제XIII권까지는 입체, 즉 삼차원의 기하에 대한 기초를 다루고 있다. 예를 들어, 제XI권은 평면들의 교차, 평면과 평면이 만나서 이루는 각 등의 입체 기하와 관련된 39개의 명제를 설명하고 있다. 명제 XI.21은 이 입체 기하와 관련된 주요한 결과들 중 한 가지로 '입체각'(solid angle)에 관한 것이다. 입체각은 피라미드의 정점과 같이 3개 이상의 평면의 각들이 한 점에 만나서 이루는 3차원의 각을 말한다. 유클리드는 이 점에 모이는 평면각들의 합은 4직각보다 작다는 사실을 증명하였다. 유클리드의 기발한 증명을 여기서 살펴보지는 않겠지만, 평면각이 모여서 만든 4직각인 —— 요즘으로 말하면 360도 —— 한 입체각은 평면 표면에 납작하게 되기 때문에 전혀 더 이상 각이라고 할 수 없다는 사실로부터 쉽게 유클리드의 증명의 타당성을 믿을 수 있다.

제XI권이 입체 기하학의 초보적인 명제들을 다루고 있다면, 제XII권은 훨씬 깊은 내용을 다루고 있다. 이 12번째의 책에서 유클리드는 원뿔의 부피와 같은 문제를 다루면서 에우독소스의 소진법을 사용하였다.

명제 XII.10 원뿔의 부피는 이 원뿔의 밑면을 밑면으로 하고 이 원뿔과 높이가 같은 원기둥의 부피의 1/3이다(그림 3.7).

오늘날에는 이 결과를 공식으로 나타내고 있다. 반지름이 r 이고 높이가 h인 원기둥의 부피는 $\pi r^2 h$이므로 유클리드가 말하고자 하는 원뿔의 부피는 $\frac{1}{3}\pi r^2 h$이다. 그의 뛰어난 증명은 유클리드 자신뿐만 아니라 이것

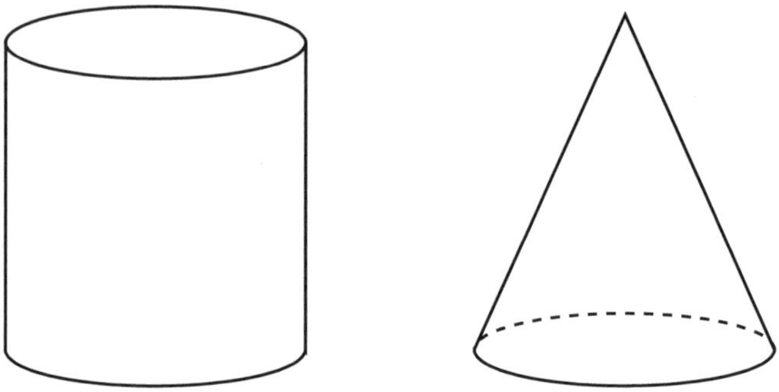

[그림 3.7]

을 최초로 발견한 위대한 에우독소스가 얼마나 뛰어난 수학적 능력이 있는지를 보여주는 증거였다. 수년이 지난 후에 아르키메데스는 이 명제를 에우독소스의 업적으로 돌리면서 다음과 같이 말했다.

> …… 비록 이러한 성질들은 원래부터 이들 도형에 내재해 있었지만, 에우독소스 이전에 살았던 뛰어난 많은 기하학자 어느 누구도 이를 발견하지도 관찰하지도 못했다.

제XII권에는 반드시 언급해야 할 아주 중요한 다른 두 가지 정리가 있다. 첫 번째 정리는 명제 XII.2인데 평면 도형인 원에 관한 상당히 놀라운 사실이다.

명제 XII.2 두 원의 넓이의 비는 이들의 지름을 한 변으로 하는 두 정사각형의 넓이의 비와 같다.

앞에서 히포크라테스가 궁형을 구적하면서 이 결과를 사용했다는 점을 언급했다. 이 명제는 주어진 한 원의 지름이나 반지름을 사용해서 면적을 구하는 방법을 언급한 것이 아니라 두 원의 넓이를 비교하는 방법을 제공하고 있는 것이다.

명제 XII.2를 약간 다른 시각에서 살펴보자. 두 원이 주어져 있을 때, 한 원의 넓이를 A_1, 지름을 D_1이라고 하고, 다른 원의 넓이와 지름은 각각 A_2, D_2라고 하면 다음과 같이 말할 수 있다.

$$\frac{A_1}{A_2}=\frac{D_1^2}{D_2^2} \quad \text{또는} \quad \frac{A_1}{D_1^2}=\frac{A_2}{D_2^2}$$

이 식은 어떤 종류의 원이든 상관없이 원의 넓이와 이 원의 지름의 제곱의 비는 항상 같다는 ── 수학자들은 이 비를 일정한 상수라고 말한다 ── 것을 의미한다. 이것은 아주 중요한 의미를 지닌 것이지만, 유클리드는 이 상수가 대충 어떤 값을 갖는지 그리고 원을 연구하면서 접하게 되는 다른 중요한 상수들과 어떤 차이가 있는지를 밝히지 않았다. 결국, 명제 XII.2는 그 중요성에 걸맞게 개선의 여지가 많은 명제인 셈이다. 이 명제는 제4장의 아르키메데스의 위대한 정리에서 훌륭하게 향상되었는데 그 내용은 뒤에서 다시 살펴보기로 한다.

이와 비슷한 맥락에서 좀더 살펴보면, 제XII권의 마지막 명제는 소진법(exhaustion)을 사용하여 '두 개의 구는 이들 지름의 세제곱의 비 관계에 있다'는 사실을 입증했다. 현대적 용어로 구의 부피에 대한 이 상대적 방법을 요약하면 다음과 같다.

$$\frac{V_1}{D_1^3} = \frac{V_2}{D_2^3}$$

('세제곱의 비' 라는 말은 세제곱에 해당하는 그리스식 표현이다.) 여기서 또 다른 중요한 상수 —— 이번에는 구의 부피와 지름의 세제곱의 비 —— 가 나오는데 유클리드는 이번에도 이 상수가 어떤 값을 가지는지 아무런 말도 하지 않았다. 하지만 기원전 225년 아르키메데스가 그의 뛰어난 걸작인《구와 원기둥에 관하여》(On the Sphere and the Cylinder)에서 이 상수의 값도 구했다는 사실은 놀라운 일이다.

마침내 유클리드《원론》의 제XIII권인 마지막 책을 다룰 때가 되었다. 이 책에는 18개의 명제가 있는데 이들 명제는 이른바 3차원 기하학인 정다면체(regular solids)와 이들 다면체 사이의 아름다운 관계를 다루고 있다. 정다면체란 모든 면들이 서로 합동인, 다시 말해서 정다각형으로 이루어진 입체를 말한다. 이들 정다면체 중에서 가장 잘 알려진 것으로 정육면체가 있는데 이 입체의 각각의 면은 6개의 정사각형으로 되어 있다. 그리스 사람들에게 있어서 이 정다면체들은 3차원에서의 아름다움과 대칭의 상징이었으며, 이들 입체를 이해한다는 것은 다른 사람들보다 분명히 우위에 있다는 것을 의미하였을 것이다.

유클리드 시대까지 다섯 개의 이러한 입체들이 알려져 있었다. —— 정사면체(4개의 면이 정삼각형으로 된 피라미드), 정육면체, 정팔면체(8개의 면이 정삼각형인 입체), 정십이면체(12개의 면이 정오각형인 입체), 그리고 이들 입체 중에서 가장 복잡한 정이십면체(정삼각형으로 된 20개의 면이 정삼각형인 입체).

그림 3.8에 있는 미적 즐거움을 주는 이들 입체들은 기원전 350년경부

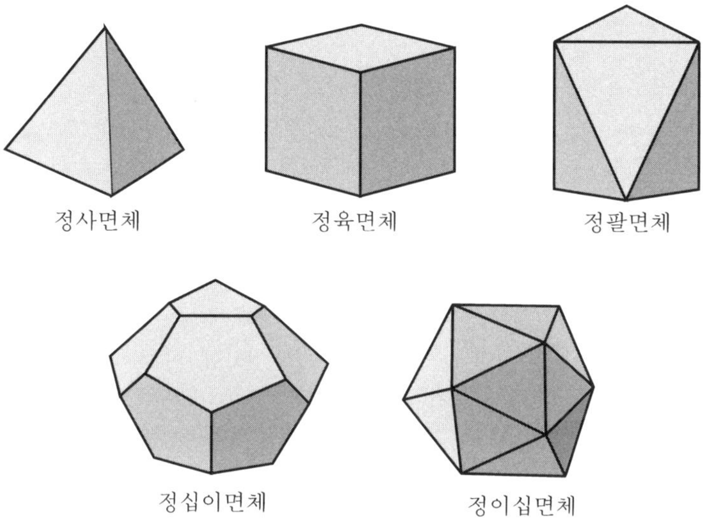

[그림 3.8]

터 플라톤의 《티마이오스》(Timaeus)라는 책에 실려 있다. 이 책에서 플라톤은 우주는 다른 사물들 중에서도 불, 공기, 물, 그리고 흙의 4대 '원소'의 성질로 구성되어 있다고 생각했다. 플라톤에 따르면, 이들 4대 원소는 형체를 띠고 있으며 모든 형체는 입체라고 했다. 우주는 완벽한 형체들로부터 창조되어왔기 때문에, 불, 공기, 물, 그리고 흙은 틀림없이 정다면체의 형체를 하고 있다는 것이다. 이제 남은 문제는 어떤 원소가 어떤 정다면체의 형체를 하고 있는지를 결정하는 것이었다.

플라톤은 그가 제시한 증거들을 잘 정리하였고, 이 과정에서 그는 "…… 공기는 물이 되고 마찬가지로 물은 또 흙이 되고"와 같은 전혀 비수학적인 진술을 하게 되었다. 그의 마지막 문단은 다음과 같다.

불은 정사면체의 형태인데, 그 이유는 불은 가장 작고, 가장 가볍고, 가장 활동적이며 4대 원소 중에서 가장 날카로운 모양이므로 정사면체가 이런 성질에 해당된다. 플라톤에 따르면, 흙은 다섯 가지의 입체 중에서 가장 안정된 형태인 정육면체에 해당하고, 반면에 물은 이들 원소들 중에서 가장 활동적이고 유연하므로 입체 중에서 가장 구에 가까워서 가장 구르기에 적합한 정이십면체가 되어야 한다고 했다. 공기는 크기나 무게, 유연성에서 중간 정도이므로 정팔면체에 해당한다. 플라톤은 "이들 네 가지 형체의 구성 단위는 너무 작아서 거의 볼 수가 없는데, 그래서 무수한 단위들이 한 덩어리 뭉칠 때만 단지 볼 수 있다고 생각해야 한다"라고 말했다.

그런데 플라톤은 각각의 4대 원소 모두를 가장 적합한 정다면체와 연결했지만 정십이면체는 해당하는 원소가 없이 남게 되는 난처한 상황에 빠지게 되었다. 이렇게 되자 그는 정십이면체는 "…… 창조주가 하늘의 별자리를 정하는 데 사용한 형태이다"라는 어설픈 주장을 내놓았다. 다시 말해서, 우주의 형상을 나타내는 것이 정십이면체라는 것이었다. 《티마이오스》에 있는 이러한 기괴한 이론 때문이 아니라 공상적인 성질 때문에 그 이후로 이들 정다면체를 '플라톤 입체'(Platonic solids)라고 부르게 되었다. 유클리드가 아테네에 있는 플라톤의 아카데미에서 공부를 했다는 사실을 기억한다면, 왜 유클리드가 이들 입체에 매료되어 원론의 클라이막스에서 이들을 다루고 있는지를 짐작할 수 있다.

언급한 대로, 기하학자들은 이 다섯 가지 정다면체의 존재를 오래 전부터 알고 있었다. 《원론》의 465번째이면서 마지막 명제에서 유클리드는 이 아름다운 도형의 개수가 더 이상도 이하도 아닌 다섯 개밖에 존재하지 않음을 증명했다. 이 명제는 명제 XI. 21을 이용하여 간단하게 증명할 수 있었다. 이 증명을 위해서 유클리드는 한 입체각을 이루는 평면각들의 합이 4 직각 미만 또는 360도(요즘 용어로 표현하면) 미만이라는 제한 조건하에서 정다면체의 면을 이루는 다각형의 종류를 고려해야 했다.

정다면체를 이루는 각 면이 정삼각형이라고 하면 이들 평면의 평면각은 60도이다. 한 입체각은 세 개 이상의 면들이 서로 한 꼭지점에 만나서 생기므로, 정삼각형 세 개가 이 입체의 각 꼭지점에서 만날 때가 최소한의 경우가 되어 $3\times60^\circ=180^\circ$이다. 이 경우에 해당하는 것이 정사면체이다.

각 꼭지점에 네 개의 정삼각형이 만나는 경우 한 꼭지점에 모이는 각의 합은 $4\times60^\circ=240^\circ$가 된다(정팔면체). 또한 각 꼭지점에 다섯 개의 정삼각형이 만나는 경우는 $5\times60^\circ=300^\circ$가 된다(정이십면체). 그렇지만 각 꼭지점에 여섯 개나 그 이상의 정삼각형이 만나는 경우 이들 평면각들의 합은 적어도 $6\times60^\circ=360^\circ$가 되어 명제 XI.21의 결과와 모순이 생기게 된다. 따라서 정삼각형을 면으로 하는 다른 정다면체는 더 이상 없다.

그렇다면 면이 정사각형인 경우는 어떨까? 잘 아는 것처럼 정사각형의 한 각은 90도이고 만약 이런 정사각형 세 개가 한 꼭지점에서 만나면 한 입체각의 크기는 $3\times90^\circ=270^\circ$가 된다. 따라서 세 개의 성사각형은 한 입체각을 만들 수 있는데 정육면체가 여기에 해당한다. 그런데 네 개나 그 이상의 정사각형이 만나는 경우 한 입체각의 크기는 최소한 $4\times90^\circ=360^\circ$가 되어 입체각을 만들 수가 없다. 이런 결과로 정사각형을 면으로 하는 다른 정다면체는 존재하지 않는다.

입체를 이루는 면이 정오각형인 경우도 생각할 수 있다. 정오각형의 한 내각의 크기는 108도이므로 세 개의 정오각형은 만날 수 있지만 ($3\times108^\circ=324^\circ<360^\circ$) 그 이상이 만나서는 한 입체각을 만들 수가 없다. 이런 경우에 해당하는 정다면체가 바로 정십이면체이다.

정육각형, 정칠각형, 정팔각형 등을 면으로 해서 만약 지금까지 살펴본 입체 중 하나를 만든다고 할 때, 각 면은 적어도 120도인 각을 포함하기 때문에 한 입체각을 만드는 데 필요한 최소 세 개의 면으로 이루어진 입체각의 크기는 360도이거나 더 크게 된다. 따라서 유클리드는 다음과 같이 결론짓고 있다. "지금까지 살펴본 이유에 근거하여 [정오각형 이상의] 다른 다각형으로는 한 입체각이 만들어질 수 없다."

요약해보면, 유클리드는 이들 다섯 가지 외의 정다면체는 더 이상 있을 수 없다는 사실을 입증했다. ── 정삼각형을 면으로 하는 정다면체가 세 개, 정사각형과 정오각형을 면으로 하는 정다면체가 각각 한 개씩이다. 따라서 아무리 열심히 노력하고 독창성이 뛰어난다 하더라도 더 이상의 정다각형을 만들 수는 없는 것이다.

이 내용이 원론의 마지막 부분이었다. 《원론》은 과거 2300년 동안 그리고 지금까지도 수학에 관련된 어떤 책과도 비길 데 없이 뛰어난 업적이다.

모든 다른 위대한 걸작들과 마찬가지로 원론 또한 세월과 무관하게 계속 읽혀지고 있으며 여전히 저자의 천재적 재능에 대한 새로운 통찰을 제공해 주고 있다. 오늘날까지도 《원론》을 포함한 이러한 고대의 저작물들은 우아한 수학적 증명의 기교와 독창성에서 지식 발견의 희열을 느끼려는 사람들에게 여전히 끝없는 기쁨을 주는 원천이다. 토마스 헤이스 경은 이 《원론》은 "… 항상 가장 위대한 수학 교과서였으며 앞으로도 그럴 것이란 사실에 조금의 의심도 없다"라고 간단하면서도 직접적이며 정확하게 고전인 원론의 위대성을 표현하였다.

후기

이 장의 위대한 정리는 정수론과 관련된 내용이었는데, 이것을 계기로 흥미로운 이 수학 분야를 대표해왔던 중요하고 종종 까다로웠던 몇 가지 문제를 살펴보는 것이 좋을 듯하다. 수론에서 아주 흥미를 끄는 것 중의 하나로 초등학교 학생들도 이해할 수 있는 간단한 추측들이지만 세계의 가장 뛰어난 수학자들의 노력을 허사로 만들어왔던 것이 있다. 그래서 특히 여기서 이 문제를 살펴보고자 한다.

예를 들어, 수학자들은 '쌍둥이 소수'(twin primes)——차이가 2씩 나는 연속하는 소수들——의 발생에 상당한 호기심을 보여왔다. 쌍둥이 소수의 예로는 3과 5, 11과 13, 또는 101과 103 등이 있다. 다른 소수와 마찬가지로, 쌍둥이 소수도 점점 더 큰 수로 갈수록 발생 빈도가 적어지는 것을 알 수 있다. 이 관찰로부터 다음과 같은 의문이 자연스럽게 생긴다. "그렇다면 쌍둥이 소수의 개수는 유한한 것일까?"

이것은 아주 간단한 질문이다. 더구나 2300년 전 유클리드가 《원론》의 명제 IX.20에 대해 제시한 답과 유사하기 때문에 의외로 쉽게 해답을 찾을 수 있을 것이라고 생각되었다. 하지만 오늘날까지도 그 답을 제시한 수학자는 한 명도 없다. 대부분의 수학자들이 쌍둥이 소수의 개수가 유한하지는 않을 것이라고 추측하지만, 지금까지 이것을 증명할 수 있었던 사람은 아무도 없었다. 또는 어떤 때는 가장 큰 쌍둥이 소수를 찾게 되었지만, 이것이 가장 큰 쌍둥이 소수인지를 어느 누구도 증명하지 못했다. 간단히 말해서, 이런 상황은 유클리드가 느꼈던 만큼이나 난처한 상황인 셈이다.

정수론에는 풀릴 듯하면서 풀리지 않은 채 남아 있는 다른 퍼즐들이 있다. 만약 아래의 괄호 안이 소수이면, 다음과 같은 형태를 띤 수는 완전수라는 유클리드의 증명을 앞에서 보았다.

$$2^n(1+2+4+8+\cdots+2^n)$$

그렇지만 그는 이러한 형태를 띤 수만이 완전수라는 주장을 하지는 않았다. 또한 이러한 형태를 띤 수 외에 다른 형태를 갖는 완전수도 있을 수 있다는 사실도 주장하지 않았다. 이런 사실에 근거하여, 수학자들은 유클리드의 이 공식 외의 다른 완전수를 찾으려는 노력을 해왔다.

오늘날까지도 이 의문은 전혀 해결되지 못하고 있다. 그런데 18세기의 수학자 오일러(Leonhard Euler)의 사후 논문을 보면, 모든 짝수 완전수는 유클리드가 밝힌 형식을 따라야만 한다는 사실이 증명되어 있다. 즉, N이 짝수 완전수이면, 괄호 안의 식이 반드시 (메르센) 소수일 때, 다음 식을 만족하는 양의 정수 n이 존재한다.

$$N=2^n(1+2+4+8+\cdots+2^n)$$

유클리드와 오일러에 의해 짝수 완전수에 대한 수수께끼는 완벽하게 해결되었다. 이제 남아 있는 문제는 홀수 완전수의 형태였다. 그렇지만 지금까지 아무도 이것을 찾지 못했다. 오늘날까지도 홀수 완전수가 존재하는지 존재하지 않는지는 완전히 미스터리로 남아 있다. 그렇다고 해서 사람들이 이 해답을 찾으려고 하지 않았다는 말은 아니다. 비록 상상할 수 없을 정도로 큰 수가 존재할 수 없다는 의미는 결코 아니지만, 수세기에 걸친 집중적인 이론적 탐구와 최근에 와서 고성능 컴퓨터를 사용한 연구를 통해서도 홀수이면서 동시에 완전수인 자연수를 찾지 못하고 있다.

수학자들은 난처한 입장에 빠지게 되었다. 이들은 홀수인 완전수를 찾지도 못했고 그렇다고 해서 그런 수가 존재할 수 없다는 사실을 증명하지도 못하고 있다. 그런데 이런 난처한 처지에서 한 가지 흥미로운 가능성이 생겼다. 언젠가 누군가가 나타나서 홀수인 완전수는 존재하지 않는다는 것을 증명한다면, 결국 모든 완전수는 짝수일 것이고 위에서 오일러가 입증한 바에 따라 이들 짝수인 완전수 전부는 유클리드가 말한 공식을 따르게 된다. 결국 완전수에 대한 논의가 이런 식으로 끝나게 된다면, 기원전 300년의 위대한 유클리드는 우주의 모든 완전수를 찾을 수 있는 패턴을 이미 발견했다는 말이다. 그렇다면 이것은 진정 놀라운 전환기적 일대 사건이 될 것이다.

이 장의 마지막으로 정수론의 모든 의문 중에서 가장 좌절감을 느끼게 했던 문제 중의 하나인 '골드바흐의 추측'(Goldbach conjecture)에 대해 알아보고자 한다. 이 추측은 수학의 열성적 팬이었던 골드바흐(Christian Goldbach, 1690-1764)가 1742년 오일러에게 보낸 편지에 있는 것으로 유명하다. 골드바흐는 4보다 크거나 같은 임의의 짝수는 두 소수의 합으로 나타낼 수 있다고 추측했다. 오일러 역시 골드바흐의 주장에 동의하는 쪽이었지만 증명 방법에 대해서는 전혀 짐작하지 못했다.

정수론에 관련된 수많은 퍼즐과 바찬가지로, 작은 수를 사용해서 골드바흐의 추측을 쉽게 점검해볼 수 있다. 예를 들면, 4＝2＋2, 28＝23＋5, 96＝89＋7 등이다. 이 추측이 특히 감질나게 하는 이유는 너무나 쉬운 개념들로 되어 있다는 것이다. 수학적 용어라고 해봐야 겨우 '짝수,' '소수,' 그리고 '합'이 전부이므로, 이 용어들의 의미는 초등학교 저학년조차도 몇 분이면 금방 이해할 수 있는 것들이다. 그럼에도 불구하고 골드바흐가 250년 전에 편지로 보낸 이후로 아직까지도 이 추측은 해결되지 못하고 있다.

소련의 수학자 슈니렐만(L. Shnirelmann)은 이 문제의 해결에 특히 많은 기여를 했다. 수학 역사가인 이브스(Howard Eves)에 따르면, 슈니렐만은 1931년 임의의 짝수는 30만 개 이하의 소수들의 합으로 나타낼 수 있다는 사실을 증명했다. 골드바흐의 추측은 단지 두 개의 소수만 필요로 한다는 사실에 비추어볼 때, 슈니렐만의 증명은 상당히 본질에서 벗어난 듯이 보인다. 결국 골드바흐의 추측을 정확하게 증명하기 위해서는 299,998개의 소수를 줄여야 한다.

어떤 의미에서 보면, 슈니렐만의 30만 개라는 엄청난 수의 소수는 골드바흐 추측을 증명하려는 수학자들의 노력을 포기하게 만들 수도 있다. 하지만 다르게 생각해보면, 이것은 유클리드와 오일러의 위대한 수학적 업적에도 불구하고, 영원한 인내심을 가지고 언젠가 증명되기만을 기다리고 있는 수많은 위대한 정리들이 여전히 남아 있다는 사실을 암시하고 있는 것이다.

CHAPTER 04

아르키메데스의 원 넓이 측정법

Archimedes' Determination of Circular Area
(기원전 225년경)

아르키메데스의 삶

유클리드 이후의 위대한 수학자로서 누구와도 비교할 수 없을 정도로 뛰어났던 시라쿠사의 아르키메데스(Archimedes, 기원전 287-212)가 등장한 것은 유클리드로부터 약 2~3세대가 지난 뒤였다. 아르키메데스는 찬란했던 삶을 마감할 때쯤 유클리드 시대 수학의 미개척 영역을 크게 확장시켰는데, 사실 거의 2000년 동안 수학 분야에서 그의 업적과 견줄 만한 업적을 볼 수 없을 정도였다.

비록 여러 세대를 거쳐 내려온 이야기라서 자세한 사실 여부에 대한 논란은 종종 있지만 아르키메데스의 생애에 대해서 조금이라도 알 수 있는 것은 참으로 다행스러운 일이다. 또한 그 자신의 회고록 서문에 종종 나오는 수많은 그의 수학적 업적들 또한 아직까지 남아 있는데 그의 생애와 업적에 대한 이러한 자료들 덕분에 고대 수학 세계를 지배했던, 너무나 존경받으면서도 약간은 기괴한 이 천재의 이미지를 그릴 수 있는 것이다.

아르키메데스는 시칠리아 섬의 시라쿠사에서 태어났다. 그의 아버지는 천문학자라고 여겨지며 그래서인지 어린 소년이었던 아르키메데스가 천체를 연구하는 데 평생 흥미를 가질 수 있었던 것으로 보인다. 젊었을 때 아르키메데스는 이집트에서 얼마 동안 시간을 보냈는데, 이때 유명한 알렉산드리아 도서관에서 공부한 것으로 짐작된다. 이곳은 물론 유클리드의 영향력이 작용했던 지역이었기에, 아르키메데스는 자연스럽게 유클리드식 전통에 따라 훈련을 받았으며 이러한 흔적은 그의 수학 저술 여러 곳에서 쉽게 발견할 수 있다.

나일강 유역에 거주하고 있는 동안 아르키메데스는 낮은 지대의 물을 높은 지대로 끌어올리는 장치인 이른바 '아르키메데스의 스크류(Archimedean screw)'를 발명했다고 한다. 흥미로운 점은 오늘날까지도 이 장치가 남아서 사용되고 있다는 것이다. 이 발명은 아르키메데스의 천재적 재능의 양면을 잘 입증해주고 있다. 그는 실제적이면서 현실적인 면에 관여했는데, 다른 한편으로는 가장 추상적이며 비현실적인 영역을 파고들기도 했다. 그의 학자적 재능을 생각하면 분명 알렉산드리아에 남는 것이 당연했겠지만, 아르키메데스는 그의 고향인 시라쿠사로 돌아오기로 마음먹었으며 일단 그렇게 결정한 이후에는 그곳에서 나머지 인생을 보냈다. 비록 지역적으로는 시라쿠사에 고립되어 지냈지만, 그리스 전역의 사람들, 특히 알렉산드리아에 있는 학자들과 폭넓은 서신 교환을 계속 유지했다. 많은 아르키메데스의 논문들이 지금까지 존재할 수 있었던 이유는 바로 이러한 서신 교환 때문이었다.

경외심마저 느끼게 하는 그의 수학적 재능은 당면한 어떤 문제에 대해서 비상한 집중력을 발휘하여 그 능력을 한층 증대시켰다. 이렇게 문제 해결에 집중하고 있을 때는 사사로운 세상 일에 무관심했다. 전기 작가인 플루타르크는 다음과 같이 전하고 있다.

> …… (아르키메데스는) 식사를 거르기도 하고 몸에 대해서는 완전히 신경을 끄고 지내곤 했다. 목욕을 하거나 몸을 치장해야 함을 자주 잊은 채, 무언가에 완전히 정신이 빠진 상태에서, 그리고 진정으로, 과학에 대한 사랑과 기쁨을 소유한 상태에서, 불타고 남은 재 위에 기하 도형을 그리거나 몸에 기름을 바르고는 그 위에 그림을 그리기도 했을 정도였다.

이 글은 깔끔한 것에는 전혀 무관심한 채 자기가 하고 있는 일에 완전히 정신이 빼앗겨 있는 전형적인 수학자의 모습을 묘사하고 있다. 물론 '정신이 완전히 빼앗긴' 이야기 중에서 가장 유명한 것은 시라쿠사의 히에론(Hieron) 왕의 왕관에 얽힌 이야기이다. 왕관을 만든 금세공 신하가 왕관에 사용될 금을 빼돌리고 대신 약간의 합금 금속을 넣었을지도 모른다고 의심한 왕은 아르키메데스에게 이 왕관이 순금으로 만들어졌는지를 밝히라고 했다. 전하는 바에 따르면, 아르키메데스는 이 문제를 가지고 씨름을 하고 있었는데 어느 날 (모처럼 마음먹고 오랜만에 목욕을 했을 게 틀림없는 그 날) 뜻밖에도 이 문제의 답이 머릿속에 떠올랐다. 목욕통에서 뛰어나온 그는 "(드디어) 알아냈다! 알아냈어!(Eureka! Eureka!)"라고 외치면서 시라쿠사의 거리를 내달렸다고 한다. 너무도 훌륭한 발견에 심취한 나머지 옷 입는 것조차 잊어버렸는데 완전히 알몸으로 거리를 뛰어다니고 있는 그를 보고 마을 사람들이 어떻게 생각했을지는 말할 필요도 없을 것이다.

이 이야기는 꾸며진 것일 수 있지만, 아르키메데스가 발견한 유체 정역학의 기본 원리는 거짓 없는 사실이다. 그는 이 분야에 대한 아이디어를 정리, 발전시켜 〈부체(浮體)에 관하여〉(On Floating Bodies)라는 논문을 남겼다.

또한 광학을 발전시켰고, 그가 고안했던 물 펌프의 작용에 대한 이해뿐만 아니라 지렛대, 도르래 및 합성 도르래의 작용에 대한 놀라운 이해에서 볼 수 있듯이 역학에서도 선구적 역할을 했다. 전기 작가인 플루타르크는 회의적인 히에론 왕이 이런 간단한 역학 장치들이 무슨 소용이 있을까 의심했다는 이야기를 전하고 있다. 왕이 이들 장치를 사용해서 실제적인 시범을 보여보라고 했을 때, 아르키메데스는 극적인 방법으로 그 명령을 따랐다. 그는 왕의 가장 큰 배를 선택했다.

> …… 이 배는 수많은 사람들이 큰 힘을 들여야만 부두 밖으로 꺼낼 수 있을 정도의 큰 배였다. 이런 배에다가 또 많은 사람과 짐을 가득 실었다. 아르키메데스는 멀리 떨어져 앉은 채 큰 힘도 들이지 않고 단지 손으로 도르래를 잡고서 줄을 조금씩 잡아당겼다. 그러자 배는 마치 바다에 떠 있는 것처럼 기울어지지 않고 똑바로 부드럽게 끌려왔다.

왕이 깊은 감명을 받은 것은 말할 필요도 없었다. 왕은 이 천재 과학자의 이러한 공학적 재능이 더욱 절박한 상황에 요긴하게 사용할 수 있는 귀중한 재산임을 감지했을 것이다. 그런데 로마의 장군 마르켈루스(Marcellus)가 기원전 212년에 시라쿠사를 침략했을 때, 정말 이 재능이 필요한 일이 생겼다. 로마의 위협 앞에서, 아르키메데스는 막강한 위력을 발휘하는 무기들을 만들어서 조국을 지키기 위해서 일어섰다. 이 과정에서 그는 군수 산업체의 1인 경영자라고 부를 수 있게 되었다.

이 전쟁이 있은 후 거의 3세기가 지나서 로마의 위대한 전기 작가인 플루타르크가 쓴 《마르켈루스의 생애》(Life of Marcellus)의 내용을 계속 인용하도록 하자. 이 전기의 제목에서도 알 수 있듯이 플루타르크는 표면적으로는 마르켈루스의 전기를 기록하고 있었지만, 아르키메데스에 대한 그의 존경심을 분명히 엿볼 수 있다. 이러한 기록들은 아르키메데스가 어떤 활동을 했는지에 대한 흥미롭고 아주 생생한 이야기를 전해주고 있다.

"마르켈루스는 그의 전 군대를 시라쿠사로 이동시켰다"고 플루타르크는 전했다. "그리고 성벽 가까이에 진을 치고서 전쟁 특사를 이 시로 파견했다." 시라쿠사 사람들이 투항을 거부하자, 마르켈루스는 시의 성벽에 대한 공격을 개시했다. 이 공격은 육지에서는 보병에 의해, 바다 쪽에서는 무장한 60척의 전함에 의해 두 측면에서 동시에 이루어졌다. 마르켈루스는 "…… 압도적인 수의 우위와 충분한 전쟁 물자의 지원, 그리고 자신이 성취했던 이전의 여러 전쟁에 대한 승리"를 크게 믿고 있었지만, 아르키메데스와 그가 만든 대량 살상 무기를 대적할 수 없음을 곧 알게 되었다.

플루타르크가 전하는 바에 따르면, 스스로 무적 군대임을 사부하던 로마 군대는 성벽으로 진군해 나갔다.

> 그러나 아르키메데스는 준비했던 무기를 사용하기 시작했다. 성벽으로 진군하는 보병들을 향해서 모든 종류의 발사용 무기들을 일시에 쏘아댔고, 거대한 바위들을 굴리자 엄청난 소리와 힘으로 아래로 내려갔다. 도저히 아무도 견딜 수가 없었다. 이 공격으로 로마 군대의 공격 대열은 완전히 초토화되었으며 시체가 무더기로 쌓였다.

로마의 해군도 보병과 별 다를 바 없었다.

> …… 거대한 기둥들이 높은 성벽의 여러 곳에서 튀어나와 엄청난 무게로 떨어지면서 많은 전함들을 침몰시켰고, 또 다른 배들은 쇠로 된 손모양의 갈고리에 의해 공중으로 끌어올려져 파괴되었으며 …… 뱃머리나 후미가 끌어당겨져 바다 속 깊숙이 처박혔다. 나머지 전함들도 성벽에 설치한 장치들에 의해 끌어당겨진 채 빙빙 돌려져 성벽 아래 돌출해 있던 가파른 바위에 충돌되어 타고 있던 군인들과 함께 파괴되었다.

플루타르크에 따르면, 이런 파괴는 누가 보더라도 "쳐다보기에 너무나 끔직한 광경"이었다고 한다. 상황이 이렇게 되자, 마르켈루스는 후퇴하는 것이 현명하다고 생각하게 되었다. 그는 군사력을 재배치하기 위해서 육군과 해군 모두를 철수시켰다. 작전 회의를 열어, 만약 어둠을 틈 타서 공격 부대를 성벽에 아주 가까이 접근시켜서 공격하도록 하면 아르키메데스의 무시무시한 발사용 무기들도 소용없을 것이라고 판단하여 야간 공격을 감행하기로 했다. 그러나 로마 군대는 또다시 경악을 금치 못했다. 주도면밀한 아르키메데스는 이런 상황에 적합한 무기들을 이미 배치해놓았는데, 로마 군대가 요새 가까이에 와서 성벽을 기어올라오자 돌이 로마 군대의 머리 위로 떨어졌고, 성벽의 모든 구멍에서는 화살이 발사되었다. 겁에 질린 로마 군대는 다시 후퇴했는데, 이렇게 후퇴하자 이번에는 아르키메데스의 장거리 발사용 무기의 공격을 받는 신세가 될 수밖에 없었다. 이 공격은 이들에게 엄청난 타격을 입힌 것이었다. 이렇게 되자, 승리를 자신했던 로마 군대는 "눈에 보이지도 않는 그 어떤 것에 의해 계속해서 이렇게 큰 재난을 겪는 것을 알고서는 그들 자신이 신을 대적하여 싸우고 있는 것이 아닌가"라고 생각하기 시작했다.

마르켈루스가 심각한 군의 사기 저하 문제에 봉착했다고 말한다면 어쩌면 상당히 완곡한 표현일 것이다. 상황이 그만큼 심각했다는 것이다. 그는 겁에 질려 있는 군대에게 용기를 재충전해서 공격을 계속하라고 명령했다. 그러나 군인들은 작은 밧줄이나 벽에 나와 있는 나무 조각만 봐도 아르키메데스가 또 무슨 괴상한 무기를 쏘아대는 줄 알고 놀라 소리를 지르고는 등을 돌려 줄행랑을 쳤다. 무모한 용기보다 신중함이 전쟁터에서 필요함을 알고 있었던 마르켈루스는 직접적인 공격을 포기하기로 결정했다.

대신, 요새에 갇혀 있는 시라쿠사 사람들을 굶어죽게 하려고, 로마 군대는 도시를 포위하기 시작해서 장기전에 돌입했다. 배치했던 군대는 조금도 이동하지 않은 채 시간은 계속 흘러갔다. 그런데 다이에나 축제 동안 시라쿠사 사람들은 술과 스포츠 경기에 푹 빠져서 성벽 경계를 게을리 하게 되었고, 로마 군대는 바로 이 기회를 놓치지 않았다.

로마 군대는 성벽 수비가 허술한 부분을 뚫고서 잔인하고 파괴적인 태세로 도시에 밀물 듯이 쳐들어갔다. 아름다운 시라쿠사 도시를 둘러본 마르켈루스는 이 도시가 그의 부하들에 의해 처참하게 파괴될 것이라는 생각에 눈물을 흘렸다고 한다. 사실, 약 66년 뒤에 카르타고에서 했던 것과 같은 정도의 파괴와 약탈을 시라쿠사에서 자행했다고 역사는 전하고 있다.

그러나 무엇보다도 마르켈루스를 큰 슬픔에 빠뜨린 것은, 비록 적군이었지만 존경할 만큼의 천재적 재능을 가졌던 아르키메데스의 죽음이었다.

> …… 운명이 그렇게 정해져 있었던 것인지, 그림을 그려놓고서 눈을 떼지 않은 채 문제 풀이에 정신이 팔려 여념이 없었던 아르키메데스는 로마 군대의 침입을 결코 알아차리지도 못했고 도시가 함락된 것도 몰랐다. 깊은 생각으로 연구에 빠져 있을 때, 갑자기 그의 앞에 한 군인이 나타나서는 마르켈루

스에게 항복하라고 명령했다. 이 문제를 해결하지 않고서는 그렇게 할 수 없다고 거절하자, 화가 난 군인은 칼을 빼서 그를 찔러버렸다.

이렇게 해서 아르키메데스는 생애를 마쳤다. 살아 있을 때도 그랬지만 죽을 때조차도 그가 사랑했던 수학에 정신이 빠져 있었다. 그를 수학 연구를 위해서 목숨까지 바친 순교자라고도 할 수 있고 또는 수학에 미쳐 죽게 된 희생자라고도 할 수 있다. 어떤 경우이든, 수학자도 태어났다가 죽게 마련이지만, 이런 식으로 생을 마감한 수학자는 한 명도 없었다.

아르키메데스의 모든 위대한 전쟁 무기들과 실용적인 발명품에도 불구하고, 그의 진정한 사랑은 순수수학에 있었다. 그가 발명한 지렛대와 도르래 그리고 투석기는 그가 발견한 아름다운 정리들에 비하면 단지 사소한 것들이었다. 플루타르크의 말을 다시 들어보자.

> 아르키메데스는 아주 고귀한 정신과 심오한 영혼을 소유하고 있었으며 과학적 지식의 보고였다. 이러한 발명들로 인해 그 어느 누구보다도 위대한 명성을 얻었지만, 이 발명들에 대한 어떠한 주석서나 저서도 남기지 않았다. 단순한 사용이나 돈벌이를 위해서 공학을 포함한 모든 종류의 기술을 사고 파는 것 자체를 수치스럽고 정당하지 못한 행위로 간주하여 거부하면서, 그의 모든 사랑과 열망을 삶의 일상적인 필요성과는 전혀 상관없는 더 순수한 학문에 바쳤다.

그가 남긴 가장 위대한 유산은 바로 수학이었다. 이 분야에서 아르키메데스는 그 어느 누구와도 비교할 수 없는 고대의 가장 위대한 수학자로 우뚝 서 있다. 오늘날까지도 전해지는 수십 권의 책과 단편 논문들에 실려 있는 그의 수학과 관련된 결과들은 최고 수준급이며 참으로 놀라운 논리적 정교함과 세련됨을 보여주고 있다. 이러한 그가 유클리드의 기하학에 정통했고, 에우독소스의 소진법에 통달했다는 사실은 그리 놀라운 일이 아니다. 뉴턴은 아르키메데스는 거인의 어깨 위에 서 있었음에 틀림없다는 매력적인 문구를 사용하여 수학에서의 그의 높은 위상을 표현하였다. 비록 아르키메데스 이전의 수학이 위대한 발전을 거듭했지만, 단지 이러한 과거의 발전된 수학의 영향에 의해 아르키메데스가 수학 분야를 놀랄만한 수준으로 발전시킬 수 있었다는 설명은 타당성이 별로 없는 것으로 보인다.

위대한 정리: 원의 넓이

기원전 225년경, 아르키메네스는 《원의 측정》(Measurement of a Circle)이라는 제목의 짧은 논문을 썼는데, 이 논문의 첫 번째 명제에서 원의 넓이에 대한 예리한 분석을 제시하였다. 그러나 이 고전적 연구를 살펴보기 전에, 아르키메데스가 이 주제를 연구할 시기에 이미 알려져 있던 원의 넓이에 관한 여러 사실들을 살펴볼 필요가 있을 듯하다.

그 당시 기하학자들은 원의 종류에는 상관없이 원주와 지름 사이의 비는 항상 일정하다는 사실을 알고 있었던 것으로 짐작된다. 현대적 용어로 표현하면, 다음과 같이 쓸 수 있다.

$$\frac{C_1}{D_1} = \frac{C_2}{D_2}$$

그림 4.1의 두 원에서 C는 원주이고 D는 지름을 의미한다. 다른 식으로 표현하면, 임의의 원의 원주와 이 원의 지름 사이의 비를 현대 수학자들은 π로 정의하고 있다. 그리스 시대에는 이 기호를 사용하지 않았다는 사실에 유념해야 한다. 따라서 이 공식은 다음과 같다.

$$\frac{C}{D}=\pi \quad \text{또는} \quad C=\pi D$$

이 공식은 두 길이 ——원주와 지름 ——를 비교할 때 생기는 상수 π의 정의, 그 이상의 의미는 없는 것이다.

그렇다면 원의 넓이에 대해서는 어떤 사실들이 이미 알려져 있었을까? 앞에서 살펴본 바와 같이 원론의 명제 XII.2를 보면, 두 원의 넓이는 지름을 한 변으로 하는 정사각형의 넓이와 서로 관련이 있는데, 그래서 원의 넓이와 이 지름의 제곱 사이의 비는 일정하다. 이를 현대적 기호로 표현하면, 유클리드는 어떤 상수 k에 대해 다음이 성립함을 증명했다.

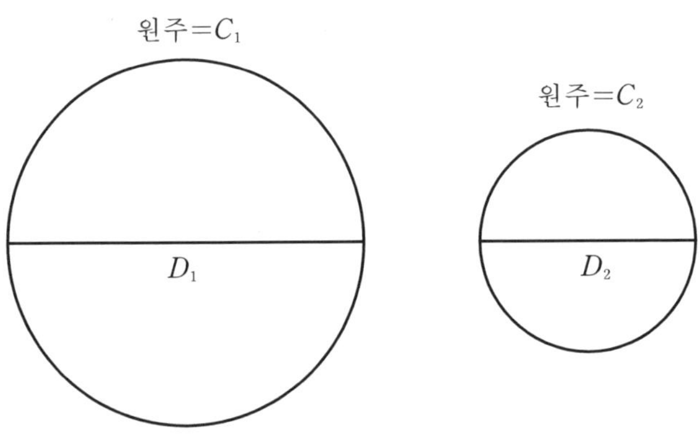

[그림 4.1]

$$\frac{A}{D^2}=k \quad \text{또는} \quad A=kD^2$$

상수 k가 원의 넓이와 지름과 관련이 있다는 것은 훌륭한 발견이었다. 그러나 이들 두 상수는 서로 어떻게 연관되어 있을까? 다시 말해, '일차원' 상수인 π(원주와 지름 사이의 관계를 나타내는)와 '이차원' 상수인 k(원의 넓이와 지름 사이의 관계를 나타내는) 사이의 간단한 관계를 찾을 수 있을까? 유클리드는 이들 사이의 그 어떤 관계도 파악하지 못했다.

그러나 짧지만 뛰어난 논문인 《원의 측정》에서 아르키메데스는 π와 관련된 원의 넓이를 구하는 현대적 공식을 증명하였다. 이 증명 과정에서 그는 원주(따라서 π가 나타남)와 원의 넓이 사이에 존재하는 결정적인 관계를 찾게 되었다. 이 증명을 하는 데는 두 가지의 선행 결과와 소위 **이중 귀류법**(歸謬法, double reduction to absurdity)이라는 다소 복잡한 논리학적 전략의 사용이 필요하다.

먼저 보조정리로 몇 가지 결과들을 살펴보기로 하자. 첫 번째 정리는 중심이 O이고 둘레가 Q, 그리고 정다각형의 중심에서 임의의 변으로 내린 수선의 길이인 변심거리(邊心距離, apothem) h를 갖는 정다각형의 넓이에 관한 것이다.

정 리 정다각형의 넓이는 $\frac{1}{2}hQ$이다.

증 명 그림 4.2에 있는 정다각형의 한 변의 길이는 b이고, n개의 변으로 이루어져 있다고 가정하자. O에서 꼭지점으로 선분을 그으면, 이 다각형은 높이가 h(변심 거리)이고 밑변이 b인 n개의 합동인 삼각

형으로 분할된다. 각 삼각형의 넓이는 $\frac{1}{2}bh$이므로,

넓이(정다각형)

$$=\frac{1}{2}bh+\frac{1}{2}bh+\cdots+\frac{1}{2}bh,\ n\text{개의 }\frac{1}{2}bh\text{가 있음}$$
$$=\frac{1}{2}h(b+b+\cdots+b)=\frac{1}{2}hQ$$

왜냐하면 $(b+b+\cdots+b)$는 둘레이기 때문이다.

Q.E.D.

아르키메데스의 또 다른 보조정리 역시 그 당시에 잘 알려진 것으로 아

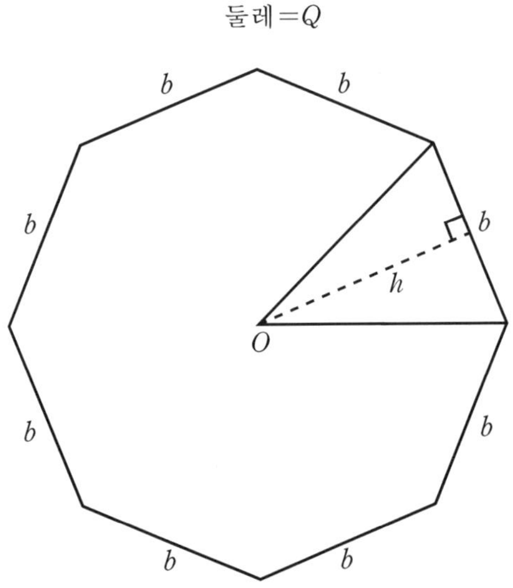

[그림 4.2]

주 자명해 보인다. 원이 주어지면 이 원에 정사각형을 내접시킬 수 있다는 내용으로, 유클리드 스스로 명제 IV.6에서 이 작도를 제시하였다. 물론 정사각형의 넓이는 이 정사각형을 외접하는 원의 넓이보다 작다. 이 정사각형의 각 변을 이등분하면, 이 원에 내접하는 정팔각형의 꼭지점들을 찾을 수 있다. 이렇게 하면 당연히 이 정팔각형의 넓이는 정사각형일 때보다도 이 원의 넓이에 훨씬 근사하게 된다. 만약 이 정팔각형의 각 변을 다시 이등분해서 정16각형을 만들면, 정팔각형일 때보다도 더 근사한 넓이를 구할 수 있게 된다.

이 과정은 무한히 계속할 수 있다. 사실 이것이 바로 앞에서 잠깐 언급했던 그 유명한 에우독소스의 소진법의 핵심이다. 원에 내접한 다각형의 넓이는 결코 원의 넓이와 같아질 수는 없다. 다각형의 변의 개수가 아무리 많더라도 내접한 다각형은 원의 넓이를 초과할 수 없는 것이다. 그러나 아무리 작은 넓이라도 상관없이 임의로 넓이가 주어진다면, 원의 넓이와 다각형의 넓이의 차가 이 주어진 넓이보다 작게 되도록 내접하는 정다각형을 작도할 수 있는데 이것이 소진법의 핵심이다. 예를 들면, 만약 주어진 넓이가 $1/500\text{cm}^2$라면, 다음을 만족하는 내접 정다각형을 작도할 수 있다.

$$\text{넓이(원)} - \text{넓이(다각형)} < 1/500\text{cm}^2$$

이 식을 만족하는 다각형의 경우 수백 또는 수천 개의 변을 가질 수 있으므로 실체가 없다고 할 수 있다. 그렇지만 비록 실체는 없지만 이런 다각형이 존재한다는 것은 중요한 사실이다.

똑같은 원리가 외접 다각형에도 그대로 적용된다. 그래서 이 두 원리를 다음과 같이 요약할 수 있다. 어떠한 원이 주어지더라도, 원의 넓이에 원하는 만큼 근접하는 넓이를 갖는 내접하거나 또는 외접하는 다각형을 구할 수 있다. 여기서 '원하는 만큼 가깝게' 라는 표현이 아르키메데스의 성공을 보장해준 열쇠였다.

지금까지 두 가지 보조 명제들을 살펴보았다. 이제 한쪽의 넓이가 다른 쪽의 넓이와 같다는 사실을 보이기 위해서 아르키메데스가 사용했던 논리적 방법에 대한 설명을 하고자 한다. 지금까지 보아왔던 방법들보다도 어떤 면에서 보면 이 전략은 좀더 복잡하다고 할 수 있고, 또는 적어도 좀더 우회적이라고 할 수도 있다. 예를 들어, 직각삼각형에서 빗변을 한 변으로 하는 정사각형의 넓이는 다른 두 변을 한 변으로 하는 두 정사각형 넓이의 합과 같음을 유클리드가 어떻게 증명했는지 상기해보자. 이들 넓이가 같음을 보이면서 이 문제를 직접 공략했는데 비록 아주 독창적인 증명이었지만 정면 공략에 의한 증명이었다.

그러나 원의 넓이라는 훨씬 더 복잡한 문제를 다루는 데 있어서, 아르키메데스는 우회적인 공략법을 사용했다. 임의의 두 양 A와 B가 주어져 있을 때, 다음 세 가지 경우 중 오직 한 경우만 성립한다. $A<B$ 또는 $A>B$ 또는 $A=B$. 아르키메데스는 $A=B$를 증명하기 위해서, 먼저 $A<B$라고 가정하고 이로부터 논리적 모순을 유도해서 이 경우를 가능성에서 제외시켰다. 그 다음에는 $A>B$라고 가정하고 역시 모순을 유도했다. 이 두 가지 가능성을 제외시키고 나면, A와 B가 같다고 하는 경우만 남게된다.

이 방법이 아르키메데스의 뛰어나면서도 간접적인 해결 전략인 **이중 귀류법**으로, 세 가지 경우에서 모순을 유도하여 두 가지를 제거시키는 방법이다. 이 방법은 약간 우회적인 것으로 보일 수 있는데, 조금만 더 깊이 생각해보면 아주 논리적임을 알 수 있다. 이렇게 말할 수 있는 이유는 세 가지의 가능성에서 두 가지를 제거하게 되면 마지막 남은 세 번째 경우는 당연히 정당한 것이라고 결론 내릴 수 있기 때문이다. 분명히 그 어느 누구도 아르키메데스처럼 이 이중 귀류법을 솜씨 좋게 사용한 사람은 없었다.

이러한 예비적 내용들을 염두에 두고 이제 《원의 측정》에 있는 첫 번째 명제의 증명에서 이 대가의 솜씨를 지켜보도록 하자.

명제 I 임의의 원의 넓이는 직각을 이루는 두 변 중 한 변의 길이가 이 원의 반지름과 같고, 다른 변은 이 원의 원주와 같은 직각삼각형의 넓이와 같다.

증 명 아르키메데스는 두 가지 그림으로 증명을 시작했다(그림 4.3). 첫 번째 그림은 중심이 O이고, 반지름이 r, 그리고 원주가 C인 원이고 두 번째 그림은 밑변의 길이가 C이고 높이가 r인 직각삼각형이다. 여기서 원의 넓이를 A라고 하고 직각삼각형의 넓이는 T라고 하자. 아르키메데스가 증명하고자 하는 것은 이 원의 넓이인데, 이 삼각형의 넓이는 $T = 1/2\ r\ C$임이 분명하다.

이 명제에서 증명하려고 하는 것은 $A = T$이다. 그래서 이중 귀류법을 사용하여 이 사실을 증명하기 위해서 아르키메데스는 다른 두 경우를 고려의 대상에서 제외시켜야 했다.

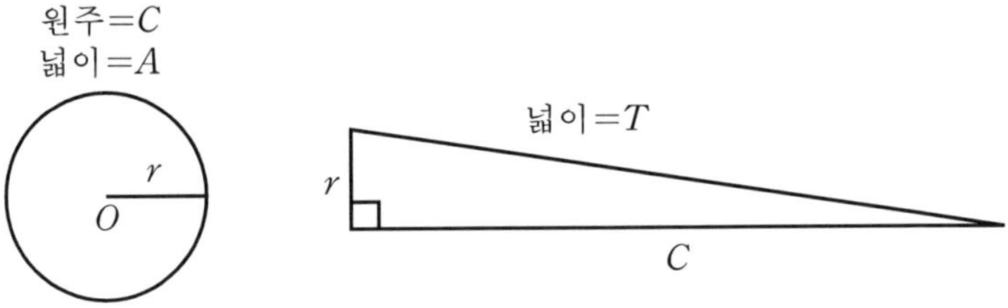

[그림 4.3]

경우 1 $A>T$라고 가정하자.

이 경우는 원의 넓이가 삼각형의 넓이보다 어느 정도 더 크다는 것을 의미하고 있다. 다른 말로 표현하면, $A-T$가 어떤 양(+)의 결과를 가진다는 뜻이다. 원의 내부에 정사각형을 내접시키고 변을 계속해서 이등분해 나가면, 원의 넓이와 원에 내접하는 정다각형의 넓이의 차는 양수인 값 $A-T$보다 더 작게 된다는 사실을 아르키메데스는 알고 있었다. 즉,

$A-$ 넓이(내접 다각형) $<A-T$

'넓이(내접 다각형)$+T-A$'를 이 부등식의 양변에 더하면 다음을 얻게 된다.

$T<$ 넓이(내접 다각형)

그러나 이 다각형은 원에 내접하는 다각형이다(그림 4.4). 따라서

이 다각형의 둘레 Q는 이 원의 원주 C보다 작고, 이 다각형의 변심거리 h는 분명히 이 원의 반지름 r보다 작다. 따라서 다음과 같이 결론 내릴 수 있다.

넓이(내접 다각형)$=1/2\ hQ<1/2\ rC=T$

위의 두 사실을 정리하면 $T<$넓이(내접 다각형)이고 넓이(내접 다각형)$<T$이기 때문에, 아르키메데스는 여기서 원하는 모순을 찾게 되었다. 이로써 경우 1은 불가능하다고 결론내릴 수 있다. 즉, 원의 넓이는 삼각형 넓이보다 더 클 수가 없다.

이제 두 번째 경우를 살펴보도록 하자.

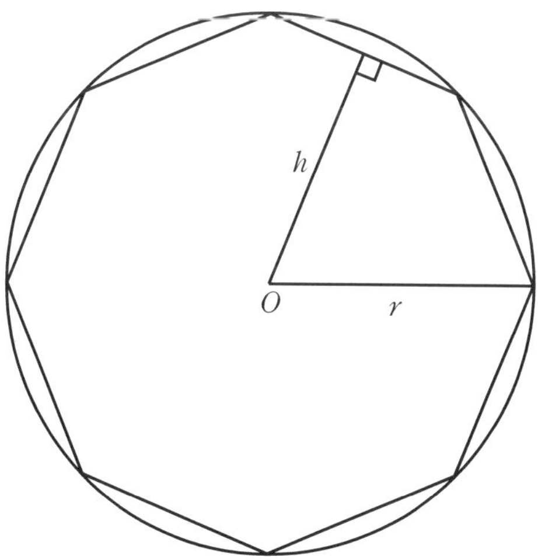

[그림 4.4]

경우 2 $A<T$라고 가정하자.

이 가정은 원의 넓이가 삼각형의 넓이보다 작다고 가정한 것으로, 그러면 $T-A$는 원의 넓이를 초과한 삼각형의 넓이를 나타낸다. 그런데 경우 1에서와 마찬가지로 정사각형에서 시작해서 변을 계속 이등분해가면 $T-A$보다 작으면서 원의 넓이를 초과하는 정다각형을 원에 외접시킬 수 있게 된다. 이를 다르게 표현하면 아래와 같다.

넓이(외접 다각형)$-A<T-A$

이 부등식의 양변에 A를 더하면 다음과 같게 된다.

넓이(외접 다각형)$<T$

이 외접 다각형(그림 4.5)의 경우 변심거리 h는 원의 반지름인 r와 같지만, 이 다각형의 둘레 Q는 분명히 이 원의 원주인 C보다 크다. 따라서,

넓이(외접 다각형)$=1/2\ hQ>1/2\ rC=T$

위의 부등식을 보면 외접 다각형은 삼각형의 넓이보다 크면서 동시에 작다는 것이 되므로 여기서 다시 모순이 생기게 된다. 따라서 아르키메데스는 경우 2도 불가능하다고 결론을 내렸다. 즉, 이 원

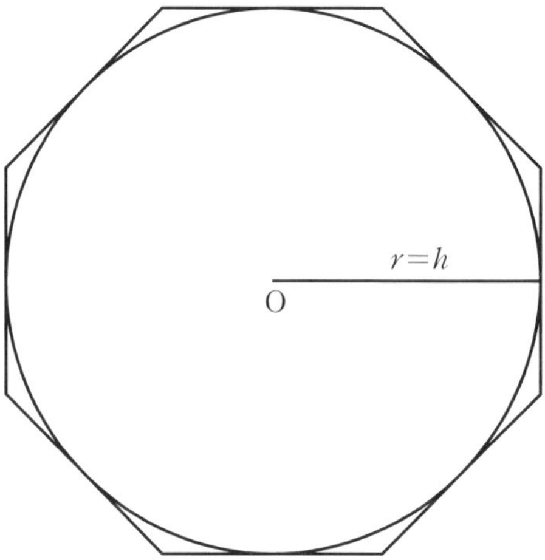

[그림 4.5]

의 넓이는 이 삼각형의 넓이보다 작을 수가 없다.
이런 결과들을 종합해서, 아르키메데스는 다음과 같이 적고 있다: '원의 넓이는 삼각형의 넓이보다 크지도 작지도 않기 때문에, 이 두 도형의 넓이는 같다.'

Q.E.D.

이 증명은 비교의 대상이 없을 정도로 위대한 수학자의 손으로 우리들에게 건네준 작은 보석과도 같았다. 크지도 않고 작지도 않다는 것의 입증을 통해서 원의 넓이는 삼각형의 넓이와 같다는 아르키메데스의 증명은 어떤 사람들에게는 이상하게 들릴 수 있다. 아르키메데스의 증명법이 지나치게 우회적이라고 생각하는 사람들에게는 햄릿(Hamlet)에 나오는 폴로니어스(Polonius)*의 대사를 들려주고 싶다. "이런 방법이 미친 짓처럼 보일지 모르지만, 여기에는 소진법의 의미가 있다." 이렇게 짧고 간단한 증명을 위대한 수학자였던 히포크라테스, 에우독소스, 또는 유클리드가 어떻게 간과했을까 궁금해진다. 하지만 단순함이야말로 지나고 나서 보면 가장 쉽게 느껴지는 것이다. 이러한 측면을 고려하면서, 아르키메데스 수학의 특징에 대한 플루타르크의 말을 다시 한번 들어보자.

> 더 난해하고 복잡한 질문들을, 또는 더 단순하고 명쾌한 설명들을 그 어떤 기하학에서도 발견할 수가 없다. 어떤 사람들은 이것을 그의 천재적 재능 때문이라고 하기도 하지만, 다른 사람들은 그의 믿을 수 없을 정도의 많은 노력이 이렇게 쉬우면서도 이해하는 데 어려움이 없는 결과들을 낳을 수 있었다고 생각한다. 별다른 노력을 들이지 않고서도 여러분들은 이 증명을 성공적으로 완성할 수 있으며, 일단 그것을 보게 되면 여러분 자신도 이 증명을 발견할 수 있을 것이라고 생각하게 될 것이다. 막힘이 없으면서 빠른 길을 통해서 그는 원하는 결론으로 인도하고 있다.

이 증명에서 아르키메데스는 원의 넓이와 삼각형의 넓이가 같다는 것을 증명했는데 그렇다면 제1장에서 살펴본 오랜 탐구의 대상이 되어 왔던 원의 구적을 그가 해결했다는 의미인가? 물론 그 답은 '아니오' 인데, 그 이유는 앞에서도 언급한 것과 같이 구적으로 인정되려면 반드시 직선으로 둘러싸여 있으면서 동일한 넓이를 갖는 도형을 작도해야 하기 때문이다. 하지만 아르키메데스의 증명은 구적을 한 것도 아니었고, 또한 원과 같은 넓이를 갖는 삼각형의 작도 방법에 대한 어떤 힌트를 제공한 것도 아니었

* 셰익스피어 4대 비극 가운데 하나인 고전 희곡 《햄릿》에서 햄릿의 연인 오필리아의 아버지이며 덴마크의 재상이었던 인물.

다. 물론 원의 반지름과 같은 길이를 갖는 삼각형의 한 변을 작도하는 것은 그리 어려운 일이 아니다. 하지만 이 원의 원주와 같은 길이를 갖는 삼각형의 다른 변을 작도하려고 할 때 생각하지 못했던 어려움이 생긴다. $C=\pi D$이기 때문에 원주의 길이를 작도하려면 π를 작도해야 한다. 알고 있는 바와 같이, 이것을 가능하게 하는 작도는 있을 수 없다. 따라서 아르키메데스의 이 증명을 원의 구적 문제의 시도라고 해석하지 말아야 한다. 이 증명에는 전혀 그러한 의도가 없었다.

지금까지 살펴본 모든 것에도 불구하고, 독자들은 아르키메데스의 정리에서 원의 넓이를 구하는 데 사용되는 익숙한 공식을 여전히 알아차리지 못하고 있을 것이다. 그가 증명한 것은 원의 넓이는 어떤 삼각형의 넓이와 같다는 것이었다. 앞으로 보게 되겠지만, 이 방법이 바로 아르키메데스가 전형적으로 사용하는 수단인데 모르는 도형의 넓이를 단순하고 이미 알고 있는 도형의 넓이와 연결시키는 것이다. 간단하게 말하면 이렇지만 실제로는 훨씬 많은 작업이 필요하다. 여기서 다루고 있는 삼각형은 주어진 원의 원주를 밑변으로 하는데, 이것은 아주 결정적인 두 가지 의미를 제공하고 있다. 첫 번째 의미는 유클리드와는 달리 아르키메데스는 한 원의 넓이를 다른 원의 넓이와 연관지은 것이 아니라 (이것을 '상대적' 접근 방법이라고 한다) 이 원의 원주와 반지름을 이 원과 동일한 넓이를 갖는 삼각형과 연관지었다는 것이다. 그런 다음 $A=T=1/2\ rC$임을 증명함으로써, 아르키메데스는 일차원적 개념인 원주와 이차원적 개념인 넓이 사이의 관련성을 제공하였다. $C=\pi D=2\pi r$임을 사용하면, 그의 정리를 아래와 같이 다시 적을 수 있다.

$$A=1/2\ rC=1/2\ r(2\pi r)=\pi r^2$$

이렇게 하고 나면 기하학에서 가장 중요하고 익숙한 공식 중의 하나가 만들어진다.

또한 아르키메데스의 이 대단한 명제는 두 원의 넓이는 이들 원의 지름을 제곱한 비와 같다고 하는 유클리드의 결과를 내포하고 있음을 주목할 필요가 있다. 즉, 한 원의 넓이를 A_1, 지름을 D_1이라 하고, 두 번째 원의 넓이를 A_2, 지름을 D_2라고 할 때, 아르키메데스는 다음을 증명했다.

$$A_1=\pi {r_1}^2=\pi\left(\frac{D_1}{2}\right)^2=\pi\frac{{D_1}^2}{4} \text{ 과}$$

$$A_2=\pi {r_2}^2=\pi\left(\frac{D_2}{2}\right)^2=\pi\frac{{D_2}^2}{4}$$

따라서 다음과 같이 아주 간결하게 유클리드의 정리를 구할 수 있다.

$$\frac{A_1}{A_2}=\frac{\pi {D_1}^2/4}{\pi {D_2}^2/4}=\frac{{D_1}^2}{{D_2}^2}$$

그래서 아르키메데스의 이 명제는 유클리드의 결과를 단지 자명한 계(系)쯤으로 포함할 만큼 강력한 힘을 가진 것이었다. 이러한 점은 진정한 수학적 진보를 나타내는 표시이기도 하다.

앞에서 언급했던 논의로 다시 돌아가보면, '유클리드'의 표현인 $A=kD^2$에서 상수 k의 값을 이제야 구할 수 있게 된 것이다. 아르키메데스의 발견을 직접 적용하면 다음을 얻게 된다.

$$\pi r^2=A=kD^2=k(2r)^2=4kr^2$$

따라서, $4k=\pi$이므로 $k=\pi/4$가 된다. 다른 말로 표현하면, 유클리드의 '이차원적' 넓이 상수는 '일차원적' 원주 상수인 π의 1/4이란 뜻이다. 그래서, 아르키메데스의 명제는 두 가지 서로 다른 상수를 계산할 필요가 없다는 반가운 사실을 알리는 것이었다. 이 명제는 원주와 관련된 문제에서 단지 π값만 결정하고 나면, 원의 넓이를 쉽게 구할 수 있도록 해주었다.

이 넓이를 구할 수 있다는 점 또한 아르키메데스는 놓치지 않았다. 사실, 《원의 측정》에 있는 세 번째 명제에서 그는 이 값을 계산했다.

명제 3 임의의 원에서 원주와 지름의 비는 $3\frac{10}{71}$보다 크고 $3\frac{1}{7}$보다는 작다.

현대적 표기법으로는 $3\frac{10}{71}<\pi<3\frac{1}{7}$ 이라고 쓸 수 있다. 이 분수 형태를 소수로 표현해보면, 아르키메데스의 결과는 $3.140845\cdots<\pi<3.142857\cdots$ 가 됨을 알 수 있나. 따라서 상수 π를 소수 둘째 자리까지만 표현하면 3.14가 된다.

아르키메데스가 이 근사치를 구했다는 것은 그의 수학적 재능을 보여준 또 다른 흔적이었다. 이 근사치를 구하는 공략법에서도 역시 언제나 도움을 제공해왔던 내접, 외접 다각형을 사용했는데, 하지만 이번에는 이들 다각형의 넓이가 아니라 둘레에 주목하였다. 그래서 원에 내접한 정육각형으로 이 작업을 시작했다(그림 4.6). 그는 이 정육각형의 각 변의 길이는 이 원의 반지름인 r과 같다는 사실을 잘 알고 있었다. 따라서

$$\pi=\frac{\text{원의 원주}}{\text{원의 지름}}>\frac{\text{정육각형의 둘레}}{\text{원의 지름}}=\frac{6r}{2r}=3$$

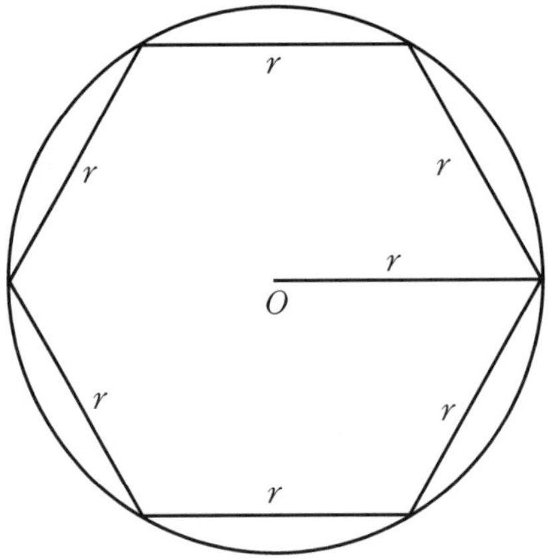

[그림 4.6]

π가 3이라는 대충 어림한 이 값에 분명 실망할지 모르겠지만, 아르키메데스의 작업은 이제부터 시작된 것이었다. 그는 이 내접한 정육각형의 변의 개수를 두 배로 늘여서 정십이각형을 만들고 그 둘레를 계산하였다. 정십이각형의 둘레를 계산하기 위해서는 $\sqrt{3}$에 해당하는 값을 구해야 했는데, 그는 이 부분을 궁금하게 여긴 현대 수학자들의 머리를 가로젓게 만들었다.

요즘에는 계산기나 컴퓨터를 사용해서 이 값을 쉽게 구할 수 있으므로 별 문제가 아니겠지만, 아르키메데스 시대를 상상해보면 이런 장치들은 꿈도 꾸지 못할뿐더러 이러한 계산을 원활하게 할 만한 좋은 수체계도 없었다. 그렇지만 그는 아래와 같이 놀랄 정도로 가까운 $\sqrt{3}$의 근사치를 구했다.

$$\frac{265}{153} < \sqrt{3} < \frac{1351}{780}$$

아르키메데스는 계속해서 변을 이등분하여 정24각형, 이로부터 다시 정48각형, 그리고 마지막으로 정96각형을 구했다. 이들 각 단계마다 그는 복잡한 제곱근의 근사치를 구해야 했는데, 결코 머뭇거리지 않았다. 정96각형을 구했을 때, 그의 근사치는 다음과 같았다.

$$\pi = \frac{\text{원의 원주}}{\text{원의 지름}} > \frac{\text{정 96각형의 둘레}}{\text{원의 지름}} > \frac{6336}{2017\,{}^{1}\!/_{4}} > 3\,\frac{10}{71}$$

마치 이 근사치가 충분하지 않은 듯, 아르키메데스는 외접 12각형, 24각형, 48각형, 그리고 96각형에 대해 비슷한 근사치를 구했는데, 이 값 $3\frac{1}{7}$은 π의 최대 한계값이 되었다. 지독하게 엉성한 수체계와 제곱근의 근사치를 구하는 손쉬운 방법도 없는 상태에서 이러한 계산을 해냈다는 사실은 그의 수학적 천재성에 대한 경외감을 느끼게 하는 분명한 증거를 제시하고 있다. 그 당시 이런 계산을 하는 것은 마치 죄수용 족쇄를 차고서 장애물 달리기를 하는 것처럼 산술적으로 어려운 일이었다. 하지만 뛰어난 머리와 불굴의 노력을 발휘하여 아르키메데스는 아주 중요한 상수인 π에 대한 최초의 과학적 근사치를 제공하는 데 성공했다. 이 장의 후기에서 언급하고 있는 것처럼, 그 이후 수학자들은 이 숫자에 대한 고도의 정확성을 갖는 근사치를 구하기 위하여 노력해왔다.

오늘날까지 전해져 내려온《원의 측정》은 전체 분량이 불과 몇 쪽 정도인 책이며 단지 세 개의 명제만 다루고 있다. 더구나, 겨우 세 개뿐인 것 중에서 두 번째 명제는 분명히 잘못된 복사본이거나 잘못된 편집 또는 아르키메데스 이후에 있었던 번역상의 오류 때문인지 만족할 만한 것이 못된다. 이런 두 번째 명제를 빼고 나면 남는 것도 별로 없을 정도로 짧은 그의 연구가 어떻게 이렇게 큰 영향을 줄 수 있는지 겉으로 보기에는 쉽게 납득이 되지 않는다. 하지만 첫 번째 명제에서 아르키메데스가 원의 넓이를 구하는 유명한 공식을 증명했다는 점, 그리고 마지막 명제에서 숫자 π에 대한 놀랄 만한 근사치를 구했다는 사실을 생각해보면, 이 작은 논문이 여러 세대의 수학자들에 의해 이처럼 높은 평가를 받고 있는 것이 전혀 의심스럽지 않다. 이것은 양의 문제가 아니라 그 속에 담겨 있는 수학의 질에 좌우되는 것인데, 이러한 기준에서 볼 때 원의 측정은 진정한 고전으로 자리매김하고 있다.

아르키메데스의 걸작품: 《구와 원기둥에 관하여》

지금까지 논의했던 결과들은 아르키메데스가 남긴 수학적 유산의 겨우 일부분에 불과하다. 그는 또한 나선(螺線)에 관한 기하학과 원뿔 곡선체 및 회전 타원체에 관하여 저술했으며, 무한 등비급수의 합을 이용하여 포물선 아래의 넓이를 구하는 놀랄 만한 기법도 제시하였다. 곡선 아래의 넓이를 구하는 이 주제는 현재 미적분학 과정에서 다루는데, 이것은 아르키메데스가 그 당시의 수학을 얼마나 앞질러 있었는지를 보여주는 또 다른 증거이기도 하다.

그러나 이러한 그의 모든 업적에도 불구하고, 최고의 걸작품으로 꼽히는 것은 《구와 원기둥에 관하여》(On the Sphere and the Cylinder)라는 제목으로 된 두꺼운 두 권의 책이었다. 이 책에서 믿어지지 않는 초인적인 지적 능력을 발휘하여, 구와 이와 관련된 입체에 대한 부피와 겉넓이를 구했는데, 이로써 이차원 도형을 다룬 《원의 측정》에서와 마찬가지로 삼차원의 입체에 대해서도 성공을 거두게 되었다. 이것은 아르키메데스 자신도 그의 경력에서 절정이라고까지 생각했었던 위대한 승리였다.

먼저 그리스 사람들은 삼차원 입체의 겉넓이와 부피에 관한 지식을 소유하고 있었음을 다시 한번 상기할 필요가 있다. 앞 장에서 언급한 바와 같이, 유클리드는 두 구의 부피가 이들의 지름의 세제곱 비와 같음을 증명하였다. 다시 말해, 다음을 만족하는 '부피 상수' m이 존재한다는 것이다.

$$\text{부피(구)} = mD^3$$

이것은 구의 부피를 유클리드 식으로 이해한 것이었다. 유클리드는 구의 겉넓이에 대해서는 아무런 언급을 하지 않았다. 결국 이 문제에 대한 성공적인 해법은 아르키메데스의 《구와 원기둥에 관하여》라는 책의 출현에서 찾을 수 있게 되었다.

두 권으로 이루어진 이 연구는 일련의 기초적인 정의와 가정들로부터 좀더 복잡한 정리들을 유도하고 있다는 점에서 상당히 친숙한 짜임새임을 알 수 있다. 간단히 말해, 유클리드의 《원론》의 형태를 띠고 있었다. '만약 어떤 다각형이 원에 외접하고 있다면, 이 외접 다각형의 둘레 길이는 이 원의 원주보다 더 길다'라는 이 책의 첫 번째 명제는 받아들이기에 그리 거부감을 느끼게 하지는 않는다. 하지만 이런 쉬운 내용으로부터 아르키메데스는 더 복잡한 방향으로 신속하게 옮겨갔다. 그런데 적어도 현대적 의미에서 볼 때 이런 과정 내내 그는 간결한 대수적 표기법의 부족으로 상당한 어려움을 겪었던 것으로 보인다. 부피와 겉넓이를 간단한 공식으로 표현할 수 없었기 때문에, 그는 다음과 같은 진술문으로 표현할 수밖에 없었다.

명제 13 밑면을 제외한 직각 원기둥의 겉넓이는 이 원기둥의 변과 밑면의 지름 사이의 비례중항을 반지름으로 하는 원의 넓이와 같다.

처음 봤을 때, 이 명제는 아주 신비하고 낯설게만 보이는데 그 이유는 이 명제의 내용 때문이 아니라 생소한 문장 때문이다. 편리한 대수 기호를 사용하지 못한 채 아르키메데스는 그가 구하고자 하는 넓이 —— 이 경우에서 보면 직각 원기둥의 옆면의 겉넓이 —— 가 이미 알고 있는 도형의 넓이 —— 이 경우에서 보면 원의 넓이 —— 와 같다는 사실을 표현하고자 했다(그림 4.7). 그렇지만 어떤 원을 말하고 있는 것일까? 아르키메데스는 같은 넓이를 갖는다는 이 원에 대해 구체적으로 밝혀야만 했는데, 비례중앙에 관한 말이 나오는 것도 바로 이 원에서 기인하는 것이다.

현대적 용어로 표현해보면, 아르키메데스는 다음을 주장하고 있는 것이다.

옆면의 겉넓이(반지름이 r이고 높이가 h인 원기둥)=넓이(반지름이 x인 원)

여기서 $h/x=x/2r$. 이것으로부터 $x^2=2rh$를 얻을 수 있고, 따라서 다음의 잘 알려진 공식을 구할 수 있다.

$$\text{옆면의 겉넓이(원기둥)}=\text{넓이(원)}=\pi x^2=2\pi rh$$

아르키메데스는 이와 유사한 명제들을 계속 증명하여 점차 그의 첫 번째 주요한 목표인 구의 표면적을 구하는 것으로 접근해갔다. 우리로서는 공간에 대한 그의 추론을 이해하기가 상당히 힘들지만, 그의 재능이 천재

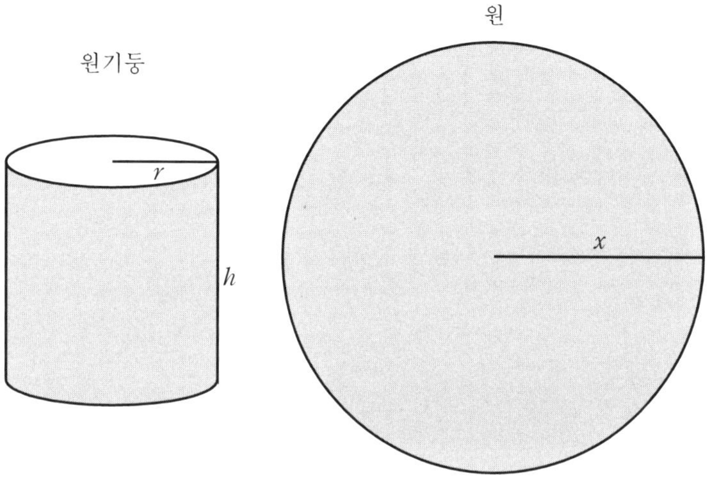

[그림 4.7]

적이라는 사실은 인정해야 할 것이다. 지금까지 살펴보았듯이 그가 이룩해놓은 수학을 고려해볼 때, 아르키메데스가 소진법을 여기서 다시 사용했다는 사실은 그렇게 놀라운 일은 아니다. 즉, 그는 이미 이전에 겉넓이를 구해놓았던 원뿔과 원뿔대를 구에 내접시키고 외접시켜서 그 차이가 '소진' 하도록 했다. 이런 한바탕 부산함이 지나가고 먼지가 가라앉을 즈음, 그는 다음의 놀라운 명제를 증명했던 것이다.

명제 33 임의의 구의 겉넓이는 이 구의 대원의 넓이의 4배와 같다.

아르키메데스는 그가 좋아하는 이중 귀류법의 논리를 사용하여 이 증명을 완벽하게 끝냈다. 즉, 구의 겉넓이가 대원의 넓이의 4배보다 클 수가 없음을 증명했고 또한 구의 겉넓이가 대원의 넓이의 4배보다 작을 수도 없음을 증명했다. 만약 구의 '대원'의 넓이 —— 즉, 구의 '적도'를 지나는 원 —— 가 정확히 πr^2이라면, 이 결과에 대한 아르키메데스의 공식 —— "구의 겉넓이는 이 구의 대원의 넓이의 4배이다." —— 을 다음과 같은 오늘날의 공식으로 옮길 수 있다.

$$\text{겉넓이(구)} = 4\pi r^2$$

이것은 아주 정교하고 세련된 종류의 수학이다. 아르키메데스가 그의 여러 개념들을 다루었던 능숙한 솜씨와 문제를 해결하는 과정에서 보여주었던 통찰은 현대 적분학의 아이디어가 언젠가 태동할 것을 이미 예고한 것이라 보아진다. 이것은 왜 아르키메데스가 고대의 가장 위대한 수학자로 간주되고 있는지를 분명히 보여주는 것이다.

그런데 한 가지 더 언급하고자 하는 것은 이 결과가 너무 이상하다는 것이다. 하필이면 구의 겉넓이가 이 구를 대원으로 자른 절단면의 넓이의 정확히 4배라는 실제 사실은 직관하고는 전혀 무관하다. 왜 4.01배만큼 더 크다는 것은 가능하지 않았을까? 가령 구의 표면을 페인트로 칠한다고 할 때, 이때 필요한 페인트 양은 대원을 칠하는 페인트 양보다 정확히 4배가 더 필요하다고 확언하는 것을 보면, 이 '4'라는 숫자가 정말 무슨 마술과 같은 위력을 가진 것은 아닐까?

아르키메데스는 알렉산드리아에 있었던 것으로 추측되는 '도시테우스'(Dositheus)라는 수학자에게 이 《구와 원기둥에 관하여》라는 논문을 보내면서 그 서문에서 구에 내재되어 있는 이 특이한 성질을 밝혔다. 아르키메데스는 "…… 아직까지 밝혀지지 않았던 어떤 정리들이 머리에 떠올라서 이들 정리들을 증명하고 있습니다"라고 특별히 언급했다. 이들 중에서 그가 언급했던 첫 번째는 "…… 임의의 구의 표면적은 이 구의 대원의 넓이의 4배이다"였으며, 이러한 성질에 대해 다음과 같이 말을 이어갔다.

> …… 이러한 모든 성질들은 언급한 도형들에 본래 내재된 것이지만, 저보다 이전에 기하학을 연구한 사람들은 이를 발견하지 못했었습니다. 그렇지만 이들 성질들이 참이라는 사실을 이제 발견했기에 ……, 제가 이전에 발견했던 결과들과 그리고 입체에 대해 가장 확고히 정립된 에우독소스의 정리들과 함께 아무런 주저함 없이 이들을 싣고자 합니다. ……

이러한 논평은 아르키메데스가 자신의 연구와 이 연구가 수학의 발달에 있어서 차지하는 위치를 자기 스스로 어떻게 평가하고 있는지 어렴풋이 짐작할 수 있게 한다. 그는 자신이 발견한 이 놀라운 수학적 성질과 그 가치를 너무나 잘 알고 있었으므로, 자기 자신을 위대한 에우독소스와 나란한 위치에 놓는데 주저하지 않았다. 하지만 다른 한편으로는 $S=4\pi r^2$이라는 사실을 그가 발명했거나 창조하지 않았다는 점을 강조하려고 부단히 노력했다. 그래서 비록 기하학자들에게 이전에 알려지지는 않았지만 태고적부터 존재해왔던 것으로 구에 원래부터 내재되어 있었던 성질을 너무나 운좋게 발견하게 되었다는 것이다. 아르키메데스에게 수학적 관계성은 이 관계성을 파악하여 증명하려고 하는 인간의 노력과는 별개로 존재하는 것이었다. 그래서 그 자신은 이러한 영원불멸의 진리를 정말 운 좋게 어렴풋이 감지할 수 있었던 한 사람에 불과했다고 말하고 있는 것이다.

《구와 원기둥에 관하여》가 이전의 정리들만 모아놓은 것이었다면, 언제나 고전으로만 존속했을 것이다. 하지만 그는 구의 겉넓이에 이어 '부피' 쪽으로 곧바로 시선을 돌렸다. 또다시 이중 귀류법을 사용하여, 아르키메데스는 다음 명제를 성공적으로 증명하였다.

명제 34 구의 부피는 이 구의 대원을 밑면으로 하고 이 구의 반지름을 높이로 하는 원뿔의 부피의 4배와 같다.

이 명제에서 다시 주목할 점은, 아르키메데스는 간단한 대수 공식으로 구의 부피를 표현한 것이 아니라 더 단순한 입체인 원뿔(그림 4.8)의 부피를 사용하여 구의 부피를 표현했다는 것이다. 이 명제를 오늘날의 대수기호를 사용해서 바꾸어보자.

즉, r을 이 구의 반지름이라고 하자. 그러면 이 구의 대원을 밑면으로 하고 이 구의 반지름을 높이로 하는 원뿔의 부피는 다음과 같이 표현된다.

$$\text{부피(원뿔)}=\frac{1}{3}\pi r^2 h=\frac{1}{3}\pi r^2 r=\frac{1}{3}\pi r^3$$

그러나 아르키메데스의 명제 34는 구의 부피는 이러한 조건의 원뿔의 부피의 4배임을 증명했는데, 이것은 다음의 유명한 공식으로 표현된다.

$$\text{부피(구)}=4\ \text{부피(원뿔)}=\frac{4}{3}\pi r^3$$

이 공식에는 여러 가지 장점이 있는데, 그 중에서도 이 결과가 π와 유클리드의 명제 XII.18에서 나타났던 '부피 상수' m 사이의 연관성을 분명히 밝히고 있다는 점이다. 위의 논의를 참고하면, 다음의 공식을 쉽게 구할 수 있다.

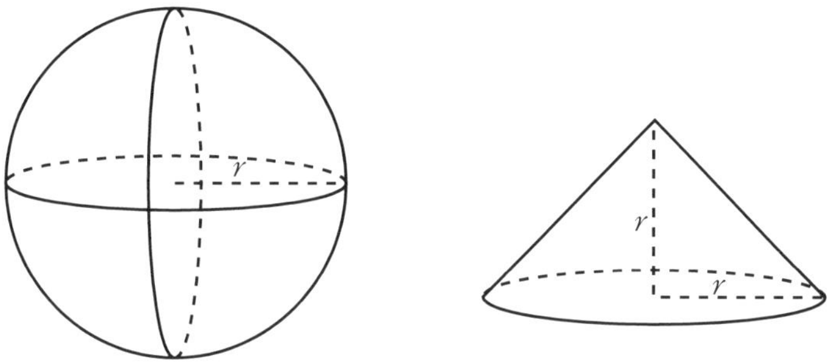

[그림 4.8]

$$\frac{4}{3}\pi r^3 = \text{부피(구)} = mD^3 = m(2r)^3 = 8mr^3$$

간단한 대수적 조작을 하면 $m=\pi/6$가 된다. 이러한 식으로 원주, 원의 넓이, 그리고 구의 부피에 관한 아르키메데스 이전의 미스터리는 해결되었다. 이들 세 개의 서로 다른 문제를 말할 때 이제 더 이상 세 개의 서로 다른 상수가 필요하지 않게 되었는데 그 이유는 세 가지 문제 모두 π에 의해 좌우되기 때문이었다. 아르키메데스는 이들 주제들을 아주 훌륭하게 하나로 통합하여 나타냈다.

명제 33과 34의 증명을 끝내자마자, 아주 흥미롭게 아르키메데스는 결과들을 다시 진술했다. 그는 그림 4.9에서 보는 것처럼 구를 외접하고 있는 원기둥을 생각해보았다. 그런 다음 원기둥의 겉넓이와 부피는 구의 겉넓이와 부피의 한 배 반이라고 주장했다! 어떤 의미에서 보면, 이 주장은 그의 모든 연구의 클라이막스에 해당하는 것이었다. 이 주장을 내세우는 데는 그의 위대한 두 가지 결과가 사용되었고, 이 주장은 또한 까다로운 구의 겉넓이와 부피를 덜 까다로운 원기둥의 겉넓이와 부피와 대응시켜서 표현하는 단순한 형식으로 이 결과를 나타내었다. 아르키메데스의 이 충격적인 주장을 입증하는 것으로 이 절을 끝내고자 한다.

먼저, 구의 반지름을 r이라 두면 이 구를 외접하는 원기둥의 반지름도 r이고 높이 $h=2r$이 된다. 원기둥의 전체 겉넓이는 이 원기둥의 옆넓이 (명제 13에서처럼)와 윗면과 밑면의 원의 넓이를 합한 것이다.

$$\begin{aligned}(\text{원기둥의 전체 겉넓이}) &= 2\pi rh+\pi r^2+\pi r^2\\ &= 2\pi r(2r)+2\pi r^2=6\pi r^2\\ &= \frac{3}{2}(4\pi r^2)\\ &= \frac{3}{2}(\text{구의 겉넓이})\end{aligned}$$

이 식은 아르키메데스가 말한 이 원기둥의 겉넓이는 이 구의 겉넓이의 '한 배 반' 이라는 의미가 무엇인지를 정확하게 나타내고 있다.

그렇다면 대응하는 원기둥의 부피는 어떨까? 일반적인 원기둥의 경우 그 부피가 $V=\pi r^2h$인데, 그림 4.9의 경우를 적용해보면 이 부피는

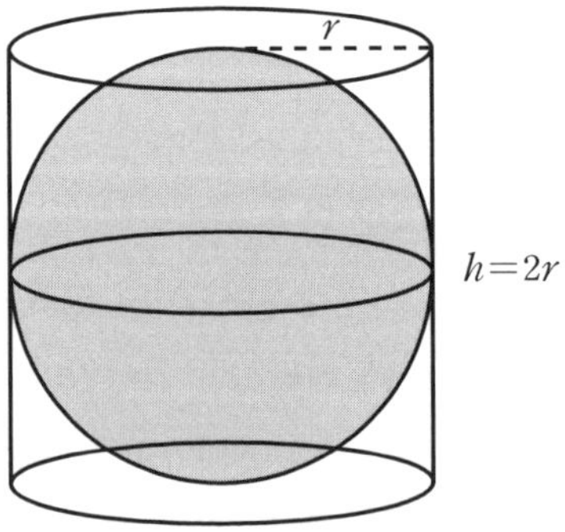

[그림 4.9]

$V=\pi r^2(2r)=2\pi r^3$이 된다.

$$(\text{원기둥의 부피})=2\pi r^3$$
$$=\frac{3}{2}\left(\frac{4}{3}\pi r^3\right)=\frac{3}{2}(\text{구의 부피})$$

그래서 원기둥의 부피는 구의 부피의 한 배 반이 된다.

따라서 아주 간결하고 놀라운 문장으로 아르키메데스는 구와 원기둥을 서로 관련지었던 것이다. 이 관련성은 우리가 지금 살펴보고 있는 이 논문의 제목을 잘 나타내고 있는 것이다. 아르키메데스가 이 발견을 얼마나 특별하게 자랑스러워했는지는 플루타르크가 전하는 아르키메데스의 비문(碑文)에 잘 나타나 있다.

> 그가 발견한 것은 셀 수 없이 많았고 모두 감탄을 자아내게 하는 것들이었다. 그러나 그가 죽었을 때 구를 포함하는 원기둥 그림과 함께 그 안에 있는 입체의 비[즉, 3:2의 비]를 묘비에 새겨달라고 친구들과 친척들에게 부탁했다고 한다.

흥미로운 사실은 키케로*의 《투스쿨라나룸 담론》(談論, Tusculan Disputations)에 따르면 그가 시라쿠사에서 아주 우연히 아르키메데스의 무덤을 발견하게 되었다고 한다. 무덤 주위에 가시나무와 덤불이 뒤섞인 채 자라 있어서 아무것도 알아볼 수 없을 정도였다고 한다. 하지만 무엇을 찾아야 할지 잘 알고 있었던 키케로는 '덤불 속에서 삐죽이 튀어나온, 원기둥 안에 구의 그림이 새겨진 작은 기둥'을 발견하고서는 자기도 모르게

* 키케로(Marcus T. Cicero, 기원전 106-43). 고대 로마의 정치가이며 철학자.

너무나 흥분했다고 한다. 그는 이 황폐한 무덤을 손질하려고 많은 노력을 했다. 이 모든 것이 사실이라면 키케로는 그리스의 가장 위대한 수학자의 마지막 안식처를 발견한 것이었다. 이 무덤이 세상 사람들로부터 잊혀지지 않도록 하려고 키케로는 아르키메데스에게 경의를 표했고 또한 살인자와 같은 만행을 저질렀던 자신의 로마 선조에 대한 잘못을 사죄했다.

사람들은 그들의 시대보다 앞에 살았던 인물들에 대해 종종 이야기를 듣는데, 짧게는 10여 년 혹은 길어봐야 한 세대를 거치면서 이 세상의 한 부분을 살았던 남자나 여자에 대한 삶의 이야기이다. 하지만 아르키메데스는 수세기를 거쳐도 그 누구와도 비교할 수 없는 뛰어난 두뇌로 수학에 대한 연구를 했다. 17세기 후반의 미적분학의 발전에 의해서 겨우 아르키메데스의 토대를 넘어서서 입체의 부피와 겉넓이에 대한 이해를 진보시켜 나갈 수 있었다. 수학이라는 학문의 미래에 어떤 영광스럽고 찬란한 사건이 있을지 모르지만, 그 누구도 자신의 시대보다 2000년이 지난 다음에도 여전히 사람들의 입에 오르 내릴 수 있는 인물은 없을 것이라는 사실은 분명하다.

끝으로 이 위대한 수학자의 업적에 대한 볼테르*의 아주 적절하고 뛰어난 평을 인용하는 것이 좋을 듯하다. "호메로스의 머릿속보다 아르키메데스의 머릿속에 훨씬 더 많은 상상력이 있었다."

* 볼테르(F.M.A. de Voltaire, 1694-1778). 프랑스의 문학자이며 철학자.

후기

아르키메데스의 원의 측정이 우리들에게 물려준 한 가지 유산은 현재 우리가 π라고 하는 이 중요한 상수에 대한 더 정확한 근사치를 구하라는 것이었다. 아르키메데스가 처음으로 이것을 과학적으로 연구했다고는 하지만, 이 비의 중요성은 아르키메데스 훨씬 이전부터 알려져 있었던 것이다. 아르키메데스 이전에 알려진 것 중 흥미로운 근사치는 원형으로 된 '바다', 즉 물을 담고 있는 큰 용기에 관한 성경 구절에서 추측할 수 있다. "또 바다를 부어 만들었으니 그 직경이 십 규빗이요, 그 모양이 둥글며 그 주위는 삼십 규빗 줄을 두를 만하였다"(열왕기상 7장 23절).

이 구절로부터 $\pi = C/D = 30/10 = 3.00$이라는 값을 얻을 수 있는데, 태고적 이야기임을 감안한다면 이 근사치는 상당히 그럴 듯하다. 물론, 3.00이라는 값은 π를 심각하게 작게 추정한 값으로 성경이 이 세상 모든 일에 대해서 정확하나고 생각하는 사람들에게 할 말이 생긴 셈이다.

이집트 사람들은 좀더 나은 고대의 근사치를 사용했다. 린드파피루스에 따르면, C와 D의 비로서 이집트 사람들은 $(4/3)^4 = 256/81 = 3.1604938\cdots$을 사용하였다. 이 두 근사치와 더불어 과학적 탐구 이전 시대의 다른 근사치들은 π의 근사치 발달 과정에서 첫 번째 단계에 해당하는 것들이었다. 지금까지 살펴본 것처럼, 아르키메데스는 그 두 번째 단계를 시작했던 것이다. 외접하거나 내접하는 정다각형의 둘레 길이를 사용한 그의 기하학적 해결 방법은 17세기 중반까지도 수학자들이 사용했던 방법이었다. 이것은 아르키메데스가 자신의 시대를 훨씬 앞서 있었다는 흔적이기도 하다.

150년경 유명한 천문학자이며 수학자인 알렉산드리아의 프톨레마이오스(Klaudios Ptolemaios)*는 그의 최고 저술인 《알마게스트》(Almagest, 천문학 대집성)에서 이 비에 대한 근사치를 제공하였다. 이 방대한 저술은 태양과 달의 움직임에서부터 행성들의 운동, 하늘에 고정된 별들의 성질에 이르기까지 천문학에 관련된 정보를 총망라해 놓은 것이었다. 하늘에 있는 물체들을 정확하게 측정하기 위해서는 아주 정교한 수학적 기초가 필요했는데, 이런 이유에서 프톨레마이오스는 《알마게스트》의 초반부에 현에 관한 표(Table of Chords)를 개발하였다.

그는 지름을 균일하게 120등분한 원을 가지고 시작했다. 만약 한 등분의 길이를 p라 하면, 그림 4.10과 같이 이 원의 지름은 $120p$가 된다. 프톨레마이오스는 임의의 중심각 α에 대하여 이 각과 마주 대하는 현 AB의 길이를 구하고자 했다. 예를 들면, 60도의 각에 대한 현의 길이는 반지름의 길이와 같으므로 $60p$가 된다.

이것은 쉬운 일이지만, $42\frac{1}{2}$도의 각에 대한 현의 길이를 구하는 것은 그리 간단하지가 않았다. 하지만 뛰어난 추론과 아르키메데스식의 계산 기법을 사용하여 프톨레마이오스는 1/2도부터 180도까지 1/2도씩 증가하도록 하여 모든 각을 나타내는 정확한 표를 만들었다.

---

* 이집트 태생의 그리스 천문학자로 천동설을 주장했다. 영어 이름은 톨레미(Ptolemy). 그는 천문학에 쓰기 위해 삼각법을 개척하였는데 원에 내접하는 사각형에 대한 프톨레마이오스의 정리는 유명하다. 그의 대표적 저서로는 《알마게스트》와 《지리학》이 있다. 프톨레마이오스에 관련해서 다음의 사실들이 잘 알려져 있다.

(1) 사인과 현의 길이: 지름의 길이가 1인 원에서 한 원주각에 대한 현의 길이는 그 원주각의 사인값과 같다.

(2) 프톨레마이오스 정리: 원에 내접하는 사각형에 대하여 두 대각선의 길이의 곱은 대변끼리의 곱의 합과 같다. 직사각형은 원에 내접하고 대각선의 길이가 같다. 그러므로 직사각형에 프톨레마이오스의 정리를 적용하면 피타고라스의 정리가 얻어진다.

(3) 사인과 현에 대한 성질과 프톨레마이오스 정리를 이용하면 사인의 덧셈정리와 뺄셈정리를 증명할 수 있다. $\sin(A+B)=\sin A\cos B+\sin B\cos A$, $\sin(A-B)=\sin A\cos B-\sin B\cos A$

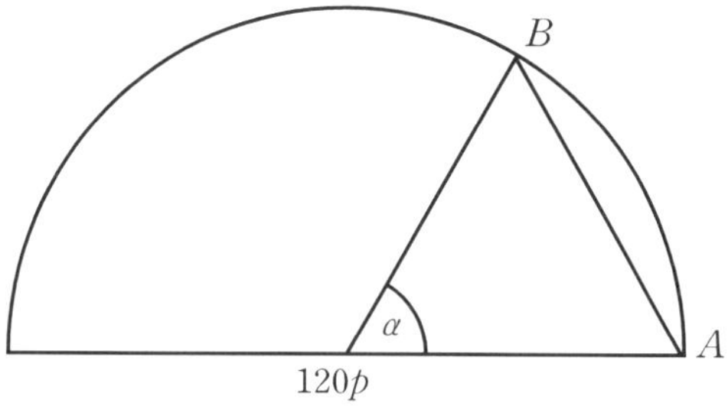

[그림 4.10]

지금 살펴보고 있는 것과 관련해서 본다면, 그는 1도에 대한 현의 길이가 (현대적 소수 표기법으로 나타내면) $1.0472p$임을 발견했던 것이다. 따라서, 이 원에 내접하는 정360각형의 둘레 길이는 이 각의 360배이므로 $376.992p$가 된다. 비록 정다각형을 이용했던 착상은 아르키메데스의 것이었지만, 프톨레마이오스의 360각형은 그의 선배격인 아르키메데스의 96각형보다 훨씬 정교한 근사치를 제공했다. 즉,

$$\pi = \frac{C}{D} \approx \frac{360\text{각형의 둘레 길이}}{\text{원의 지름}} = \frac{376.992p}{120p} = 3.1416$$

그 이후 몇 세기가 지나 π의 계산에서의 진보는 그들만의 뛰어난 수학적 역사를 간직하고 있었던 비서구 문명이었던 중국과 인도를 중심으로 이루어졌다. 480년경 중국의 과학자 조충지(Tsu Ch'ung-chih, 祖沖之, 430-501)는 $355/113 = 3.14159292\cdots$를 사용하였고, 인도의 수학자 바스카라(Bhāskara, 1114-1185?)는 1150년경 정확한 계산을 위해서는 $3927/1250 = 3.1416$을 사용해야 한다고 권했다.

유럽이 마침내 중세의 수학적 침체로부터 벗어났을 때, π의 근사치를 발견하려는 행보는 더욱 빨라졌다. 16세기 후반쯤에, 현대적 소수 표기법을 확립했던 네덜란드 수학자인 스테빈(Simon Stevin, 1548-1620)과 같은 수학자의 연구에 따라 더 정밀한 제곱근의 근사치를 구할 수 있게 되었다. 그래서 프랑스의 천재적 수학자인 비에트(Francois Viète, 1540-1603)가 아르키메데스 방법을 사용해서 π의 근사치를 수작업으로 구하고자 했을 때, 393,216개의 변을 가지는 정다각형을 사용해서 9자리까지 정확한 값을 구할 수 있었다. 이 연구는 96각형을 사용하여 아르키메데스의 방법을 그대로 따랐지만, 이 다각형의 변의 개수를 2배하는 작업을 수십 번 더 해야하는 힘든 작업이었다. 아르키메데스는 그 당시 수체계의 제약 때문에 많은 어려움을 겪었지만, 비에트의 경우에는 소수 표기법이 필요한 것을 제공해주었다. 기본적인 통찰은 여전히 아르키메데스의 아이디어였지만 비에트는 훨씬 좋은 도구들을 가지고 있었던 것이다.

17세기 초, 네덜란드의 한 수학자는 π의 근사치를 35자리까지 구함으로써 모든 그 이전의 선배 수학자들을 능가하게 되었다. 그의 이름은 쿨렌(Ludolph van Ceulen, 1540-1610)이였는데 이 근사치를 구하기 위해 수년간을 노력했던 인물이다. 정육각형으로 시작해서 그 변의 개수를 2배씩 늘려나간 것이 아니라, 루돌프는 정사각형으로 시작했지만 비에트와 마찬가지로 그도 오래된 아르키메데스식 방법에 새로운 소수 표기법을 결합시킨 것이었다. 이 계산을 끝낼 즈음, 그는 정2^{62}각형 —— 대략 4,610,000,000,000,000,000변 —— 을 취급하고 있었던 것이다. 말할 것도 없이 이러한 다각형의 둘레는 이 도형에 외접한 원의 원주와 거의 다를 바가 없었다.

수학자들은 π의 근사값을 구하는 고전적 방법을 오랫동안 사용하였다.

그러다가 17세기 후반에 와서 여러 가지 비율에 대한 수학적 탐구가 활발하게 이루어졌는데, 이들 중 한 가지가 마침내 아르키메데스의 방법을 대신할 정도로 발전된 것으로써 π의 근사값에 대한 연구의 제3단계의 서막을 열게 되었다. 1660년대 후반, 젊은 뉴턴(Isaac Newton, 1642-1727)은 그의 일반화된 이항 정리와 새롭게 개발된 유율법(the method of fluxions) —— 즉, 뉴턴의 미적분법 —— 을 적용하여 다른 방법과 비교할 때보다 편리하면서 훨씬 더 정밀한 π의 근사치를 구했다. 이 내용은 제7장에서 위대한 정리로 다룰 것이다. 1674년경, 뉴턴의 경쟁자였던 라이프니츠(Gottfried Wilhelm Leibniz)는 무한히 계산을 계속해 나가면 그 결과가 $\pi/4$에 접근하는 다음과 같은 급수를 발견하였다.

$$1-\frac{1}{3}+\frac{1}{5}-\frac{1}{7}+\frac{1}{9}-\frac{1}{11}+\frac{1}{13}-\frac{1}{15}+\cdots$$

적어도 이론적으로 말한다면, 이 급수의 항들을 계속 늘이면 $\pi/4$에 대한 정확한 근사치를 구할 수 있고 이렇게 해서 결국에는 π에 대한 근사치도 구할 수 있다. 여기서 염두해 두어야 할 중요한 사실은 합을 구하려고 하는 이 급수는 그 행동을 예측하는 것이 궁극적으로 가능하다는 것이다. 즉, 급수의 어떤 항에 있더라도 다음 항을 쉽게 알 수 있다는 것이다. 이렇게 하고 나니까 갑자기 π의 근사치를 구하는 문제는 아르키메데스의 정다각형과 관련된 기하 문제에서 수로 된 각 항을 더하고 빼는 아주 간단한 산수 문제로 바뀌게 되었다. 이것은 이 문제를 보는 관점의 주요한 변화였다.

실질적으로 본다면, 라이프니츠 급수는 정말 $\pi/4$라는 수에 접근하지만 너무 느리게 접근하기 때문에 문제가 점점 더 복잡해져갔다. 예를 들면, 이 급수의 처음 150개 항을 사용하더라도 π의 근사치로는 겨우 3.1349⋯를 얻게 되는데 이렇게 많은 항을 더하고도 이 정도라면 실망스러운 정확도이다. 이 급수를 사용해서 100자리의 정밀도를 가지는 근사치를 얻기 위해서는 이것보다도 더 많은 항이 필요할 것이다!

100,000,000,000,000,000,000,000,000,000,000,000,000,000,000,000,000

그래서 라이프니츠의 급수는 π의 근사치를 구하는 데 새로운 산술적 접근을 예고했지만, 실용성은 전혀 없었다.

무한 급수를 사용해서 π의 근사치를 구하는 이러한 시도는 샤프(Abraham Sharp, 1651-1742)와 메이신(John Machin, 1680-1751)과 같은 수학자들이 훨씬 빠르게 수렴하는 급수를 만들어냄으로써 곧 실현되었다. 1699년, 샤프는 많은 실패를 거듭한 후 71자리까지 정확한 π값을 구했고, 7년 후 메이신은 100자리까지 구했다. 더구나 이들의 노력은 35자리까지의 정밀도를 가지는 값을 구하기 위해서 삶의 많은 부분을 허비했던 쿨렌의 방법보다 훨씬 더 쉬운 방법을 제공했다. 따라서 급수에 의한 이 접근 방법은 고전적 방법을 퇴물로 만들어버렸다.

그러는 한편 이 특수한 상수를 이해하려는 수학자들의 시도는 다른 측면에서도 발달을 가져왔다. 이들 수학자 중에서 주된 인물로는 1767년 π가 무리수임을 증명했던 람베르트(Johann Heinrich Lambert, 1728-1777)가 있다. 무리수란 두 정수의 비로서 표현할 수 없는 실수를 말한다는 사실을 기억할 것이다. ── 즉, 무리수는 분수가 아닌 수들을 말하는 것이다. $\sqrt{2}$ 또는 $\sqrt{3}$과 같은 수들이 무리수임을 보이는 것은 아주 쉬운 일이지만, 람베르트에 의해 π가 무리수에 속한다는 것이 증명된 것은 18세기가 되어서였다. 유리수가 소수점 아래의 0이 아닌 수가 유한 개이거나 또는 소수점 아래의 수들의 배열이 반복되는 소수 표현으로 확장된다는 사실을 염두에 두고 생각해보면 그의 발견이 가지는 특별한 중요성을 짐작할 수 있다. 예를 들면, 유리수 1/8의 소수 표현은 0.125이다. 그런데 유리수 1/7의 소수 표현은 끝이 없이 계속되는데, 적어도 다음과 같이 6자리씩 마디를 이루어서 반복된다.

$$1/7 = 0.142857142857142857142857 \cdots$$

만약 π가 유리수라면, 위에서 말한 소수 표현의 두 가지 형태 중 한 가지를 취할 것이며, 따라서 원하는 자리수를 정해서 소수 아랫자리를 끝내고자 한다면 끝낼 수 있다. 그런데 π가 무리수에 속한다는 람베르트의 증명은 π의 소수 표현은 절대 유한할 수가 없다는 것을 입증한 것이었다.

π가 무리수적 성질을 띤다는 사실에 이미 익숙해져 있을 때인 1882년에 린데만(Ferdinand Lindemann)은 제1장에서 언급한 것처럼 π가 초월수임을 증명하였다. 이 발견은 원의 구적에 대한 논쟁을 잠재웠을 뿐만 아니라, 제곱근, 세제곱근 등이나 유리수와 관련된 어떤 종류의 초보적인 수로서는 π를 표현할 수 없다는 사실을 의미했다. 람베르트와 린데만의 결과들은 π가 쉽게 수학적 분석이 가능한 그런 편안한 수가 아니라는 것을 입증했다. 하지만 기원전 225년부터 있었던 아르키메데스의 결과들은 π가 가장 중요한 수들 중 한 가지라고 분명하게 입증해왔다.

π의 이러한 역사 속에서 20세기의 가장 뛰어난 수학자 중에 한 사람인 라마누잔(Srinivasa Ramanujan, 1887-1920)이 나타나게 된다. 인도의 그리 넉넉하지 않은 가정에서 태어난 라마누잔은 정규적인 수학 훈련을

제대로 받지 못했다. 불과 몇 권의 책을 통해서 대부분의 수학을 스스로 깨우친 라마누잔은 수학에 너무 빠져버린 나머지 다른 과목을 공부하지 않았다. 이런 결과로 게을리했던 나머지 과목들에 대한 통과시험에 낙제하면서 그의 정규 교육은 끝나게 되었다. 그래서 1912년경, 마드라스 시에서 가족의 생계를 위해 겨우 연봉 30파운드를 받는 사무직에서 일하는 사람으로 전락하게 되었다. 이런 상황이 계속 되었다면 그를 인생에서 실패한 사람이라고 단정지을 수 있었을 것이다.

하지만 이런 모든 어려움에도 불구하고, 이 천재는 뛰어난 독창성과 심오함으로 수학에 대한 연구를 계속했다. 주변의 권유에 따라, 그는 영국에서 가장 뛰어난 수학자들 중 세 사람에게 그가 발견한 내용들을 기록하여 보냈다. 이들 중 두 명은 자신들의 명성에 걸맞게 애원하거나 간청하는 태도가 없는 라마누잔의 편지를 반송시켜버렸다. 유명하기 때문에 그렇지 않아도 급하게 처리할 일이 태산 같은 그들이 이름도 모르는 인도의 한 사무직원에게 답장할 이유는 분명 없었을 것이다.

세 번째 수학자인 케임브리지 대학교의 하디(G.H. Hardy)도 1913년 1월 16일 아침에 배달된 편지를 열면서 아마도 같은 생각을 했을지 모른다. 증명도 없이 제시된 100개도 넘는 이상한 공식들과 이해하기도 힘든 엉망인 영어로 쓰여진 편지는 지구 반대편의 어떤 정신 나간 사람이 보낸 종잡을 수 없는 편지로 보였을 것이다.

그러나 전하는 이야기에 따르면, 이들 수학 공식들에 관한 무언가가 하루 종일 그의 머릿속을 떠나지 않았다고 한다. 하디는 그 당시 세계에서 제일 뛰어난 수학자 중의 한 사람이었지만, 이 결과들 중 많은 것은 그가 지금까지 보아온 것과는 전혀 다른 것이었다. 차츰 이 공식들이 이해되기 시작했고 이 공식들을 "…… 사실임에 틀림없어. 만약 이것들이 참이 아니라면, 이것들을 창조할 만한 상상력을 그 누구도 아직까지 가지지 못했다는 뜻일 거야"라고 생각했다. 연구실로 돌아와서 아침에 받은 편지를 다시 살펴보았을 때, 하디는 그것이 엄청난 수학적 천재에 의한 연구임을 깨닫게 되었다.

이렇게 해서 라마누잔을 영국으로 데려오려는 계획이 시작되었다. 하지만 엄격한 종교적 분위기에서 자라고 교육받은 영향으로 인해 여행이나 음식 등에 여러 가지 제약을 받았기 때문에 그를 데려오는 일은 쉽지 않았다. 이러한 어려움이 마침내 해소되어 라마누잔은 1914년 케임브리지에 도착하게 되었다.

그 다음 5년 동안 라마누잔과 하디는 서로 놀랄 만한 협동 연구를 수행하였다. 하디는 이 세상에서 수학에 대한 최고의 훈련을 받은 세련되고 뛰어난 사고력을 소유한 영국 사람이었고, 라마누잔은 수학적 지식에 있어서 큰 공백이 있음에도 불구하고 믿을 수 없을 정도의 '신선한 재능'을 지닌 사람이었다. 가끔 하디는 평범한 학부 학생을 가르치듯 이 젊은 공동 연구자를 지도해야만 했다. 다른 한편으로 라마누잔은 이때까지 아무에게도 알려지지 않은 수학적 결과들을 가지고 하디를 깜짝 놀라게 하곤 하였다.

라마누잔이 고안했던 공식 중에는 고도로 정밀하고 빠르게 π의 근사치를 구할 수 있도록 하는 공식들이 있었다. 이들 중 몇 가지가 1914년의 중요한 논문에 실렸고, 나머지는 그의 여러 개인 노트에 낙서처럼 어지럽게 적혀 있었다. 지금은 단지 세계의 열성적인 수학자들만 읽어볼 수 있도록 되어 있는 문서들이다. 이러한 공식들의 가장 단순한 형태는 현재 여기서의 논의와는 너무 별개의 것이지만, 그의 뛰어난 통찰력은 훨씬 효율적으로 π의 근사치를 구할 수 있는 연구의 가능성을 열어준 것이 분명했다.

불행하게도 너무나 소설 속 이야기 같았던 라마누잔의 수학자로서의 경력은 피어보기도 전에 끝나게 된다. 세계 제1차 대전 동안 고향에서 멀리 떨어진 케임브리지에서 그는 육체적 쇠약에 시달렸다. 어떤 사람들은 그 원인을 폐병 때문이라고 했고, 다른 사람들은 그의 심각할 정도의 음식 조절 때문이라고도 했다. 회복되기를 기대하면서 그는 1919년 인도로 돌아왔지만, 고향의 포근함도 병의 진행을 막을 수가 없었다. 1920년 4월 26일 라마누잔은 32세의 나이로 죽었고, 세상은 수학사의 전설적인 인물 한 사람을 잃게 되었다.

이제 이야기를 좀더 빨리 진행시켜 1873년, 707자리까지 π의 근사치를 구한 영국의 생스(William Shanks, 1812-1882)의 놀랄 만한 계산에 대한 이야기를 통해 현대에 와서 π에 대한 어떤 결론이 나왔는지 살펴보자. 생스는 메이신의 급수를 이용한 방법을 사용하여 그 이후 74년 동안 π의 표준값으로 삼았을 정도의 정밀한 값을 구했다. 그러나 1946년 같은 영국 출신의 퍼거슨(D.F. Ferguson)은 생스가 구한 이 엄청난 계산에서 527번째 이후에서 오류가 있다는 놀라운 사실을 발견하였다. 수치 계산을 별로 좋아하지 않는 사람들에게는 707자리의 수를 검사한다는 것은 상상하는 것조차 힘든 일일 것이다. 그런데 더욱 믿지 못할 일은 100자리까지 아무런 오류도 발견하지 못한 채, 다음 200자리까지, 또 그 다음 500자리까지 차례로 검사했던 그의 끈기였다! 마침내 도저히 말로서는 설명할 수 없는 퍼거슨의 불굴의 인내심은 그 결실을 보게 되었다.

1947년 초, 미국의 렌치(J.W. Wrench)는 π의 근사치를 소수 이하 808자리까지 발표하여 π에 관련된 역사에 자신의 업적을 더했다. 이것은 뛰어난 새로운 승리처럼 보였다. 적어도 지칠 줄 모르는 퍼거슨이 이 근사치를 다시 점검하기 전까지는. 그런데 역시 퍼거슨은 렌치의 계산에서도

723번째 자리에서 오류를 발견하였다. 그래서 이 두 사람은 협력하여 1년 뒤 808자리까지의 정확한 π값을 발표하였다.

이 시점은 π의 근사치를 구하는 역사 기행의 제4단계이자 마지막 단계로 접어들었을 때이다. 첫 번째 단계에서는 일종의 '법칙'에 의해 π의 근사치를 구했던 방법이 사용되었고, 그 다음 단계에서는 아르키메데스의 외접과 내접 다각형을 이용한 방법이 도입되었는 데 미적분학이 도래하기 전까지 무한 급수와 관련된 이 기하적 방법이 널리 활용되었다. 그리고 마지막으로 1949년, 컴퓨터는 이 계산을 근본적으로 혁신시켰다. 그 해, 미 육군의 에니악(ENIAC) 컴퓨터는 2037자리까지의 π값을 구했다. 현대적 기준에서 볼 때, 이 컴퓨터는 전기 배선과 진공관으로 방을 온통 채웠고 지겨울 정도로 느린 속도로 결과를 찍어내는 아주 원시적인 기계였다. 그러나 이런 괴상한 모양의 낡은 장치도 이전에 있었던 인간의 모든 계산을 초월하였으며, 과거 22세기 동안 인류가 쌓아왔던 π에 대한 소수 근사치를 2배 반이나 능가하는 것이었다. 심지어 퍼거슨조차도 이 계산에서 오류를 찾지 못했다. 더구나 컴퓨터 공학의 발달로 인하여 소수 아랫자리의 수는 상상을 초월할 정도로 빠르게 증가하였다. 그래서 1959년경, 16,000자리를 초과하였고, 1966년경에는 25만 자리까지 늘어났으며, 1980년대 후반에는 슈퍼컴퓨터의 사용으로 5억 자리 이상까지 확장되었다.

그렇다고 해서 인간의 연약한 자존심이 크게 상처를 받았다고 생각할 필요는 없다. 왜냐하면 컴퓨터가 그 어떤 인간보다도 더 빠르게 계산할 수 있을지 모르지만, 이 기계를 프로그램한 사람은 바로 수학자이기 때문이다. 그러므로 이야기의 핵심은 바로 여기에 있는 것이다. 즉, π에 관련된 이야기는 인간 승리의 역사이지 기계의 승리에 대한 것은 아니다. 그리고 비록 현재 우리가 20세기 후반에 있다고 하더라도, π의 긴 여정의 시작은 시라쿠사의 위대한 수학자 아르키메데스의 원의 측정이라는 짧은 논문에서 시작되었다는 사실을 잊지 말아야 할 것이다.

CHAPTER 05

삼각형 넓이를 구하는 헤론의 공식

Heron's Formula for Triangular Area
(75년경)

아르키메데스 이후의 고전수학

아르키메데스는 수학 분야에 아주 긴 발자취를 남겼다. 아르키메데스 이후 고전적 수학 활동기의 후대 수학자들도 그들 나름대로의 발자취는 남겼지만, 그리스 문명의 몰락과 동시에 로마 시대의 도래가 더욱더 분명하게 되는 시점에서 시공간을 초월한 시라쿠사의 이 위대한 수학자와 견줄 만한 인물은 결코 없었다. 로마의 백부장(百夫長)*에 의한 아르키메데스의 죽음을 로마의 장래에 대한 나쁜 징조일 것이라고 보는 것은 아마도 단순한 생각인 듯하다. 오히려 로마는 승승장구하는 세월을 그 이후에 누렸다. 자신들의 이상적 세계에 빠져 있던 그리스 사람들은 로마의 군사력 앞에서 아무 저항도 하지 못할 만큼 무력했으며, 정치적 안정과 세계 정복에만 몰두해 있던 로마 사람들은 그리스 사회의 전형이라고 할 수 있는 추

* 고대 로마 군대의 단위인 백 명의 군사를 거느리는 부장

상적 사고에는 조금도 관심이 없었다. 아르키메데스와 마찬가지로 그리스 전통도 새로운 로마식 체제에서는 생존할 수가 없었다.

그 당시의 몇 가지 상황들을 정리해보자. 앞에서 살펴본 것처럼, 시라쿠사는 기원전 212년 로마의 마르켈루스에 의해 정복되었다. 세 번에 걸친 피비린내 나는 포에니 전쟁은 기원전 146년 라이벌이었던 카르타고의 초토화로 종전되었고, 이로써 로마는 마침내 지중해 중심의 양쪽 연안을 완전히 장악하게 되었고, 같은 해 그리스의 중요한 도시 국가인 코린트(Corinth)도 로마의 힘에 굴복하게 되었다.

이로부터 1세기가 지난 후, 카이사르(Julius Caesar, 기원전 100-44)는 갈리아*를 정복했고, 기원전 30년에 안토니우스(Marcus Antonius, 기원전 82?-30, 고대 로마의 정치가)와 클레오파트라(Cleopatra, 기원전 69?-30, 고대 이집트의 마지막 여왕)가 악티움 해전에서 로마의 옥타비아누스에게 패함으로써 이집트는 로마의 손에 들어가게 되었다. 그리고 30년에는 심지어 영국도 로마의 지배하에 들어가게 되었다. 이렇게 함으로써 명실상부한 제국의 모습을 갖춘 로마는 서구 세계 전체를 지배하면서 과거 그 어떤 나라도 이룩하지 못했던 제국의 위용을 떨치게 되었다.

로마의 정복과 더불어 다리, 도로, 수도와 같은 로마의 정교한 토목공학들이 유럽으로 전파되어갔다. 그러나 히포크라테스, 유클리드, 아르키메데스의 정신을 사로잡았던 추상적인 순수수학은 그 이전의 영광을 되찾지 못했다.

알렉산드리아의 위대한 도서관만이 여전히 찬란한 빛을 잃지 않고 남아 있었다. 아름다운 주변 경관에 둘러 쌓여 지중해 전 연안에 걸쳐 최고

* 지금의 북이탈리아, 프랑스, 벨기에 등을 포함하는 지역.

의 지성들을 끌어들이는 이 도서관은 지적 흥분을 자아내는 최고의 장소였다. 또한 이 도서관은 아르키메데스와 같은 시대의 유명한 수학자인 에라토스테네스(Eratosthenes, 기원전 284?-192?)가 관장으로 생애의 대부분을 보낸 곳이기도 하다. 학자로서 이러한 중요한 위치에 있었던 덕분에 에라토스테네스는 순수수학, 철학, 지리학, 그리고 특히 천문학에 이르기까지 업적을 남길 만큼 엄청난 연구와 저술 활동을 했으며 널리 그 업적이 알려진 학자였다. 천문학에 관련된 업적에는 학문적인 내용뿐만 아니라 〈헤르메스〉(Hermes)라고 하는 긴 시의 형식으로 천문학의 기초를 산문의 형식으로 옮겨놓은 것도 있었다. 고대의 많은 저자들의 경우와 마찬가지로 에라토스테네스의 대부분의 저술들도 소실되었기 때문에, 후세의 비평가들의 설명에 의존할 수밖에 없는 실정이다. 하지만 그 당시 그가 주요한 지적 인물이었음에는 의심할 의지가 없는 듯하다. 아르키메데스도 적어도 자신의 한 가지 업적은 에라토스테네스의 연구 덕분이라고 했으며 또한 그를 상당히 재능 있는 사람이라고 생각했다.

에라토스테네스의 여러 업적 중에는 직접적이면서 간단한 기계적인 방법으로 소수를 찾을 수 있는 유명한 '체'가 있다. 이 체를 사용해서 소수를 걸러내기 위해서 먼저 2부터 시작해서 연속하는 양의 정수를 적는다. 2가 첫 번째 소수이므로 그 뒤에 나오는 모든 2의 배수 ── 즉, 4, 6, 8, 10 등 ── 를 빗금(/)으로 표시한다. 2보다 큰 수로서 표시가 되지 않은 다음 수는 3인데 이것은 두 번째 소수이다. 그리고 모든 3의 배수인 6(이미 제외되었지만), 9, 12, 15 등을 지워나간다. 그런 다음 4는 이미 빗금으로 표시되었으므로 다음 소수인 5의 모든 배수인 10, 15, 20, 25 등을 마찬가지로 지워나간다. 이런 식으로 계속 해나간다면, 빗금으로 표시가 되어 지워진 수들은 이들보다 작은 수의 배수들로서 소수가 아닌 합성수이므로 이 체를 통과하게 된다. 한편, 소수들은 이 체를 절대 통과할 수 없으므로 결국 다음 리스트와 같이 남게 된다.

2, **3**, ~~4~~, **5**, ~~6~~, **7**, ~~8~~, ~~9~~, ~~10~~, **11**, ~~12~~, **13**, ~~14~~, ~~15~~, ~~16~~, **17**, ~~18~~, **19**,
~~20~~, ~~21~~, ~~22~~, **23**, ~~24~~, ~~25~~, ~~26~~, ~~27~~, ~~28~~, **29**, ~~30~~, **31**, ~~32~~, ~~33~~, ~~34~~, ~~35~~,
~~36~~, **37**, ~~38~~, ~~39~~, ~~40~~, **41**, ~~42~~, **43**, ~~44~~, ~~45~~, ~~46~~, **47**, ~~48~~, ~~49~~, ~~50~~, ~~51~~,
~~52~~, **53**, ~~54~~, ~~55~~, ~~56~~, ~~57~~, ~~58~~, **59**, ~~60~~, **61**, ~~62~~, ~~63~~, ~~64~~, ~~65~~, ~~66~~, **67**,
~~68~~, ~~69~~, ~~70~~, **71**, ~~72~~, **73**, ~~74~~, ~~75~~, ~~76~~, ~~77~~, ~~78~~, **79**, ~~80~~, ~~81~~, ~~82~~, **83**,
~~84~~, ~~85~~, ~~86~~, ~~87~~, ~~88~~, **89**, ~~90~~, ~~91~~, ~~92~~, ~~93~~, ~~94~~, ~~95~~, ~~96~~, **97**, ~~98~~, ~~99~~

에라토스테네스의 체는 100 이하의 모든 소수들을 자동적으로 완벽하게 걸러낸다. 그런데 이렇게 수작업으로 하는 이 과정을 사용해서 예를 들어 100조보다 작은 모든 소수를 찾으려고 하면 분명히 엄청나게 번거로운 일일 것이다. 하지만 비록 오늘날의 컴퓨터를 사용한다고 하더라도 고대의 이 방법을 탈피하기 위해서는 많은 연구와 노력이 여전히 필요하다는 사실은 에라토스테네스의 소수를 찾는 방법이 얼마나 뛰어난 것인지를 잘 말해주고 있다.

에라토스테네스의 가장 유명한 과학적 업적은 아마도 지구의 둘레를 구한 일일 것이다. 이 계산에 대해서는 많이 알려졌으나, 이 계산이 기록되어 있는 원본인 《지구의 측정에 관하여》(On the Measurement of the Earth)라는 논문이 많이 소실되어 정확하게 에라토스테네스가 무엇을 어떻게 했는지는 알 수가 없는 실정이다. 하지만 전하는 바에 따르면 다음과 같이 약간의 지리학적 자료와 아주 간단한 몇 가지 기하학적 지식을 사용해서 이 계산을 했다고 한다.

오늘날 아스완(Aswan)*의 인근 지역인 알렉산드리아 남쪽에 위치한 이집트 도시 시에네(Syene)에서는 여름이 시작되는 첫째 날 태양이 머리 바로 위에 왔다. 이 사실로부터 추론할 수 있었던 것은 이 순간 우물 속을 들여다보는 사람은 우물 속 물에 의해 반사되는 태양 빛 때문에 눈이 부신다는 것이었다. 바로 그 날 거의 같은 시각에 알렉산드리아에서는 세워놓은 긴 막대에 의해 작은 그림자가 생겼다. 에라토스테네스는 이 막대의 끝과 이 막대의 그림자에 의해 생기는 각 α는 임의의 원의 원주각 크기의 1/50임을 알아냈다(그림 5.1). 알렉산드리아가 시에네의 북쪽에 있다는 사실과 태양은 지구로부터 아주 멀리 떨어져 있기 때문에 그 빛은 지구에 평행하게 다다르게 된다는 사실을 가정하여, 에라토스테네스는 《원론》의 명제 I. 29를 적용하여 각 $\angle AOS$와 α는 서로 엇각으로 같다는 결론을 이끌어냈다(그림 5.1). 여기서 O는 지구의 중심을 나타낸다. 이 문제 해결의 마지막 부분을 위해서 에라토스테네스는 이 두 도시 사이의 측정된 거리가 5000스타디아라는 지리학적 사실을 이용하였다. 따라서 다음과 같은 비율을 얻을 수 있다.

$$\frac{\text{알렉산드리아에서 시에네까지의 거리}}{\text{지구의 둘레}}=\frac{\alpha}{\text{원의 원주각}}$$

즉, 5000스타디아/원주=1/50이므로 지구의 둘레는 $50\times5000=$ 250,000스타디아가 된다. 그렇다면 "1스타디아는 얼마일까?" 1스타디아는 516.73피트(1피트는 약 30cm)라는 추정치를 사용함으로써 마치 살얼음 위를 걷는 것처럼 아슬아슬하게 문제의 해결에 접근하게 되었다.

이러한 계산 방법을 이용한 에라토스테네스에 따르면 지구의 둘레는

* 이집트 남동부의 도시.

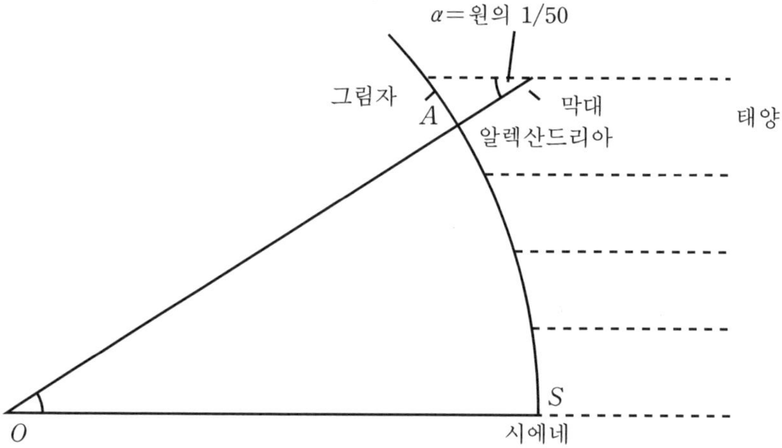

[그림 5.1]

129,182,500피트 또는 약 24,466마일임을 알 수 있다. 현재의 계산에 따르면 지구의 둘레는 24,860마일이므로 에라토스테네스의 계산 결과는 상당히 정확한 값이었다. 사실 이 근사치는 너무 정확해서 어떤 학자들은 이 계산의 진위에 대해 의문을 제기하거나 헤이스 경(Sir Thomas Heath)의 말처럼 에라토스테네스는 "놀랄 만큼 정확한 근사치를 제시했는데, 그 계산의 많은 부분은 아주 운좋게 우연히 성공한 것이었다"라는 데 동의하고 있다.

이러한 의문을 제외하고 본다면, 에라토스테네스는 아주 솜씨 있게 추론을 하였고, 또한 지구가 구와 같이 둥글다는 것을 아무런 의심 없이 받아들였다는 점에서 주목할 만하다. 이와는 아주 대조적으로, 15세기 후반 유럽의 선원들은 지구가 납작하고 그 끝은 낭떠러지와 같다고 생각해서 가까이 가는 것을 두려워했다고 한다. 고대 그리스 사람들은 지구가 둥근 형태라는 사실을 분명히 알고 있었지만, 그로부터 많은 세월이 지난 후의 선원들은 지구의 끝에 가까이 가지 않으려고 조심했다는 이 대조적 사실은 15세기 당시의 사람들이 충분한 과학적 지식을 그때까지 획득하지 못했다는 것이 아니라 오히려 획득한 지식을 상실했다는 증거로 간주해야 할 것이다.

아르키메데스 이후의 수학자로서 언급할 만한 두 명의 수학자가 있다. 그 중의 한 명이 아폴로니우스(Apollonius, 기원전 262?-190)인데, 그는 아르키메데스와 동시대의 수학자로서 학문적 분위기가 풍부한 알렉산드리아에서 연구를 하게 되었다. 이곳에서 타원, 포물선, 쌍곡선을 나타내는 원추곡선(conic sections)을 심도 있게 다룬 최대 걸작인 《원추 곡선》(Conics)을 저술하였다(그림 5.2). 이들 곡선들은 그리스 수학자들에 의해 심도 있고 광범위하게 연구되었지만, 아폴로니우스는 유클리드가 《원론》을 집필한 것과 같이 이전의 많은 연구들을 이 책에 체계적으로 조직하였다. 이 《원추 곡선》은 8권으로 되어 있는데, 처음 4권은 일반적인 서문에 해당하며 나머지 책들은 좀더 특수한 문제들을 다루고 있다. 그런데 이 중에서 제8권은 현재 완전히 소실된 상태이다.

고전적 시대에 이루어진 연구임에도 불구하고, 아폴로니우스의 업적은 원추 곡선에 관한 최고 권위를 지닌 자료로서 인정을 받았는데 르네상스 시대에 재발견됨으로써 다시 한번 더 사람들의 주목을 받게 되었다. 요한 케플러(Johann Kepler, 1571-1630)가, 행성들은 태양 주위를 타원 궤도로 운행한다고 하는 획기적인 이론을 제기했을 때, 이 원추 곡선의 중요성은 다시 한번 더 확인되었다. 그리스 수학자들의 단순한 호기심의 대상과는 너무나 동떨어졌던 타원이 이제 모든 사람들이 살고 있는 지구가 움직이는 길이 된 셈이었다. 그래서인지 거의 1세기가 지난 후 행성의 이름으로도 유명한 영국의 과학자 핼리(Edmund Halley)는 이 고전적 수학을 높이 평가하여 원추 곡선의 최종 완성판을 만들기 위해서 여러 해를 헌신하였다. 오늘날 원추 곡선에 대한 업적은 유클리드의 원론과 아르키메데스의 업적과 함께 그리스 수학의 백미로서 평가받고 있다.

고대의 마지막 수학자로는 이 장의 위대한 정리의 주인공인 알렉산드리아의 헤론(Heron)이다. 요즘 몇몇 책에서는 그의 이름을 'Hero' 라고 하는데, 이렇게 부르는 것은 그의 업적을 자부하려는 것이 아니라 번역상의 변화 때문이라고 보는 것이 더 이치에 맞을 것이다. 안타깝게도 헤론의 생애에 대해서는 거의 알려진 바가 없으며, 심지어 그가 살았던 시대에 대해서도 일치된 견해가 없는 실정이다. 헤론이 아폴로니우스 이후의 어느 시점에 살았다는 사실은 분명한데, 더 구체적인 연도를 결정하는 것은 마치 탐정 소설에서 자주 사용하는 천부적인 예리한 추측이 필요하다. 이브스(Howard Eves)의 견해를 따른다면 헤론은 75년경에 존재했던 수학자였다.

헤론의 생애에 대해서는 거의 알려진 것이 없지만, 학자들은 헤론의 수학에 대해서는 놀랄 만큼 많은 정보를 알고 있다. 헤론의 관심은 이론적인 것보다는 실제적인 것에 있었는데, 수많은 그의 저술은 역학, 공학, 측량과 같은 유용한 측면에서의 응용을 다루었다.

헤론의 이러한 실용성의 강조는 그리스 사람들과 로마 사람들의 관심사에 있어서의 분명한 대조를 잘 반영하는 것이었다. 예를 들면, 헤론은 《조준의》(照準儀, Dioptra)에서 산을 관통하는 터널의 굴착 방법과 샘에서 흘러나오는 물의 양을 측정하는 방법을 설명하였다. 또 다른 책에서는 "왜 나무막대의 가운데를 무릎에 대고 힘을 주면 쉽게 부러뜨릴 수 있을까?" 또는 "왜 사람들은 이빨을 뺄 때 손보다는 펜치를 사용할까?" 와 같은

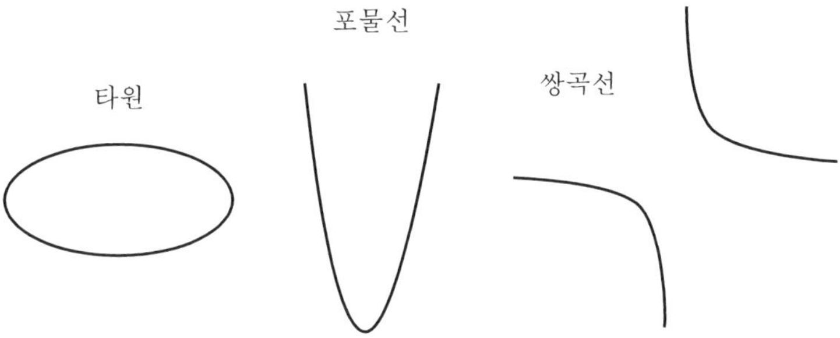

[그림 5.2]

평범한 일상적인 질문들에 대한 해답을 제시하였다.

그렇지만 여기서 흥미를 끄는 것은 삼각형의 면적에 대한 헤론의 명제이다. 헤론의 많은 다른 수학적 내용과 마찬가지로, 이 명제도 분명히 실제적인 응용성을 지니고 있는 동시에 그 증명 또한 놀랄 만한 추상적인 기하적 추론을 보여주고 있다. 이 내용은 헤론의 《측정론》(Metrica)의 명제 I. 8에 있는데, 이 책은 상당히 흥미로운 뒷이야기를 가지고 있다. 6세기의 평론가 에우토시우스(Eutocius)가 이 책을 언급했기에 수학자들은 이 논문의 존재에 대해 오래 전부터 알고는 있었지만 찾을 수가 없었다. 1894년 수학 역사가인 타네리(Paul Tannery)가 13세기의 페르시안 문서 속에서 우연히 이 논문의 일부분을 찾기 전까지는 완전히 사라진 공룡과 같이 그 존재를 알 수가 없었다. 그러나 다행히도 2년 후 쉔(R. Schöne)이 콘스탄티노플에서 논문 전체를 발견했다. 이런 행운이 겹쳐서 헤론의 《측정론》은 현대 사람들의 손에 오게 된 것이다.

위대한 정리: 삼각형의 넓이를 구하는 헤론의 공식

앞에서 언급한 바와 같이 헤론의 공식은 삼각형의 넓이에 관한 것이다. 삼각형의 넓이를 구하는 표준 공식인 넓이=1/2×(밑변)×(높이)가 간단하면서 잘 알려져 있었고 사용하기에도 쉽다는 점을 생각하면 헤론의 공식이 따로 있을 이유가 없어 보인다. 그런데 그림 5.3에 있는 것과 같은 삼각형의 넓이를 구하려고 할 때는 높이가 주어져 있지 않기 때문에 표준 공식은 아무런 소용이 없게 된다.

일단 삼각형의 세 변이 주어지면 그 넓이는 유일하게 결정된다는 점을 시작 단계에서부터 주목해야 한다. 이것은 SSS 합동(유클리드 명제 I.8)으로부터 바로 유도되는데, 그 이유는 예를 들어 17, 25, 26을 변의 길이로 갖는 삼각형은 반드시 그림의 삼각형과 합동이며 따라서 정확하게 같은 넓이를 갖게 되기 때문이다.

그래서 삼각형의 세 변의 길이를 안다면, 이 삼각형의 넓이는 한 가지이면서 유일하다는 것을 또한 알 수 있다.

그런데 어떻게 이 넓이를 구할 수 있을까? 가장 손쉬운 방법은 오늘날로부터 2000년 전의 헤론의 공식을 적용하는 것인데, 현대적 기호를 사용

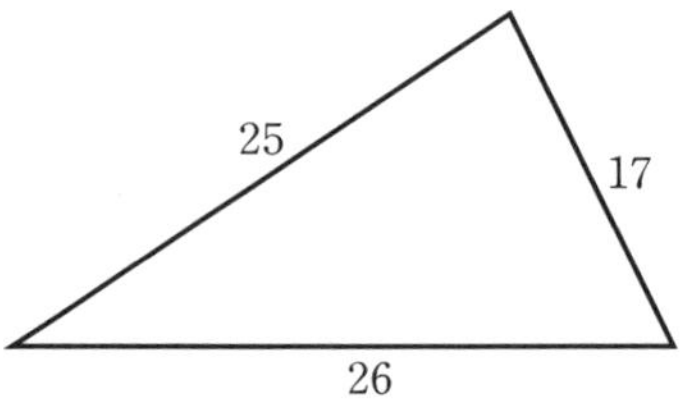

[그림 5.3]

해서 표현하면 다음과 같다.

> 세 변의 길이가 a, b, c인 삼각형의 넓이를 K라고 하면,
> $K=\sqrt{s(s-a)(s-b)(s-c)}$이고
> 여기서 $s=\frac{1}{2}(a+b+c)$로서 이 삼각형의 '절반 둘레' 라고 한다.

그림 5.3의 경우에서 보면, $s=1/2(17+25+26)=34$가 되어,

$$K=\sqrt{34(34-17)(34-25)(34-26)}=\sqrt{41616}=204$$

여기서 헤론의 공식을 적용하는 경우 삼각형의 세 변의 길이만 알면 그 넓이를 구하는데 충분하며 이 삼각형의 높이를 알 필요가 없다는 사실에 주목해야 한다.

그런데 프린트상의 실수가 아니라고 한다면 이 결과는 얼핏 보면 아무것도 아닌 듯 아주 묘해보인다. 공식에 제곱근과 절반 둘레가 있는 것도 아주 이상하며, 직관적으로도 이 공식은 이해가 잘 되지 않는다. 그렇지만 이 공식이 이상하다고 해서 위대한 정리로서 관심을 끄는 것은 아니다. 관심의 대상은 헤론이 완성했던 증명인데, 이 증명은 아주 우회적이며, 놀랄 정도로 독창적이기 때문이다. 어떤 의미에서 보면, 헤론의 증명은 기초적인 것이라고 말할 수 있는데 그 이유는 평면 기하의 아주 간단한 사실들만 사용하고 있기 때문이다. 그렇지만 헤론은 이러한 기초적인 지식들을 결합해서 귀중하고 정교한 증명을 완성함으로써 놀랄 만한 기하학적 안목을 자랑했으며, 이 증명은 수학에서 가장 뛰어난 결과 중의 하나로 찬사를 받게 되었다. 마치 아가사 크리스티의 뛰어난 추리 소설처럼 헤론의 증명을

읽다보면 거의 증명의 끝에 와 있으면서도 여전히 어떻게 증명이 완결되는지 알 수가 없을 정도이다. 그렇다고 해서 불안해할 필요가 없는데 그 이유는 헤론이 궁극적으로 이 모든 조각들을 완벽하게 조합하여 훌륭한 절정을 장식해주기 때문이다.

이 증명 자체를 시작하기 전에, 이 증명을 위해서 헤론이 제시했던 몇 가지 보조 정리들을 살펴볼 필요가 있다. 처음 두 결과는 유클리드로부터 나온 것이다.

명제 1 임의의 삼각형에서 그 각들의 이등분선들은 한 점에서 만나는데, 이 점은 이 삼각형에 내접하는 원의 중심이 된다.

이것은 유클리드의 원론에 있는 명제 IV.4이다. 세 각의 이등분선이 만나는 이 점 ——즉, 이 삼각형에 내접하는 원의 중심 ——을 내심이라고 한다.

명제 2 임의의 직각삼각형에서 직각으로부터 밑변에 수선을 작도하면, 두 삼각형이 생기는데 이들 이웃하는 삼각형은 원래 삼각형과 닮음이며 또한 서로 닮음이다.

이 명제는 이 책의 제3장에서 살펴본 명제 VI.8임을 알 수 있을 것이다.

그 다음 정리는 아주 잘 알려진 것이지만 유클리드의 원론 어디에도 소개되지 않은 것이다. 그래서 이 정리의 간단한 증명을 아래에 제시해놓았다.

명제 3 임의의 직각삼각형에서 빗변의 중점은 이 삼각형의 세 꼭지점에서 같은 거리에 있다.

증 명 직각삼각형 BAC(그림 5.4)에서 변 AB를 이등분하고 이 점을 D라고 한다. 그런 다음 AB와 수직이 되도록 DM을 작도한다. 그리고 MA를 그으면, $\overline{AD}=\overline{BD}$, $\angle ADM=\angle BDM$, 그리고 당연히 $\overline{DM}=\overline{DM}$이므로 $\triangle MAD$와 $\triangle MBD$는 합동이라고 할 수 있다. 그러면 SAS합동에 의해 $\overline{MA}=\overline{MB}$이고 $\angle MAD=MBD$가 된다. 또 직각삼각형에서 시작했기 때문에, 다음이 성립한다.

$$\angle ACM=1\text{직각}-\angle MBD=1\text{직각}-\angle MAD=\angle MAC$$

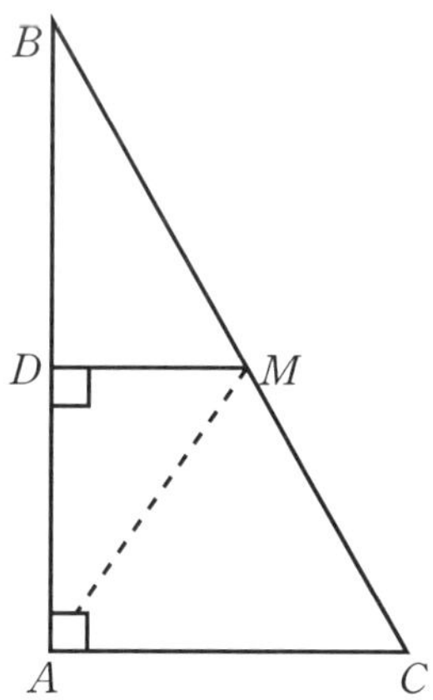

[그림 5.4]

따라서 두 밑각의 크기가 같으므로 $\triangle MAC$는 이등변삼각형이고 이 결과에 따라 $\overline{MC}=\overline{MA}$가 된다. 선분 MA, MB, MC 모두 동일한 길이를 가지기 때문에 빗변의 중점인 M은 이 직각삼각형의 세 꼭지점으로부터 같은 거리에 있다는 결론을 내릴 수 있다.

Q.E.D.

마지막 두 보조 정리는 원에 내접하는 사각형과 관련된 내용이다.

명제 4 $AHBO$가 AB와 OH를 대각선으로 하는 임의의 사각형이고 $\angle HAB$와 $\angle HOB$가 직각이라면(그림 5.5와 같이), 네 꼭지점 A, O, B, H를 지나는 원을 작도할 수 있다.

증 명 이 명제는 앞의 명제로부터 직접 유도할 수 있는 특수한 결과이다. 즉, 만약 BH를 M에서 이등분하면, 이 점 M은 두 직각삼각형 BAH와 BOH의 빗변의 중점이 된다. 따라서 M은 A, O, B, H로부터 같은 거리에 있으므로 M을 중심으로 하고 반지름을 $\overline{MH}$로 하는 원은 이 사각형의 네 꼭지점 모두를 지나게 된다.

Q.E.D.

명제 5 원에 내접하는 사각형의 대각(對角)의 합은 2직각이다.

이 명제는 원론의 명제 III.22의 내용으로 이에 대한 증명은 제3장에 제시되어 있다.

이 다섯 가지의 명제는 일반 삼각형의 넓이를 구하는 헤론의 증명과 연

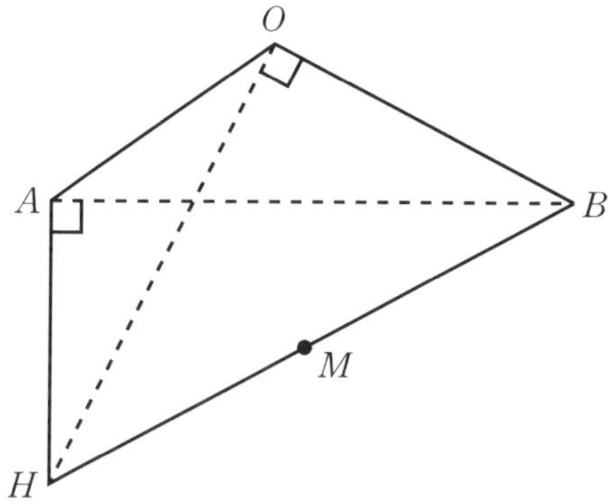

[그림 5.5]

관시키지 않고 생각하면 아주 특이한 명제들이라고 할 수 있다. 하지만 헤론의 천재성과 결합하고 나면 헤론의 이름을 딴 공식을 증명하는 데 반드시 필요한 것들이 된다.

정 리 세 변의 길이가 a, b, c이고 넓이가 K인 삼각형의 경우 $K=\sqrt{s(s-a)(s-b)(s-c)}$이고, 여기서 $s=1/2(a+b+c)$는 삼각형의 절반 둘레가 된다.

증 명 임의의 삼각형 ABC에서, 변 AB를 다른 두 변과 적어도 같은 길이가 되도록 그린다. 헤론의 증명을 순조롭게 해나가기 위해 이 증명을 크게 세 부분으로 나누어보자.

Part A 헤론이 했던 증명의 첫 번째 단계는 이 삼각형에 원을 내접시키는 것으로 가히 충격적이라고밖에 말할 수 없다. 삼각형의 넓이를 구하는 결정적인 요소로 이 삼각형의 내심을 사용하는 이 통찰은 전혀 예상밖의 일이었기 때문이다. 왜냐하면 원과 관련된 여러 성질은 삼각형과 같은 선분으로 둘러싸인 도형의 넓이와는 직관적으로 아무런 관련이 없기 때문이다. 그럼에도 불구하고 그림 5.6과 같이 O를 내접한 원의 중심으로 하고 r을 이 원의 반지름으로 삼으면, $\overline{OD}=\overline{OE}=\overline{OF}=r$이 된다.

이제 삼각형의 넓이를 구하는 표준공식을 적용하면 다음을 얻게 된다.

$$\begin{aligned}
\text{넓이}(\triangle AOB) &= 1/2(\text{밑변})\times(\text{높이}) \\
&= 1/2(\overline{AB})\times(\overline{OD}) = 1/2cr \\
\text{넓이}(\triangle BOC) &= 1/2(\text{밑변})\times(\text{높이}) \\
&= 1/2(\overline{BC})\times(\overline{OE}) = 1/2ar \\
\text{넓이}(\triangle COA) &= 1/2(\text{밑변})\times(\text{높이}) \\
&= 1/2(\overline{AC})\times(\overline{OF}) = 1/2br
\end{aligned}$$

따라서 $K=\text{넓이}(\triangle ABC)=\text{넓이}(\triangle AOB)+\text{넓이}(\triangle BOC)+\text{넓이}(\triangle COA)$, 또는 다음과 같다.

$$K=1/2cr+1/2ar+1/2br=r\left(\frac{a+b+c}{2}\right)=rs$$

여기서 이 삼각형의 넓이 K와 그 절반 둘레 s 사이의 어떤 연관성을 짓고자 하는 헤론의 의도를 잘 알 수 있다. 이로써 이 증명이 올바르게 되고 있다는 생각은 들지만, 아직도 많은 것이 여전히 남아 있다.

Part B 다시 그림 5.6을 참조하자. 삼각형에 원을 내접시키기 위해서는

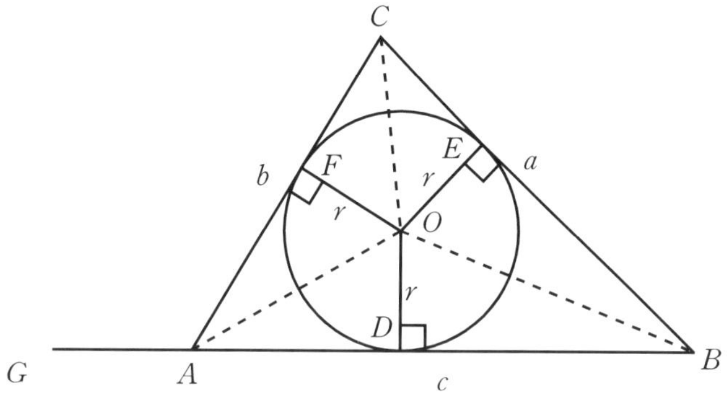

[그림 5.6]

이 삼각형의 세 각을 이등분해야 한다는 첫 번째 보조 정리를 사용해야 한다.

따라서 $\triangle ABC$는 세 쌍의 합동인 삼각형으로 분해되어진다. 즉,

$$\triangle AOD \cong \triangle AOF,\ \triangle BOD \cong \triangle BOE,\ \triangle COE \cong \triangle COF$$

가 되는데, 이들 각 경우는 AAS(유클리드 명제 I.26) 합동에 의해 성립한다. 그래서 대응하는 각 부분을 서로 비교하면 다음을 얻게 된다.

$$\overline{AD}=\overline{AF},\ \overline{BD}=\overline{BE},\ \overline{CE}=\overline{CF}$$

그리고 $\angle AOD=\angle AOF,\ \angle BOD=\angle BOE,\ \angle COE=\angle COF$

이 시점에서, 헤론은 $\overline{AG}=\overline{CE}$가 되도록 이 삼각형의 변 AB를 점 G까지 연장함으로써 다음을 얻게 되었다.

$$
\begin{aligned}
\overline{BG} &= \overline{BD}+\overline{AD}+\overline{AG} \\
&= \overline{BD}+\overline{AD}+\overline{CE} \quad \text{(작도에 의해)} \\
&= \frac{1}{2}(2\,\overline{BD}+2\,\overline{AD}+2\,\overline{CE}) \\
&= \frac{1}{2}[(\overline{BD}+\overline{BE})+(\overline{AD}+\overline{AF})+(\overline{CE}+\overline{CF})] \ \text{(합동에 의해)} \\
&= \frac{1}{2}[(\overline{BD}+\overline{AD})+(\overline{BE}+\overline{CE})+(\overline{AF}+\overline{CF})] \\
&= \frac{1}{2}[\overline{AB}+\overline{BC}+\overline{AC}] \\
&= \frac{1}{2}(c+a+b)=s
\end{aligned}
$$

결국, 위의 수식에서 보듯이 헤론이 연장했던 선분 BG는 이 삼각형의 절반 둘레와 같은 길이를 갖게 된다. 헤론은 이 절반 둘레를 눈으로 직접 보기를 원했던 것이 분명했다.

$\overline{BG}=s$임을 사용하여, 다음 사실들을 쉽게 유도할 수 있다.

$$
\begin{aligned}
s-c &= \overline{BG}-\overline{AB}=\overline{AG} \\
s-b &= \overline{BG}-\overline{AC} \\
&= (\overline{BD}+\overline{AD}+\overline{AG})-(\overline{AF}+\overline{CF}) \\
&= (\overline{BD}+\overline{AD}+\overline{CE})-(\overline{AD}+\overline{CE})=\overline{BD}
\end{aligned}
$$

위의 식이 성립하는 이유는 $\overline{AD}=\overline{AF}$, $\overline{AG}=\overline{CE}=\overline{CF}$이기 때문이다. 마찬가지로,

$$
\begin{aligned}
s-a &= \overline{BG}-\overline{BC} \\
&= (\overline{BD}+\overline{AD}+\overline{AG})-(\overline{BE}+\overline{CE}) \\
&= (\overline{BD}+\overline{AD}+\overline{CE})-(\overline{BD}+\overline{CE})=\overline{AD}
\end{aligned}
$$

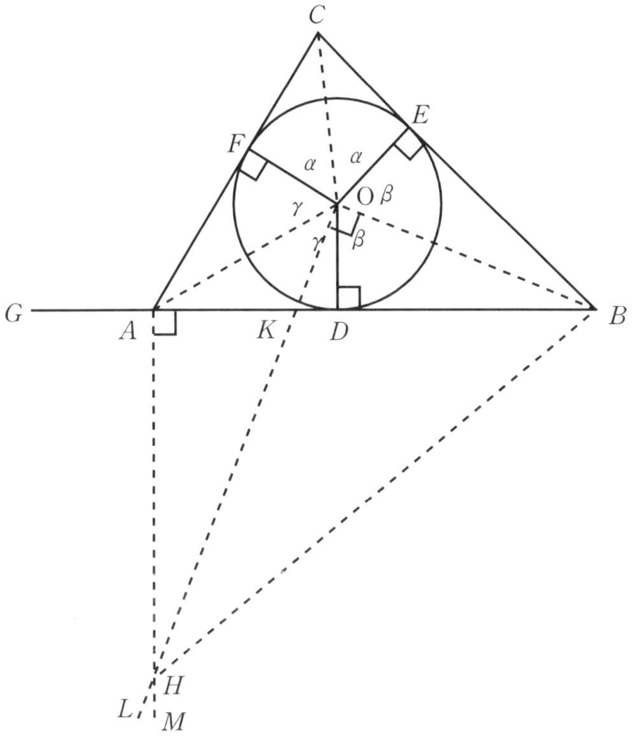

[그림 5.7]

위의 식이 성립하는 이유는 $\overline{BD}=\overline{BE}$, $\overline{AG}=\overline{CE}$이기 때문이다.

정리해보면, 절반 둘레 s와 $s-a$, $s-b$, $s-c$ 모두 그림 5.6에 있는 특정한 선분을 나타내고 있다. 다시 말해서, 이들은 증명하려고 하는 공식의 구성 요소이므로 이렇게 특정 선분을 나타내고 있다는 사실은 뭔가 암시하는 바가 있는 것이다. 이제 헤론이 해야 할 일은 이들 요소들을 결합하여 증명을 완성하는 것이었다.

Part C 다시 $\triangle ABC$와 이 삼각형에 내접하는 원을 사용해서 증명을 시작하는데, 헤론의 추론을 살펴보기 위하여 그림을 좀더 확장해볼 필요가 있다(그림 5.7). 헤론은 OB에 수직이면서 AB와 K에서 만나는 OL을 작도했다. 그런 다음, AB와 수직이 되도록 AM을 작도해서 OL과 만나는 점을 H라 하고, 마지막으로 BH를 그었다.

이렇게 해서 만들어진 사각형 $AHBO$는 어디선가 본 것이다. 명제 4에 의해서 이 사각형은 원에 내접하게 되고 명제 5에 의해 이 사각형의 대각의 합은 2직각임을 알 수 있다. 즉,

$$\angle AHB + \angle AOB = 2\text{ 직각}$$

이제 내접원의 중심 O와 관련된 각들을 살펴보자. Part B의 합동에 의해, 내접원의 중심과 관련된 각들은 세 쌍의 각으로 줄일 수 있는데 다음과 같이 된다.

$$2\alpha + 2\beta + 2\gamma = 4\text{ 직각} \quad \text{또는 동치로서}$$
$$\alpha + \beta + \gamma = 2\text{ 직각}$$

그런데 $\beta + \gamma = \angle AOB$이므로 $\alpha + \angle AOB = 2$ 직각 $= \angle AHB + \angle AOB$이 된다. 따라서 $\alpha = \angle AHB$가 되는데 언뜻 보기에는 별로 중요하지 않아 보이는 이 결과가 아래의 증명을 전개하는 데 결정적인 요소이다.

이제 헤론은 $\triangle COF$와 $\triangle BHA$가 서로 닮음 삼각형임을 알게 되었다. 왜냐하면 $\angle CFO$와 $\angle BAH$는 둘 다 직각이고 위의 결과로부터

$\alpha = \angle AHB$이기 때문이다. 이 닮음의 성질과 $\overline{CF} = \overline{AG}$, $\overline{OF} = r$로부터 다음과 같은 비례식을 구할 수 있다.

$$\frac{\overline{AB}}{\overline{AH}} = \frac{\overline{CF}}{\overline{OF}} = \frac{\overline{AG}}{r}$$

이 비례식은 아래의 식과 동치인데 이것을 (＊)로 표시하기로 한다.

$$\frac{\overline{AB}}{\overline{AG}} = \frac{\overline{AH}}{r} \qquad (*)$$

그리고 $\angle KAH$와 $\angle KDO$ 둘 다 직각이고 $\angle AKH$와 $\angle DKO$는 서로 맞꼭지각으로 같으므로, 헤론은 $\triangle KAH$와 $\triangle KDO$도 서로 닮음임을 알았다. 이 닮음에 따라 다음 식이 성립한다.

$$\frac{\overline{AH}}{\overline{AK}} = \frac{\overline{OD}}{\overline{KD}} = \frac{r}{\overline{KD}} \text{ 이므로 } \quad \frac{\overline{AH}}{r} = \frac{\overline{AK}}{\overline{KD}}$$

위의 결과와 (＊)를 결합하면, 다음의 결과를 얻게 되는데 (＊＊)로 표시하기로 하자.

$$\frac{\overline{AB}}{\overline{AG}} = \frac{\overline{AK}}{\overline{KD}} \qquad (**)$$

이즈음 되면 이 수학자가 삼각형의 닮음을 끝도 없이 계속 사용해서 도대체 뭘 어떻게 하려고 하는지 감을 잡지 못하고 있는 것이 아닌지 의심이 갈 정도이다. 이런 느낌은 또 다른 닮음 삼각형을 조사하는 다음 단계에서도 그대로 느껴진다.

헤론은 높이 $\overline{OD}=r$을 갖는 $\triangle BOK$를 살펴보았다. 보조 명제 2에 의해, $\triangle KDO$는 $\triangle ODB$와 닮음임을 알 수 있는데, 따라서 다음이 성립한다.

$$\frac{\overline{KD}}{r}=\frac{r}{\overline{BD}} \text{ 또는 간단히 } (\overline{KD})(\overline{BD})=r^2 \qquad (***)$$

(그리스 사람들은 r을 $\overline{KD}$와 $\overline{BD}$ 사이의 '비례 중항'이라고 간단히 말한다.)

이제 헤론은 (**) 식의 양변에 1을 더해서 다음을 식을 얻었다.

$$\frac{\overline{AB}}{\overline{AG}}+1=\frac{\overline{AK}}{\overline{KD}}+1$$

공통 분모를 취하고 나면 위의 식은 다음과 같이 된다.

$$\frac{\overline{AB}+\overline{AG}}{\overline{AG}}=\frac{\overline{AK}+\overline{KD}}{\overline{KD}} \text{ 또는 간단히 } \frac{\overline{BG}}{\overline{AG}}=\frac{\overline{AD}}{\overline{KD}}$$

이 마지막 식의 좌변에는 $\overline{BG}$ / $\overline{BG}$를 곱하고, 우변에는 $\overline{BD}$ / $\overline{BD}$를 곱하면 등식은 그대로 성립하므로 다음 식을 얻게 된다.

$$\frac{(\overline{BG})(\overline{BG})}{(\overline{AG})(\overline{BG})}=\frac{(\overline{AD})(\overline{BD})}{(\overline{KD})(\overline{BD})} \text{ 가 되고 } (***)\text{에 의해서}$$

$$\frac{(\overline{BG})^2}{(\overline{AG})(\overline{BG})}=\frac{(\overline{AD})(\overline{BD})}{r^2}$$

위의 비례식을 대각선으로 곱하면 다음 식을 얻게 된다.

$$r^2(\overline{BG})^2=(\overline{AG})(\overline{BG})(\overline{AD})(\overline{BD})$$

이렇게 함으로써 마침내 헤론은 이 방대한 결과들을 조합해서 그가 원하는 목적을 달성하기 위한 준비를 마친 셈이다. 여기서 중요한 점은 단지 이 마지막 식의 성분들이 Part B에서 구한 선분들과 정확하게 일치하고 있음을 깨닫는 것이다. 그래서 대입을 하면 다음을 얻게 된다.

$r^2s^2=(s-c)s(s-a)(s-b)=s(s-a)(s-b)(s-c)$이고 그러므로 $rs=\sqrt{s(s-a)(s-b)(s-c)}$이다.

그런데 Part A에서 이미 구했듯이 K가 이 삼각형의 넓이라면, $rs=K$가 된다. 따라서, 이제 마지막 대입을 하게 되면 마침내 다음과 같은 헤론의 공식을 얻게 된다.

$$K=\sqrt{s(s-a)(s-b)(s-c)}$$

Q.E.D.

따라서 초등 기하학의 내용을 사용하여 어디를 향하는지 예측하기도 힘들고 또한 헤매기만 하는 것 같았던 이 증명은 사실 원하는 목적지를 항상 염두에 두고 있었다. 분명히 이 증명은 지금까지 경험했던 증명들 중에서 가장 복잡하게 얽힌 것이라고 할 수 있을 것이다.

이처럼 우회적이면서도 웅장한 증명을 구상할 수 있었던 헤론의 정신적 능력의 깊이를 가늠하기란 쉬운 일이 아니다. 앞에서 그의 이름이 가끔 '영웅(Hero)' 으로 다르게 불린다고 했는데, 이 증명을 했던 헤론의 능력은 진정 '영웅적(Heroic)'이라고 할 수 있을 것이다.

후기

역사가들은 이 놀랄 만한 공식과 관련해서 호기심을 자극하는 사실을 발견했다. 헤론이 활동했던 시기로부터 몇 세기 뒤에 작성된 고대 아라비아 문서에서, 이슬람 학자인 알비루니(Abu'l Raihan Muh. al-Biruni)는 이 공식이 헤론의 것이 아니라 유명한 아르키메데스의 것이라고 했다. 이 주장을 뒷받침할 만한 아르키메데스의 저술이 현재까지 전해지지 않고 있지만, 아르키메데스의 비범한 능력이라면 충분히 이러한 정리를 구상했을 수도 있을 것이다.

다른 한편으로 생각해보면, 역사적 정확성에 입각하기보다는 감정적 이유에서 이 공식을 헤론의 것으로 간주하는 것이 더 좋을 듯하다. 이 공식을 아르키메데스의 것이라고 하는 것은 이미 고대 수학자들 중에서 최고의 명성을 누리고 있는 그에게 필요 이상으로 관대한 처사이며, 이 공식에 수학적 명성을 걸고 있는 헤론에게는 너무 가혹한 처사로 보여지기 때문이다.

앞에서 이미 지적한 대로, 헤론의 공식은 여러 곳에 실제적인 응용성을 지니고 있다. 세 변의 길이를 알고 있는 측량 기사는 손쉽게 이 땅의 넓이를 구할 수 있고, 네 변이나 그 이상의 변으로 둘러싸인 땅의 경우는 삼각형으로 분할하면 쉽게 그 넓이를 구할 수 있다. 헤론의 공식은 또한 아래에서 살펴보려고 하는 오래된 공식을 유도하는 데도 사용된다.

그림 5.8과 같이 빗변의 길이가 a이고 다른 두 변의 길이가 각각 b와 c

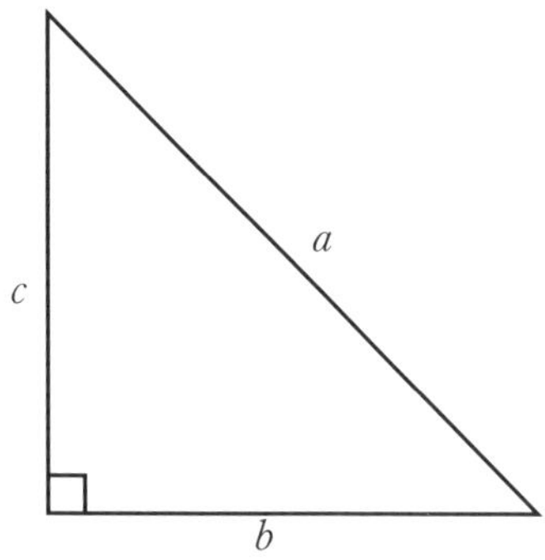

[그림 5.8]

인 직각삼각형이 있다고 하자. 여기서 절반 둘레는 $s=\dfrac{a+b+c}{2}$이고 이로부터 다음을 얻을 수 있다.

$$s-a=\frac{a+b+c}{2}-a=\frac{a+b+c}{2}-\frac{2a}{2}=\frac{-a+b+c}{2}$$

이와 같은 방법으로 계산하면

$$s-b=\frac{a-b+c}{2} \text{ 이고 } \quad s-c=\frac{a+b-c}{2}$$

또한 약간의 대수적 조작을 하게 되면 다음 식을 얻을 수 있다.

$$\begin{aligned}
&(a+b+c)(-a+b+c)(a-b+c)(a+b-c)\\
&=[(b+c)+a][(b+c)-a][a-(b-c)][a+(b-c)]\\
&=[(b+c)^2-a^2][a^2-(b-c)^2]\\
&=a^2(b+c)^2-(b+c)^2(b-c)^2-a^4+a^2(b-c)^2
\end{aligned}$$

이를 간단하게 하면 $2a^2b^2+2a^2c^2+2b^2c^2-(a^4+b^4+c^4)$가 된다.

따라서 헤론의 공식으로 돌아가보면, 이 삼각형의 넓이는 다음과 같다.

$$\begin{aligned}K&=\sqrt{s(s-a)(s-b)(s-c)}\\&=\sqrt{\left(\frac{a+b+c}{2}\right)\left(\frac{-a+b+c}{2}\right)\left(\frac{a-b+c}{2}\right)\left(\frac{a+b-c}{2}\right)}\\&=\sqrt{\frac{2a^2b^2+2a^2c^2+2b^2c^2-(a^4+b^4+c^4)}{16}}\end{aligned}$$

한편, 이 삼각형의 넓이는 다음과 같이 쉽게 구할 수 있다.

$$K=\frac{1}{2}(\text{밑변})\times(\text{높이})=\frac{1}{2}bc$$

이제 K에 관한 이 두 식을 같게 두고 양변을 제곱하면 다음과 같이 된다.

$$\frac{b^2c^2}{4}=\frac{2a^2b^2+2a^2c^2+2b^2c^2-(a^4+b^4+c^4)}{16}$$

이제 비례식 곱셈을 하면 다음과 같이 된다.

$$4b^2c^2=2a^2b^2+2a^2c^2+2b^2c^2-(a^4+b^4+c^4)$$

이제 모든 항들을 좌변으로 이항해서 몇 가지 대수적 조작을 하고 나면 다음 식을 얻게 된다.

$$(b^4+2b^2c^2+c^4)-2a^2b^2-2a^2c^2+a^4=0$$
$$(b^2+c^2)^2-2a^2(b^2+c^2)+a^4=0$$
$$[(b^2+c^2)-a^2]^2=0$$

마침내 $(b^2+c^2)-a^2=0$이 되어 이를 정리하면 아주 익숙한 식인 $a^2=b^2+c^2$이라는 결론에 도달하게 된다. 그래서 헤론의 공식은 피타고라스 정리의 또 다른 증명임이 밝혀지게 되는 것이다. 물론, 이 증명은 마치 보스톤에서 뉴욕으로 바로 가지 않고 불필요하게 스포케인으로 돌아서 가듯이 필요 이상으로 훨씬 복잡하다. 다소 우회적이긴 하지만 헤론의 신기한 공식으로부터 피타고라스 정리가 유도된다는 사실의 발견은 놀라운 것이다.

유클리드, 아르키메데스, 에라토스테네스, 아폴로니우스, 헤론, 이들과 함께 많은 다른 수학자들은 고대 수세기 동안 과학적 연구를 전파하는 중심지였던 알렉산드리아 학파와 관련을 맺고 있었다. 그러나 불멸의 로마제국이라 하더라도 이런 위대한 시설은 없었다.

알렉산드리아 도서관은 설립 당시인 기원전 300년경부터 기독교인들에 의해 폐쇄되었던 529년까지 (기독교인들은 엄청난 이교도적 문서의 수집과 보관을 싫어했다) 그리고 아랍 민족에 의해 마침내 불타버릴 때인 641년까지 활발한 학문 연구의 장소로 존속해왔다. 이 화재로부터 많은 자료들을 구해내긴 했지만, 고대 문명의 많은 자료들이 이 불과 함께 영원히 사라지게 되었다. 쿠푸의 거대한 피라미드나 예루살렘의 데이비드 신전, 또는 알렉산드리아의 파로스 등대 등 소멸된 과거의 다른 유물과 함께, 오늘날의 고고학자들은 회복할 수 없이 사라져버린 고대의 지식에 대해 망연자실한 채 어찌할 도리가 없었다.

오랫동안 알렉산드리아를 중심으로 이루어졌던 수학에 대한 연구 활동의 초점도 자연히 바뀌게 되었다. 641년부터 그 후 수세기 동안 아라비아 수학자들은 고전 학문 연구의 주도자였을 뿐만 아니라 그들에게 주어진 권리에 따라 수학적 지식의 혁신자이기도 했다. 물론, 이슬람 제국의 역사는, 미천한 신분으로 태어나서 세계사의 중심 인물 중의 한 명이 되었던 이슬람교의 창시자 마호메트(Mohammed, 570-632)의 생애와 함께 하고 있다. 마호메트가 예루살렘에서 죽은 지 1세기 반의 세월이 지난 후, 그가 창시했던 이슬람교는 인도로부터 페르시아와 중동 지역을 거쳐서 북부 아프리카와 스페인 남부 지역까지 전파되어갔다. 이슬람교의 이러한 전파와 함께, 이슬람교의 학자들은 그들이 접하게 되는 많은 문명의 지식을 열심히 동화시켜 나갔다.

이러한 지식들 중에는 인도의 힌두교인들에 의해 발달된 수학이 있었는데, 이 수학으로부터 이른바 '힌두-아라비아'(Hindu-Arabic) 수체계가 생겨났다. 이 수체계는 로마의 수체계보다 훨씬 뛰어나서 오늘날에는 시계의 시간 표시, 책의 출판 날짜, 그리고 축구 경기 등에 이 숫자를 사용하고 있다. 아라비아인들이 이것 외에는 다른 일을 하지 않았더라도 가장 유용한 이 수체계를 세상에 공표한 것만으로도 그 업적이 오랫동안 기억되었을 것이다.

하지만 이들은 훨씬 더 많은 업적을 이룩했다. 800년대 초기, 아라비아인들은 그리스의 고전들을 번역하기 시작했고 또한 이렇게 번역된 책에 유익한 주석을 달았다. 《원론》이 서기 800년에 번역되었고, 그 뒤 수십 년 후에는 프톨레마이오스의 고전인 《수학집대성》(Syntaxis Mathematical)이 번역되었다. 150년경에 저술되었던 프톨레마이오스의 이 고전은 고대 세계에서 천문학에 관련된 최고의 논문이었다. 유클리드를 모방해서 이 책은 13권으로 이루어졌는데 일식과 월식, 태양, 행성, 그리고 별에 관련된 천문학적 기록뿐만 아니라 제4장의 후기에서 언급했던 현에 관한 표도 여기에 실려 있다. 프톨레마이오스는 또한 폴란드의 사상가였던 코페르니쿠스(Copernicus)의 지동설이 등장하기 전까지 1400년 동안, 과학과 인간 중심의 필요성을 부각시켰던 지구 중심의 천체관인 자신의 태양계에 대한 모델을 아주 자세하게 기술하였다. 그래서 아라비아인들은 프톨레마이오스의 이 책을 높게 평가하여 'Al magiste' 라고 불렀는데 아랍어로 '가장 위대한 것' 을 뜻하는 단어로 오늘날은 《알마게스트》(Almagest, 천문학 대집성)라는 제목으로 알려져 있다.

얼마 후, 위대한 학자인 쿠라(Tâbit ibn Qorra, 826-901)가 아르키메데스와 아폴로니우스의 저술을 훌륭하게 번역하였고 또한 《원론》을 아주 충실하게 번역하는 성과를 이룩했다. 이러한 아라비아 학문 연구는 오늘날 이라크인 바그다드 시를 중심으로 이루어졌는데, 이곳에는 '지혜의 집'(The House of Wisdom)이 세워져서 천문학자, 수학자, 그리고 번역가 집단들이 구성원을 이루어서 활발한 연구 활동을 하였다. 플라톤의 아카데미와 알렉산드리아 도서관에서 이루어졌던 수학 활동의 중심이 이제 바그다드로 옮겨왔고 아주 오랫동안 그 역할을 수행하였다.

아라비아 수학자 중에서 가장 중요한 인물은 알콰리즈미(Mohammed ibn Mûsâ al-Khowârizmî, 825년경)였다. 동양과 서양으로부터 지식을 습득한 —— 즉, 힌두 수학자인 브라마굽타(Brahma-gupta)와 지금까지 살펴본 그리스 수학자들 양쪽으로부터 —— 알콰리즈미는 수학의 발전에 아주 큰 영향을 미친 대수와 산술에 관한 논문을 집필하였다. 이 논문에서 알콰리즈미는 선형의 1차 방정식뿐만 아니라 2차 방정식의 해를 구하는 방법을 설명하였다. 즉, 2차 방정식 $ax^2+bx+c=0$의 해는 다음과 같음을 보였다.

$$x=\frac{-b\pm\sqrt{b^2-4ac}}{2a}$$

이 결과에 대한 알-콰리즈미의 설명은 지금 우리가 사용하고 있는 간단한 대수 기호는 하나도 없고 완전히 말로 되어있다. 그의 주요한 논문의 제목은《적분과 방정식》(Hisâb al-jabr w'al muqâbalab)였다. 4세기가 지난 후, 라틴어로 번역된 이 책의 제목은 'Ludus algebrae et almucgra-balaeque'였는데, 이를 간단히 줄여서 오늘날의 'algebra'(대수학)가 되었다.

아라비아 수학자들의 이같은 기여에 대해서 현재 논란이 제기되고 있다. 한편으로 보면, 이들 수학자들은 유클리드와 아르키메데스 같은 거장들의 업적을 연구했지만, 결코 그들의 영광스러움을 재현해내지는 못했다는 것이다. 이슬람의 업적을 아무리 살펴보더라도 그 어느 곳에서도 그리스 학자들의 업적을 계승했다고 볼 수 있는 수학적 지식에서의 비약적 발전을 찾아볼 수가 없다. 특히, 아라비아인들은 '증명'을 그들 수학 활동의 핵심으로 삼지 않았는데, 이런 의미에서 볼 때 근동(近東: 아라비아, 소아시아, 발칸 등) 지역에서 발생했던 초기 그리스 문명을 모방하는 정도였다. 이슬람 수학자들은 그들의 결과를 완벽하게 일반화하기 위한 증명에 강조점을 두지 않았기 때문에 아라비아의 위대한 정리는 이 책에서 전혀 찾아볼 수 없는 것이다.

다른 한편으로 보면, 아라비아 수학자들은 아주 유용한 수체계를 널리 전파하였고 또한 다양한 차수의 방정식 해법에 큰 기여를 하였다. 더구나 이브스의 말을 빌리면, 그들은 유럽 대륙이 잠들어 있을 때 '세계의 많은 지적 재산의 보호자'였고 그들의 이런 위대한 노력이 없었다면 전체적으로는 고대 문화에 대한 많은 지식을, 부분적으로는 특히 고전 수학에 대한 귀중한 많은 지식을 영원히 잃어버렸을 것이다.

궁극적으로 볼 때, 아라비아인들은 유클리드와 아르키메데스의 보호자 역할을 그만두고, 이러한 업적들을 원래 자리인 유럽으로 되돌려놓았다. 물론, 결정적인 계기는 11세기 후반부터 13세기 중엽까지 있었던 일련의 십자군 원정 때문이었다. 이 원정을 통해서 상대적으로 뒤떨어진 문명에 있던 서구 기독교인들은 더욱 발전된 문명을 자랑하던 동부 이슬람교도인들을 접하게 되었다. 유럽인들은 이슬람교도들이 지배하고 있던 성지를 되찾는 데는 실패했지만 적이 소유하고 있던 높은 학문 수준에 눈을 뜨고 돌아오게 되었다.

아마 더 중요한 사건은 스페인과 시칠리아 섬에서 기독교인이 회교도인을 정복했던 일일 것이다. 1085년, 스페인의 거대 도시인 톨레도(Toledo)가 기독교인들에 의해 함락되었고, 몇 년 후에는 시칠리아 섬노 정복되었다. 함락한 이들 도시에 진입한 유럽인들은 패한 아라비아인들이 소유했던 많은 책과 문서들을 발견하였다. 여유 있는 지식 탐구의 능력을 가진 유럽인들은 이렇게 손쉽게 얻은 엄청난 지식 세계로부터 차츰 자신들의 적인 이슬람인들이 소유했던 학문적 지식뿐만 아니라 자신들의 고대 선조들의 지식까지도 발견하게 되었다. 그 효과는 엄청난 결과를 낳았다.

이러한 고전들——플라톤과 아리스토텔레스 그리고 유클리드의 저술들——을 접한 경험의 효과는 이탈리아에서 여러 대학교의 설립으로 나타났다. 첫 번째 대학교가 1088년 볼로냐에 세워졌고 그 뒤를 이어서 다른 대학교들도 파듀아, 나폴리, 밀라노, 그리고 다른 여러 지역에 세워졌다. 그 이후 1, 2세기에 걸쳐서, 이탈리아의 학문적 분위기는 중세의 암흑기로부터 탈출하여 지금은 르네상스라고 부르는 문예 부흥의 절정을 향하게 되었다.

그리고 아라비아에서 전해진 고대 문명의 지식과 이탈리아 학자들의 잠재적 재능이 결합하여 다음 장의 위대한 정리가 탄생하게 하였는데 이것은 바로 이탈리아에서 16세기 때의 일이었다. 이 정리는 밀라노의 카르다노(Gerolamo Cardano)가 완성한 것으로 3차 방정식의 해법에 대한 기괴하고 믿어지지 않는 이야기를 담고 있다.

CHAPTER 06

카르다노와 3차 방정식의 해

Cardano and the Solution of the Cubic
(1545)

대수학의 비극적 이야기

15세기의 마지막 수십 년 동안 유럽에서는 엄청난 지식의 발달이 이루어졌다. 서구 문명은 중세의 깊은 잠에서 분명히 깨어나고 있었다. 1450년, 구텐베르그(Hohannes Gutenberg)의 놀라운 인쇄 기계의 발명으로 과거 그 어느 때보다도 손쉽게 책을 읽을 수 있게 되었다. 볼로냐, 파리, 옥스포드, 그리고 다른 여러 곳에 세워진 대학들은 고등 교육과 학문 탐구를 담당하는 합법적인 장소가 되었다. 이탈리아에서는 라파엘(Raphael)과 미켈란젤로(Michaelangelo)가 비범한 예술가로서의 경력을 시작하고 있었고, 같은 이탈리아 사람이었던 레오나드로 다 빈치(Leonardo da Vinci)는 문예부흥을 대표하는 인물로 주목받고 있었다.

문명의 지평선을 확장시킨 것은 지식의 발달에 의해서만은 아니었다. 1492년, 제노바(Genoa) 출신의 콜럼버스(Christopher Columbus)는 대서양 건너 멀리 있었던 신대륙을 발견하였다. 미국 대륙의 발견은 무엇보다도 당시의 문명이 고대 세계의 영광에 만족하지 않고 이를 뛰어넘을 정도로 지식의 범위를 확장시킬 수 있었다는 증거이기도 했다. 15세기가 끝나갈 즈음 유럽이 새로운 세계의 문턱에 와 있었다는 사실은 의심할 여지가 없었다.

그리고 수학에서도 그러했다. 1494년, 이탈리아의 파치올리(Luca Pacioli, 1445?-1509)는 《산술집성》(Summa de Arithmetica)이라는 제목의 책을 출간하였다. 이 책에서 파치올리는 그 당시의 수학을 설명했는데 특히 1차와 2차 방정식의 해법을 주로 다루었다. 흥미로운 사실은 방정식의 미지수를 나타내기 위해서 co를 장난삼아 사용했는데 이것은 원시적인 대수 기호의 사용이었다. 이 co는 '(어떤) 것'을 의미하는 이탈리아어 cosa의 줄임말로 구하고자 하는 것을 말한다. 이러한 미지수의 사용은 우리가 현재 알고 있는 대수 기호를 사용하는 대수학이 발전하기 1세기보다 훨씬 이전의 일이었는데도 불구하고, 파치올리의 《산술집성》은 대수적 기호의 사용을 벌써 시작하고 있었다.

3차 방정식 ── 즉, $ax^3+bx^2+cx+d=0$인 꼴의 방정식 ── 에 대한 파치올리의 생각은 이 방정식에 대한 해법은 거의 불가능하다는 것이었다. 그는 3차 방정식의 일반형을 풀 수 있는 아이디어가 전혀 없었고 원의 넓이와 같은 넓이를 가지는 정사각형을 작도하는 것과 마찬가지로 그 당시의 수학으로는 불가능하다는 견해를 제시했다. 이러한 파치올리의 견해는 이탈리아 수학자들 사이에 사실상 도전해볼 문제를 제시한 결과가 되었고, 이 장의 위대한 정리를 둘러싼 흥미로운 이야기 ──16세기 이탈리아 대수학자들과 이 3차 방정식을 해결하고자 했던 그들의 연구 활동 ── 의 시작이기도 했다.

이 이야기는 볼로냐 대학교의 페로(Scipione del Ferro, 1465-1526)

로부터 시작된다. 파치올리의 생각에 도전한 천재적인 페로는 일명 '약화된 3차 방정식(depressed cubic)'을 풀 수 있는 공식을 발견하였다. 이 특수한 3차 방정식은 2차 항을 제외한 것이었다. 즉, 약화된 3차 방정식은 $ax^3+cx+d=0$의 형식을 가지는 것이었다. 이 식을 a로 나누어서 상수항을 등호의 우변으로 이항하는 것이 보편적인데, 이렇게 바꾸고 나면 이 약화된 3차 방정식의 표준형이 다음과 같이 만들어진다.

$$x^3+mx=n$$

르네상스 시대의 이탈리아 사람들은 이 식을 '3차이면서 구하려고 하는 것이 숫자인 식(cube and cosa equals number)'이라고 불렀다. 비록 일반형이 아니라 이런 특수한 유형의 3차식만을 터득했다고는 하지만, 페로의 연구는 의미심장한 대수학적 진보였다. 그래서 이 놀라운 성공을 당연히 널리 알리는 것이 마땅했다. 그런데도 페로는 전혀 그렇게 하지 않았고, 이 3차 방정식에 대한 해법을 완전한 비밀로 숨겼다.

이런 페로의 행동을 이해하기 위해서는 —— '출판되든지 아니면 사장(死藏)되든지'의 풍토를 지닌 오늘날의 학문 세계에서는 도저히 이해할 수 없는 —— 르네상스 시기의 대학의 성격을 고려해야 한다. 그 당시의 대학에서는 학자로서의 지위가 결코 보장되지 못했다. 후원자와 정치의 영향에 따라 이 지위의 보장이 좌우되었고, 또한 언제 어느 곳에서나 제기되는 밖으로부터의 도전을 이길 수 있는 능력에 따라 좌우되었다. 그래서 페로와 같은 수학자들은 학문적 도전을 가하는 자들과의 결전을 항상 준비하고 있어야만 했고, 이 결전의 패배는 학자로서의 자신의 경력에 치명적인 결과를 낳곤 했다.

따라서 이런 학문적 분위기에서 새로운 중요한 발견은 결전을 위한 강력한 무기가 되었다. 만약 상대방이 어떤 수학 문제들을 적은 목록을 가지고 도전해오면, 페로는 이 약화된 3차 방정식 문제를 그 상대방에게 제시하여 대적할 생각이었다. 이 도전자가 제시한 문제 중에서 어려운 문제에 직면하여 난처하게 되더라도, 페로가 상대방에게 제시할 3차 방정식 문제는 자신을 제외한 다른 사람은 풀지 못할 것이기 때문에 반드시 적을 궁지에 몰아넣을 것이라고 확신하고 있었다. 그래서 페로는 이 3차 방정식의 해법을 비밀로 간직한 채 자신에 차 있었다.

페로는 이 해법에 대한 비밀을 평생 잘 간직했는데, 바로 임종 직전 제자인 피오(Antonio Fior, 1506?-?)에게 이 비밀을 말해주었다. 피오는 스승에 비해 그리 뛰어난 수학자가 아니었는데도 불구하고, 이 새로운 무기를 사용하여 성급하게 공격을 감행하였다. 1535년에는 브레시아의 유명한 학자 폰타나(Niccolo Fontana, 1499-1557)에게 도전을 하였다.

어린 시절의 불행은 폰타나에게 치명적인 상처를 남겼다. 1512년, 프랑스가 그의 고향 마을을 공격하여 대학살을 자행했을 때, 잔인한 군인이 어린 니콜로의 얼굴에 날카로운 상처를 입혔다. 전하는 이야기에 따르면, 칼에 맞은 끔찍한 얼굴 상처를 개가 핥아주어서 살아남을 수 있었다고 한다. 그러나 개의 침 때문에 목숨은 건질 수 있었지만 언어 장애까지는 구할 수가 없었다. 그래서 니콜로 폰타나의 얼굴은 흉측스럽게 망가져 더 이상 정확하게 발음을 하는 것은 불가능했다고 한다. 이렇게 해서 타르탈리아(Tartaglia) —— '말더듬' 이란 뜻 —— 는 그의 별명이 되었고, 오늘날까지도 잘 알려지게 된 것은 이 별명 때문이다.

육체적인 장애를 제외하고 보면 타르탈리아는 천재적인 수학자였다. 사실 그는 일차식이 빠져 있는 3차 방정식인 $x^3+mx^2=n$을 풀 수 있다고 자부하고 있었는데, 피오는 타르탈리아가 이 해법을 정말 알고 있는지 의심하였다. 피오의 도전장이 도착했을 때 타르탈리아는 수학의 여러 주제와 관련된 30개의 문제를 그에게 보냈다. 이와는 반대로 피오는 '약화된 3차 방정식' 문제만 30개를 주어 타르탈리아를 꼼짝 못하게 묶어 놓으려고 했다. 피오는 가진 모든 것을 한판에 걸었던 셈이었다. 즉, 타르탈리아가 이 3차 방정식의 비밀을 발견한다면 30점 만점을 받을 것이고 그렇지 않으면 0점을 받게 된 것이다.

당연히 타르탈리아는 이 약화된 3차 방정식을 풀려고 잠도 자지 않은 채 미친 듯이 매달렸다. 날이 갈수록 좌절감은 더 커져만 갔고 점차 마감일이 다가오고 있었다. 그런데 정한 기한이 거의 끝날 때인 1535년 2월 13일 밤 타르탈리아는 마침내 그 해법을 발견하였다. 이 발견은 불굴의 노력 덕분이었다. 이렇게 해서 타르탈리아는 피오가 제시한 모든 문제들을 손쉽게 풀었지만 상대적으로 재능이 부족했던 도전자 피오는 참담한 실패를 맛보아야만 했다. 많은 대중들이 지켜보는 앞에서 타르탈리아는 훌륭하게 이 결전을 승리로 장식했다. 이 승리에 대한 보상으로 피오는 30회나 되는 사치스러운 연회를 베풀었는데 타르탈리아는 관대함을 발휘하여 이런 행사를 거절하였다. 타르탈리아의 관대함으로 인해서 금전적 손실은 없었지만 피오는 엄청난 불명예스러운 망신을 당했고 이로써 그의 이름은 수학사에서 곧 사라져버렸다.

수학사에 등장하는 모든 인물 중에서 가장 기이한 성격을 지닌 밀라노 출신의 카르다노(Gerolamo Cardano, 1501-1576)가 나타난 것은 이 일이 있은 후였을 것이다.

카르다노는 타르탈리아에 대한 피오의 도전 이야기를 전해 듣고서 3차 방정식의 대가인 타르탈리아로부터 이 뛰어난 방법을 더 배워보고 싶었다. 카르다노는 타르탈리아에게 그 비밀스러운 해법을 가르쳐달라고 대담하게 부탁을 했고 이로부터 전혀 예상치 못한 방향으로 이야기가 전개되었다.

이 이야기의 결말을 말하기 전에 잠시 카르다노의 파란만장한 생애를 살펴보는 것이 좋을 듯하다. 1575년에 쓰여진 그의 자서전《De Vita Propria Liber》(The Book of My Life: 나의 삶에 관한 책)이 오늘날까지 존재한다는 것은 참으로 다행스러운 일이다. 이 책은 아주 특별한 많은 일화뿐만 아니라 카르다노 자신의 회고와 화난 감정들 그리고 미신으로 가득 차 있다. 이 책은 대부분의 자서전보다 훨씬 더 진위 여부에 대해 의심을 받고 있는데, 설령 그렇다고 하더라도 이 책을 통하여 그의 거친 삶의 일면은 엿볼 수 있다.

카르다노는 자신의 조상에 대한 짧은 소개로 이 책을 시작하였다. 그의 가문에는 교황 셀리스티노 4세가 있었는가 하면 먼 사촌인 안지올로(Angiolo)는 80세의 노령에도 불구하고

> 아들들을 낳았다.——애들은 아버지처럼 나약했다. …… (그런데도) 장남은 70세까지 살았고, 그 아들들 중에서 몇몇은 거인처럼 기골이 장대했다고 한다.

이렇게 적은 다음 '나의 출생'이란 장에서, 카르다노는 "유산을 시키려고 온갖 약을 다 먹었지만——내가 들은 바로는——유산이 되지 않아 엄마의 뱃속에서 말 그대로 숨만 겨우 붙어서" 태어났다고 밝혔다. 그래서 따뜻한 포도주에 목욕을 하고 나서야 겨우 목숨을 부지할 수 있었다. 환영받지 못한 출생에 대한 설명으로 미루어볼 때 카르다노는 아마 서자 출신

이었으며, 이런 출생과 관련된 낙인이 그의 삶에서 중요한 이야기를 전개하고 있는 듯하다.

이렇게 허약하게 태어났기에 평생 병에 시달렸다는 것은 어쩌면 당연했다. 카르다노는 자서전에서 이런 괴로움을 결코 주저하지 않은 채 썼고 또한 혐오스럽지 않은 것이라면서 종종 아주 자세하게 적었다. 하루에 100온스(거의 1갤런: 약 3.8리터)에 가까운 '오줌을 배설하는' 병을 앓았고 심장은 격렬하게 발작하였고, 위와 가슴에서는 이상한 액체가 흘러나왔고, 탈장과 치질이 있었다고 적었다. 또한 높은 곳과 '미친개가 나타난 곳'을 아주 두려워했다고 한다. 수년에 걸쳐 성교 불능 증상을 겪었는데 다행스럽게도 결혼 바로 전에 정상으로 회복되었다. 8일 밤을 계속 불면증에 시달린 것도 카르다노에게는 별스러운 일이 아닐 정도였다. 이런 날 밤이면 할 일이 없어 그냥 일어나서 침대 주위를 걸으면서 1000까지 여러 번을 셌다.

이런 끔찍한 여러 병들로부터 고통을 받지 않는 극히 드문 순간에도 카르다노는 자신의 육체를 의도적으로 학대했다.

이렇게 자신의 육체를 괴롭히는 이유에 대해서 카르다노는 "즐거움이란 격심한 고통 뒤에 오는 안도감에서 생기는 것이라고 나는 생각한다." 그리고 육체적 고통이 없을 때면 "어떤 정신적 고통이 나를 엄습하는데, 이 정신적 고통은 너무 가혹해서 이보다 더 괴로운 것은 없을 정도다"라고 적었다. 그래서,

> (육체적 고통을 통해 정신적 고통을 없애기 위해서) 입술을 깨물고, 손가락을 비틀고, 왼쪽 팔의 부드러운 살을 눈물이 날 때까지 꼬집어야겠다는 생각이 났다.

이러한 고통이 끝났을 때 느끼는 쾌감이 너무 좋기 때문에 자신의 육체를 더 학대하고 싶었다고 카르다노는 말했다.

허약한 육체와 정신 건강만이 문제는 아니었다. 파도바 대학교(University of Padova)에서 의사가 되기 위한 과정을 우수한 성적으로 마쳤지만 고향인 밀라노에서 의사 개업을 위한 허가증을 받지 못했다. 그 이유는 아마도 서자 출신임이 알려졌든지 아니면 신경질적이고 괴팍한 성격 때문인 것으로 추측되는데, 이유야 어떻든 인생의 부침으로 유명한 그의 삶에 실망감을 안겨줬던 한 가지 일이었다.

밀라노에서 의사 개업을 할 수 없었던 카르다노는 파도바 근처의 작은 도시인 사코(Sacco)로 이사왔고, 이곳에서 의사로 개업을 하여 소도시의 전원적 삶을 살게 되었다. 어느 날 밤 그는 꿈에서 하얀 옷을 입은 여인을 보았다. 꿈에 대해 큰 의미를 두었던 그는 얼마 뒤 꿈에서 본 여인과 아주 닮은 여인을 우연히 만나게 되어 큰 충격을 받았다. 불쌍한 카르다노는 처음에는 그녀에게 사랑을 호소할 수 없다는 사실에 자포자기했다.

> 만약 나 같은 가난뱅이가 결혼 지참금도 없으면서 부양해야 할 형제와 자매가 있는 여자와 결혼을 한다면 난 끝장날 거야! 현재로서는 겨우 내 용돈이나 벌 정도니까! 만일 내가 그녀를 납치하거나 유혹하려고 한다면 나를 감시하려고 하겠지.

하지만 결국 1531년 꿈에서 보았던 여인인 반다리니(Lucia Bandarini)와 결혼을 했다.

이 이야기를 보더라도 꿈과 길흉의 징조는 카르다노의 일생을 분명하게 상징하고 있었다. 그는 열렬한 점성가였으며, 부적을 몸에 지니고 다녔고, 강풍을 동반하는 뇌우를 통해 미래를 점쳤던 예언자였다. 게다가 수호천사나 수호신이 자신과 함께 있는 느낌을 자주 느꼈다고 했는데 자서전에서는 이렇게 적고 있다.

> 수호신이나 신령들은 …… 어떤 특정한 사람들—소크라테스, 플로티노스(Plotinus), 시네시우스(Synesius), 디오(Dio), 플라비우스 요세퍼스(Flavius Josephus)—을 항상 좋아했다고 기록되어 있다. 그리고 나도 이들 중에 포함되어 있다. 분명한 사실은 소크라테스와 나만 빼고 이들 모두 행복하게 살았다. ……

그는 다른 사람이 뭐라고 생각하든 상관하지 않은 채 이 수호신이 마치 옆에 있는 것처럼 계속해서 대화를 나누었다. 카르다노의 20세기 전기 작가인 오르(Oystein Ore)는 "이런 이야기를 접하고 보면 그 당시의 사람들이 그가 제정신이 아니었다고 생각한 것은 전혀 무리가 아니었다"고 적고 있다.

카르다노가 평생 관심을 가진 또 다른 일은 노름이었다. 정기적으로 노름판에 어울렸으며 자주 상당한 돈을 따서 수입에 보태기도 했다. 이 자서전에서도 카르다노는 이를 깊이 뉘우치면서 인정하였다.

> …… 체스판을 이용한 게임과 주사위를 던져서 하는 게임에 정신을 못 차린 채 중독되었던 점은 가혹한 비난을 받아도 마땅하다고 나도 생각한다. 수년 동안 노름을 했는데 그것도 매년 했을 뿐만 아니라 말하기도 부끄럽지만 매일 했다.

다행스러운 점은 이 나쁜 버릇을 과학적으로 면밀하게 분석했다는 사실이다. 1663년 사후에 출판된, 경우의 수에 따른《게임에 관한 책》(Book on Games of Chance)은 이런 노름의 경험에 의해 나온 것으로 수학 분야에서 확률을 처음으로 심도 있게 다룬 논문이었다.

이렇게 별점을 치고, 끊임없이 노름을 하고, 자식을 낳으면서 카르다노는 1526년에서 1532년까지 6년을 사코에서 보냈다. 그러나 빈약한 경제 사정과 개인적 욕심 때문에 더 이상 이 작은 도시에서 살지 못하고 1532년 아내 루시아와 아들 지암바티스타(Giambattista)와 함께 밀라노로 돌아왔지만 여전히 의사 개업이 금지되어 가난하게 살았다.

그런데 마침내 서서히 운이 틔기 시작했다. 카르다노는 그 당시 지식인과 귀족 계층의 사람들에게 특히 알려졌던 대중적인 과학에 대해 강의를 하기 시작했다. 그리고 의학에서부터 종교, 수학에 이르기까지 다양한 주제들에 대한 논문을 성공리에 발표했다. 특히, 1536년 이탈리아 의사들의 부패와 부적절한 의료 행위를 폭로하는 글을 발표했다. 이 일은 일반 대중들로부터는 환영을 받았지만 당연히 이탈리아 의학계의 반발을 사게 되어 카르다노는 더 이상 의료 행위를 할 수 없는 처지가 되었다. 1539년, 밀라노의 의과대학은 마지못해 그를 교수로 받아들였고 곧 최고 자리에 오르게 되었다. 1500년대 중엽쯤, 카르다노는 유럽에서 가장 유명하고 지명도 높은 의사가 되어 교황을 치료했고 심지어 스코틀랜드까지 가서 —— 그 당시에는 아주 힘들고 먼길이었는데 —— 성 안드레의 대주교를 보살필 정도였다.

그러나 곧 개인적인 불행이 닥쳐 이런 영광의 날은 오래 계속되지 않았다. 1546년 그의 아내는 두 아들과 딸 하나를 둔 채 31세의 나이에 죽었다. 자식들 중에서도 장남이었던 지암바티스타는 카르다노의 희망이었고 기쁨이었다. 그는 아주 영리하여 파비아에서 의학 학위를 받았고 아버지의 화려했던 의사 경력을 이어가는 듯이 보였다.

그러나 한 '방탕한 여자'(카르다노의 말에 따르면)를 만나면서 불행이 시작되었다. 이 일에 대해서 카르다노는 1557년 12월 20일 밤, "…… 바라고 있었던 잠이 막 들려고 할 때, 갑자기 침대가 흔들거리더니 잠시 후에는 온 침실이 흔들거렸다"라고 적고 있다.

그 다음날 아침, 동네 사람들에게 어제 밤에 겪었던 일을 말했지만 아무도 그런 일을 모른다고 하자 카르다노는 이 일이 아주 나쁜 징조라고 생각했다. 이런 생각을 하고 있을 때 장남인 지암바티스타가 결혼 지참금도 하나도 없으면서 어느 누구의 추천도 없는 여자와 결혼을 했다는 예기치 못한 소식을 하인에게서 들었다.

카르다노의 짐작대로 정말 이 결혼은 불행한 일이 되었다. 지암바티스타의 아내는 세 명의 아이를 낳았는데 이들 중 어느 아이도 지암바티스타의 아이가 아니라고 떠벌렸다. 이런 배신감과 대놓고 남편을 업신여기는 태도는 젊은 지암바티스타를 더 이상 참을 수 없게 했다. 이에 대한 보복으로 비소를 넣어 장식한 케익을 준비했고 의도대로 계획은 성사되었다. 이 일로 인해 지암바티스타는 살인죄로 체포되었고 카르다노의 부단한 노력과 위대한 명성도 아들의 목숨을 구하는 데는 아무 소용이 없었다. 이렇게 해서 사랑했던 아들은 1560년 3월 초 유죄가 선고되어 교수형에 처해졌다.

"이 일은 나에게 최대의 불행이었다"라고 카르다노는 그때의 슬픔을 이렇게 말했다. 이 일로 낙담한 그는 친구와 직업을 잃었고 또한 삶에 대한 열정도 잃어버렸다. 게다가, 둘째 아들인 알도(Aldo)조차도 범죄자가 되었으며 "어쩔 수 없이 그를 감옥에 여러 번 보냈다"라고 카르다노는 말했다. 이렇듯 연속해서 불행이 찾아왔다.

1562년, 그에게 성공과 비극을 가져다주었던 밀라노를 떠나서 볼로냐 대학교의 의학과 교수가 되었다. 지암바티스타의 아들인 파지오(Fazio)를 그곳으로 데리고 갔다. 파지오는 비록 피를 나눈 손자는 아니었지만 이 둘 사이에는 끈끈한 사랑이 피어났고 이 아이는 노년의 카르다노에게 기쁨을 주었다.

그러나 이 아이와 새로 정착한 도시도 그의 파란만장한 삶에 평온함을 가져다주지는 못했다. 1570년, 카르다노는 이단이라는 죄목으로 체포되어 투옥되었다. 그 당시의 이탈리아 교회는 종교개혁의 비정통성에 강경하게 반대하는 입장이었던 카르다노가 예수에 대해 별점을 치고 또한 기독교를 박해한 폭군으로 증오했던 반기독교적 로마 황제에 관한 책인《네로를 찬양하며》(In Praise of Nero)를 쓴 사실에 대해 분명히 반감을 가지고 있었다.

투옥되고 자존심을 상한 늙은 카르다노는 이제 회복할 수 없는 치욕을 당하는 것으로 생각되었다. 그러나 유명한 친구들의 석방을 호소하는 추천서와 교회의 관용 덕분에 곧 석방되어 로마로 갔다. 그리고 다행스럽게도 이곳에서 교황으로부터 연금을 받게 되었다. 이 이야기야말로 '비극의 대수학' 이었다. 다시 명예를 회복하게 된 카르다노는 사랑하는 손자와 함께 로마에서 말년을 보냈다. 비록 노인이라서, "약한 게 하나 있어서 탈이지만 여전히 14개의 좋은 치아를 가지고 있다"고, 그리고 "아직도 음식을 씹는데 전혀 문제가 없으니까 꽤 오랫동안 아마 문제가 없을 거야"라고 자서전에서 자랑스럽게 말했다. 카르다노는 말년을 아주 평온하게 보냈고 1576년 9월 20일 조용하게 숨을 거두었다.

카르다노는 자기 모순적인 성격을 지닌 사람이었지만 오늘날의 독자들에게는 매력적인 수학자로 기억되고 있다. 그는 엄청나게 많은 업적을 남겼는데 수집된 그의 연구는 7000쪽이 넘고 과학뿐만 아니라 다른 주제들까지도 총망라하고 있다.

그러나 카르다노는 한 발은 현대적이고 합리적인 세계에, 다른 한 발은 중세의 미신적이고 비합리적인 세계에 공평하게 두고 살았다. 1세기가 지난 과거를 되돌아보면서 위대한 철학자이며 수학자였던 라이프니츠(Gottfried Wilhelm Liebniz)는 아주 적절하게 카르다노를 평가했다. "카르다노는 많은 결점을 가졌음에도 불구하고 위대한 사람이었다. 이러한 결점들만 없었다면 그와 견줄 만한 사람은 아무도 없었을 것이다."

이제 카르다노가 중요한 역할을 했던 3차 방정식의 이야기로 돌아가 보자. 1535년, 브레시아의 타르탈리아가 특정한 유형의 3차 방정식에 대한 해법을 발견하여 피오의 도전을 물리쳤다는 사실을 앞에서 말했다. 카르다노는 이 3차 방정식의 해법에 관심을 가지게 되어 끊임없이 타르탈리아에게 이 해법을 가르쳐달라고 편지로 간청했다. 이에 대해 타르탈리아는 적당한 때가 되면 이 해법에 관한 책을 쓰겠다는 약속으로 계속 카르다노의 청을 거절했다. 카르다노는 처음에는 이 거절에 화가 났지만 참고서 타르탈리아를 밀라노에 초대하게 되었다. 그곳에서 1539년 3월 25일, 타르탈리아는 카르다노에게 다음과 같은 엄숙한 서약을 받고서 비록 암호로 쓴 것이지만 약화된 3차 방정식의 비밀스러운 해법을 가르쳐주었다.

> 성경과 신사로서의 신의를 걸고 당신이 허락하지 않는 한 나는 절대 당신이 발견한 이 해법을 발표하지 않을 것을 맹세합니다. 또한 독실한 기독교인으로서 내가 죽은 후에도 아무도 이를 이해하지 못하도록 암호로 보관할 것을 맹세하고 서약합니다.

이 놀라운 이야기의 마지막 등장 인물은 카르다노에게 일자리를 달라고 문을 두드렸던 페라리(Ludovico Ferrari, 1522-1565)였다. 바로 그 날 아침 시끄럽게 울어대던 까치 소리에 좋은 일이 있겠구나 하고 생각하던 카르다노는 이 소년을 심부름을 할 종으로 받아들였다. 그런데 얼마 지나지 않아 루도비코가 아주 비범하고 조숙한 아이라는 것을 알게 되었다. 그래서 처음에는 주인과 종의 관계였으나 금세 스승과 제자의 관계로, 페라리가 20세가 되기 전에는 서로 협력하는 동료의 관계가 되었다. 카르다노는 타르탈리아의 비밀을 이 총명한 어린 제자에게 알려주었고 이 둘은 함께 협력하여 놀라운 진보를 이룩했다.

예를 들면, 카르다노는 다음과 같은 3차 방정식의 일반형의 해법을 발견했다.

$$x^3+bx^2+cx+d=0$$

여기서 계수인 b, c, d는 0일 수도 있고 아닐 수도 있다. 이런 발견에도 불구하고 기쁘지 못했던 것은 카르다노의 연구가 3차 방정식의 일반형을 약화된 방정식의 형태로 줄여나가는 것에 기초하고 있었기 때문에 이를 발표하는 것은 결국 타르탈리아와의 비밀 맹세를 깨는 것이었기 때문이다. 이러는 동안 페라리는 4차 방정식의 해법을 발견하는 데 성공했다. 이것은 대수학에서 중요한 발견이었지만 이 해법 또한 4차식을 3차식으로 줄여나가는 방법에 의존하고 있었기 때문에 이를 논문으로 발표하는 것은 카르다노의 서약을 깨는 것이었다. 이 두 사람은 그 당시 대수학에서의 위대한 발견을 하고도 이를 발표를 할 수 없는 난처한 입장에 처해 있었다.

그런데 1543년, 카르다노와 페라리가 볼로냐를 여행하는 도중에 거의

30년 전 3차 방정식에 관련된 이 이야기의 발단이 되었던 페로의 논문을 조사하게 되었다. 이 논문은 페로가 직접 쓴 것으로 약화된 3차 방정식의 해법에 관한 것이었다. 이 사실이 카르다노에게 무엇을 의미하는지는 분명했다. 결국 자신들이 발견한 해법은 타르탈리아로부터 나온 것이 아니라 페로에 의한 것이므로 자신들의 결과를 더 이상 발표 못할 이유가 없었다. 페로와 타르탈리아의 해법이 똑같다는 점은 카르다노에게 그렇게 큰 문제가 되지 않았다.

이렇게 해서 카르다노의 수학 걸작인 《위대한 술법》(Ars Magna)이 1545년에 출판되었다. 카르다노에게 대수학은 '위대한 예술'이었으며, 이 책은 그 당시까지 알려진 대수학을 넘어서는 획기적인 발전을 상징하고 있었다. 이 책은 총 40장으로 되어 있으며 아주 간단한 대수 문제를 시작으로 다루고 있다. 그리고 '3차와 1차의 합이 상수인 것에 관하여' (On the Cube and First Power Equal to the Number)라는 제목의 제 XI 장에서 세상 사람들은 마침내 3차 방정식의 해법을 보게 되었다. 카르다노는 다음과 같이 이 장의 서문을 적었다.

> 볼로냐의 페로는 거의 30년 전에 이 규칙을 발견했는데 이를 베니스의 피오에게 가르쳐주었다. 피오가 브레시아의 타르탈리아에게 도전을 함으로써 타르탈리아는 이 규칙을 발견할 수 있는 기회를 갖게 되었다. 나는 타르탈리아에게 간청하여 그 해법을 알게 되었지만 구체적인 방법까지는 아니었다. 타르탈리아의 이런 도움으로 나는 그 해법의 [다양한] 형태를 찾았는데 아주 힘든 연구였다.

이렇게 카르다노는 이 연구의 공을 당연히 돌아가야 할 사람에게 돌려

주었는데 모든 사람들이 이를 환영했지만 타르탈리아만은 예외였다. 그는 카르다노의 기만과 배신에 격노하였다. 타르탈리아의 입장에서 보면 카르다노는 신성한 맹세와 '독실한 기독교인'으로서의 신의를 저버렸기에 사악하고 비열한 건달과 다를 바 없었다. 타르탈리아는 글을 통해서 온갖 비난을 퍼부었지만 이 언쟁에 휘말리고 싶지 않았던 카르다노는 가만히 있었고 오히려 고집 세고 충실한 페라리가 답을 했다. 아주 급한 성격의 페라리는 (심한 싸움 때문에 손가락을 몇 개 잃었을 정도로) 격렬하게 타르탈리아에게 욕을 퍼부어댔다. 비난과 폭언의 편지가 브레시아와 밀라노를 오갔다. 예를 들어, 1547년 페라리는 타르탈리아를 이렇게 비난했다.

> …… 사소한 것에 …… 온 시간을 소비하고 있는 분에게. 만약 당신에게 상을 줄 수 있는 권한이 나에게 주어진다면 당신에게 무와 뿌리를 잔뜩 쌓아올려 평생 이것말고는 아무것도 먹지 못하게 할 겁니다.

이 마지막 문장에서 뿌리란 단어는 3차 방정식에 관련된 문제를 풀 때면 항상 나오게 되는 수학에서의 제곱근——roots——의 동음이의를 비꼬아 말한 것이다.

이 대립은 1548년 8월 10일 밀라노에서 타르탈리아와 페라리 사이의 공개적인 논쟁으로 절정에 이르렀다. 타르탈리아는 이 논쟁이 있은 뒤 카르다노가 논쟁에 참석하지 않는 행동은 비겁한 짓이었다고 비난했다. 하여튼 페라리의 집 마당에서 열렸던 이 공개 논쟁은 타르탈리아의 패배로 끝났다. 타르탈리아는 이 논쟁에 모인 군중들이 작당을 하여 페라리를 시끄럽게 응원했기 때문에 졌다고 불평했지만 페라리는 자신의 지식이 타르탈리아보다 더 뛰어났기 때문에 이긴 것은 당연하다고 했다. 이유야 어떻든 타르탈리아는 집으로 돌아올 수밖에 없었고 이로써 페라리의 승리가 증명되었다. 수학 역사가인 이브스는 이 논쟁에 모인 군중의 적대감과 페라리의 잘 알려진 성급한 성미를 고려해볼 때 타르탈리아가 그곳에서 살아서 나올 수 있었던 것만도 다행이었다고 한다.

여기까지가 3차 방정식의 해법을 둘러싼 복잡하고, 요란스럽고, 황당하기까지 했던 이야기의 전부이다. 이제 이 이야기의 핵심에 있었던 위대한 정리를 살펴보도록 하자.

위대한 정리: 3차 방정식의 해법

《위대한 술법》의 제11장을 보고 오늘날의 사람들은 두 가지 사실에 놀라게 된다. 첫 번째는 카르다노가 약화된 3차 방정식의 일반적인 증명을 제시한 것이 아니라 다음과 같은 구체적인 예를 제시했다는 사실이다.

$$x^3+6x=20$$

물론 이 장에서는 위의 식보다 더 일반적인 형태인 다음의 식을 다루려고 한다.

$$x^3+mx=n$$

두 번째로 놀라는 것은 정육면체와 그 부피에 관련한 그의 증명은 완전히 기하학적이란 사실이다. 그렇지만 르네상스 시대의 수학자들에 의해서 그리스 기하학이 한층 발전되었다는 점과 그 당시의 대수적 표기법이 상당히 원시적이었다는 점을 고려해보면 완전히 기하학적 증명이라고 해서 그렇게 놀랄 일은 아니라고 본다.

다음의 내용은 제11장의 핵심적 결과로서 카르다노 자신의 말과 함께 어떻게 그가 3차 방정식을 교묘하게 분할했는지를 보여주고 있다. 그가 사용했던 3차식을 푸는 '규칙' 이란 단어가 처음에는 아주 이상하게 들리겠지만, 좀더 익숙해지고 나면 이 규칙이 대수적으로 어떤 의미인지가 분명해진다.

정 리 $x^3+mx=n$을 푸는 규칙

> x계수의 3분의 1을 세제곱한다. 여기에 이 방정식의 상수의 절반을 제곱해서 더한다. 그리고 여기까지 구한 값의 제곱근을 구한다. 이 과정을 한 번 더 반복한다. 이렇게 해서 구한 같은 두 제곱근 중에서 한 제곱근에는 상수의 절반을 더하고 다른 제곱근에는 상수의 절반을 뺀다. …… 그런 다음, 구한 첫 번째 수의 세제곱근에서 두 번째 수의 세제곱근을 뺀다. 이렇게 해서 남는 수가 바로 x의 값이다.

증 명 카르다노는 그림 6.1과 같이 AC를 한 변으로 하는 큰 정육면체를 생각했다. 이 변의 길이를 t라고 하자. 변 AC를 B에서 나누어 선분 BC의 길이를 u라 하면, 선분 AB의 길이는 $t-u$가 된다. 이 t와 u는 찾고자 하는 값의 보조 변수의 역할을 한다. 그림에서 보는 것처럼 이 큰 정육면체를 6토막으로 자르면 다음과 같이 이 토막들의 각 부피를 구할 수 있다.

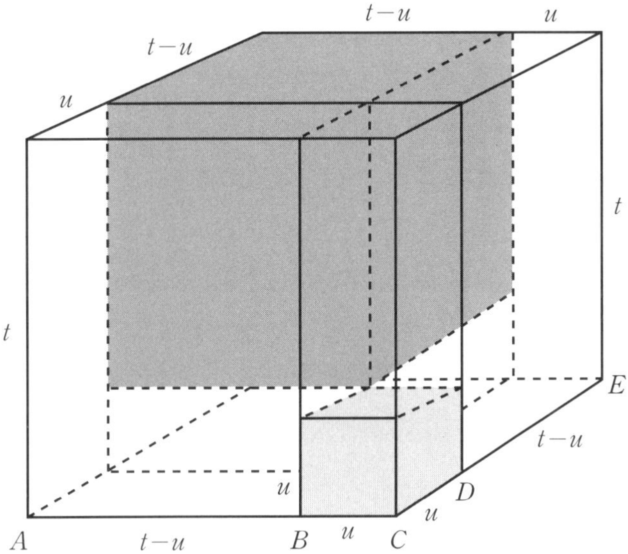

[그림 6.1]

- 우측 하단에 있는 작은 정육면체의 부피는 u^3
- 좌측 상단에 있는 큰 정육면체의 부피는 $(t-u)^3$
- 앞쪽으로 보이는 AB를 밑변으로 하는 직육면체와 우측의 DE를 밑변으로 하는 직육면체의 변의 길이는 $t-u$, u, t(큰 정육면체의 한 변의 길이)이므로 이 두 직육면체의 각각의 부피는 $tu(t-u)$
- 우측 앞쪽 상단에 있으면서 작은 정육면체 위에 서 있는 직육면체의 부피는 $u^2(t-u)$
- 뒤쪽 하단에 있으면서 큰 직육면체 밑에 있는 납작한 직육면체

의 부피는 $u(t-u)^2$

따라서, 원래의 큰 정육면체의 부피 t^3은 이들 6토막의 부피의 합과 같다. 즉, 다음과 같이 된다.

$$t^3=u^3+(t-u)^3+2tu(t-u)+u^2(t-u)+u(t-u)^2$$

이들 항을 정리하면 다음과 같이 된다.

$$(t-u)^3+[2tu(t-u)+u^2(t-u)+u(t-u)^2]=t^3-u^3$$

그리고 대괄호 안에 있는 $(t-u)$를 공통으로 묶어내면

$$(t-u)^3+(t-u)[2tu+u^2+u(t-u)]=t^3-u^3$$

또는 간단히 다음과 같다.

$$(t-u)^3+3tu(t-u)=t^3-u^3 \qquad (*)$$

오늘날에는 이처럼 복잡한 정육면체와 직육면체를 사용한 기하를 이용하지 않고서도 쉽게 이 방정식을 유도할 수 있겠지만, 1545년 당시의 수학자들은 그렇게 할 수가 없었다.
(*)식을 보면 원래의 3차 방정식 $x^3+mx=n$을 암시하고 있음을 알 수 있다. 즉, $t-u=x$라 두면, (*)는 $x^3+3tux=t^3-u^3$

가 되고, 이것은 다음과 같이 치환할 수 있음을 의미한다.

$$3tu=m \quad \text{그리고} \quad t^3-u^3=n$$

이제 만약 원래의 3차 방정식에서 m과 n을 사용하여 t와 u의 값을 구할 수 있으면, $x=t-u$에 의해 해를 구할 수 있게 된다.
《위대한 술법》에서는 이들 값들을 어떻게 유도하는지는 제시되어 있지 않다. 카르다노는 단지 앞에서 언급했던 '3차와 1차의 합이 상수'인 방정식을 푸는 구체적인 규칙을 제시했을 뿐이다. 순수하게 말로 적어 놓은 이 규칙을 해석하는 것은 결코 쉬운 일이 아니므로 오늘날의 대수 기호를 사용해서 좀더 쉽게 설명하려고 한다.
t와 u에 관한 두 조건을 먼저 생각해보자.

$$3tu=m \quad \text{그리고} \quad t^3-u^3=n$$

그러면 $u=m/3t$이므로, 이것을 그 다음 식에 대입하면 아래와 같이 된다.

$$t^3-\frac{m^3}{27t^3}=n$$

양변을 t^3으로 곱해서 정리하면 다음과 같은 식이 된다.

$$t^6-nt^3-\frac{m^3}{27}=0$$

이 식을 보게 되면 원래는 x에 관한 3차 방정식이었는데 위의 식은 t에 관한 6차식이 되어 전혀 진전이 없는 것처럼 보인다. 하지만 변수 t^3을 하나의 변수로 보면 위의 식은 결국 2차식이 된다는 것을 알 수 있다.

$$(t^3)^2-n(t^3)-\frac{m^3}{27}=0$$

그 당시 수세기 동안 이미 수학자들이 알고 있었던, 그리고 앞 장의 후기에서 언급했던 2차 방정식의 근의 공식을 적용하면 다음과 같이 된다.

$$\begin{aligned} t^3&=\frac{n\pm\sqrt{n^2+\frac{4m^3}{27}}}{2} \\ &=\frac{n}{2}\pm\frac{1}{2}\sqrt{n^2+\frac{4m^3}{27}}=\frac{n}{2}\pm\sqrt{\frac{n^2}{4}+\frac{m^3}{27}} \end{aligned}$$

여기서 양수인 제곱근만 취하면 다음과 같다.

$$t=\sqrt[3]{\frac{n}{2}+\sqrt{\frac{n^2}{4}+\frac{m^3}{27}}}$$

또 $u^3=t^3-n$이므로 다음과 같이 된다.

$$u^3=\frac{n}{2}+\sqrt{\frac{n^2}{4}+\frac{m^3}{27}}-n \quad \text{또는}$$

$$u=\sqrt[3]{-\frac{n}{2}+\sqrt{\frac{n^2}{4}+\frac{m^3}{27}}}$$

결국 약화된 3차 방정식 $x^3+mx=n$의 해를 구하는 카르다노의 규칙에 대한 대수적 표현을 구할 수 있게 된다.

$$x=t-u$$

$$=\sqrt[3]{\frac{n}{2}+\sqrt{\frac{n^2}{4}+\frac{m^3}{27}}}-\sqrt[3]{-\frac{n}{2}+\sqrt{\frac{n^2}{4}+\frac{m^3}{27}}}$$

Q.E.D.

이 식을 약화된 3차 방정식의 '근호가 있는 해' 또는 '대수적인 해' 라고 부른다. 즉, 이 식은 원래 식에 있던 계수인 m과 n만 사용하고 있으며 덧셈, 뺄셈, 곱셈, 나눗셈, 근의 풀이와 같은 몇 가지 대수적 연산만 사용하고 있다. 이 공식을 유심히 살펴보면 앞에서 언급했던 카르다노의 말로 쓴 '규칙' 과 정확하게 같은 결과임을 발견할 수 있다.

카르다노의 증명에서 핵심적인 것은 3차 방정식의 해를 관련된 2차 방정식의 해 (여기서는 t^3)로 대치했다는 사실이다. 이렇게 함으로써 3차식으로부터 차수를 하나 내릴 수 있는 방법을 발견하였고 생소한 3차 방정식을 잘 알려진 2차 방정식 영역으로 옮겨갈 수 있었다. 아주 뛰어난 이 과정은 4차, 5차 또는 그 이상의 고차식에도 적용 가능하다는 점을 시사하고 있었다.

이제 구체적인 예로서 카르다노가 풀었다는 약화된 3차 방정식의 원형인 $x^3+6x=20$을 살펴보자. 그의 규칙에 따르면, 먼저 x계수의 3분의 1을 해서 세제곱한다$(1/3\times6)^3=8$. 그 다음은 상수항의 절반(즉, 20의 절반)을 제곱하므로 100이 된다. 여기에 이미 구한 8을 더하면 108이 되고 이것에 제곱근을 취한다. 이 제곱근에 상수항의 절반을 더하고 빼면 $10+\sqrt{108}$과 $-10+\sqrt{108}$이 된다. 마지막으로 이 두 수의 세제곱의 차를 구하면 카르다노가 구하고자 했던 다음과 같은 해가 나온다.

$$x=\sqrt[3]{10+\sqrt{108}}-\sqrt[3]{-10+\sqrt{108}}$$

앞에서 구한 대수적 공식에 $m=6$과 $n=20$을 대입하여 구할 수도 있다. 그러면 다음과 같이 된다.

$$\sqrt{\frac{n^2}{4}+\frac{m^3}{27}}=\sqrt{108} \text{ 이므로}$$
$$x=\sqrt[3]{10+\sqrt{108}}-\sqrt[3]{-10+\sqrt{108}}$$

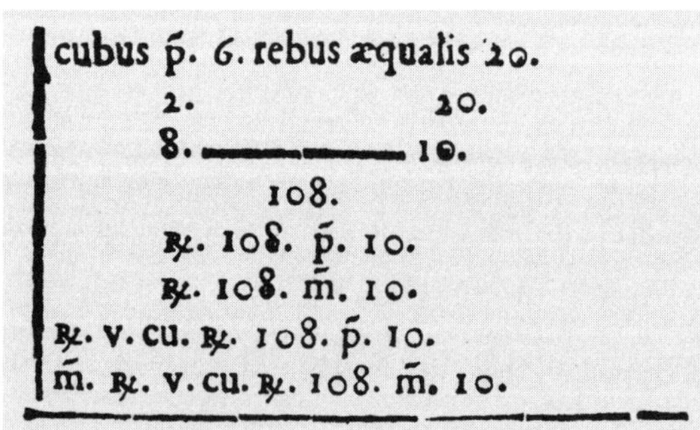
cubus p̃. 6. rebus æqualis 20.
2. 20.
8. ——— 10.
108.
℞. 108. p̃. 10.
℞. 108. m̃. 10.
℞. v. cu. ℞. 108. p̃. 10.
m̃. ℞. v. cu. ℞. 108. m̃. 10.

[《위대한 술법》에 있는 약화된 3차 방정식 풀이에 대한 카르다노의 규칙]

이것을 보면 앞에서 말한 것처럼 '근호가 있는 해'가 나온다. 오늘날에는 계산기를 사용해서 계산해보면 복잡해보이는 이 해가 2임을 쉽게 알 수 있는데, 그 당시에 이 사실을 카르다노가 정확하게 말했다는 것은 상당히 놀라운 점이다. 그리고 $x=2$가 실제로 $x^3+6x=20$의 해임을 쉽게 알 수 있다.

방정식 풀이에 관련된 다른 내용들

3차 방정식의 하나의 해를 찾았다면 이제 나머지 다른 해도 찾을 수 있을 듯하다. 예를 들면, $x=2$는 위에서 살펴본 방정식의 해이므로, $x-2$는 $x^3+6x-20$의 한 인수임을 알 수 있고 이를 사용해서 식의 나눗셈을 하면 이차식으로 된 인수를 구할 수 있다. 이 경우, $x^3+6x-20=(x-2)(x^2+2x+10)$이 된다. 따라서 원래의 3차 방정식의 해는 이들 1차식과 2차식을 풀면 구할 수 있다.

$$x-2=0,\quad x^2+2x+10=0$$

이 2차 방정식은 실수해를 가지지 않기 때문에 원래 3차 방정식은 $x=2$만을 실수해로 가지게 된다.

《위대한 술법》의 그 다음 두 장의 내용은 오늘날의 독자들에게는 단지 참고할 내용 정도라고 생각된다. 카르다노는 제12장을 '세제곱이 1차항과 상수의 합과 같은 경우에 관하여' ── 즉, $x^3=mx+n$ ── 라는 제목으로, 그리고 제13장을 '세제곱과 상수의 합이 1차항과 같은 경우에 관하여' ── 즉, $x^3+n=mx$ ── 라는 제목으로 붙였다. 오늘날에는 m과 n이 음수일 때도 당연히 성립하는 것으로 간주하기 때문에 이들 제목들은 원래의 3차 방정식 $x^3+mx=n$과 같은 경우라고 볼 수 있다. 하지만 16세기의 수학자들은 방정식의 모든 계수들은 항상 양수이어야만 한다고 생각했다. 다시 말하면, $x^3+6x=20$과 $x^3+20=6x$를 서로 다른 방정식으로 간주했을 뿐만 아니라 이들은 본질적으로 다른 종류라고 생각했다. 카르다노가 3차 방정식을 3차원의 정육면체로 간주했기 때문에 이 정육면체의 변의 길이가 음수가 된다는 것은 이치에 맞지 않는다는 점을 고려하면, 음수에 대해서 그 당시의 수학자들이 이렇게 까다롭게 생각한 것이 그렇게 놀라운 것은 아니다. 물론 음수를 사용하지 않으려고 했기 때문에 위에서 보는 것처럼 3차 방정식의 종류가 많아진 것은 사실이다. 그리고 이것은 또한《위대한 술법》이 필요 이상의 내용을 포함하도록 했던 원인이기도 하다.

그래서 카르다노는 약화된 3차 방정식을 3가지 다른 유형 중 어떤 유형으로든 풀 수 있게 되었다. 그렇다면 $ax^3+bx^2+cx+d=0$과 같은 3차 방정식의 일반형도 풀 수 있었을까? 카르다노는 자신이 만든 공식을 적용하려고 적절한 치환을 사용하여 이 일반형을 약화된 3차 방정식으로 고칠 수 있는 위대한 발견을 했다. 3차 방정식을 '약화' 시키는 과정에 대해 살펴보기 전에, 좀더 익숙한 2차 방정식의 경우에 대해 간단히 살펴보자.

2차 방정식의 일반형인 다음 식을 먼저 생각해보자.

$$ax^2+bx+c=0 \quad (a\neq 0)$$

이 식을 약화시키기 위해서 ── 즉, 1차항을 없애기 위해서 ── 새로운 변수 y를 사용해서 $x=y-b/2a$로 치환하면 다음과 같이 된다.

$$a\left(y-\frac{b}{2a}\right)^2+b\left(y-\frac{b}{2a}\right)+c=0$$

$$a\left(y^2-\frac{b}{a}y+\frac{b^2}{4a^2}\right)+by-\frac{b^2}{2a}+c=0 \quad \text{또는}$$

$$ay^2-by+\frac{b^2}{4a}+by-\frac{b^2}{2a}+c=0$$

여기서 by항을 소거하면, 다음과 같은 약화된 2차 방정식을 얻게 된다.

$$ay^2=\frac{b^2}{2a}-\frac{b^2}{4a}-c=\frac{2b^2}{2a}-\frac{b^2}{4a}-\frac{4ac}{4a}=\frac{b^2-4ac}{4a}$$

따라서

$$y^2=\frac{b^2-4ac}{4a^2} \quad \text{이므로} \qquad y=\frac{\pm\sqrt{b^2-4ac}}{2a}$$

이 y값을 처음의 $x=y-b/2a$에 마지막으로 대입하면 2차 방정식의 근의 공식을 또 구할 수 있다.

$$x=y-\frac{b}{2a}=\frac{\pm\sqrt{b^2-4ac}}{2a}-\frac{b}{2a}=\frac{-b\pm\sqrt{b^2-4ac}}{2a}$$

이 예에서도 보는 것처럼 다항식을 약화시키는 것은 상당히 유용함을 알 수 있다. 이 방법을 염두에 두고서 이제 카르다노가 3차 방정식의 일반형을 어떻게 약화시켰는지 살펴보자. 여기서 중요한 것은 $x=y-b/3a$로 치환하는 것으로 이를 치환하면 다음과 같이 된다.

$$a\left(y-\frac{b}{3a}\right)^3+b\left(y-\frac{b}{3a}\right)^2+c\left(y-\frac{b}{3a}\right)+d=0$$

이것을 전개하여 정리하면 다음과 같다.

$$\left(ay^3-by^2+\frac{b^2}{3a}y-\frac{b^3}{27a^2}\right)+\left(by^2-\frac{2b^2}{3a}y+\frac{b^3}{9a^2}\right)+\left(cy-\frac{cb}{3a}\right)+d=0$$

이 복잡한 문자들에서 중요한 점은 y^2항들이 소거될 수 있다는 사실이다. 즉, 새로운 3차 방정식에서 2차 항이 없어지게 된다는 것이다. 그런 다음 a로 이 식을 나누어주면 $y^3+py=q$의 형태인 방정식이 생긴다. 카르다노의 공식에 의해 이 식을 y에 관해 풀어준 다음 $x=y-b/3a$에 대입하면 별 어려움 없이 해를 구할 수 있다.

이 과정이 어떻게 이루어지는지 다음 3차 방정식을 예로 살펴보자.

$$2x^3-30x^2+162x-350=0$$

$x=y-b/3a=y-(-30/6)=y+5$로 치환하면 다음을 얻게 된다.

$$2(y+5)^3-30(y+5)^2+162(y+5)-350=0$$

이를 정리하면 다음과 같다.

$$2y^3+12y-40=0 \qquad \text{또는 간단히} \qquad y^3+6y=20$$

물론 이 식은 이미 앞에서 풀었던 바로 그 약화된 3차 방정식이므로, 그 해는 $y=2$임을 알 수 있다. 따라서 $x=y+5=7$이고 이것을 원래 식에 대입해 보면 방정식이 성립함을 알 수 있다.

《위대한 술법》에서는 지금까지 살펴본 것처럼 이렇게 간결한 3차 방정식의 일반형을 다루고 있지는 않다. 그 대신에 양수인 계수만을 취하여 카르다노는 '세제곱항, 제곱항, 일차항의 합이 상수와 같은 경우에 관하여,' '세제곱항이 제곱항, 일차항, 상수의 합과 같은 경우에 관하여,' '세제곱항과 상수항의 합이 제곱항과 일차항과 같은 경우에 관하여' 등과 같이 서로 다른 경우로 나누어 조사해야만 했다. 그리고 13장에 걸쳐서 이들 약화된 3차 방정식을 풀고 난 다음 마침내 3차 방정식을 풀었다는 결론에 도달했다.

그렇다면 정말 해결된 것일까? 비록 카르다노의 공식은 뛰어난 업적이지만, 여전히 중요한 의문이 해결되지 않고 있다. 예를 들어, 약화된 3차 방정식인 $x^3-15x-4$를 살펴보사.

카르다노의 공식에 $m=-15$와 $n=4$를 대입하면 다음을 얻게 된다.

$$x=\sqrt[3]{2+\sqrt{-121}}-\sqrt[3]{-2+\sqrt{-121}}$$

1500년대에는 음수의 존재를 받아들이지 않았기 때문에 음수의 제곱근은 도저히 생각할 수도 없는 수임은 분명했을 것이다. 그래서 위의 약화된 3차 방정식은 풀 수 없는 것이라고 쉽게 결론 내렸을 것이다. 그렇지만 이 방정식은 사실 $x=4$와 $x=-2\pm\sqrt{3}$이라는 서로 다른 세 실수를 해로 가진다는 것을 쉽게 알 수 있다. 무엇 때문에 카르다노에게 이런 상황 ── 이른바 '약화 불가능한 3차 방정식' ── 이 생기게 된 것일까? 카르다노는 현재 '허수' 또는 '복소수'라고 하는 수에 대해 큰 비중을 두지 않고서 몇 가지 조사를 해보았다.

그러나 결국에는 '별 가치가 없는 미묘한 것'이라고 하면서 간단히 처리해버렸다.

허수와 관련된 연구에 있어서 획기적인 진전이 있었던 것은 이로부터 한 세대가 지난 1572년 《대수학》(Algebra)이라는 논문을 발표한 봄벨리(Rafael Bombelli, 1526?-1573)라는 이탈리아의 수학자에 의해서였다. 그의 연구는 실수 계수를 가지는 3차 방정식으로부터 이 방정식의 실수 해를 찾는데 필요한 도구가 바로 허수임을 보여주었다. 즉, 실수의 영역에서 시작해서 실수의 영역에서 끝나는 여행일지라도, 이 여행을 완벽하게 끝마치기 위해서는 낯선 허수의 세계도 경험해야만 한다는 뜻이었다. 그 당시의 수학자들에게 이 같은 일은 너무 이상해서 믿고 싶지 않았을 것이다.

여기서 봄벨리가 어떤 일을 했는지 간단하게 살펴보자. 잠깐 동안만 $\sqrt{-1}$에 대해 가지고 있는 잠재적인 편견을 모두 버리고 $2+\sqrt{-1}$을 세제곱해보자.

$$\begin{aligned}(2+\sqrt{-1})^3 &= 8+12\sqrt{-1}-6-\sqrt{-1}\\ &= 2+11\sqrt{-1}=2+\sqrt{-121}\end{aligned}$$

그런데 만약 $(2+\sqrt{-1})^3=2+\sqrt{-121}$이라면, 다음과 같이 말할 수 있다.

$$\sqrt[3]{2+\sqrt{-121}}=2+\sqrt{-1}$$

마찬가지로, $\sqrt[3]{-2+\sqrt{-121}}=-2+\sqrt{-1}$이 된다. 봄벨리는 $x^3-15x=4$를 다시 조사한 후, 다음과 같은 해를 구하게 되었다.

$$\begin{aligned} x&=\sqrt[3]{2+\sqrt{-121}}-\sqrt[3]{-2+\sqrt{-121}} \\ &=(2+\sqrt{-1})-(-2+\sqrt{-1})=4 \end{aligned}$$

봄벨리의 방법은 허수 해에 대한 의문을 해결했다기보다 더 많은 의문을 야기시켰다고 하는 것이 적절한 표현일 것이다. 한 가지 예로 든다면, $2+\sqrt{-1}$이 $2+\sqrt{-121}$의 세제곱근과 같다는 것을 어떻게 미리 알고 있었을까? 이런 일이 가능하게 된 것은 18세기 중반 오일러(Leonhard Euler)가 복소수의 근호를 찾는 분명한 방법을 제시하게 된 때부터이다. 더구나 이들 허수들이 정확하게 무엇이며 사촌격인 실수와 같은 행동을 하는지가 밝혀지게 되었다.

복소수의 중요성이 완진하게 인식된 것은 2세기가 지나서 오일러, 가우스(Gauss) 그리고 코시(Cauchy)의 연구에 의해서였는데, 이 주제는 제10장의 후기에서 다루게 된다. 이들의 연구가 있었지만, 대수학에서 이런 허수의 중요한 역할을 처음으로 인식한 것은 바로 봄벨리였으며 이러한 이유로 해서 그는 16세기 이탈리아의 마지막 위대한 대수학자로 인정받고 있다.

여기서 한 가지 지적하고 넘어가야 할 것이 있는데, 일반 사람들이 알고 있는 것과는 달리 허수는 2차 방정식을 푸는 도구로서가 아니라 3차 방정식을 푸는 도구로서 수학 분야에 생겨나게 된 것이다. 사실 수학자들은 $\sqrt{-121}$이 $x^2+121=0$의 해로 나오면 이 수를 그냥 버렸다. 왜냐하면 이 방정식은 실수 해를 가지지 않는 것이 분명하기 때문이다. 그러나 앞에서 본 것처럼 3차 방정식 $x^3-15x=4$의 해 $x=4$를 구하는 데는 핵심적인 역할을 하고 있기 때문에 함부로 무시할 수가 없었다. 그래서 복소수의 초기 발전을 촉진하고 복소수가 오늘날과 같이 합법적인 수로서 성장할 수 있는 바탕이 된 것은 2차 방정식 때문이 아니라 3차 방정식 때문이었다.

마지막으로 《위대한 술법》에 대해 한 가지만 더 살펴보자. 제39장에서 카르다노는 4차 방정식의 풀이법을 말로써 소개하였다.

> 또 다른 규칙이 있는데, 이것은 앞에 것보다 훨씬 더 뛰어난 것이다. 이 규칙은 나의 청을 받아들인 루도비코 페라리가 나에게 준 것이다. 이 규칙을 사용하면 4차 방정식의 모든 해를 구할 수 있다.

그 과정은 매우 복잡하지만, 두 가지 중요한 단계는 다음과 같다.

1. 4차 방정식의 일반형인 $ax^4+bx^3+cx^2+dx+e=0$에서 $x=y-b/4a$로 치환하여 3차항을 없애는 약화 과정을 거친다. 그런 다음 a로 나누어주면 다음과 같이 y로 표현된 약화된 4차 방정식을 구할 수 있다.

$$y^4+my^2+ny=p$$

2. 적절한 보조 변수를 도입하여 이 4차 방정식을 3차 방정식으로 차수를 하나 줄이게 되면 위에서 설명했던 방법을 사용해서 해를 구할 수 있다. 주어진 차수의 방정식을 푸는 방법은 이 방정식의 차수를 하나 내린 방정식을 구하는 것이 가장 중요한 점임을 페라리는 지적했다.

이렇게 해서 방정식 풀이의 해법은 새로운 절정을 맞게 되었고, 4차 방정식은 제외하고라도 3차 방정식조차도 그 당시의 대수학으로서는 풀 수 없다고 했던 파치올리의 처음 생각은 완전히 잘못된 것이 되었다. 카르다노가 그의 책을 열의에 차고 다소 감동적인 문장으로 끝내고 있는 것은 어쩌면 당연한 것이다. "5년에 걸쳐 썼지만 수천 년까지 지속되었으면."

후 기

카르다노와 페라리는 5차 방정식의 대수적 해에 대해서는 답을 하지 못했다. 하지만 이들의 연구는 5차 방정식도 근호가 있는 해를 가질 수 있다는 점을 분명히 암시했으며 심지어 이 해를 구하는 구체적인 힌트를 제공하였다. 즉, 다음과 같은 5차 방정식이 주어졌다고 하자.

$$ax^5+bx^4+cx^3+dx^2+ex+f=0$$

위의 식을 다음과 같이 약화시키기 위하여 $x=y-b/5a$로 치환한다.

$$y^5+my^3+ny^2+py+q=0$$

그런 다음 적절한 보조 변수를 찾아서 근호가 있는 해가 존재하는 4차 방정식으로 약화시킨다. 이러한 설명은 3차와 4차 방정식의 해를 성공적으로 찾을 수 있다는 것을 입증한 방법과 똑같기 때문에 쉽게 할 수 있다. 또한 이 설명은 임의의 5차 방정식은 (또는 임의의 홀수차 방정식은) 반드시 적어도 하나의 실근을 가진다는 잘 알려진 사실을 보여주고 있기 때문에 상당히 매력적이라고 할 수 있다. 그 이유는 홀수차 방정식의 그래프는 그림 6.2에 있는 특정한 5차 방정식의 그래프와 같기 때문이다. 즉, 이 홀수차 방정식의 그래프는 x축의 오른쪽으로 이동하면 그래프가 y축으로 계속 올라가고 x축의 왼쪽으로 이동하면 y축으로 계속 내려가고 있다. 따라서 이런 함수는 어떤 곳에서는 양수이고 다른 곳에서는 음수이므로, 중간값 정리라고 하는 결과를 적용하면 이 연속인 그래프는 x축의 어딘가에서 x축을 지나게 된다. 그림 6.2의 5차 방정식을 보면, c가 바로 그러한 위치의 점이며, 따라서 $x=c$는 $x^5-4x^3-x^2+4x-2=0$의 해가 된다.

임의의 홀수차 방정식은 (적어도) 하나의 실수해를 가진다는 사실도 이

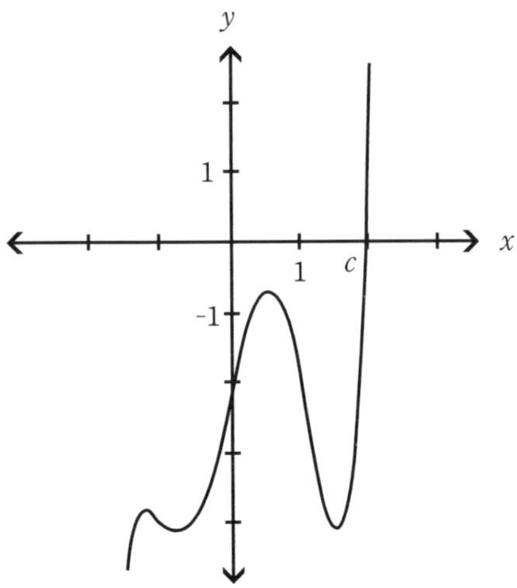

$y=x^5-4x^3-x^2+4x-2$

[그림 6.2]

와 유사한 논의로 입증 가능하다.

하지만 여기서 염두에 두어야 할 것은 비록 중간값 정리가 5차 방정식의 실수해가 적어도 하나 이상 존재한다는 사실은 말하고 있지만, 이들 해가 정확히 무엇인지는 말하고 있지 않다는 것이다. 페라리의 뒤를 이은 대수학자들이 찾으려고 했던 것이 바로 그러한 해를 찾을 수 있는 정확한 공식이었다.

그런데 이런 방향으로의 모든 시도들은 ── 엄청나게 많은 시도들이 있었는데 ── 실패로 돌아갔다. 한 세기가 지나고 또 지났지만 5차 방정식의 '근호가 있는 해'(2차와 3, 4차 방정식의 해를 구하는 공식을 사용하면 반드시 근호가 있는 해가 나오므로)를 구하는 방법을 제시하는 사람은 아무도 없었다. 그렇지만 그 이후의 수학자들은 5차 방정식의 일반형을 다음과 같은 꼴의 한 가지로 약화할 수 있는 방법을 발견하게 되었다.

$$z^5+pz=q$$

지금까지 봤던 방정식을 '약화된' 방정식이라고 부른다면, 이것은 (여러 차수가 한꺼번에 약화되어버린) '완전히 약화된' 방정식으로 불러야 마땅했다. 이렇게 아주 간단한 5차 방정식으로 약화되었지만 아무도 이 방정식의 해를 발견할 수가 없었다. 창피하다고까지 말할 수는 없었지만 이 상황은 수학자들을 좌절시키기에 충분했다.

그런데 1824년, 노르웨이의 젊은 수학자 아벨(Niels Abel, 1802-1829)이 5차나 그 이상의 차수를 가지는 방정식의 경우 '근호가 있는 해'를 가질 수 없다는 것을 입증함으로써 세계 수학계를 놀라게 했다. 스미스(D.E. Smith)의 《수학 자료집》(Source Book in Mathematics)에 실려 있는 아벨의 증명은 너무 수준 높은 수학을 사용했기에 읽고 이해하기는 어렵지만, 이 증명은 수학사에 분명히 획기적인 사건이었다.

그렇지만 아벨의 증명이 시사하는 것과 시사하지 않는 것이 무엇인지는 알아두어야 할 것이다. 그가 말한 것은 모든 5차 방정식을 풀 수 없다는 의미가 아니었다. 왜냐하면 운좋게도 $x^5-32=0$과 같은 5차 방정식을 풀면 분명히 $x=2$를 해로 가진다는 것을 알 수 있기 때문이다. 뿐만 아니라 아벨은 더하고, 빼고, 곱하고, 나누고, 근호를 취하는 대수적 연산 이외의 방법을 사용해서도 5차 방정식을 풀 수 있다는 사실을 부정하지도 않았다. 사실, 일반적인 5차 방정식은 '타원 함수'라고 하는 것을 이용하면 풀 수 있지만, 이것을 풀려면 초등 대수학을 훨씬 넘어서는 아주 복잡한 연산을 해야 한다. 더구나 아벨의 결과는 5차 방정식의 해를 원하는 만큼 아주 정확하게 —— 또는 컴퓨터를 사용해서 —— 근사값으로 구할 수 없다는 의미도 아니었다.

아벨이 증명한 것은 주어진 5차 방정식의 계수만을 사용해서 어떤 경우든지 해를 자동으로 구할 수 있도록 해주는 대수적 공식이 존재하지 않는다는 것이었다. 2차 방정식의 근의 공식과 3차 방정식의 카르다노의 공식처럼 5차 방정식에 대해서는 이런 공식이 존재하지 않는다는 것이었다. 즉, 5차 방정식의 경우 근호가 있는 해를 구할 수 있는 절대적으로 효과적인 방법이 없다는 의미이다.

이 상황은 수학자들이 사용할 수 있는 도구를 한정시키고 있다는 점에서, 원의 넓이와 같은 넓이를 갖는 정사각형의 작도 문제에 직면했던 상황과 유사하다. 제1장에서 논의한 바와 같이, 원을 구적하는 경우 컴퍼스와 눈금 없는 직선자는 이 구적을 효과적으로 하기 위한 적합한 도구라고 할 수 없다. 마찬가지로 5차 방정식을 풀 때 '근호가 있는 해'라고 한정하는 것은 이 방정식을 풀려고 하는 수학자들을 구속하는 것이다. 5차 방정식과 같이 아주 다루기 힘든 것을 길들이기 위해서는 흔히 알고 있는 대수적 연산을 사용해서는 불가능하다.

이렇게 되고 보니 자칫 역설적 상황에 빠질 듯한 느낌이다. 왜냐하면 5차 방정식의 해가 분명히 존재한다는 사실을 수학자들은 알고 있지만, 아벨은 이 해들을 구할 수 있는 대수적 방법은 없다고 했기 때문이다. 그러나 수학적 혼란 상태로 빠지려는 순간으로부터 이 상황을 구한 것은 바로 대수적이라는 수식어이다. 아벨이 실제로 입증한 것은 대수학이 아주 결정적인 한계를 가지고 있다는 것이었는데, 사실 이런 대수학의 한계를 보여주려는 어떤 의도가 전혀 없었는데도 불구하고 4차에서 5차로 우연히 옮겨가는 과정에서 이들 한계점들이 정확하게 노출된 셈이다.

이런 결과를 종합해보면, 이제 전체적인 윤곽을 그릴 수 있다. 16세기에 있었던 놀라운 발견들 때문에 3차 방정식의 일반형의 해를 구하는 것은 불가능하다는 파치올리의 비관적 견해가 틀린 듯했지만, 궁극적으로 본다면 대수학에 대한 그의 예언은 사실로 밝혀진 듯하다. 4차 방정식을 해결하고 5차 방정식으로 옮겨가는 순간, 대수학의 찬란했던 영광은 영원히 사라졌기 때문이다.

CHAPTER 07

아이작 뉴턴이 준 보석

A Gem from Isaac Newton
(1660년대 후반)

영웅적 세기의 수학

16세기가 수학적 연구 활동의 발걸음을 재촉했던 시대라고 한다면, 17세기는 엄청난 혁신과 발견을 이룩했던 시대였다. 이러한 생산적인 세월 동안 지성의 거장들이 나타났다 사라졌기에 수학사에서는 이 세기를 영웅적 세기라고 부른다.

이 시기는 앞장에서 살펴보았던 천재적인 이탈리아의 대수학자들로부터 프랑스, 독일, 그리고 영국의 사상가들로 학문 활동의 중심이 북쪽으로 옮겨오던 시기였다. 그 이유는 여러 가지였지만 사람들의 노력과 함께 학문을 할 수 있는 순수한 기회가 잘 조성되었기 때문이었다. 그러나 이 현상에 대해 어떤 학자들은, 교회에 의해 정해진 엄격한 제한 조치가 취해지던 이탈리아와는 대조적으로 유럽 북쪽 지역은 상대적으로 탐구의 자유가 보장되어 있었기 때문이라는 견해를 제시하기도 한다. 갈릴레오(Galileo)의 운명이 바로 이것을 가장 잘 설명하고 있다. 이 이야기는 16세기 로마

천주교의 강력한 종교적 권위주의가 한 과학자의 연구 주제를 받아들이지 못했던 것에 관한 것이다. 투옥과 강요에 의해 갈릴레오가 자신의 이론을 부정한 것은 이탈리아의 지적 활동의 분위기를 완전히 위축시켰으며, 이 이야기의 전모는 과학 역사에서 가장 수치스러운 부분 중의 하나가 되었다.

북쪽 지역이라고 해서 모든 것이 자유롭고 개방적이지는 않았지만, 종교 개혁의 영향으로 케플러(Kepler), 데카르트(Descartes) 또는 뉴턴(Newton)과 같은 지성인들이 자유롭게 사고하고 연구할 수 있는, 제약없는 탐구 활동의 분위기가 사회 전반에 조성되어 있었던 것으로 보인다. 이와는 반대로 한치의 유연성도 없이 오직 정통성만을 고집한 교회에 의해 학문의 중심지였던 이탈리아가 과학의 2등 국민으로 전락하게 되었다는 것은 설득력 있는 해석으로 보인다.

16세기를 지나 17세기로 오면서 수학 분야에서만 이런 번영이 있었던 것은 아니었다. 1607년, 영국은 미국의 제임스타운(Jamestown)*에 정착하였고, 유럽은 신대륙에 식민지를 건설하는 데 열을 올리기 시작했다. 제임스타운의 정착이 있기 불과 몇 년 전, 갈릴레오는 낙하하는 물체의 운동을 연구하기 위하여 아주 신중하고 독창적인 실험을 했는데, 이 실험은 물리학의 본질을 영원히 바꾸어놓는 계기가 되었다. 제임스타운의 정착이 있은 2년 후, 갈릴레오는 또 작은 '망원경'을 발명하여 하늘을 관찰함으로써 현대적 천문학의 서막을 열었는데, 거의 동시에 위에서 이미 언급했던 개인적 위기를 가져올 여행을 시작했다. 그리고 예술계에도 많은 일들이 일어났는데, 1601년에는 영국의 극작가인 세익스피어(William Shakes-

* 지금의 버지니아 주에 있는 도시

peare)가 《덴마크의 왕자 햄릿》(Hamlet, Prince of Denmark)을 발표했고, 1605년에는 세르반테스(Cervantes)가 불멸의 작품인 《돈키호테》(Don Quixote)를 썼다.

문화적인 면에서 일어난 이런 많은 획기적인 일들은 16세기부터 100년 사이에 서서히 기반이 조성되어 17세기에 와서 일어나게 되는데, 마찬가지로 수학에서의 혁명의 첫 조짐도 이미 16세기 후반에 싹트기 시작했다. '영웅적 세기'에는 이를 대표하는 영웅이 있기 마련인데, 이들 중 몇 사람만 간략하게 살펴보도록 하자.

1590년대, 프랑스의 수학자 비에트(Francois Viète)는 수학 발전에 큰 영향을 미친 《해석학 서설》(The Analytic Art: In artem analyticam isagoge)을 출판하였다. 비에트가 제시한 π의 근사치를 제4장에서 언급했지만, 사실 오늘날까지 알려진 그의 걸작은 바로 이 1591년의 연구이다. 이 책의 많은 부분은 기호를 사용한 대수학을 다루고 있어서 고등 수학의 입문서라고 할 수 있었다. 비에트가 사용한 대수적 표기법은 현대와는 상당히 다르며 현대 수학에 익숙한 사람들에게는 오히려 성가시고 지나치게 장황하게 보이는 것이 사실이다. 예를 들면, 비에트는 오늘날의 $DR-DE=A^2$이라는 표현을 다음과 같이 적었다.

D in R − D in E aequabitur A quad

하지만 방정식에 있는 양을 나타내기 위해 문자를 사용했다는 것은 수학에서 아주 중요한 진전이었다. 그 당시보다 수십 년을 더 앞설 만큼 확장되고 세련된 이 대수적 기호들은 다가올 새로운 세기의 수학의 모습과 내용을 변화시키는 계기가 되었다.

1600년대 초, 함께 소개해야 빛을 발하는 영국의 두 수학자 네이피어(John Napier, 1550-1617)와 브리그스(Henry Briggs, 1561-1631)는 실용적 측면과 이론적 측면에서 엄청난 중요성을 지닌 '로그(logarithm)'를 개발하였다.

로그는 곱셈, 나눗셈, 제곱근 계산과 같이 지루한 계산을 간단하게 할 수 있도록 해주는 놀라운 성질을 가지고 있어서, 로그를 사용하지 않고서 $\sqrt[7]{234.65}$의 값을 구하려고 하는 과학자는 그 후로 아무도 없을 정도였다. 한 세기 뒤 라플라스(Pierre-Simon Laplace)는 네이피어와 브리그스의 로그에 대해 '천문학자의 일을 줄여 그들의 수명을 두 배로 연장시켜주었다'라고 말했다. 네이피어와 브리그스의 로그에 대한 공동 연구는 주목할 만한 것으로, 그 후 수년 동안 수학계에 만연했던 사람들 사이의 신랄한 논쟁과 질투와는 큰 대조를 이루는 것이었다.

17세기가 진행되면서 세 명의 프랑스 수학자가 세상의 조명을 받기 시작했다. 그 중 한 사람이 1637년, 철학사의 획기적인 작품인 《방법서설》(方法序說, Discourse de la méthode)을 쓴 철학자이자 수학자인 데카르트(René Descartes, 1596-1650)였다. 데카르트의 '과학의 보편성'에 대한 논문은 그 당시 거대한 과학적 돌풍을 예고했을 뿐만 아니라 또한 자극했다. 이 《방법서설》에 있는 철학적 내용은 널리 논의되고 뜨거운 논쟁을 야기시켰으며, 이 책에 실린 《기하학》(La géométrie)이라는 제목의 부록 내용 대부분은 수학 발전에 직접적인 영향을 주었다. 이 부록에서 데카르트는 현재 해석 기하학이라고 부르는 것에 대한 설명을 처음으로 제시하였다. 비에트의 대수적 표기의 사용과 마찬가지로 데카르트의 해석 기하학도 오늘날의 모습과는 아주 다른 것이었지만, 이 부록에서 데카르트가 달성했던 대수학과 기하학의 결합은 그 이후의 모든 수학 연구에서 없어서는 안 될 것이었다.

데카르트의 《방법서설》이 세상에 나왔을 즈음해서, 파스칼(Blaise Pascal, 1623-1662)은 겨우 14세인 어린아이였지만 이미 선배 수학자들의 모임에 참석하고 있었다. 수학자로서 그의 경력은 짧았지만 정말 화려했다. 파스칼은 수학사에서 가끔 나올까 말까 한 그런 천재 중의 천재인 아이였다. 16세 때, 파스칼은 수학에 관한 논문으로 위대한 데카르트를 크게 감동시켰는데 데카르트는 이 논문을 읽고 그렇게 어린아이가 쓴 것이라고 믿지 못할 정도였다고 한다. 2년 후, 파스칼은 현대적 컴퓨터의 아주 먼 조상 격인 계산용 기계를 발명했다. 또한, 확률이론의 발전에 중요한 기여를 했으며, 이로써 1세기 전에 카르다노가 만들어놓은 확률론의 기초를 더욱 확고히 했다.

수학 분야에 대한 그의 뛰어난 재능에도 불구하고 파스칼은 어른이 된 후 생의 대부분을 신학 연구에 바쳤는데, 신학에 대한 그의 연구물은 오늘날까지도 연구되고 있다. 자신의 주위에서 일어나는 사건들로부터 종종 신의 예시를 깨닫곤 했던 파스칼은 신이 계획한 그의 삶에는 수학이 포함되어 있지 않다고 결론 내렸으며 이에 따라 수학을 완전히 포기해버렸다. 그런데 35세 때 아주 성가신 치통을 앓으면서 파스칼은 수학에 대해 이리저리 생각하게 되었는데 그러자 그 치통이 말끔히 사라졌다고 한다. 이 일을 하늘이 주신 계시라고 생각한 파스칼은 곧바로 수학에 대한 연구에 몰두하게 되었다. 비록 이렇게 수학에 돌아온 기간이 약 일주일 정도밖에 되지 않았지만, 이 시간 동안 파스칼은 다음 장에서 논의하고 있는 주제인 사이클로이드 곡선(cycloid curve)의 근본적인 성질을 발견하였다. 이 발견을 끝으로 파스칼은 또다시 수학에 대한 연구를 그만두었고, 1662년 39세의 나이로 세상을 떠났다.

17세기 중반 수학 분야를 지배하고 있었던 프랑스의 3인방 수학자 중에서 가장 놀랄 만한 인물은 툴루즈(Toulouse) 출신의 페르마(Pierre de Fermat)였다. 페르마는 수학에서 중요한 발견들을 했으며 수학의 많은 영역에서 주목할 만한 인물이다. 그는 데카르트와는 전혀 관계없이——그리고 아마도 더 일찍——독자적으로 자신의 해석 기하학을 만들었으며, 그의 해석 기하학은 어떤 면에서 보면 데카르트보다 훨씬 '현대적'이었다. 물론 데카르트가 해석 기하학에 관해 처음으로 책을 출판했으므로 그 영광의 많은 부분을 차지하는 것이 당연했지만, 페르마 역시 해석 기하학의 창시자로서 동등하게 인정받을 자격을 충분히 갖추었다. 게다가, 파스칼과 페르마는 활발한 서신 교환을 통하여 앞에서 언급했던 1650년대의 확률론의 기초를 확립하였다. 이러한 일들을 하고도 부족함을 느꼈는지 페르마는 또 오늘날 미분학이라고 부르는 수학을 전개하는데 큰 진보를 이룩했다. 어떤 나라에서는, 특히 프랑스에서는, 페르마를 미적분학의 공동 창시자로 종종 명예를 돌리지만, 대부분의 수학 역사가들은 그의 수학적 업적은 인정하면서도 이런 명예까지 부여하는 것은 약간 지나친 처사라고 생각하고 있다.

그렇지만 수론(number theory)의 영역에서 페르마는 그의 업적 중에서도 최고의 자취를 남겼다. 이 수론에 관해서는 《원론》의 제VII~IX권의 내용을 소개하면서 유클리드의 글과 함께 앞에서 제시한 바 있다. 이 분야의 고전적 연구 중의 하나가 디오판토스(Diophantus, 기원전 250?)의 《산술》(Arithmetica)이었는데 르네상스 시대 동안 재발견되어 번역됨으로써 수론의 발달에 아주 큰 영향을 미치게 되었다. 이 복사본을 구한 페르마는 디오판토스의 연구를 탐독하였고 얼마 뒤 정수의 놀라운 성질에 관해 스스로 심오한 발견을 하게 되었다.

페르마는 호기심을 야기시키는 결과를 말하고 이것에 대한 완벽한 증명도 했다고 종종 말했으면서도 그 증명을 제시한 적은 거의 없었다. 이것은 그가 흔히 하는 행동이었다. 그래서 페르마가 생략한 증명을 완성하는 것은 후대의 수학자들이 —— 그리고 이 일은 자주 오일러(Euler)가 했다 —— 해야 할 일이었다. 결과적으로 보면, 수학 역사가들은 그 증명의 공을 누구에게 주어야 할지 결정하기 애매한 상황에 봉착하게 되었다. 즉, 그 결과를 처음으로 진술하고 또 증명을 했다고 주장하는 페르마에게 주어야 할지 아니면 실제로 그 증명을 논문으로 남긴 오일러에게 주어야 할지 결정하기가 어려웠다.

페르마의 '정리들' (그는 많은 연구 결과들을 너무나 자신 있게 말했지만 그것에 대한 증명은 좀처럼 제시하지 않았기 때문에 이 정리라는 용어는 아주 조심스럽게 사용되어야 한다.) 중에서 그 어느 것보다도 흥미를 끈 정리는 디오판토스의 연구 결과에서 나왔다. 산술의 복사본을 개인적으로 구해서 읽고 있었던 페르미는 어떤 완전 제곱수는 다른 두 완전 제곱수의 합으로 표현된다는 명제 II.8 옆의 빈자리에 낙서하듯이 짧은 메모를 적어놓았다. 이러한 분해의 예는 쉽게 찾을 수 있는데, $5^2=3^2+4^2$ 또는 $25^2=7^2+24^2$과 같은 것이 여기에 해당한다. 디오판토스의 정리 옆에 페르마는 다음의 유명한 메모를 남겼다.

> 그러나 어떤 수의 세제곱은 두 세제곱 수의 합으로 표현하는 것이 불가능하고, 또 어떤 수의 네제곱은 두 네제곱의 수의 합으로 나타낼 수 없는데, 일반적으로 세제곱 이상의 차수의 경우에는 같은 차수의 두 수의 합으로 나타낸다는 것은 불가능하다. 나는 이것에 대한 놀라운 증명을 했는데 여백이 너무 좁아서 적지를 못하겠다.

현대적 용어로 풀어보면, 그의 메모는 지수 n이 $n \geq 3$인 임의의 자연수일 때, 방정식 $a^n + b^n = c^n$을 만족하는 양의 정수 a, b, c는 존재하지 않는다는 것을 주장하고 있다. 만약 그의 이 주장이 사실이라면, 어떤 완전 제곱수는 두 완전 제곱수의 합으로 분해 가능하다는 것의 발견은 정말 요행 중의 요행이었다. 왜냐하면 위의 메모에서도 보았듯이 차수가 제곱인 경우를 제외하고는 어떤 차수의 수도 같은 차수이면서 이 수보다 작은 두 수의 합으로 나타낼 수 없기 때문이다.

항상 그렇듯이 이번에도 페르마는 증명을 제시하지 않았다. 단지 이렇게 증명을 제시하지 못하는 이유는 증명을 적기에는 그 페이지의 여백이 너무 부족하기 때문이라고 했다. 만약 충분한 여백만 주어졌다면, 그의 발견에 대한 훌륭한 증명을 기꺼이 여기에 제시했을 것이라고 페르마는 말했을 것이다. 하지만 그의 대부분의 주장과 마찬가지로 이번에도 후세 사람들에게 그 증명을 남겼다.

페르마의 정리는 오늘날까지 여전히 그 증명이 제시되지 않고 있다.* 페르마의 그 많은 '정리'의 비밀을 해결했던 오일러조차도 단지 $n=3$과 $n=4$의 경우에 대해서만 증명할 수 있었다. 즉, 오일러는 어떤 세제곱 수는 두 세제곱 수의 합으로 나타낼 수 없고, 또한 어떤 네제곱의 수는 두 네제곱의 수의 합으로 나타낼 수 없다는 것을 입증했다. 그러나 오늘날 '페

* 이 증명은 1995년 5월 영국 출신인 미국 프린스턴 대학 수학과의 앤드류 와일스(Andrew Wiles, 1953-) 교수에 의해 증명되었다. 와일스는 타원 곡선($y^2 = ax^3 + bx^2 + cx + d$꼴의 곡선)을 연구하던 수학자였다. 원래 이 증명은 1993년 6월 23일 영국 케임브리지 대학의 아이작 뉴턴 연구소에서 3일 동안 있었던 강의 마지막 날 와일스는 타원 함수와 관련된 시무라-타니야마-베유 추측(Shimura-Taniyama-Weil Conjecture)에서 일부를 증명하였고, 이를 적용하여 페르마의 마지막 정리를 증명하였다. 그러나 그 해 12월 와일스는 이 증명에 문제가 있다고 발표했고 2년 동안 이 증명을 보완하여 1995년 5월 세계 최고의 권위를 자랑하는 수학전문 학술지(Annals of Mathematics) 141권 제3호에 130쪽에 달하는 완전한 증명을 발표하였다.

르마의 마지막 정리'로 유명해진 이 정리의 일반적인 경우에 대한 증명은 여전히 추측에 불과한 상태이다. 증명없이 제시되었던 수많은 그의 다른 정리들처럼 페르마의 이 정리도 참이라는 쪽에 내기를 거는 것이 유리할 것으로 보인다. 그럼에도 불구하고 오늘날까지 수론을 연구하는 그 어떤 수학자도 이 결과가 참인지 증명하지 못했을 뿐만 아니라 증명은 아니라도 이 정리가 거짓임을 보이는 반례도 제시하지 못하고 있다. 이런 의미에서 볼 때, 이것을 그의 마지막 '정리'라고 부르는 것은 분명히 약간 시기상조일 것이다. 이 정리에 대한 이런 논쟁을 누군가가 해결한다면 —— 그리고 심지어 이 문제에 대한 관심이 20세기 말에 와서 고조된다면 —— 그 사람은 이후의 모든 수학사에서 위대한 찬사를 받게 될 것이다.

1661년의 여름으로 돌아가서 17세기의 수학 분야에서의 유산을 살펴보면, 많은 중요한 발견들이 이 당시에 있었다. 대수기호의 사용, 로그, 해석 기하학, 확률론 그리고 수론 —— 이 모든 발견들은 그 나름대로의 가치를 지니고 있으므로 이들 발견과 관련된 수학자들이었던 비에트, 네이피어, 데카르트, 파스칼, 페르마의 이름은 당연히 존경받아야 할 것이다. 이들은 진정한 영웅이었다. 그런데 1661년의 여름, 이들 모두의 이름을 무색하게 할 인물이 수학의 역사에 조용하게 나타나고 있었는데, 이에 조금이라도 관심을 보였던 사람은 아무도 없었다. 이 여행은 케임브리지 대학교의 아름다운 트리니티 칼리지(Trinity College)에서 시작되었다. 1661년 여름, 근처 울스소프(Woolsthorpe) 지역 출신의 젊은이가 이제 막 대학생활을 시작하고 있었다.

그러나 이 젊은이는 이 영웅적 세기의 최고의 영웅이 되는 과정에 있었으며 또한 그로 인해 인류는 세상을 이해하는 방식에 변화를 가져올 수 있었다. 이 젊은이의 이름이 아이작 뉴턴이었다.

구속되지 않은 정신

뉴턴은 1642년 크리스마스에 '(1 리터) 용기'에 들어갈 만큼 작고 위험천만한 조산아로 태어났다. 이런 출생의 불행과 더불어, 아버지는 그 해 10월에 돌아가셨기 때문에 허약한 뉴턴을 어머니 혼자서 돌봐야 할 형편이었다. 그러나 이런 출생 당시의 온갖 위험과 혹독한 겨울을 극복한 채 놀랍게도 뉴턴은 84세까지 살았다.

비록 신체적 역경들은 극복되었지만, 한 개인의 정신적 본성을 좌우하는 어려움은 훨씬 오래 지속되었다. 뉴턴이 세 살이 되었을 때, 그의 어머니는 근처 동네의 63세의 교구 목사와 재혼을 했다. 그는 젊은 아내를 맞이하는 데는 열성이었지만 세 살 된 어린 아이에게는 관심이 없었다. 그래서 어머니가 새 남편의 집으로 들어갔을 때부터 할머니가 어린 아이작을 돌보게 되었다. 어린 아이작으로서는 유일한 혈육인 어머니와 헤어져 살아야 하는 고통이 견디기 어려웠을 것이다. 나무 위에 올라가서 넓은 들판을 가로질러 보면 어머니와 양아버지가 살고 있는 마을의 교회탑을 쉽게 볼 수 있었기 때문에, 가까이 있지만 어머니와 함께 살지 못한다는 것은 그에게 너무나 큰 시련이었을 것이다. 아버지의 얼굴조차도 본적이 없는 아이작은 병의 재앙 때문이 아니라 어머니마저도 자신을 떠나버림으로 인한 잔인한 무관심에 괴로워했을 것이다. 앞으로 알게 되겠지만 뉴턴은 이런 이유 때문인지 사람과의 따뜻한 친분을 쌓는 경험을 전혀 가져보지 못한 채 신경질적이고 사람을 싫어하는 성격의 어른으로 성장하게 되었다.

그 당시에는 라틴어와 그리스어의 교육에 역점을 두는 교육이 유행이었는데, 아이작은 자라면서 이런 좋은 초등교육을 받았다. 학교 공부 외에는 대부분 혼자 지내면서 책을 읽거나 아주 정교한 작은 여러 장치들을 만들면서 시간을 보냈다. 쥐가 바퀴를 밟아 돌리면 움직이는 작은 풍차를 만들었고, 해시계를 만들어서 집 주위의 여러 곳에 설치해놓았고, 어두운 봄날 저녁에는 불 켜진 등을 연에 달아서 날리기도 했는데 조용한 영국의 시골 마을 사람들이 이것을 보고 혼비백산했음은 보지 않아도 상상이 갈 것이다. 이런 일들은 아이작이 라틴어 동사의 활용 공부에만 전념하지 않는 아주 민첩한 정신을 소유한 어린 아이임을 보여주는 증거였다. 또한 이 활동들은 어떤 이론을 개발할 때 실용적인 실험 장치가 얼마나 중요한지를 밝힌 천재적인 실험 물리학자가 될 징조이기도 했다.

뉴턴은 1661년 여름 케임브리지의 트리니티 칼리지의 생활을 시작했다. 그 당시 케임브리지 강가의 이 조용한 마을은 이미 400년 동안 높은 학문을 하는 곳이었으므로 트리니티 칼리지의 뛰어난 역사와 전통은 뉴턴이 자신의 능력을 발견하기에 충분했다. 케임브리지는 17세기 초에 영국에서 청교도와 종교 개혁의 열정이 높아지면서 특히 번성했다. 성경의 제임스왕 번역본이 이곳에서 만들어졌고, 건축 양식의 걸작으로 일컬어지는 킹스 칼리지의 부속 교회당이 있고, 또한 부근의 헌팅던(Huntingdon) 출신으로 청교도의 지도자였던 크롬웰(Oliver Cromwell) 경이 1617년까지 다녔던 케임브리지의 시드니 서섹스 칼리지(Sidney Sussex College)도 이곳에 있다.

하지만 뉴턴이 이곳에 도착했을 때는 이런 과거의 명성은 대부분 사라지고 있었다. 그 이유는 그 당시 영고성쇠의 영국 역사와 밀접한 관계가 있었다. 뉴턴이 태어났을 때인 1641년에 크롬웰 지도하의 청교도들은 왕에 의한 군주 정치를 타도하기 위한 혁명에 성공했다. 1649년 찰스 I 세가 런던의 화이트홀에서 교수형을 당하게 되자 누구도 감히 크롬웰의 권위에 도전하지 못하게 되었다. 이로써 크롬웰은 명실상부하게 영국의 통치자가 되었다. 이렇게 해서 왕당파의 기반이 되었던 옥스퍼드 대학교는 잠정적으로 쇠퇴하게 된 반면 청교도의 지지 기반이었던 케임브리지 대학교는 영광을 얻게 되었다.

하지만 이런 영광의 날들이 계속되지는 못했다. 청교도가 실시한 공화제가 왕에 의한 군주제보다 나은 것이 없었고 어쩌면 더 못한 것으로 드러나게 되었다. 1658년 크롬웰이 죽었을 때, 청교도의 지도자 중에서 그 자리를 대신할 사람이 없었고 영국인의 정서는 이미 왕에 의한 통치를 바라는 쪽으로 움직이고 있었다. 그래서 1660년, 교수형을 당한 왕의 아들인 찰스 II 세가 왕위를 계승하게 되었는데 이를 왕정 복고 시대라고 한다. 이 일은 말할 필요도 없이 두 대학교의 변화로 이어졌다. 자연스럽게 케임브리지 대학교는 새로 권력을 장악한 왕당파에 의해 의심과 적의의 대상이 되었다. 왕정 복고가 있은 그 다음 해에 뉴턴이 케임브리지에 왔을 때, 이 대학교는 정치적 음모와 뒷거래, 무기력이 난무하는 곳이 되어 있었고, 학문을 연구하는 대학의 이상과는 거리가 먼 일들이 일어나고 있었다.

케임브리지를 진정 훌륭한 학문의 요람으로 존경하는 오늘날의 사람들에게 1660년대의 이런 부패한 모습은 도저히 믿을 수 없을 것이다. 교수들은 정치인들이나 종교인들의 뒷거래로 임명되었으므로 이들 중 많은 사람들은 학문 활동에는 전혀 관심이 없었다. 심지어 어떤 교수들은 지도 학생이 한 명도 없었으면서, 단 한 권의 책도 저술하지 않고서도, 또는 한 번도 강의를 하지 않았으면서도 50년 동안이나 교수직을 유지한 사람들도 있었다는 기록을 볼 수 있다. 더욱이 케임브리지 지역에 살지도 않으면서 단지 가끔 방문만 하면서도 교수직을 유지했던 교수들도 있었다.

교수답지 않은 교수들의 학문에 대한 이러한 무관심과 더불어, 학생들도 높은 학문을 추구하려는 열정을 잊은 채 지내고 있었다. 서류상으로는,

이 대학의 젊은 학자들이 고전적 교육 과정을 상당히 강조하는 학문을 하면서 활기에 넘치는 지적 생활을 하고 있다고 가식적으로 선전했다. 하지만 실제로 보면, 케임브리지 대학생들은 도처에 널려 있는 술집에서 술 마시면서 하루 하루를 무의미하게 보내고 있었다. 학생이나 교수나 학문 활동은 등한시하면서 케임브리지라는 과거의 명성을 등에 업고 성공하려고 했다.

아이작 뉴턴도 처음에는 케임브리지 대학교에서 내세우는 자랑을 액면 그대로 받아들였다. 그래서 학교에서 정해준 라틴 문학과 아리스토텔레스 철학 강의를 들었는데 차츰 이 과목들을 포기하게 되었다. 그 이유는 강의하는 교수보다도 자신이 더 많이 알고 있다는 사실을 깨달았기 때문일 수도 있고, 또는 구태의연한 교육 과정이 자신하고 맞지 않다는 사실을 깨달았을 수도 있고, 또는 단순히 그가 이런 과목들을 수강하든 안 하든 아무도 대학에서 관여하지 않는다는 것을 알았기 때문일 수도 있다.

트리니디 칼리지의 대학 친구들도 아마 같은 생각을 하고서는 매일 밤 술집에서 술로 흥청망청 시간을 보냈겠지만 뉴턴은 다른 곳으로 관심을 돌렸다. 그는 닥치는 대로 책을 읽었으며 깊은 생각에 잠겨 캠퍼스를 걷곤 했다. 어떤 아이디어에 관심을 가지게 되면 믿을 수 없을 정도로 온통 정신을 그곳에 쏟았는데 특히 흥미로운 문제와의 씨름을 좋아해서 종종 먹고 자는 것조차도 잊고 지냈다. 또한 케임브리지에서의 초창기에는 옛날 사람들이 반성을 위해서 지은 죄를 기록하는 것처럼 공책에다 그가 저지른 죄목을 적기도 했다. 여기에는 기도를 자주 하지 않은 죄, 교회 예배에 참석하지 않은 죄, 더러운 생각이나 말, 행동, 꿈을 꾼 죄를 포함해서 모든 것이 다 있었다. 이런 행동들은 분명 뿌리 깊은 청교도적 기질 때문이었겠지만, 내성적이며 외롭게 자랄 수밖에 없었던 환경과 시대가 그를 그렇게 만들었다고 생각할 수도 있을 것이다.

호기심이 가득했던 뉴턴은 죄를 저지르지 않아 기록할 것이 없을 때는 빛, 색깔, 시각의 본질을 알아보는 실험을 종종 했다. 예를 들어, 한번은 아주 오랫동안 태양을 주시하고서 태양의 흑점과 섬광을 자세하게 기록했는데 그 날 이후 며칠 동안 사물을 제대로 볼 수가 없었다. 그래서 태양의 이미지가 서서히 사라질 때까지 한참 동안을 어두운 곳에서 지내야만 했다. 또 한번은 눈동자의 형태에 따라 물체가 어떻게 뒤틀리고 모양이 달라 보이는지를 알아보기 위하여 자기 눈을 사용해서 아주 위험한 실험을 하기도 했는데 이 실험에 대한 뉴턴의 설명을 보면 작은 '뜨개 바늘' 같은 것을 눈 속으로 밀어넣었다고 한다.

> 내 눈과 뼈 사이로 이것을 밀어넣어 최대한 눈의 뒤쪽까지 닿도록 했다. 그러고는 그 바늘의 끝을 가지고 눈을 눌렀다. …… 여러 개의 하얗고, 검고, 색깔 있는 원들이 나타났는데 바늘 끝으로 내 눈을 계속 문지르자 이 원들이 분명하게 보였다.

이 무시무시한 실험 과정은 뉴턴이 직접 그린 그림에 나타나 있는데, 이 그림을 보면 a에서 g까지라는 문자를 사용해서 그의 찌그러진 눈동자 밑으로 해서 뒤쪽으로 그 바늘이 들어가는 과정을 설명해놓았다. 하여튼 뉴턴은 결코 평범한 대학생은 아니었다.

왕정 복고에 의해 케임브리지가 겪는 모든 불이익에도 불구하고 이 대학에는 탐구욕을 충족시킬 수 있는 훌륭한 도서관이 있었다. 1663년, 스터브리지 박람회(Strubridge Fair) 기간 동안 뉴턴은 천문학에 관한 책 한 권을 산 일이 있었다. 뉴턴은 이 책에 실려 있는 기하학적 그림을 이해하려면 유클리드의 《원론》을 잘 알아야겠다고 생각했다. 그런데 재미난 것은 한 번 읽고서 이 오래된 책이 평범하고 자명한 결과들만 기술해놓았다는 것을 알았다고 한다. 그렇지만 어른이 되어서는 이 생각을 버렸다.

이즈음 해서 뉴턴의 독서 취향에 한 가지 큰 변화가 있었는데 그리스 시대의 고전을 읽는 것으로 만족하지 않았다는 것이다. 그래서 많은 노력을 들여 데카르트의 기하학도 읽었는데, 세월이 흐른 뒤에 뉴턴은 이 일의 시작을 이렇게 회고했다. 완전히 모르는 것이 나올 때까지 처음 몇 쪽을 읽었다. 그리고 첫 쪽으로 돌아와서 다시 읽었는데 이번에는 처음보다는 조금 더 읽을 수 있었다. 그리고 다시 처음부터 시작해서 읽었고, 이렇게 해서 어떤 교수의 도움도 없이 혼자서 데카르트의 《기하학》을 힘들게 읽어 나갔다. 물론, 그 당시 고전에 중점을 둔 교육 과정과 형편없는 교수진들을 볼 때 도움을 받을 만한 사람을 찾는다는 것은 어려웠을 것이다.

하지만 케임브리지에는 뉴턴에게 이런 도움을 줄 수 있는 한 명의 실력 있는 교수가 있었다. 유명한 수학의 루카스 교수식(Lucasian Chair of Mathematics)에 있었던 배로(Isaac Barrow, 1630-1677)가 바로 그런 교수였다. 배로는 모든 것을 지도해주는 오늘날의 지도교수와 같은 의미에서 뉴턴의 스승은 아니었지만, 뉴턴과 어느 정도의 접촉이 있었을 것이며 또한 뉴턴을 당대 수학의 주요한 분야로 이끌었을 것이다. 계속적인 독서와 사고를 통해서 뉴턴은 과학과 수학의 평범한 배경을 지닌 인물에서 그 시대 최고의 최첨단 발견들에 정통한 인물로 성장하게 되었다. 이렇게 최첨단의 지식을 갖춘 뉴턴은 이제 미지의 영역으로 진출할 수 있는 준비를 갖추게 되었다.

1664년, 트리니티 칼리지의 장학생이 된 뉴턴은 4년 간의 장학금을 받으면서 석사 학위를 공부할 수 있게 되었다. 재정적 지원과 함께 이러한 지위의 향상은 그의 관심 분야를 더욱 연구할 수 있는 큰 자유로움을 가져다주었으며, 많은 양의 독서로 길러진 탄탄한 배경 지식과 연구의 자유로움이 결합하여 역사상 가장 위대한 지성 중의 한 명의 탄생을 예고하게 되었다. 뉴턴은 더욱 분발하여 열정적이며 믿기 어려울 정도의 집중력을 발휘하여 자신 앞에 놓여진 문제들을 해결해 나갔다. 20세기의 가장 유명한 케임브리지의 경제학자인 케인스(John Maynard Keynes)는 뉴턴의 능력을 다음과 같이 평가했다.

> 그의 특별한 재능은 순수하게 추상적인 문제를 완전히 통찰할 때까지 머릿속에서 계속해서 생각하는 힘이었다. …… 순수 과학이나 철학에 관한 사고를 해본 사람이라면 머릿속에 한 문제를 생각해서 그것을 통찰하기 위해 온 집중력을 발휘하는 것이 얼마나 어려운지를 알고 있으며, 또한 그 문제가 얼마나 빨리 희미해지고 없어져서 결국 찾으려고 하는 것이 텅 비어 있게 되는지를 안다. 그렇지만 뉴턴은 어떤 문제의 비밀이 풀릴 때까지 그 문제를 몇 시간, 며칠, 몇 주일 동안이나 생각할 수 있는 능력이 있었다고 나는 믿는다.

어려운 문제들을 어떻게 해결했는지에 대한 질문에 위의 케인스보다는 좀더 평범한 표현이었지만 뉴턴 자신의 대답도 이와 비슷했다. "문제를 해결할 때까지 오랫동안 꾸준히 그 문제를 생각한 결과였다."

그 후 몇 년간 뉴턴은 발견에 대한 열정적인 흥분으로 희미한 촛불 아래에서 밤 늦게까지 연구하는 날이 점점 많아졌는데, 그 덕에 뉴턴이 손대지 않은 식사를 먹어댄 그의 고양이만 살이 쪘다고 한다. 하지만 거른 식사와 잃어버린 잠은 젊은 뉴턴이 거둔 성과와 비교하면 하찮은 것에 불과했다.

뉴턴은 23세의 사상가 중에서 그 어떤 사상가도 이전에 경험하지 못했던 가장 생산적인 2년을 보냈다. 치명적인 전염병이 돌아 대학이 잠정적으로 폐쇄되었기 때문에 케임브리지와 고향인 울스소프에서 이 2년의 시간을 보내면서 큰 연구 성과를 거두었다. 1665년 초, 그는 오늘날 '일반화된 이항 정리' 라고 하는 정리를 발견했는데, 이 정리는 그의 후속 수학 연구에서 주요한 요소가 되었다. 그 뒤 얼마 지나지 않아 오늘날에는 미분법으로 더 잘 알려진 '유율법(流率法, the method of fluxions)' 을 생각해냈고, 1666년에는 '역유율법(逆流率法, the inverse method of fluxions)', 즉 오늘날의 적분법을 고안했다. 이러한 발견들을 하는 사이에 빛과 색에 관한 개척자적인 새로운 이론을 만들었다. 그러나 이런 발견 외에도 더 많은 것을 발견했다고 뉴턴은 회고했다.

> …… 같은 해에 나는 중력이 달의 궤도에까지 미칠 것이라는 생각을 하게 되었다. 그리고 …… 행성들이 궤도를 유지하도록 하는 힘은 이 행성들의 회전 중심으로부터의 거리의 제곱에 반비례한다는 사실을 추론해냈다. 그리고 이런 추론에 따라 달이 궤도를 이탈하지 않도록 하는 힘과 지구의 표면에서의 중력을 비교하였는데, 이들 두 힘이 거의 일치한다는 답을 얻었다.

50년이 지난 후 쓴 이 회고록은 다른 어떤 업적보다도 더 높이 그의 과학적 명성을 유지하도록 해주었던 만유인력의 초기 이론을 잘 설명해주고 있다. 이러한 발견들을 살펴보면서, 그는 놀랄 만큼 솔직하고 태연하게 다음과 같은 회고록을 진술했다.

> 이 모든 발견들은 전염병이 돌았던 1665-1666년 사이의 2년 동안에 이루어진 것들이었다. 이 기간 동안은 내 나이에 있어서 발명을 위한 가장 좋은 때였고, 그 어떤 때보다도 수학과 철학에 매료되었다.

이때부터 전염병이 창궐했던 이 두 해를 뉴턴의 '경탄할 만한 해'라고 부르게 되었는데 실제로도 그랬다. 항간에 떠도는 이야기로는 이 기간 동안 그의 모든 이론들이 창의력 풍부했던 그의 머릿속에 떠올랐고, 완성되었으며 무르익었다고 한다. 하지만 몇 년에 걸쳐 뉴턴은 계속해서 이들 이론들을 세련되게 개량하는 노력을 했다는 점을 고려하면 이 이야기는 너무 과장된 것으로 보인다. 그래도 이 짧은 기간 동안에 그가 보여준 엄청난 창의성의 분출은 그의 평생의 연구 주제와 방향뿐만 아니라 더 넓게는 미래의 과학까지도 새롭게 정의하고 앞으로 나아갈 방향을 설정했다.

뉴턴이 이런 놀라운 발견들을 완전히 익명의 케임브리지 학생으로 발표했다는 사실을 오늘날 사람들은 쉽게 잊어버리고 있다. 현재 으뜸가는 뉴턴의 전기 작가인 웨스트폴(R.S. Westfall) 교수는 다음과 같은 인상적인 문구로서 이 놀라운 사실을 말했다.

> 뉴턴의 업적은 유럽의 수학자들을 감탄과 질투, 위압감에 숨도 못 쉬도록 할 만큼 거장의 업적이었다. 그런 일이 일어났을 때, 유럽의 수학자들 중에서 단 한 사람인 아이작 배로만 뉴턴의 존재를 알고 있었지만, 배로 또한 1666년에 뉴턴이 이룩했던 업적을 알고 있었던 것 같지는 않다. 비록 알려지지 않은 인물이었지만 정규 교육을 받지도 않은, 24세도 채 되지 않은 젊은이가 유럽을 주도하는 수학자가 되었다는 사실에는 변화가 없었다. 그리고 뉴턴 자신도 그의 이러한 위치를 분명하게 잘 알고 있었다. 그는 정평 있는 대가들을 연구했는데 이로부터 그 대가들이 더 뛰어날 수 없었던 한계점을 알고 있었다. 그는 이들 모두를 능가했으며 지금까지도 그러하다.

지금까지 본 바와 같이, 수학 연구의 중심지는 피타고라스 학파가 있었던 크로톤에서 플라톤의 아카데미아가 있었던 아테네로, 알렉산드리아로,

바그다드로, 그런 다음 카르다노와 페라리가 있었던 르네상스 시대의 이탈리아로 역사를 따라 장소를 옮겨왔다. 1660년대 중반에는 놀랍게도 트리니티 칼리지의 한 학생의 초라한 방에 자리를 잡게 되었고, 이때부터 뉴턴이 가는 곳이면 어디든지 세계 수학 연구의 중심지도 옮겨갔다.

뉴턴의 이항 정리

여기서는 뉴턴의 엄청난 양의 연구 중에서 아주 작은 부분만 살펴보고자 한다. 그것은 뉴턴의 첫 위대한 수학적 발견이었던 이항 정리이다. 역설적으로, 유클리드나 아르키메데스의 시각에서 보면 뉴턴이 완벽한 증명을 제시하지 않았기 때문에 이것을 '정리'라고 하기에는 적합하지 않을지도 모른다. 그렇지만 직관과 통찰에 따라 뉴턴은 관련된 공식을 발견했고 또 앞으로 보게 되겠지만 가장 훌륭한 방법으로 이를 응용했다.

이항 정리는 $(a+b)^n$과 같은 꼴을 전개하는 방법에 관련된 정리이다. 단지 간단한 대수와 적당한 참을성만 있으면 누구나 다음과 같은 공식을 계속해서 만들어갈 수 있다.

$$(a+b)^2=a^2+2ab+b^2$$
$$(a+b)^3=a^3+3a^2b+3ab^2+b^3$$
$$(a+b)^4=a^4+4a^3b+6a^2b^2+4ab^3+b^4$$

이를 보면 $(a+b)^{12}$의 전개식에서 실제로 $(a+b)$를 12번 곱하는 지루하고 긴 계산을 하지 않고서도 a^7b^5의 계수를 분명히 구할 수 있다. 뉴턴이 태어나기 오래 전에 이미 이항식의 전개에 대한 의문이 제기되어 해결된 상태였다. 중국의 수학자 양휘(楊輝, Yang Hui)는 13세기에 벌써 이 비밀을 알고 있었는데 상당히 최근까지도 그의 연구는 유럽에 알려지지 않았다. 마찬가지로 비에트도 해석학 서설 서문의 주해에 있는 명제 XI에서 이항 정리를 소개했다. 그러나 이 위대한 발견의 명성을 남긴 사람은 파스칼(Blaise Pascal)이었다. 파스칼은 오늘날 '파스칼의 삼각형'(Pascal's triangle)으로 알려진 배열로부터 쉽게 이 계수들을 구할 수 있다고 지적했다.

$$
\begin{array}{c}
1 \\
1 \quad 1 \\
1 \quad 2 \quad 1 \\
1 \quad 3 \quad 3 \quad 1 \\
1 \quad 4 \quad 6 \quad 4 \quad 1 \\
1 \quad 5 \quad 10 \quad 10 \quad 5 \quad 1 \\
1 \quad 6 \quad 15 \quad 20 \quad 15 \quad 6 \quad 1 \\
1 \quad 7 \quad 21 \quad 35 \quad 35 \quad 21 \quad 7 \quad 1 \\
\vdots
\end{array}
$$

이 삼각형 배열에 있는 각 숫자는 위쪽 행의 왼쪽과 오른쪽의 숫자를 더해서 나온 것이다. 따라서 파스칼에 의하면 그 다음에 올 새로운 행은 다음과 같게 된다.

$$1 \quad 8 \quad 28 \quad 56 \quad 70 \quad 56 \quad 28 \quad 8 \quad 1$$

예를 들어, 56이란 숫자는 위쪽 줄에 있는 왼쪽과 오른쪽 숫자인 21+35를 해서 나온 것이다.

이를 보면 삼각형의 마지막 행은 이항식을 전개했을 때 필요한 계수를 말해주기 때문에 파스칼의 삼각형과 $(a+b)^8$의 전개식 사이의 관계는 분명해진다. 즉, 다음과 같이 식을 전개할 수 있다.

$$(a+b)^8 = a^8 + 8a^7b + 28a^6b^2 + 56a^5b^3 + 70a^4b^4 + 56a^3b^5 + 28a^2b^6 + 8ab^7 + b^8$$

이 삼각형의 행을 좀더 구하게 되면 $(a+b)^{12}$의 전개식에서 a^7b^5의 계수인 792가 나오게 된다. 그래서 이 삼각형 배열의 유용성은 아주 명백하다.

이항식의 전개에 관심을 가지게 된 젊은 뉴턴은 이처럼 필요한 행을 구하기 위해 삼각형의 행을 계속 계산해가는 지루한 과정없이 이항식의 계수를 바로 구할 수 있는 공식을 만들게 되었다. 게다가 일정한 패턴에는 일관성이 존재한다는 생각에서 $(a+b)^2$ 또는 $(a+b)^3$과 같은 차수의 이항식 전개를 정확하게 해내는 공식이라면 반드시 $(a+b)^{1/2}$이나 $(a+b)^{-3}$과 같은 차수에도 적용가능해야 된다는 사실을 알았다.

여기서 분수와 음수의 차수에 대해 설명할 필요가 있다. 초등 대수학 강의에서는 $a^{1/n}=\sqrt[n]{a}$ 이고 $a^{-n}=1/a^n$이라고 배웠을 것이다. 뉴턴이 이들 사이의 관계를 처음으로 깨달은 사람은 아니었지만, 이러한 식을 $\sqrt{1+x}$ 또는 $1/(1-x^2)$과 같은 식의 이항 전개와 분명하게 관련지은 사람은 뉴턴이었다.

1676년, 당대의 위대한 수학자 라이프니츠(Gottfried Wilhelm Leibniz)에게 보낸 중요한 편지에서 뉴턴이 라이프니츠에게 설명한 이항 전개식을 아래에 그대로 제시해놓았다 (이 편지는 왕립협회의 올덴버그 Henry Oldenberg가 전달했다). 뉴턴은 이렇게 적었다.

$$(P+PQ)^{m/n}=P^{m/n}+\frac{m}{n}AQ+\frac{m-n}{2n}BQ$$
$$+\frac{m-2n}{3n}CQ+\frac{m-3n}{4n}DQ+\cdots$$

여기서 $P+PQ$는 전개할 두 항이고, m/n은 이항식의 지수로서 '이 지수는 정수이거나 분수, 양수이거나 음수' 이며, A, B, C 등은 이 전개식에서 바로 앞의 항을 나타낸다.

현대적 표현으로 이 이항 전개식을 본 사람들은 여기에 제시해놓은 뉴턴의 원래 식이 골치 아프고 생소하게 보일 것이다. 하지만 좀더 살펴보면 이런 기분들은 곧 사라지게 된다. 즉, 다음과 같은 사실을 알게 되기 때문이다.

$$A=P^{m/n}$$
$$B=\frac{m}{n}AQ=\frac{m}{n}P^{m/n}Q$$
$$C=\frac{m-n}{2n}BQ=\frac{(m-n)m}{(2n)n}P^{m/n}Q^2=\frac{\left(\frac{m}{n}\right)\left(\frac{m}{n}-1\right)}{2}P^{m/n}Q^2$$
$$D=\frac{m-2n}{3n}CQ=\frac{\left(\frac{m}{n}\right)\left(\frac{m}{n}-1\right)\left(\frac{m}{n}-2\right)}{3\times 2}P^{m/n}Q^3$$
$$\vdots$$

이런 식으로 계속 해나간다. 그런 다음 뉴턴의 공식에 이들 A, B, C, D 등을 적용해서 방정식의 양변에서 공통 인수 $P^{m/n}$를 묶어내면 다음과 같이 된다.

$$P^{m/n}(1+Q)^{m/n}=(P+PQ)^{m/n}=P^{m/n}\left[1+\frac{m}{n}Q+\frac{\left(\frac{m}{n}\right)\left(\frac{m}{n}-1\right)}{2}Q^2+\frac{\left(\frac{m}{n}\right)\left(\frac{m}{n}-1\right)\left(\frac{m}{n}-2\right)}{3\times 2}Q^3+\cdots\right]$$

이 식의 양변에 있는 $P^{m/n}$을 소거하고 나면 아래와 같이 좀더 익숙한 모양의 식이 남게 된다.

$$(1+Q)^{m/n}=1+\frac{m}{n}Q+\frac{\left(\frac{m}{n}\right)\left(\frac{m}{n}-1\right)}{2}Q^2+\frac{\left(\frac{m}{n}\right)\left(\frac{m}{n}-1\right)\left(\frac{m}{n}-2\right)}{3\times 2}Q^3+\cdots$$

지금까지 뉴턴이 이끄는 대로 잘 따라왔는데 몇 가지 구체적인 예를 사용해서 이 식을 살펴보도록 하자. 예를 들어, $(1+x)^3$을 전개하려고 하면, 이 식의 Q에 x를, m/n에 3을 대입하면 된다.

$$\begin{aligned}
&(1+x)^3\\
&=1+3x+\frac{3\times 2}{2}x^2+\frac{3\times 2\times 1}{3\times 2}x^3+\frac{3\times 2\times 1\times 0}{4\times 3\times 2}x^4+\cdots\\
&=1+3x+\frac{6}{2}x^2+\frac{6}{6}x^3+\frac{0}{24}x^4+\frac{0}{120}x^5+\cdots\\
&=1+3x+3x^2+x^3
\end{aligned}$$

이 식의 계수들을 보면 파스칼의 삼각형에 의해 생성되는 패턴과 정확하게 일치하고 있음을 알 수 있다. 더구나 처음에 넣은 지수가 양의 정수 3이었으므로, 이 전개식은 네 번째 항에서 끝나게 된 것이다.

지수가 음수인 경우에는 아주 다른 현상이 나타났다. $(1+x)^{-3}$이라는 예를 전개하는데 뉴턴의 공식을 적용하면 다음과 같이 된다.

$$1+(-3)x+\frac{(-3)(-4)}{2}x^2+\frac{(-3)(-4)(-5)}{6}x^3+\cdots$$

또는 간단히 다음과 같이 나타낼 수 있다.

$$(1+x)^{-3}=1-3x+6x^2-10x^3+15x^4-\cdots$$

그런데 위의 식을 보면, 오른쪽에 있는 무한급수는 끝없이 계속된다. 음의 지수에 대한 정의를 사용해서 표현하면 이 방정식은 다음과 같이 된다.

$$\frac{1}{(1+x)^3}=1-3x+6x^2-10x^3+15x^4-\cdots \quad \text{또는}$$
$$\frac{1}{1+3x+3x^2+x^3}=1-3x+6x^2-10x^3+15x^4-\cdots$$

분수식의 곱셈을 하고 소거를 하여 뉴턴은 이 전개식이 올바른지를 점검했는데 다음과 같이 정확하게 맞다는 것이 판명되었다.

$$(1+3x+3x^2+x^3)(1-3x+6x^2-10x^3+15x^4-\cdots)=1$$

뉴턴이 $\sqrt{1-x}=(1-x)^{1/2}$과 같이 지수가 분수인 식을 전개하려고 하자 더욱 특이한 현상이 나타났다. 이 경우에는 $Q=-x$, $m/n=1/2$를 대입한다.

$$\sqrt{1-x}=1+\frac{1}{2}(-x)+\frac{(1/2)(-1/2)}{2}(-x)^2$$
$$+\frac{(1/2)(-1/2)(-3/2)}{6}(-x)^3+\cdots$$
$$=1-\frac{1}{2}x-\frac{1}{8}x^2-\frac{1}{16}x^3-\frac{5}{128}x^4-\frac{7}{256}x^5-\cdots \qquad (*)$$

이렇게 묘하게 보이는 공식을 점검하기 위해 뉴턴은 오른쪽의 무한 급수에 이 급수를 또 곱했다. —— 즉, 이 무한 급수를 제곱했다. 이렇게 해서 다음의 식을 얻었다.

$$\left(1-\frac{1}{2}x-\frac{1}{8}x^2-\frac{1}{16}x^3-\frac{5}{128}x^4-\cdots\right)\left(1-\frac{1}{2}x-\frac{1}{8}x^2\right.$$
$$\left.-\frac{1}{16}x^3-\frac{5}{128}x^4-\cdots\right)=1-\frac{1}{2}x-\frac{1}{2}x-\frac{1}{8}x^2+\frac{1}{4}x^2$$
$$-\frac{1}{8}x^2-\frac{1}{16}x^3+\frac{1}{16}x^3+\frac{1}{16}x^3-\frac{1}{16}x^3-\cdots$$
$$=1-x+0x^2+0x^3+0x^4+\cdots=1-x$$

따라서

$$\left(1-\frac{1}{2}x-\frac{1}{8}x^2-\frac{1}{16}x^3-\frac{5}{128}x^4-\cdots\right)^2=1-x$$

이 식은 다음 사실을 입증하는 것이라고 뉴턴은 말했다.

$$1-\frac{1}{2}x-\frac{1}{8}x^2-\frac{1}{16}x^3-\frac{5}{128}x^4-\cdots=\sqrt{1-x}$$

"이 〔이항〕 정리에 따르면 제곱근을 구하는 것이 훨씬 쉬워진다"라고 뉴턴은 말했다. 즉, $\sqrt{7}$의 소수 근사값을 구한다고 해보자. 먼저 다음과 같이 변형할 수 있다.

$$7=9\left(\frac{7}{9}\right)=9\left(1-\frac{2}{9}\right)$$

따라서 양변에 제곱근을 취하면 다음과 같이 된다.

$$\sqrt{7}=\sqrt{9\left(1-\frac{2}{9}\right)}=3\sqrt{1-\frac{2}{9}}$$

이제 이 제곱근을 위의 (＊)인 이항 전개식에 있는 처음 6개의 항으로 대체한다. 즉, x 대신에 2/9를 대입한다. 그러면 다음의 근사값을 구할 수 있다.

$$\sqrt{7}\approx3\left(1-\frac{1}{9}-\frac{1}{162}-\frac{1}{1458}-\frac{5}{52488}-\frac{7}{472392}\right)=2.64576\cdots$$

이 결과는 $\sqrt{7}$의 실제 값과 0.00001만 차이나는 것으로 단지 6개의 숫자로 된 항을 사용해서 이 정도로 정확한 값을 구했다는 것은 놀라운 일이다. 만약 더 많은 항을 더했다면, 훨씬 더 정확한 근사값을 구할 수 있었을 것이다. 뿐만 아니라 이 방법을 그대로 적용하여 세제곱근, 네제곱근 등의 근사값도 구할 수 있다. 그 이유는 $\sqrt[3]{1-x}=(1-x)^{1/3}$의 전개에 이항정리를 적용해서 위에서 했던 방법을 그대로 따라가면 되기 때문이다.

한편으로 생각하면 $\sqrt{7}$ 을 6개의 분수의 합으로 근사시킬 수 있다는 사실은 그렇게 놀라운 것은 아닐 수 있다. 하지만 이 모든 과정에서 정말 놀라운 것은 뉴턴의 이항 정리가 특별한 통찰이나 창의성이 전혀 필요없이 어떤 분수를 사용해야 하는지를 정확하게 말해주고 있으며, 이 분수들을 아주 기계적인 방법으로 구해낼 수 있다는 점이다. 따라서 이항 정리는 모든 차수의 제곱근을 구할 수 있는 매우 효율적이며 뛰어난 방법이었다.

곧 논의하려고 하는 위대한 정리를 설명하기 위해서는 두 가지의 정리가 필수적인데 이 이항 정리는 그 중의 하나이다. 다른 한 정리는 오늘날 적분이라고 부르는 뉴턴의 역유율법이다. 이 역유율법에 대한 자세한 설명은 이 책의 범위를 넘어서는 미적분학의 내용이므로 여기서는 다루지 않을 것이다. 그렇지만 이것에 관련된 중요한 결과를 뉴턴의 말로 제시하고 그에 따른 예를 한두 가지 살펴보고자 한다.

역유율법은 1669년에 쓴 논문이지만 1711년에 가서야 출판된 뉴턴의 논문인 《해석》(De Analysi)에 실려 있다. 이 논문은 뉴턴이 처음으로 그의 유율법에 대한 아이디어를 확장시켰고 수학을 연구하는 몇몇 동료들에게 이를 읽어보도록 했던 것이다. 예를 들어, 아이작 배로가 1669년 7월 20일에 알고 지내던 동료에게 보낸 편지에서 "…… 내 친구 중의 한 명으로 …… 아주 천재적인 재능을 지닌 사람인데 어느 날 나한테 자기가 쓴 논문을 몇 개 가져왔다"라고 쓴 것으로 미루어 배로도 이 논문을 읽었다는 것을 알 수 있다. 《해석》을 읽은 배로와 다른 사람들이 처음 접하게 되는 규칙이 있었는데 다음과 같다.

임의의 곡선 AD의 가로 좌표에 있는 선분 AB가 세로 좌표에 있는 선분 BD와 수직이 되도록 한다. 그리고 $AB=x$, $BD=y$라 하고 a, b, c 등은

OF

ANALYSIS

BY

Equations of an infinite Number of Terms.

1. *THE General Method, which I had devised some considerable Time ago, for measuring the Quantity of Curves, by Means of Series, infinite in the Number of Terms, is rather shortly explained, than accurately demonstrated in what follows.*

2. Let the Base AB of any Curve AD have BD for it's perpendicular Ordinate; and call AB $=x$, BD $=y$, and let a, b, c, *&c.* be given Quantities, and m and n whole Numbers. Then

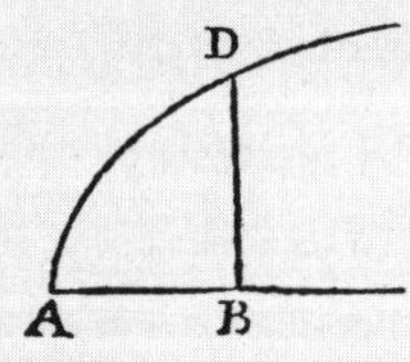

The Quadrature of Simple Curves,

RULE I.

3. If $ax^{\frac{m}{n}}=y$; it shall be $\frac{an}{m+n}x^{\frac{m+n}{n}}=$ Area ABD.

[해석(De Analysi)의 1745년 번역판에 있는 곡선 아래의 넓이를 구하는 뉴턴의 규칙]

주어진 수, m과 n은 자연수라고 하자. 그러면

규칙 1: $ax^{m/n}=y$이면, $\frac{an}{m+n}x^{(m+n)/n}=$넓이$(ABD)$가 된다.

그림 7.1을 보면, 뉴턴은 곡선 $y=ax^{m/n}$ 아래에 있고 x축 위에 있으면서 원점에서 오른쪽으로 x만큼 떨어진 길이로 둘러싸인 넓이를 구하고자 했다. 뉴턴의 설명에 따르면, 이 넓이는 $\frac{an}{m+n}x^{(m+n)/n}$라고 한다. 예를 들어, $a=m=n=1$인 직선 $y=x$의 경우를 이 공식에 적용하면 이 넓이는 $\frac{1}{2}x^2$이 된다.

이것은 삼각형의 넓이를 구하는 공식인 $\frac{1}{2}$(밑변)×(높이)를 적용하면 쉽게 확인할 수 있다. 마찬가지로, 원점과 x인 점 사이에 대한 $y=x^2$ 아래의 넓이는 $x^{2+1}/(2+1)=x^3/3$이 된다.

게다가 《해석》의 규칙 2에 있는 뉴턴의 설명에 따르면, "만약 y가 여러 개의 항으로 이루어진 경우라면, 그 넓이 또한 이들 항들의 각각에 대한 넓이들로 이루어진다." 이 규칙의 예로서 뉴턴은 곡선 $y=x^2+x^{3/2}$ 아래

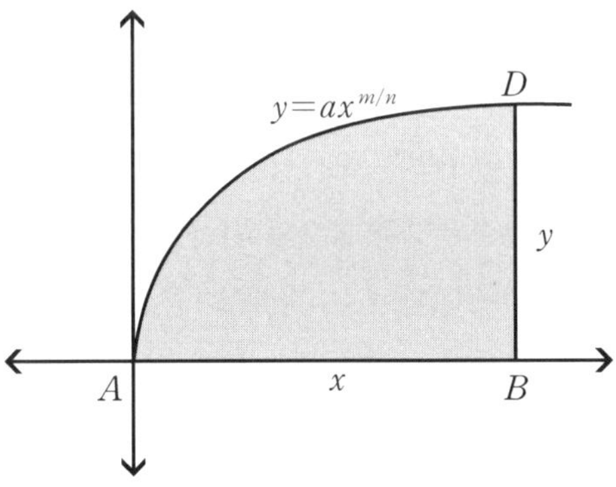

[그림 7.1]

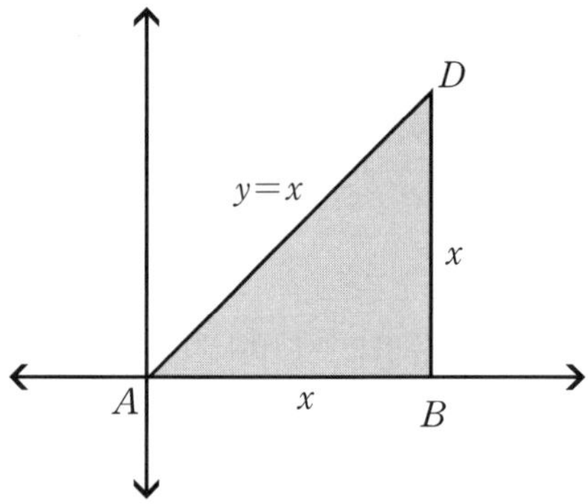

[그림 7.2]

의 넓이는 다음과 같다고 했다.

$$\frac{1}{3}x^3+\frac{2}{5}x^{5/2}$$

이렇게 해서 이항 정리와 어떤 곡선 아래의 넓이를 구하는 역유율법은 수학과 물리학 연구를 위한 뉴턴의 도구가 되었다. 이 두 방법은 수학과 물리학에 관련된 많은 어려운 문제를 해결하는 데 훌륭한 도구가 되었다. 여기서는 뉴턴이 이 도구들을 이용하여 어떻게 π의 근사값을 구하는 고전적 문제에 완전히 새로운 방법을 제시했는지를 살펴보려고 한다.

제4장의 후기에서 이 유명한 상수와 관련된 역사를 어느 정도 추적했었는데, 그 장에서는 아르키메데스, 비에트, 쿨렌과 같은 학자들이 더 정확한 값을 구하기 위해 어떤 노력을 했었는지 살펴보았다. 1670년경 이 문제가 아이작 뉴턴의 관심의 초점이 되었는데, 뉴턴은 그의 뛰어난 새로운 기법들을 사용하여 이 오래된 문제를 멋지게 해결하였다.

위대한 정리: π에 대한 뉴턴의 근사값

뉴턴은 해석 기하학의 개념들을 완전히 습득한 상태였으므로 그의 연구를 다음과 같은 기하학을 가미한 형식으로 표현했다. 그림 7.3과 같이 반지름이 $r=\frac{1}{2}$ 이고, 중심 C가 $\left(\frac{1}{2},\ 0\right)$에 있는 반원을 가지고 π에 대한 근사값을 구하기 시작했다. 뉴턴은 이 원의 방정식을 다음과 같이 나타낼 수 있음을 알고 있었다.

$$\left(x-\frac{1}{2}\right)^2+(y-0)^2=\left(\frac{1}{2}\right)^2 \quad \text{또는} \quad x^2-x+\frac{1}{4}+y^2=\frac{1}{4}$$

반원에 대한 이 방정식을 y에 관해 간단히 풀면 다음과 같이 된다.

$$y=\sqrt{x-x^2}=\sqrt{x}\,\sqrt{1-x}=x^{1/2}(1-x)^{1/2}$$

(뉴턴이 왜 이런 특수한 반원을 선택했는지는 완전한 수수께끼로 그 이유를 알 수 없지만, 이 반원이 이 문제의 해결에 특별히 유용하다는 사실은 끝에 가면 자연히 알게 된다.)

앞에서 제시했던 (*) 표시의 방정식에서, $(1-x)^{1/2}$은 이항 정리의 전개식으로 나타낼 수 있으므로 이 반원의 방정식은 다음과 같이 된다.

$$\begin{aligned} y&=x^{1/2}(1-x)^{1/2} \\ &=x^{1/2}\left(1-\frac{1}{2}x-\frac{1}{8}x^2-\frac{1}{16}x^3-\frac{5}{128}x^4-\frac{7}{256}x^5-\cdots\right) \\ &=x^{1/2}-\frac{1}{2}x^{3/2}-\frac{1}{8}x^{5/2}-\frac{1}{16}x^{7/2}-\frac{5}{128}x^{9/2}-\frac{7}{256}x^{11/2}-\cdots \end{aligned}$$

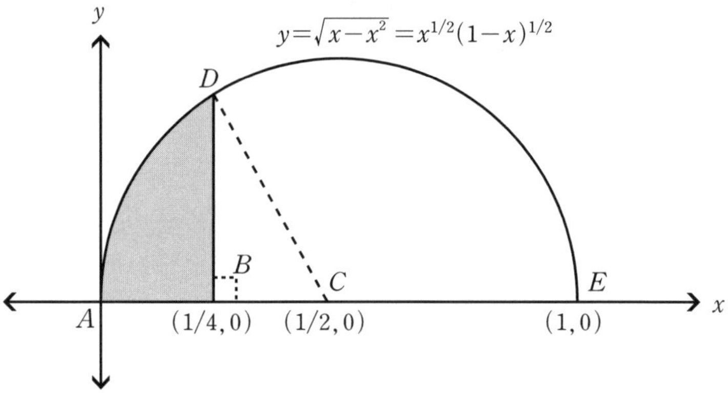

[그림 7.3]

여기서부터 아이작 뉴턴의 천재적 재능이 발휘된다. 그림 7.3과 같이 점 $\left(\frac{1}{4},\ 0\right)$을 B라 하고 이 반원의 지름 AE에 수직이 되도록 BD를 그었다. 그런 다음 음영으로 표시된 넓이 ABD를 아주 다른 두 가지 방법으로 접근했다.

1. 역유율법에 의한 넓이(ABD)의 계산

앞에서 언급했던 것처럼, 뉴턴은 이러한 곡선의 0에서 시작해서 오른쪽으로 $x=\frac{1}{4}$까지 아래에 있는 넓이를 구하는 법을 알고 있었다. 즉, 위에서 보듯이 y가 여러 개의 항으로 구성되어 있으므로 해석의 규칙 1에 의해 각 항의 넓이를 구하고, 규칙 2에 의해 이들 각 항의 넓이를 더하면 음영으로 표시된 부분의 넓이는 다음과 같이 된다.

$$\frac{2}{3}x^{3/2}-\frac{1}{2}\left(\frac{2}{5}x^{5/2}\right)-\frac{1}{8}\left(\frac{2}{7}x^{7/2}\right)-\frac{1}{16}\left(\frac{2}{9}x^{9/2}\right)-\cdots$$
$$=\frac{2}{3}x^{3/2}-\frac{1}{5}x^{5/2}-\frac{1}{28}x^{7/2}-\frac{1}{72}x^{9/2}-\frac{5}{704}x^{11/2}-\cdots \quad (**)$$

$x=\frac{1}{4}$ 을 대입하여 계산해보면, 그 결과가 얼마나 간단하게 나타나는지를 다음과 같이 알 수가 있다. 이것이 바로 뉴턴의 방법이 보여주는 뛰어난 점이다.

$$\left(\frac{1}{4}\right)^{3/2}=\left(\sqrt{\frac{1}{4}}\right)^{3}=\frac{1}{8}, \qquad \left(\frac{1}{4}\right)^{5/2}=\left(\sqrt{\frac{1}{4}}\right)^{5}=\frac{1}{32}, \cdots$$

따라서 위의 급수로 표현된 식 (**)에 있는 처음 9개의 항을 사용하여 음영으로 된 넓이(ABD)의 근사값을 구한 결과는 다음과 같다.

$$\frac{1}{12}-\frac{1}{160}-\frac{1}{3584}-\frac{1}{36864}-\frac{5}{1441792}\cdots$$
$$-\frac{429}{163208757248}=0.07677310678$$

2. 기하학적인 방법에 의한 넓이(ABD)의 계산

이렇게 역유율법을 사용해서 넓이를 구한 다음, 뉴턴은 순전히 기하학적인 측면에서 이 음영으로 된 넓이 문제를 다시 생각해보았다. 먼저 직각삼각형 $\triangle DBC$의 넓이를 구했다. BC의 길이는 $\frac{1}{4}$이고 반지름인 CD의 길이는 $r=\frac{1}{2}$ 임을 알 수 있다. 피타고라스 정리를 적용하면 BD의 길이는 다음과 같다.

$$\overline{BD}=\sqrt{\left(\frac{1}{2}\right)^2-\left(\frac{1}{4}\right)^2}=\sqrt{\frac{3}{16}}=\frac{\sqrt{3}}{4}$$

따라서,

$$\text{넓이}(\triangle DBC)=\frac{1}{2}(\overline{BC})\times(\overline{BD})=\frac{1}{2}\left(\frac{1}{4}\right)\left(\frac{\sqrt{3}}{4}\right)=\frac{\sqrt{3}}{32}$$

그 다음 뉴턴은 부채꼴 모양의 또는 파이 모양의 부분인 ACD의 넓이를 구하고자 했다. 이 넓이를 구하기 위해 그는 다시 $\triangle DBC$를 참조했다. BC의 길이는 이 삼각형의 빗변인 CD 길이의 정확히 반이므로, 그는 이 삼각형이 잘 알고 있는 30도, 60도, 90도의 직각삼각형임을 알았다. 특히, $\angle BCD$가 60도였다.

여기서 다시 한번 뉴턴의 예리한 통찰을 엿볼 수 있다. 만약 B가 아닌 점에서 수선을 그었다면 지금처럼 간단한 60도의 각을 얻을 수 없었기 때문이다. 그러나 이 부채꼴의 중심각이 60도 —— 즉, 반원을 이루는 각의 크기인 180도의 $\frac{1}{3}$ —— 임을 알게 된 뉴턴은 이 넓이가 반원 넓이의 $\frac{1}{3}$임을 알았다. 이를 간단히 표현하면 다음과 같다.

$$\begin{aligned}\text{넓이}(\text{부채꼴})&=\frac{1}{3}\,\text{넓이}(\text{반원})\\&=\frac{1}{3}\left(\frac{1}{2}\pi r^2\right)=\frac{1}{3}\left[\frac{1}{2}\pi\left(\frac{1}{2}\right)^2\right]=\frac{\pi}{24}\end{aligned}$$

지각력이 예민한 독자라면 지금 설명하고 있는 이 위대한 정리가 π에 대한 뉴턴의 근사값을 구하는 것임을 알고 있겠지만, 언제, 어떻게 이 상수가 이야기에 등장할 것인지에 대해서는 여전히 궁금하게 생각하고 있을 것이다. 그런데 마침내 이 π가 뉴턴의 추론에 나타나기 시작했는데, 이제 한두 단계만 거치면 놀라운 효율성을 지닌 이 상수에 대한 근사값을 얻게 된다.

여기에서 기하학적 방법에 의한 음영으로 된 부분의 넓이는 다음과 같이 된다.

$$\text{넓이}(ABD)=\text{넓이(부채꼴)}-\text{넓이}(\triangle DBC)=\frac{\pi}{24}-\frac{\sqrt{3}}{32}$$

위에서 동일한 음영 부분의 넓이에 대한 역유율법과 이항 정리를 사용해서 구한 근사값이 지금 구한 결과와 같으므로 $0.07677310678 \approx \pi/24-\sqrt{3}/32$이고 이 식을 π에 관해 풀어주면 아래와 같은 근사값을 얻게 된다.

$$\pi \approx 24\left(0.07677310678+\frac{\sqrt{3}}{32}\right)=3.141592668\cdots$$

Q.E.D.

이 근사값을 구하는 과정에서 놀라운 것은 이항 정리의 전개식에 의해 나온 단지 9개의 항을 사용해서 π의 값을 소수 일곱 번째 자리까지 정확하게 구했다는 것, 그리고 이 근사값과 실제 π의 값과의 차이가 0.000000014보다 작다는 점이다.

이 결과는 제4장에서 언급했던 비에트나 큘렌의 훌륭한 계산 방법을 뛰어넘는 주요한 발전임을 나타내는 것이다. 사실, 이 방법을 사용할 경우 위의 결과에 나타난 것처럼 $\sqrt{3}$의 정확한 근사값을 계산해야 하는 어려움이 있다. 하지만 앞에서 본 것처럼 뉴턴의 이항 정리는 제곱근의 계산을 쉽게 하도록 도와준다. 결론적으로 말하면, π의 근사값 계산 결과는 이항 정리와 역유율법이라는 그의 새로운 수학적 발견이 수학의 고전 문제를 성공적으로 해결하는 데 뛰어난 효율성을 지니고 있음을 분명하게 입증한 것이었다.

뉴턴의 π에 대한 근사값 구하는 방법은 1671년에 썼지만 수십 년 동안 발표하지 않았던 《무한 급수와 유율법》(Methodus Fluxionum et Serierum Infinitarum)이라는 논문에서 직접 인용한 것이다. 이 논문은 그보다 몇 년 전에 쓴 해석에 있는 유율법의 아이디어를 확장한 것이었다. 이 무한 급수와 유율법에서 뉴턴은 $\sqrt{1-x}$ 를 20개항까지 이항 전개하여 π의 값을 소수 16번째 자리까지 계산했다. 어느 때인가 뉴턴은 이런 근사값 계산에 대해 언급하면서 "그때 당시 별다른 일이 없었으면서도 이 π의 계산에 대해 이런 정도의 소수 자리까지밖에 내놓지 못했던 것을 부끄럽게 여긴다"라고 다소 소심하게 고백했다.

뉴턴의 이런 부끄러운 생각에도 불구하고 수학의 신비스러운 아름다움을 느끼는 사람들은 "…… 발명을 위한 최고 전성기의 나이였고, 이때부터 그 어느 때보다도 수학과 철학에 매료되었다"고 하는 시기였음에도 불구하고 대학이 휴교에 들어가 고향으로 내려와 있었기 때문에, 창의성으로 가득 찬 뉴턴이었지만, 다른 급한 일이 없어 지금까지 살펴본 이렇게 훌륭한 수학을 창조해냈다는 것에 대해 감사하고 있다.

후 기

여기까지의 이야기는 1660년대 중반 전염병이 돌았던 2년 동안 트리니티 칼리지의 학생이었던 뉴턴의 업적 중 몇 가지에 관한 것이다. 그러나 뉴턴은 이때부터 60년이나 더 살았는데, 그 삶은 영국의 작은 마을 출신의 불행했던 한 아이를 놀라울 만치 높은 명성과 영향력을 지닌 인물이 되도록 했다. 이 장의 마지막에서는 그의 영광스러웠던 인생 여정의 나머지 부분을 살펴보려고 한다.

1668년, 뉴턴은 그의 석사 학위를 마치면서 트리니티 칼리지의 연구 교수가 되었다. 이것은 거룩한 수도회에 들어와서 결혼하지 않으면서 재정적 지원과 함께 그의 학문적 지위를 평생 유지할 수 있음을 의미했다. 그러나 이러한 혜택도 그에게는 충분하지 못한 듯 그 다음 해 아이작 배로가 수학의 루카스 교수직을 사임하면서 그의 후계자로 뉴턴을 임명하게 되었다. 이 일에 대한 아름다운 일화에 따르면 배로는 뉴턴이 자신보다 수학에서 뛰어나다는 점을 인정하고서 도의상 그 자리를 차지하고 있을 수 없다고 판단하여 루카스 교수직에서 물러났다고 한다. 하지만 배로가 이렇게 한 실제적인 동기는 이 이야기와는 다소 거리가 멀다. 배로도 그리스어와 신학에 뛰어난 학자였으므로 다른 쪽으로의 연구를 할 수 있는 좀더 높은 지위를 얻으려고 하고 있었다. 실제로 루카스 교수직을 사임한 후 배로는 그 다음 해에 찰스 2세를 보좌하는 목사로 임명되었다.

그럼에도 불구하고 배로는 무명의 젊은 동료였던 뉴턴이 그 자리에 임명되도록 했던 사람이었다. 배로는 뉴턴의 뛰어난 재능을 분명 알고 있었는데 뉴턴을 "…… 우리 대학의 연구 교수이면서, …… 아주 젊지만 …… 비범한 천재성과 능력을 가진" 사람이라고 진심으로 추천했다.

루카스 교수로서 뉴턴이 해야 할 일은 최소한의 것이었다. 지도할 학생을 받을 필요도 없었고 또한 어떤 종류의 개별 지도도 할 필요가 없었다. 상당한 액수의 봉급을 받으면서 종교적 순결을 유지하는 일 외에 정규적으로 수학 주제와 관련된 강의를 하는 것만이 그의 주요한 일이었다. 학문의 열정에 가득 찬 학생들이 이 위대한 학자의 강의를 듣기 위해 강의실로 홍수처럼 밀려들어오는 장면을 상상하는 사람들은 곧 놀라운 사실을 발견하게 된다. 그 당시 뉴턴이란 이름은 그리 밖으로 널리 알려지지 않은 인물이었고 또한 케임브리지의 학생들은 열정적으로 학문을 탐구하려는 자세를 가지지도 않았었다. 루카스 교수로서 뉴턴의 강의에 대해 그 당시 어떤 사람은 이렇게 말했다.

> …… 너무나 적은 수의 학생들이 그의 강의를 들으러왔고, 그 중 그의 강의를 이해하는 학생들은 극소수였기 때문에 종종 벽을 향해 강의를 하곤 했다.

이것에 덧붙여 이 사람에 따르면 강의를 들으러온 학생들이 한 명도 없을 때가 아니라면 뉴턴은 한 30분 정도 강의를 했고, 한 명도 없을 때는 단지 15분 동안만 강의실에 머물렀다고 한다.

뉴턴은 비록 훌륭한 강의는 못했지만, 그의 과학적 업적은 경이적인 것이었다. 그는 친구도 별로 없었고 세상과 담을 쌓고 지냈기 때문에 트리니티 칼리지에서는 괴상한 인물로 알려졌다. 오랫동안 뉴턴과 친구로 지냈던 사람에 따르면, 뉴턴이 큰 소리로 웃는 것을 딱 한 번 본 적이 있다고 회고했다. 뉴턴은 유클리드《원론》의 복사본을 살펴보던 한 동료가 이렇게 낡아빠진 오래된 책이 무슨 가치가 있느냐고 질문하자 정말 큰 소리로 웃었다고 한다.

그의 조카인 험프리 뉴턴의 다음 글은 교수로서의 뉴턴의 모습을 가장 잘 표현한 것 중의 하나이다.

> 그는 연구를 하느라 항상 연구실에 있었고, 다른 사람을 방문하는 적이 거

> 의 없었으며 또한 그를 방문하는 사람도 거의 없었다. …… 말을 타고 바람을 쐬거나, 산책을 하거나 그렇지 않으면 어떤 운동을 한다든지 또는 기분을 전환하거나 쉬면서 시간을 보내는 것을 결코 본 적이 없다. 연구를 하지 않을 때는 명상을 하면서 시간을 보냈다. …… 식당으로 식사를 하러 가는 경우도 거의 없었는데 혹시 나가는 경우가 있을 때는 구두는 발뒤꿈치까지 내려가고, 양말은 풀어헤쳐지고, 머리는 빗지도 않고, 흰색의 예복을 그대로 입은 채 아무 생각 없이 나가기 일쑤였다.

그럼에도 불구하고《해석》과《유율법》과 같은 뉴턴의 출판되지 않은 논문들을 사람들이 읽으면서 그의 명성은 점점 높아져가기 시작했다.

그가 처음으로 대중적인 큰 명성을 얻게 된 것은 1671년, 런던에서 있었던 왕립 협회의 모임에 새로 개발한 반사 망원경을 선보였을 때였다. 이 광학 장치는 뉴턴의 빛에 대한 이론과 기계장치를 만드는 그의 실제적인 능력을 결합하여 보여준 완벽한 작품이었다. 과학계에서는 그의 이런 노력에 찬사를 보냈고, 무겁고 불안정한 렌즈를 앞쪽에 두지 않고 바닥 쪽에 거울을 대신 설치해놓은 반사 망원경은 오늘날까지도 광학 천문학에서 선호하는 도구가 되었다.

이 발명의 성공으로 기세를 올린 뉴턴은 얼마 지나지 않아 이 왕립 협회에 광학에 관한 한 편의 논문을 제출했다. 그렇지만 그 당시 후커(Robert Hooke)와 같은 유명한 학자들은 그의 급진적인 아이디어들을 비웃었으며 실현 가능성이 없는 회의적인 것으로 생각했다. 학문을 연구하는 학자의 세계에서는 흔히 일어나는 논쟁을 뉴턴은 아주 싫어했다. 다른 학자들의 비난에 마음의 상처를 입은 뉴턴은 자신보다 못한 학자들과 더 이상의 논쟁에 휘말리고 싶지 않아서 자신의 생각을 출판하거나 다른 학자와 교환하는 것도 거부한 채 혼자만의 세계로 더욱 깊숙이 빠져들어갔다. 이런 결심으로 인하여 뛰어난 과학적 논문들이 수십 년 동안이나 책상 서랍 속에서 출판되지 않아 세상 사람들에게 알려지지 않았다. 다음 장에서 더 자세한 이야기를 다루겠지만, 다른 사람들에 의해 최초로 출판된 아이디어의 출처는 바로 자신이라는 주장을 그 후 몇 년 내에 했을 때 —— 특히 미적분학의 경우 —— 뉴턴의 이런 행동은 심각한 결과를 초래하게 되었다.

1670년대가 지나가면서 뉴턴은 수학과 물리학에 대한 관심을 다른 쪽으로 돌려 연금술에 많은 시간과 노력을 바쳤는데, 현대 화학자들의 정신을 뉴턴의 이런 탐구 활동에서 볼 수 있다. 화학자의 현대적 탐구 정신보다는 덜 현대적이지만 선지자들의 나이와 활동 연대를 추적하여 계산함으로써 성경을 연구하였고, 모세의 십계명을 새긴 두 개의 석판을 넣은 궤의 크기를 계산하는 등의 일도 하였다. 이런 식으로 성경을 아주 꼼꼼하게 분석하느라 헤아릴 수 없이 많은 시간들을 보냈다. 이 연구의 결과에 따라 하느님, 예수, 성령을 일체로 보는 삼위일체설(Trinity) —— 아주 이상하게 일이 꼬여 그가 몸담고 있는 대학 명칭의 출처 —— 에서 예수를 삼위일체의 하나로 보는 것은 잘못이라는 주장을 했던 것으로 추측된다. 그의 이런 주장은 지나치게 과격하여 대학으로부터 적어도 루카스 교수직을 유지하기 위해서는 입 조심하라는 경고를 받기도 했다.

어느덧 세월이 흘러 1684년이 되었다. 자신의 이름을 딴 핼리 혜성으로 나중에 유명하게 되는 핼리(Edmund Halley)가 뉴턴을 찾아와서 뛰어난 발견들을 논문으로 출판하라고 재촉했던 것이 이 해였다. 여느 때와 마찬가지로 뉴턴은 논문의 출판을 망설였는데 핼리는 출판비는 걱정하지 말라고 하면서 또한 간직했던 이 발견들을 세상 밖으로 보여줄 때가 되었다고 뉴턴을 설득했다. 이렇게 하여 그의 과학적 걸작이 될 운동법칙과 만

유인력의 법칙에 대한 연구를 기술하는 작업에 몰두하게 되었다. 이 작업의 성과를 1687년 《자연철학의 수학적 원리》(Philosophiae Naturalis Principia Mathematica)라는 제목으로 출판하였다. 이 책에서 뉴턴은 달과 행성들의 운동에 대한 정확한 수학적 전개를 통하여 우주의 이치를 설명했다. 뉴턴은 자신의 멋진 수학 방정식을 질서정연하게 사용하여 세상 모든 창조물들을 아주 정확하게 설명했다. 이 《프린키피아》(Principia)가 출판된 후 과학은 이전과 결코 같은 모습을 하지 않게 되었다.

《프린키피아》는 위대한 걸작이었다. 이 책의 복잡한 모든 내용을 이해할 수 있는 사람은 거의 없었지만, 세상의 모든 사람들은 뉴턴을 거의 초인적 인물로 평가하였다. 여러 해가 지난 후 프랑스 수학자 라플라스(Pierre-Simon Laplace)는 뉴턴의 과학적 발견들에 대해 느꼈던 존경, 경외심 그리고 질투를 다음과 같이 표현했다.

> 우주의 이치를 두 번 다시 정립할 필요가 없도록 만든 뉴턴은 지금까지의 천재 중에서 가장 위대한 천재였으며 최고의 행운아였다.

《프린키피아》 출판 다음 해에 영국의 역사에서는 획기적인 일들이 일어났다. 1688년 말, 스튜어트 왕가의 마지막 왕이었던 제임스 II세가 폐위되었고 그 뒤를 이어 윌리엄 III세와 메리 II세가 왕위를 계승하였다. 그 이후에 있었던 '명예 혁명(Glorious Revolution)'이라는 정치적 개혁은 의회 정치의 탄생을 가져왔으며, 왕정 체제는 이와 동시에 사라지게 되었다. 흥미롭게도 1689년 케임브리지를 대표하여 영국 국회의사당의 의회 의원이 된 사람은 다름 아닌 루카스 교수직에 있었던 아이작 뉴턴이었다.

새로운 정부의 지지자로서 의회의 의원직을 수행하는 데 뉴턴은 영국 정부에 대해 인상 깊은 활동을 거의 하지 못했다. 그럼에도 불구하고 그의 삶은 완전히 새로운 방향으로 향해 가고 있었다. 더 이상 혼자서 연구실에 고립된 학자가 아닌, 불과 몇 년 전에는 상상할 수도 없었던 태도로 뉴턴은 이제 대중 앞에 나타났다. 《프린키피아》의 대단한 성공에 힘입어 이 케임브리지의 교수는 이제 점차 런던의 공직에 있는 인물이 되어가고 있었다. 로크(John Locke)과 핍스(Samuel Pepys)와 같은 당대의 유명한 인물들과 친구가 되면서 이런 변화를 즐기는 것 같았다. 비록 1693년, 경미한 신경 쇠약을 겪었지만 —— 연금술 실험을 하면서 매일 같이 사용했던 화학 약품 때문에 —— 뉴턴은 1695년 즈음에 정상을 되찾았으며, 그 다음 해에 루카스 교수직을 사임하고 트리니티 칼리지를 떠났다. 울스소프 출신의 평범한 학부 학생으로 이곳에 온 지 35년의 세월이 흐른 뒤였으며, 이 기간은 어떤 사람도 예상하지 못했던 쪽으로 이 젊은 사람을 변화시켜 놓았다.

그렇다면 이 전직 교수는 그 뒤로 무엇을 했을까? 공직에 대해 호감을 가지고 있었고 자신의 과학적 연구 활동도 전성기를 지나고 있음을 점차 인식하게 된 뉴턴은 완전히 다른 일을 하려고 했다. 그래서 1696년, 뉴턴은 조폐청장의 자리를 수락하였다. 그때 당시 영국의 화폐는 런던 탑에서 제조되었는데 청장의 경우 이곳에서 살면서 공직을 수행해야만 했다. 뉴턴은 영국 화폐를 새롭게 주조하는 사업을 관리 감독했으며 런던 시의 재정가와 은행가들이 서로 잘 융화되도록 하는 등 이 조폐청장의 직을 훌륭히 수행했다고 모든 사람들이 평가했다.

이 기간에도 뉴턴은 그의 과학에 관한 저술 활동을 계속 했다. 1704년, 《프린키피아》가 중력의 법칙을 다루었던 것처럼 그의 광학 이론들을 집대성한 《광학》(Opticks)을 출판하였다. 흥미로운 사실은 이 광학의 부록에

《곡선의 구적》(De Quadratura)이라고 하는 제목으로 그의 유율법에 대한 설명이 처음으로 실려 있었다는 것이다.

비록 광학 이론에 관한 뉴턴의 아이디어는 이미 40년 전에 계발된 것이었지만, 세상 사람들이 이것을 책으로 보게 된 것은 1704년이 되어서였다. 그렇지만 불행하게도 이 책의 출판은 너무 늦은 감이 있었다. 유럽 대륙의 수학자들은 이미 수년 전에 미적분학에 관한 자신들의 연구물들을 출판했다. 유럽 대륙의 어떤 수학자들은 지금 출판된 아이디어들이 실제로는 이미 40년 전의 것이었다는 뉴턴의 주장을 의심하지는 않았지만, 무관심하게 받아들였다.

《광학》을 출판하기 바로 앞서 뉴턴은 왕립 협회의 회장으로 선출되었었다. 조폐청장 당시에 보여주었던 뛰어난 행정 능력을 이 자리에서도 어김없이 발휘하였다. 뉴턴은 죽을 때까지 이 협회의 회장직을 유지했다.

견줄 만한 사람이 없을 정도로 뛰어난 과학자였고, 걸출한 수학자였으며, 뛰어난 행정 능력을 겸비한 공직자였고, 그리고 왕립 협회의 회장이었던 아이작 뉴턴은 이러한 공을 인정받아 1705년 앤 여왕으로부터 최고의 존경의 표시인 나이트 작위를 받았다. 당연히 이 작위 수여식은 케임브리지의 트리니티 칼리지에서 거행되었다. '아이작 경' 이라는 존경스러운 칭호를 간직한 채 뉴턴은 22년을 더 살았다.

뉴턴은 이 22년 동안 런던에 살면서 조폐청과 왕립 협회의 장으로서의 일을 했고, 과학적 저술 활동도 하면서 영국의 수도에 영향을 주는 인물로 시간을 보냈다. 아이작 경에게 이 몇 년간이 분명 최고의 해였을 것이며, 그의 권력과 명성은 —— 개인적인 부는 말할 것도 없이 —— 끊임없이 높아만 갔다.

뉴턴은 1727년, 84세의 나이로 세상을 떠났으며 그는 국가적인 보배로

[케임브리지의 루카스 교수직으로 있을 때의 뉴턴]

존경을 받았고 충분히 그럴 만한 인물이었다. 유럽의 진정한 주도적 과학자로서 그가 준 영향은 가히 혁명적이라고 할 수 있었다. 그의 업적에 대한 존경의 표시로서 뉴턴은 영국의 여러 왕 및 전쟁 영웅들과 함께 웨스터민스터 사원에 묻혔다. 오늘날 뉴턴의 동상은 이 사원의 성가대를 위한 대형 칸막이가 있는 왼쪽 현관에 우뚝 서 있어서 이 경건한 장소에 들어오는 모든 사람들이 쉽게 볼 수 있다.

온 세계 사람들이 그에게 아낌없는 찬사를 보냈다. 예를 들어, 영국의 위대한 시인인 포프(Alexander Pope)는 다음과 같은 감동적인 시를 썼다.

자연과 자연의 법칙들이 어두운 밤하늘에 숨어 있었네.
조물주께서 "뉴턴이 있어라" 하시니 이 모든 것이 어둠 속에서 밝아졌네.

또 다른 유명한 시인인 워즈워스(William Wordsworth)는 트리니티 칼리지에서 보냈던 어느 날 밤의 경험을 이렇게 적었다.

그리고 침대에 누워 창문을 통해 바라본다.
달빛과 별빛에 어렴풋이 보이는
뉴턴의 동상이 서 있는 교회당 건물을
프리즘을 손에 들고 조용한 얼굴을 한 뉴턴,
그는 사색의 낯선 대양을 평생 홀로 항해한
이성적 정신의 뛰어난 표본이다.

이 외로운 사색의 항해자가 세상에 끼친 영향을 어느 정도까지 높게 평가해야 할지는 어려운 일이다. 다만 1세기 전 온갖 기이한 미신과 엄격한 잣대에 의한 과학이 결합되었던 카르다노의 특이한 세계관과 뉴턴 이후의 세계관을 비교해보면, 어느 정도 이 문제를 해결할 수 있다고 판단된다. 그 당시 세계는 행성의 출현에서부터 개인적인 불행에 이르기까지 모든 것에 초자연적인 힘이 존재한다고 믿었던 비합리적인 장소로 인식되었다. 그런데 뉴턴은 우주에 대한 정확한 이론을 사용하여 자연으로부터 이 초자연적인 힘을 제거했다. 뉴턴의 업적은 보통 인간이라면 이해할 수 있는 근본적인 법칙에 의해 지배되는——이것은 뉴턴이 우리에게 남긴 결코 작지 않은 유산이다.——이 세계의 합리성을 기술한 것이었다.

뉴턴이 케임브리지에 온 지 166년이 지난 후 또 다른 영국의 젊은이가 뉴턴이 머물렀던 트리니티 칼리지의 낡은 방으로부터 불과 얼마 안 되는

[영국의 1파운드 지폐에 있는 뉴턴의 초상화]

곳에 있는 케임브리지의 크리스트 칼리지(Christ College)에 입학했다는 사실은 흥미로운 일이다. 이 젊은이가 바로 다윈(Charles Darwin)이었는데 오래 전 뉴턴이 걸었던 케임브리지의 그 거리들을 걷고 있었다.

뉴턴처럼 다윈도 그의 발견들을 책으로 내는 것을 싫어했는데 마침내 1859년, 《프린키피아》가 물리학의 걸작이었다면 생물학의 걸작에 해당하는 《종의 기원》(Origin of Species)이라는 고전을 집필했다. 심지어 뉴턴이 '자연'을 물리학적 세계로 설명했다면, 다윈은 이 지구상에 존재하는 생명체에 대해 그 당시까지 설명할 수 없는 이들의 성장이나 변화, 발달의 메커니즘을 밝힘으로써 '자연'을 생물학적 세계로 설명했다. 이 두 사람의 이론은 인간이 세상의 실체를 지각하는 방식에 혁신적인 영향을 주었는데 이것은 단순한 과학을 훨씬 초월한 것이었다. 다윈도 현재 웨스트민스트 사원에 묻혀 있는데 뉴턴의 기념비에서 불과 몇 미터 떨어지지 않은 곳에 있다. 이들은 최고의 경지에 오른 케임브리지 출신의 과학의 두 거장이었다.

말년에 아이작 뉴턴은 그의 놀라운 지적 경험을 회고하면서 자신이 다른 사람들보다 멀리 볼 수 있었던 것은 거인들의 어깨 위에 서 있었기 때문이었다고 말했다. 그가 말하는 거인들이란 당연히 비에트, 갈릴레오, 데카르트, 그리고 영웅의 세기에 있었던 여러 다른 위대한 인물들을 일컫는 것이다. 이제 미래 세대의 학자들이 뉴턴의 어깨 위에 서 있는 날이 올 것이다. 다음의 글은 자신의 긴 생애에 대한 뉴턴의 인상적인 회고이며 또한 자기 자신에 대한 평가였는데 뉴턴과 관련해서 자주 인용되는 글이다.

> 세상 사람들에게 내가 어떻게 비춰질지 모르겠지만, 나 스스로에게 나 자신은, 진리의 거대한 대양이 저만치에서 미지인 채로 놓여 있었다면 그 대양의 바닷가에서 매끄러운 돌이나 아름다운 조개나 찾으며 즐겁게 놀고 있는 어린 아이에 불과하지 않았나 생각한다.

웨스트민스터 사원에서 안식을 취하고 있는 뉴턴의 묘비에는 다음과 같이 그를 아주 잘 표현한 비문이 적혀 있다.

> 사람들이여, 인류의 존경을 받으면서 살았던 그토록 위대한 자를 경하하라.

CHAPTER 08

베르누이와 조화급수

The Bernoullis and the Harmonic Series
(1689)

라이프니츠의 기여

아이작 뉴턴이 영국 케임브리지 대학의 연구실에서 수학의 면모를 바꾸고 있는 동안 유럽 대륙의 수학자들도 나태하게만 있지는 않았다. 데카르트, 파스칼, 페르마의 연구에 영향을 받은 대륙의 수학은 17세기 후반기 동안 번창해갔다. 그때까지 유럽 대륙에서 가장 위대한 수학자는 라이프니츠(Gottfried Wilhelm Leibniz, 1646-1716)였다.

여러 분야에 만능인 천재로 자주 거론되는 라이프니츠는 다양한 학문 분야에 정통했으며 각 분야마다 큰 업적을 남겼다. 그는 도덕철학 교수였던 아버지의 큰 서재를 들락거리며 책을 읽던 신동이었다. 어린 라이프니츠는 아주 어릴 때부터 라틴어와 그리스어를 독학으로 통달했으며, 아버지 서재의 책들을 엄청나게 읽으면서 대부분의 시간을 보낸 후 15세에 라이프치히 대학교에 입학했다. 열심히 대학 공부를 한 결과 조기에 졸업을 했으며, 불과 20세에 알트도르프(Altdorf) 대학교에서 박사학위 논문을 완성했다.

장래가 촉망되는 학자로서의 경력을 쌓을 수도 있었지만, 라이프니츠는 대학을 떠나 그 당시 여러 개의 작은 주로 분할되어 있던 독일의 한 주의 주도였던 마인츠(Mainz)시의 군주격으로 황제 선정권을 가졌던 선제후(選帝侯)의 법률 고문 일을 하게 되었다. 그가 이곳에서 했던 일은 복잡한 법률적 문제를 처리하고, 신성 로마제국의 주요한 개혁을 담당하는 일이었다. 이런 가운데서도 시간을 절약하여 반복 덧셈으로 곱셈을 하고 마찬가지로 반복 뺄셈으로 나눗셈을 신속하게 하는 계산기계를 설계하기도 했다. 비록 그 당시의 공학기술로는 이런 기계를 만드는 것이 힘들었지만 ――자신이 설계한 이 기계의 효능에 대해 크게 선전했던 라이프니츠를 무안케 하는 일이었다.―― 그 이론은 견고했고 궁극적으로는 실현가능한 것이었다.

1672년, 라이프니츠는 고위급 외교관이 되어 파리로 파견되었다. 그는 프랑스 수도의 지적인 삶에 도취되었으며 런던과 네덜란드로 틈틈이 여행을 하면서 후크(Hooke), 보일(Boyle), 루벤호크(van Leeuwenhoek), 그리고 철학자 스피노자(Spinoza) 등 당시 유명했던 학자들을 만났다. 이런 학자들과의 만남을 통해서 라이프니츠는 활발한 학문적 분위기에 있는 자기 자신을 발견했다. 그러면서 1672년, 자신의 수학적 지식이 대부분 고전 걸작들에 한정되어 있음을 인식하게 되었다. 그래서 천재성과 호기심으로 가득 찬 라이프니츠는 그 당시 수학의 최신 흐름과 방향을 공부할 수 있는 '단기 속성 과정'이 필요했다.

다행스럽게도 파리에서 이를 위한 완벽한 기회를 발견할 수 있었다. 이 기회는 네덜란드의 과학자 호이겐스(Christiaan Huygens, 1629-1695)에 의해 주어졌는데, 호이겐스는 그 당시 대왕 또는 태양왕으로 불리던 루

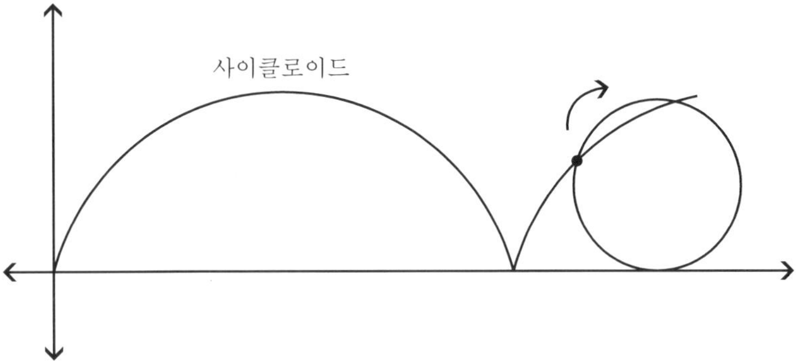

[그림 8.1]

이스 14세로부터 연구 장려금을 받으면서 파리에 살고 있었다. 호이겐스의 학문적 자질은 대단했다. 이론적인 측면에서 볼 때, 그는 수학적 곡선 중에서도 특히 '사이클로이드(cycloid)'라고 알려진 곡선에 대해 심도 있는 연구를 하였다. 이 곡선은 그림 8.1과 같이 원의 둘레에 임의로 한 점을 고정시키고 이 원을 수평선을 따라 구를 때 이 점이 움직이면서 그리는 경로를 말한다. 호이겐스의 이 발견은 최초의 진자 시계의 설계에 핵심적 역할을 했는데, 이 시계의 내부 작동은 이 사이클로이드 곡선과 밀접한 연관성을 가지고 있었다.

이 발명이 의미하는 바에 따르면 호이겐스는 순수수학보다는 다른 분야에 관심을 가지고 있었다. 운동의 법칙에 대한 연구, 원심력에 대한 연구, 그리고 호이겐스 원리라고 하는 빛에 대한 정교한 파동 이론의 제안 등을 통해서 실제로 그가 최고이면서 불후의 명성을 얻은 분야는 물리학과 천문학이었다. 게다가 호이겐스는 망원경을 통해서 관찰되는 아주 괴상한 모양을 한 토성 주위의 물체가 사실 이 토성의 환이란 것을 최초로 설명한 사람이었다.

이렇게 과학적 지식이 풍부한 호이겐스가 파리 근교에 있었기에 라이프니츠가 자신의 집중적인 수학 훈련을 그에게 부탁한 것은 그리 이상한 일이 아니었다. 호이겐스가 라이프니츠의 스승이었다고 하면 조금 과장된 표현이겠지만, 호이겐스는 이 젊은 외교관이 그 당시의 현대적 수학 문제를 공부할 수 있도록 조언하고 지도하였다. 역사적으로 라이프니츠와 같은 천재적인 제자를 지도한 스승도 아마 없을 것이다.

호이겐스는 라이프니츠에게 삼각수(triangular numbers)라는 수의 역수의 합을 구하는 수학 문제를 주었다. 그림 8.2와 같이 이 삼각수는 물건을 삼각형 모양으로 배열했을 때 물건의 개수와 대응하는 수를 말한다. 첫 번째 삼각수는 1이고, 두 번째 삼각수는 3, 세 번째 삼각수는 6, 그리고 일반적으로 k번째 삼각수는 $k(k+1)/2$의 꼴을 가진다. 볼링 레인 끝에 쐐기 모양으로 세워져 있는 볼링 핀은 10개로 되어 있는데 이것도 분명 '삼각수'에 해당하는 것이다.

호이겐스는 이 삼각수의 합이 아니라 그 역수의 합을 구하도록 했다. 간단히 표현하면, 호이겐스는 그의 젊은 천재 제자에게 다음과 같은 S의 값을 구하는 도전해볼 만한 문제를 주었다.

$$S=1+\frac{1}{3}+\frac{1}{6}+\frac{1}{10}+\frac{1}{15}+\frac{1}{21}+\cdots$$

잠시 생각한 후, 라이프니츠는 모든 항을 2로 나누어 다음 식을 얻었는데 이 식에 놀라운 패턴이 있음을 알았다.

$$\frac{1}{2}S=\frac{1}{2}+\frac{1}{6}+\frac{1}{12}+\frac{1}{20}+\frac{1}{30}+\cdots$$

삼각수

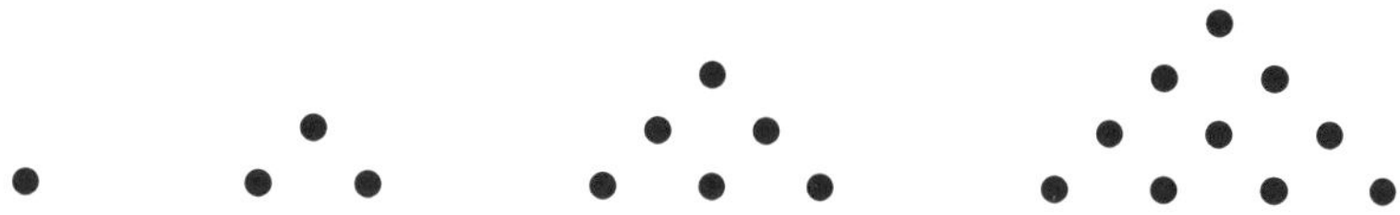

1　　3　　6　　10

[그림 8.2]

라이프니츠가 인식했다는 패턴이란 이 식의 우변의 첫째 항인 $\frac{1}{2}$을 $1-\frac{1}{2}$로 대입하고, 그 다음 항인 $\frac{1}{6}$은 $\frac{1}{2}-\frac{1}{3}$으로, $\frac{1}{12}$은 $\frac{1}{3}-\frac{1}{4}$ 등으로 대입할 수 있다는 것이었다. 따라서 위의 식을 아래와 같이 변형하였다.

$$\frac{1}{2}S=\left(1-\frac{1}{2}\right)+\left(\frac{1}{2}-\frac{1}{3}\right)+\left(\frac{1}{3}-\frac{1}{4}\right)+\left(\frac{1}{4}-\frac{1}{5}\right)+\cdots$$

그런 다음 라이프니츠는 간단히 괄호를 없애고 같은 수를 소거하여 다음 결과를 얻었다.

$$\frac{1}{2}S=1-\frac{1}{2}+\frac{1}{2}-\frac{1}{3}+\frac{1}{3}-\frac{1}{4}+\frac{1}{4}-\frac{1}{5}+\cdots=1$$

만약 S의 반이 1이라면, S는 (삼각수의 역수의 합) 당연히 2가 된다. 요약하면, 라이프니츠는 호이겐스가 준 도전적인 문제를 재치 있게 풀었으며 이로부터 다음의 사실을 알았다.

$$1+\frac{1}{3}+\frac{1}{6}+\frac{1}{10}+\frac{1}{15}+\frac{1}{21}+\cdots=2$$

현대 수학자들의 입장에서 보면 이렇게 무한 급수를 거침없이 다루는 라이프니츠에 대해 이런 행동을 자제해야 된다고 강력히 말하겠지만, 어느 누구도 그의 독창적인 풀이를 부정하지는 못했다.

이 일은 라이프니츠가 수학적 통찰력을 발휘하는 시작에 불과했다. 그는 뉴턴이 10년 전에 언급했던 접선과 넓이에 대한 문제를 천부적인 재능을 발휘하여 연구하기 시작했다. 라이프니츠가 파리를 떠날 때 즈음이었던 1676년에 그는 스스로 미적분학의 근본 원리를 발견할 정도가 되었다. 파리에 머물렀던 4년이란 기간 동안 라이프니츠는 수학의 초보자에서 수학의 거인으로 성장하게 되었다.

그러나 이 기간은 불후의 명성을 쌓을 수 있었던 토대가 되었던 반면에 수학사에서 유명한 논쟁의 토대가 되기도 했다. 앞에서도 말한 바와 같이 뉴턴이 직접 손으로 쓴 원고를 읽은 몇 명 안 되는 영국의 수학자들만이 그의 유율법을 알고 있었다. 영국 왕립 협회의 회원이 되기 위해 런던을 방문했던 1673년, 라이프니츠도 뉴턴의 유율법에 관한 몇 가지 자료를 보았고 아주 깊은 감명을 받았다. 그 후 왕립 협회의 사무관이었던 올덴버그(Henry Oldenburg)를 통해 전달되었던 편지에서 라이프니츠는 뉴턴의 발견에 대해 더 상세한 내용을 알고 싶다는 뜻을 전했고, 위대한 영국의 학자 뉴턴은 다소 모호한 내용의 편지로 이에 대해 알려주었다. 1676년에 뉴턴이 보낸 이 두 통의 유명한 편지는 현재 전서한(前書翰, epistola prior)과 후서한(後書翰, epistola posterior)으로 불리고 있다. 라이프니츠는 이 편지들을 세심하게 읽고 또 읽었다.

그리고 라이프니츠가 이 놀랍고 새로운 수학적 방법에 관한 그의 첫 번째 논문을 발표하자 영국의 수학자들은 "이건 더러운 짓이야!"라고 외치면서 라이프니츠의 행동을 비난했다. 이 논문은 '분수나 무리수로 표현된 어떤 수에도 상관없이 극대와 극소뿐만 아니라 접선까지도 구할 수 있는 새로운 방법이며 이를 위한 놀라운 계산법'이란 긴 제목을 달고 있었다. 이 논문은 1684년에 라이프니츠가 편집자로 있었던 학술지인《학술기요》(Acta Eruditorum)에 실렸다.

그래서 세상 사람들은 뉴턴이 아니라 라이프니츠로부터 미적분학을 배우게 된 것이다. 실제로 이 미적분학이란 이름도 이 논문의 제목에 있는 계산법(calculi)에서 따온 것이다. 그러나 영국의 수학자들은 흠잡을 수 있는 모든 교묘한 방법을 동원하여 라이프니츠가 뉴턴의 아이디어를 그대로 표절했다고 주장했다. 라이프니츠가 영국에 왔었다는 사실, 뉴턴의 원고가 일부 수학자들만 소문내지 않은 채 돌려가면서 읽고 있었다는 점을 알고 있었다는 사실, 그리고 뉴턴과의 서신 교환이 있었다는 사실 등을 증거로 열거하면서 영국 수학자들은 비열한 라이프니츠가 뉴턴의 영광을 송두리째 훔쳤다고 주장했다.

그 뒤를 이은 언쟁은 수학사에서 결코 자랑하고 싶은 이야기는 아니다. 이 언쟁의 당사자들인 이 두 대가는 자신들을 대신해서 싸우고 있는 자기 나라의 후배 수학자들의 싸움에 처음에는 관여하지 않으려고 했다. 하지만 결국에는 모든 사람들이 이 싸움에 말려들게 되었고 대부분의 언쟁들이 그러하듯 끝이 좋지 않았다. 라이프니츠는 편지 교환과 원고를 통해서 뉴턴의 여러 아이디어를 알았다는 점을 솔직하게 인정했지만, 이 아이디어들이 그의 미적분학을 전개하는 데 명쾌한 방법을 제공해준 것이 아니라 단지 약간의 힌트에 불과했다고 말했다. 따라서 미적분학의 이 방법들은 라이프니츠 스스로 발견했다는 주장이었다.

한편 영국 사람들은 더욱 분노하게 되었는데, 영국 사람들을 더 화나게 만든 것은 라이프니츠의 미적분학은 유럽에 빠르게 확산되어갔으며 그의 제자들에 의해 좀더 널리 보급된 반면, 고립주의인 뉴턴은 그때까지도 여전히 이 주제에 대해 어떤 것도 발표하려고 하지 않았기 때문이었다. 라이프니츠의 논문이 인쇄되기 거의 20년 전인 1666년 10월에 뉴턴은 이미 유율법에 관한 그의 첫 논문을 작성했다는 사실은 앞에서 이미 언급했다. 그렇지만 이 유율법에 대한 구체적인 설명을 《광학》의 부록편으로 출판한 것은 1704년이 되어서였다. 그리고 이 주제를 더 상세하게 설명해놓았던 논문으로 1673년 라이프니츠가 방문했을 즈음 영국의 수학자들 사이에서 비공개적으로 유포되었던 《해석》이 출판된 것은 1711년이었다. 더구나 뉴턴에 의해 상세하게 집필된 '학습자의 사용을 위한 완전판'은 아이작 뉴턴 경이 죽은 지 9년이나 지난 1736년에 그의 아이디어들을 완전한 형태로 발전시켜 출판되었다. 사실 이렇게 뉴턴이 자신의 수학에 관한 논문들을 뒤늦게 출판했기 때문에 라이프니츠의 열성적 지지자들은 라이프니츠가 이미 발표한 내용을 표절한 사람은 바로 뉴턴이지 라이프니츠가 아니라는 주장을 하기도 했다.

분명히 이 상황은 엉망진창이었다. 《전쟁중인 철인(哲人)들》(Philosophers at War)이란 제목의 책에서 홀(Rupert Hall)은 영국 해협을 넘나들면서 그 당시 서로에게 퍼부었던 비난에 대해 자세하고 아주 재미있는 설명을 하고 있다. 거의 3세기를 끌었던 이 전쟁의 포성도 이제 잠잠해졌으며, 오늘날에는 이 두 사람이 궁극적으로 똑같은 아이디어를 독자적으로 발견했다고 인정하고 있다. 제2장에서 비유클리드 기하학의 기원에 대한 논의에서도 언급했듯이 과학 분야에서 중요한 아이디어의 발견이 동시에 이루어지는 것은 전혀 이상한 일이 아니다.

뉴턴과 라이프니츠의 논쟁이 있은 지 150년이 지나 영국의 월러스(Alfred Russel Wallace)와 다윈(Charles Darwin)이 동시에 자연 선

[라이프니츠]

택(도태)설(theory of natural selection)을 생물학계에 발표하였다. 이것은 동일한 이론을 동시에 발표한 또 다른 경우이지만, 이 경우에는 다윈의 위대한 역작인 《종의 기원》(Origin of Species)이 월리스의 논문보다 뛰어났기 때문에 다윈이 불후의 명성을 얻었다고 설명할 수 있다. 더구나 진화의 공동 발견자였던 이 두 사람은 다행스럽게도 둘 다 영국 사람이었으므로 뉴턴과 라이프니츠의 경우처럼 나라끼리의 불화를 피할 수 있었다.

라이프니츠는 미적분학의 창시자에 대한 논쟁에 빠져 있지 않을 때면 놀랍도록 다양한 방면에 시간을 투자하였다. 브룬스비크(Brunswick) 공작의 작위를 받았고 귀족들의 혈연 관계를 추적하는 일도 했으며, 범어(梵語)와 중국 문화의 전문가이기도 했다. 뿐만 아니라 언제나 마음 가까이 있는 학문인 철학에 대한 연구도 계속했다.

라이프니츠는 '인간 사고의 기초'에 근거를 두고서 신중하게 전개된 '이성적인 계산법'에 의해 조절되는 형식 논리학의 완벽한 체계를 세우려고 노력했다. 이러한 논리적 도구를 사용하여 라이프니츠는 인류가 일상생활에 만연해 있는 비정확성과 비합리성으로부터 벗어나게 해주고 싶었다. 물론 웅장한 계획이라고밖에 말할 수 없었던 이 일을 결코 성공적으로 완수하지는 못했지만 오늘날 '기호 논리학'이라고 부르는 학문의 실제적인 첫 연구를 한 시도였다. 특히 논리적 문장들을 표현하기 위해 대수 공식을 사용한 것은 그리스 논리학에서 다루는 언어로 된 삼단논법을 훨씬 초월하는 중대한 발전이었다.

1700년, 라이프니츠는 베를린 아카데미의 창설에 관여한 주요 인물이었다. 학자, 작가, 음악가로 구성된 이 학술원은 유럽에 있는 위대한 사상가들을 베를린으로 초빙하여 베를린을 지성의 중심 도시로 만들 계획이었다. 라이프니츠는 이 학술원의 초대 회장으로 추대되었으며 평생 이 회장직을 맡아서 일했다.

베를린 학술원의 회장직을 맡고 있으면서도 자신의 연구를 계속 수행하였다. 그는 논리학과 철학에 대한 연구를 계속했으며, 동시에 인류의 진정한 조화와 평화를 가져오기를 기원하면서 세계 종교와 정치 구조의 개혁도 주장하였다. 말년에 가까운 1714년에는 영국의 앤 여왕의 서거로 인하여 그의 연구 후원자였던 하노버 가문이 영국의 왕 조지 1세로 추대되었다. 라이프니츠는 조지 왕을 수행하여 영국으로 가서 왕실의 사학자로 일하고 싶었지만, 조지 왕은 결코 이런 제안을 하지 않았다. 만약 그렇게 됐다면 미적분학 전쟁의 두 적대자였던 뉴턴과 라이프니츠가 동시에 런던에 살게 되는 재미난 상황이 전개되었을 것이다.

라이프니츠는 1716년에 일생을 마쳤다. 하노버 왕실의 많은 친구들과 동료들은 모두 영국으로 떠난 뒤였으므로 그의 입지는 다소 위축된 상태였다. 따라서 단지 충심으로 그를 따랐던 밑에 사람들만이 이 위대한 인물의 장례식에 참석했다. 이 장면은 앞에서 언급했듯이 영국의 국가적 영웅으로 대접받아 명예의 전당인 웨스트민스터 사원에 안치된 뉴턴의 경우와는 너무도 대조되는 것이었다. 위대한 업적에 따라 죽은 후 숭배받는 것이 뉴턴에게 당연하다면 라이프니츠 또한 비슷한 영광을 받아야만 했다.

미적분학의 위대한 두 창시자를 비교해보면 한 가지 사실이 분명해진다. 어떤 의미에서 뉴턴은 자신과 함께 그의 유율법을 무덤으로 함께 가져가버렸다고 할 수 있다. 마지막 죽는 날까지도 고독하고, 사람을 기피했던 아이작 경의 주위에는 그의 연구를 열성으로 배워서 개선하고 확대, 발전시키고자 하는 재능 있는 제자들이 없었다. 이와는 대조적으로 라이프니츠의 가장 뛰어난 수제자였던 스위스 출신의 야곱과 요한 베르누이 형제가 있었다는 것은 그에게 큰 행운이었다. 이들은 유럽 전역으로 라이프니츠의 미적분학을 전파하고 활성화시켰던 주요 인물들이었다. 라이프니츠 자신의 부단한 노력만큼 이들 형제의 노력으로 인하여 미적분학은 오늘날과 같은 모습을 할 수 있었다.

베르누이 형제

이 형제 중에서 형인 야곱 베르누이(Jakob Bernoulli, 1654-1705)는 미적분학, 무한 급수의 합, 그리고 특히 그 중에서도 확률론의 탄생에 중요한 기여를 했던 천재 수학자였다. 앞에서 이미 수학의 세분된 분야인 확률론이 카르다노의 연구에 의해 16세기에 어떻게 나타나게 되었는지 그리고 어떻게 17세기 중엽에 페르마와 파스칼의 서신 왕래에 의해 정교화되었는지를 살펴보았다. 야곱의 사후인 1713년에 출판된 《추측의 기법》(Ars Conjectandi)은 확률론에서 두 번째 가는 획기적인 연구였다. 이러한 방대한 연구는 초기의 발견들을 잘 통합하여 확률론이 새로운 전기를 맞이하도록 했다. 이 논문은 야곱 베르누이의 최고 걸작으로 남아 있다.

한편, 동생인 요한 베르누이(Johann Bernoulli, 1667-1748)는 자신만의 수학적 명성을 쌓았다. 숨김없는 열정으로 요한 베르누이는 라이프니츠의 미적분학을 유럽 대륙으로 전파하는 데 열심이었다. 요한은 그의 스승이었던 독일의 라이프니츠와의 빈번한 서신 교환을 통하여 영국의 뉴턴 제자들과의 논쟁에서 라이프니츠의 명성을 지키기 위해 언제나 준비하고 있었다. 헉슬리(Thomas Huxley)가 19세기 중반에 종교계의 공격으로부터 다윈의 진화론을 완강하게 옹호한 일로 '다윈의 불독' 이란 묘비의 비문을 얻게 된 것을 생각해보면 이와 비슷한 이유에서 요한 베르누이를 '라이프니츠의 불독' 이라고 부를 수 있을 것이다. 헉슬리처럼 요한도 자신의 스승을 아주 강력하게 지지했는데, 헉슬리와 마찬가지로 궁극적으로 그의 임무를 완벽하게 완수했다.

요한의 가장 중요한 기여 중의 한 가지는 로피탈(Marquis de l'Hospital, 1661-1704)과의 관계에서 나왔다. 로피탈은 프랑스의 귀족으로서 혁신적이며 새로운 미적분학을 매우 배우고 싶어했던 아마추어 수학자였다. 그래서 로피탈은 요한 베르누이를 고용하여 미적분학의 다양한 내용뿐만 아니라 새로운 수학적 발견이라면 무엇이든 가르쳐달라고 했다. 어떤 측면에서 보면 로피탈이 베르누이의 수학적 연구에 따른 결과물의 소유권을 산 것이었다. 1696년, 로피탈은 베르누이의 글을 모아서 《무한소 해석》(Analyse des infiniment petits, Analysis of the Infinitely Small)이라는 제목으로 최초의 미적분학 교재를 출판하였다. 라틴어가 아니라 프랑스어로 쓰여진 이 책은 표지에 있는 로피탈이라는 저자 이름을 제외하고는 모든 것이 베르누이의 것이었다.

역사를 살펴보면 유명한 형제들이 많이 있다. 트로이 전쟁의 아가멤논(Agamemnon)과 메넬라오스(Menelaos)에서부터 1903년, 인류 최초로 비행기로 비행에 성공했던 미국인 윌버(Wilbur)와 라이트(Orville Wright) 형제에 이르기까지 형제들이 함께 노력하여 훌륭한 업적을 남긴 이야기가 역사에 가득하다. 야곱과 요한도 수학에서 가장 중요한 형제애를 바탕으로 한 성공적인 이야기를 남기고 있지만, 이들 형제는 사이가 아주 좋지 않았다. 사이가 좋은 것과는 완전히 딴판으로 이들은 수학 분야에서 서로 가장 격렬한 경쟁자였으며 상대방을 짓누르고 조금이라도 더 명성을 차지하려고 애쓰는 모습을 돌이켜 생각해보면 거의 코미디 수준이었다.

예를 들어, 현수선(懸垂線, catenary)에 관련된 문제를 생각해보자. 이 곡선은 두 점에 고정된 체인이 그 무게 때문에 아래로 오목하게 쳐지면서 만들어지는 모양을 말한다. 오랫동안 명성을 떨치고 있던 형인 야곱은 1690년의 논문에서 이러한 곡선의 본질을 찾는 —— 즉, 방정식으로 표현하고자 하는 —— 문제를 제기하였다. 이 문제는 오랜 세월 동안 —— 갈릴레오는 이 곡선이 포물선이라고 추측했다. ── 있었던 문제로서 그 당시까지 여전히 그 본질이 풀리지 않고 있었다. 야곱은 미적분학이라는 뛰어난 기법이 이 문제의 해결에 열쇠를 쥐고 있을지 모른다는 생각을 했다.

그렇지만 불행하게도 풀릴 듯하면서도 풀리지 않는 이 문제의 해답을 어디에서도 찾을 수가 없었다. 일년의 헛된 노력을 했던 야곱은 동생 요한이 발표한 이 문제에 대한 정확한 해답을 보고서 분개했다. 한편 이 일에 대한 아래의 회고록에서 보듯이 하루아침에 벼락 명성을 얻게 된 요한은 공손하고 정중한 승리자로 결코 보이지 않았다.

> 내 형의 노력은 허사였다. 그런 반면 나는 그 문제를 완전하게 풀 수 있는 기술을 (자랑삼아서 이렇게 말하는 것이 아니며, 내가 진실을 숨길 필요가 뭐 있겠는가?) 알고 있었기 때문에 형보다는 운이 좋았다. …… 그 문제를 풀려고 온밤을 꼬박 세웠는데 …… 다음날 아침 너무 기뻐서 형에게 달려갔다. 그는 현수선이 포물선의 일종이라고 생각했던 갈릴레오처럼 끊임없이 고민하면서 이 엄청나게 복잡한 매듭을 풀려고 여전히 비참하게 씨름하고 있었다. "그만둬요! 이제 제발 그만해요! 현수선이 포물선과 같다는 건 완전히 틀린 생각인데 왜 그걸 증명하려고 자신을 그렇게 괴롭혀요!" 라고 나는 말했다.

요한이 이 문제의 답을 구하는 데 걸렸다고 언급한 시간을 보면 참으로 놀랍기만 하다. 이 문제를 풀려고 "온밤을 꼬박 세웠다"는 요한의 말은 일년 내내 이 문제만을 가지고 씨름해왔던 그의 형을 처절하게 모욕하는 말이었다.

이 장에서는 이들 베르누이 형제가 서로 손을 잡고서 협력하여(아마도 극히 드문 휴전을 한 상태에서) 만든 위대한 정리를 살펴보고자 한다. 이 정리의 요지는 이른바 '조화 급수(harmonic series)'의 본질에 관련된 것

JOHANNES BERNOULLI
PROFESSOR
Son Esprit vit la verite,
Et son cœur connut la justice,
Il a fait l'honneur de la Suisse
Et celui de l'humanité
VOLTAIRE

[요한 베르누이]

으로 이 급수는 아주 특이한 성질을 가지고 있는 무한 급수이다. 이미 앞에서 라이프니츠가 특수한 꼴의 급수 문제를 푸는 것을 보았는데, 본론으로 들어가기 전에 무한 급수에 대한 몇 가지 일반적인 의문점을 먼저 언급하는 것이 좋을 듯하다.

17세기에 무한 급수는 무한히 많은 항들을 단순히 더한 합으로 생각하는 정도였다. 당연히 이 당시에는 이러한 급수가 유한 합을 가질 것이라는 보장도 없었다. 예를 들어, $1+2+3+4+5+\cdots$와 같은 예의 경우 항을 계속해서 더해 가면 이 급수의 합은 유한한 어떤 값을 잡더라도 그 값보다 분명히 클 것이다. 이런 경우 이 급수는 '무한대로 발산' 한다고 말한다.

다른 한편으로는, 무한히 많은 항들을 더하더라도 그 합이 어떤 유한한 값이 되는 무한 급수들이 있는데 이런 현상은 처음에는 아주 역설적으로 보이지만 좀더 생각해보면 충분히 그럴 수도 있겠다는 생각을 하게 된다. 예를 들어, 익숙한 소수 표현인 $\frac{1}{3}=0.3333333\cdots$의 경우 이 소수 표현이 정확하게 의미하는 것은 다음과 같다.

$$\frac{1}{3}=\frac{3}{10}+\frac{3}{100}+\frac{3}{1000}+\frac{3}{10000}+\cdots$$

앞에서 논의했던 라이프니츠의 급수의 경우에도 무한히 많은 항을 더했을 때 그 합이 (유한한 값) 2와 같았었는데, 이 급수도 라이프니츠 급수와 유사하게 움직이고 있다. 이런 경우 이 급수는 '수렴' 한다고 하는데 쉽게 설명하면 계속해서 더 많은 항을 더해가면 그 합이 어떤 특정한 수를 향해 간다는 뜻이다.

의심할 여지없이 수학에서 가장 중요한 수렴 수열은 기하 급수이다. 이 급수는 $-1<a<1$일 때, 다음과 같은 형식으로 표현된다.

$$\alpha+\alpha^2+\alpha^3+\alpha^4+\cdots+\alpha^k+\cdots$$

따라서 기하 급수란 α와 이보다 높은 차수를 갖는 모든 α의 합을 말한다. '17세기 스타일' 로 이 급수가 수렴하는 것을 증명해보면 아래와 같다.

일단 $S=\alpha+\alpha^2+\alpha^3+\alpha^4+\cdots$를 구하고자 하는 합이라고 하자. 그리고 이 식의 양변을 α로 곱한다. 그러면 $\alpha S=\alpha^2+\alpha^3+\alpha^4+\alpha^5+\cdots$이 된다. S에서 αS를 빼주면 다음과 같이 된다.

$$S-\alpha S=(\alpha+\alpha^2+\alpha^3+\alpha^4+\cdots)-(\alpha^2+\alpha^3+\alpha^4+\alpha^5+\cdots)=\alpha$$

따라서 $S(1-\alpha)=\alpha$이므로 $S=\alpha/(1-\alpha)$. 그런데 S는 원래 기하 급수의 합이므로 다음과 같이 쓸 수 있다.

$$\alpha+\alpha^2+\alpha^3+\alpha^4+\alpha^5+\cdots=\frac{\alpha}{1-\alpha}$$

예를 들어, $\alpha=\frac{1}{3}$ 이라면 다음과 같이 된다.

$$\frac{1}{3}+\frac{1}{9}+\frac{1}{27}+\frac{1}{81}+\cdots+\frac{1}{3^k}+\cdots=\frac{\frac{1}{3}}{1-\frac{1}{3}}=\frac{\frac{1}{3}}{\frac{2}{3}}=\frac{1}{2}$$

수학적으로 엄밀하게 생각해보면, 기하 급수의 수렴에 대한 이 증명은 무한 급수를 상당히 쉽고 단순한 것으로 취급하고 있음을 알 수 있다. 그 이유는 무한 급수의 수렴과 발산에 대한 오늘날의 지식으로 보면 이 문제는 이보다 훨씬 더 미묘하고 복잡하기 때문이다. 또한 이 증명에서 $-1<$

$a<1$이라는 조건은 $a=2$를 갖는 기하 급수의 경우에 필요한 가정임에도 불구하고 왜 처음부터 이것을 모든 기하 급수의 조건으로 가정했는지가 모호하다.

위의 공식에 $a=2$를 직접 대입하면 다음을 얻게 된다.

$$2+2^2+2^3+2^4+\cdots=\frac{2}{1-2}$$

다시 말해서 이 $2+4+8+16+\cdots=-2$라는 결과에서 보듯이 이 급수는 각 항이 점점 커지고 있으므로 분명히 무한대로 발산하는 급수인데도 그 합이 어떤 유한한 값이 나왔으며, 또한 이 급수의 합이 음수가 나왔으므로 분명 '이중 모순'이다. 그래서 기하 급수의 합을 구하는 공식에서는 a가 -1과 1 사이에 있어야 한다는 조건이 붙는다. 이에 대한 좀더 자세한 설명은 미적분학 강의에서 일반적으로 다루고 있다.

이들 두 무한 급수의 예는 일반적으로 급수가 어떤 조건하에서 수렴하는지를 잘 보여주고 있다. $a=\frac{1}{3}$인 첫 번째 기하 급수의 경우 그 다음 연속해서 더했던 항들 ── $\frac{1}{9}, \frac{1}{27}, \frac{1}{81}$ 등 ── 은 점점 0으로 접근해가고 있다. 따라서 이들 각 항을 더했을 때 그 합의 증가량은 무시할 정도로 점점 작아지고 있다. $a=2$인 두 번째 기하 급수의 경우 0으로부터 차츰 멀어지면서 커지는 항들 ── 4, 8, 16 등 ── 을 더했으므로 이 증가량에 의해 그 합은 어떤 한 숫자로 접근할 수가 없다.

이들 예를 잘 살펴보면 다음과 같은 추측은 상당한 타당성을 가진다. $x_1+x_2+x_3+x_4+\cdots+x_k+\cdots$인 무한 급수가 수렴하기 위한 필요충분조건은 각 항 x_k가 0으로 수렴할 때이다. 실제로 밝혀진 결과에 따르면 이 추측의 절반은 참이다. 즉, 급수가 유한 합으로 수렴하면, 이 급수의 각 항은 반드시 0으로 접근해야만 한다. 다른 식으로 설명하면, 각 항들이 점점 더 무시해도 될 정도로 작아지지 않는다면 무한한 항을 더해서 유한 합을 얻는다는 것은 불가능하다는 뜻이다.

그렇지만 그 역은 거짓이다. 즉, 비록 각 항들이 0으로 접근하더라도 이들 항의 합은 무한대로 점점 커지는 무한 급수들이 있다. 이 사실은 아무리 생각해봐도 쉽게 고개가 끄덕여지지 않는데 이것이 바로 다음에서 다루려고 하는 위대한 정리의 내용이다. 요한 베르누이가 발견했던 조화급수 $1+\frac{1}{2}+\frac{1}{3}+\frac{1}{4}+\frac{1}{5}+\cdots+\frac{1}{k}+\cdots$ ── 즉, 자연수의 역수의 합 ── 를 조사해보면 각 항들은 분명히 0으로 접근하고 있지만 이들의 합은 무한대로 커지고 있다.

베르누이는 오늘날 수학자들이 '병적인 반례' 라고 부르는 것을 발견했던 것이다. 다시 말해서, 직관적으로 도저히 받아들일 수 없으면서 괴상하게 생긴 특수한 예였으므로 '병적인' 이란 형용사를 붙이는 것이 당연했다. 이 조화 급수에 대해 다음 사실을 보면 왜 이런 형용사가 붙었는지를 알 수 있다. 이 급수의 합이 5보다 커지려면 처음부터 시작해서 무려 83개의 항을 더해야만 한다.

$$1+\frac{1}{2}+\frac{1}{3}+\frac{1}{4}+\frac{1}{5}+\cdots+\frac{1}{82}+\cdots=4.990020\cdots<5.00$$

$$1+\frac{1}{2}+\frac{1}{3}+\frac{1}{4}+\frac{1}{5}+\cdots+\frac{1}{83}+\cdots=5.002068\cdots>5.00$$

83번째 항 다음에 오는 각각의 모든 항들은 $\frac{1}{83}$ 보다 작기 때문에 이들 항을 더한다고 해도 전체 합에는 거의 영향을 미치지 않는다는 놀라운 사실에 주목할 필요가 있다. 이런 결과에 따라 이 합이 겨우 6보다 커지는데

도 144개의 항을 더해야만 된다. 이렇게 아주 느리게 증가하는 이 급수의 합이 10이 되려면 처음부터 12,367개의 항을 더해야 하고, 이 합이 20이 되려면 무려 2억 5천만 개 정도의 항을 더해야 한다. 이 조화 급수의 합이 100을 초과하려면, 1000을 초과하려면, 또는 1조를 초과하려면 얼마나 많은 항을 더해야 하는지는 상상조차 불가능한 질문일 것이다.

이러한 사실이 베르누이의 정리가 가진 주목할 만한 가치이며 또한 병적이란 형용사를 붙이게 된 이유이다.

위대한 정리: 조화 급수의 발산

비록 이 증명은 요한 베르누이에 의해 완성된 것이었지만 형 야곱의 1689년 논문인 《무한 급수에 관한 논문》(Tractatua de seriebus infinitis)에 실려 있다. 특별한 형제애가 없었던 야곱이었지만 이 논문의 서문에 그의 동생이 이 증명을 했다고 인정하는 글을 실었다.

요한은 이 조화 급수가 무한대로 발산한다는 것을 입증해야만 했다. 요한의 이 증명은 이 장의 앞에서 언급했던 $\frac{1}{2}+\frac{1}{6}+\frac{1}{12}+\frac{1}{20}+\frac{1}{30}+\cdots=1$인 수렴하는 급수에 대한 라이프니츠의 합을 구하는 증명에 기초하고 있었다. 그런데 아주 얌전하게 움직이는 이 수렴하는 급수가 어떻게 괴상망측하게 움직이는 조화 급수의 발산을 증명하는데 힌트를 제공할 수 있었는지 놀라울 따름이다. 그런데도 불구하고 요한 베르누이는 다음과 같이 추론해 나갔다.

정 리 조화 급수 $1+\frac{1}{2}+\frac{1}{3}+\cdots+\frac{1}{k}+\cdots$은 무한이다.

증 명 위의 조화 급수에서 첫 번째 항만 제외하여 $A=\frac{1}{2}+\frac{1}{3}+\frac{1}{4}+\frac{1}{5}+\cdots+\frac{1}{k}+\cdots$라 하자. 이 급수를 '분자가 1, 2, 3, 4, … 등이 되는 분수로 바꾸어주면 ……' 다음과 같이 된다.

$$A=\frac{1}{2}+\frac{2}{6}+\frac{3}{12}+\frac{4}{20}+\frac{5}{30}+\cdots$$

XVI. *Summa seriei infinitæ harmonicè progressionalium*, $\frac{1}{1}+\frac{1}{2}+\frac{1}{3}+\frac{1}{4}+\frac{1}{5}$ *&c. est infinita.*

Id primus deprehendit Frater: inventa namque per præced. summa seriei $\frac{1}{2}+\frac{1}{6}+\frac{1}{12}+\frac{1}{20}+\frac{1}{30}$, &c. visurus porrò, quid emergeret ex ista serie, $\frac{1}{2}+\frac{2}{6}+\frac{3}{12}+\frac{4}{20}+\frac{5}{30}$, &c. si resolveretur methodo Prop. XIV. collegit propositionis veritatem ex absurditate manifesta, quæ sequeretur, si summa seriei harmonicæ finita statueretur. Animadvertit enim,

Seriem A, $\frac{1}{2}+\frac{1}{3}+\frac{1}{4}+\frac{1}{5}+\frac{1}{6}+\frac{1}{7}$, &c. ∞ (fractionibus singulis in alias, quarum numeratores sunt 1, 2, 3, 4, &c. transmutatis)

seriei B, $\frac{1}{2}+\frac{2}{6}+\frac{3}{12}+\frac{4}{20}+\frac{5}{30}+\frac{6}{42}$, &c. ∞ C+D+E+F, &c.

C. $\frac{1}{2}+\frac{1}{6}+\frac{1}{12}+\frac{1}{20}+\frac{1}{30}+\frac{1}{42}$, &c. ∞ per præc. $\frac{1}{1}$

D. . $+\frac{1}{6}+\frac{1}{12}+\frac{1}{20}+\frac{1}{30}+\frac{1}{42}$, &c. ∞ C $-\frac{1}{2}$ ∞ $\frac{1}{2}$

E. . . $+\frac{1}{12}+\frac{1}{20}+\frac{1}{30}+\frac{1}{42}$, &c. ∞ D $-\frac{1}{6}$ ∞ $\frac{1}{3}$

F. . . . . . $+\frac{1}{20}+\frac{1}{30}+\frac{1}{42}$, &c. ∞ E $-\frac{1}{12}$ ∞ $\frac{1}{4}$

&c. ∞ &c.

} ∞ G; unde sequitur, seriem G ∞ *A*, totum parti, si summa finita esset.

Ego

[1713년에 재출판된 야곱의 무한 급수에 관한 논문에 실려 있는 발산에 대한 요한의 증명]

요한은 이 급수를 앞으로 이용하려고 한다고 했다.

그런 다음 앞에서 말한 라이프니츠 급수를 C라 두고 이로부터 $\frac{1}{2}$, $\frac{1}{6}$, $\frac{1}{12}$, $\frac{1}{20}$을 차례대로 계속 빼나감으로써 다음과 같이 일련의 급수들을 만들었다.

$$
\begin{aligned}
C&=\frac{1}{2}+\frac{1}{6}+\frac{1}{12}+\frac{1}{20}+\frac{1}{30}+\cdots &&=1\\
D&=\frac{1}{6}+\frac{1}{12}+\frac{1}{20}+\frac{1}{30}+\cdots=C-\frac{1}{2}=1-\frac{1}{2} &&=\frac{1}{2}\\
E&=\frac{1}{12}+\frac{1}{20}+\frac{1}{30}+\cdots=D-\frac{1}{6}=\frac{1}{2}-\frac{1}{6} &&=\frac{1}{3}\\
F&=\frac{1}{20}+\frac{1}{30}+\cdots=E-\frac{1}{12}=\frac{1}{3}-\frac{1}{12} &&=\frac{1}{4}\\
G&=\frac{1}{30}+\cdots=F-\frac{1}{20}=\frac{1}{4}-\frac{1}{20} &&=\frac{1}{5}\\
&\vdots \qquad \vdots \qquad \vdots \qquad \vdots
\end{aligned}
$$

이제 요한은 이들 각 방정식에서 제일 왼쪽에 있는 두 항을 아래로 더해내려 갔는데 그 결과는 다음과 같다.

$$
\begin{aligned}
&C+D+E+F+\cdots\\
&=\frac{1}{2}+\left(\frac{1}{6}+\frac{1}{6}\right)+\left(\frac{1}{12}+\frac{1}{12}+\frac{1}{12}\right)+\left(\frac{1}{20}+\frac{1}{20}+\frac{1}{20}+\frac{1}{20}\right)+\cdots\\
&=\frac{1}{2}+\frac{2}{6}+\frac{3}{12}+\frac{4}{20}+\cdots=A
\end{aligned}
$$

한편, 이들 각 방정식에서 제일 왼쪽의 항과 제일 오른쪽의 항을 각각 더하면 다음과 같이 된다.

$$C+D+E+F+G+\cdots=1+\frac{1}{2}+\frac{1}{3}+\frac{1}{4}+\frac{1}{5}+\cdots=1+A$$

따라서, $C+D+E+F+G+\cdots$가 A와 $1+A$와 동시에 같게 된다. 요한은 $1+A=A$라고 결론 내릴 수밖에 없었는데 이것으로부터 그는 '전체가 부분과 같다'라고 말했다. 그렇지만 어떠한 유한한 값도 자신보다 1이 더 큰 값과 같을 수 없다는 것은 분명한 사실이다. 요한 베르누이는 이 사실로부터 추론할 수 있는 결론은 단 한 가지밖에 없음을 알았다. 즉, 어떤 유한한 값이 자신보다 1이 더 큰 값과 같다는 사실은 $1+A$가 무한한 값임을 의미하는 것이다. 결국 $1+A$가 조화 급수의 합이면서 무한한 값이므로 조화 급수의 발산에 대한 그의 증명은 완성된 것이었다.

Q.E.D.

오늘날 수학자들의 입장에서 볼 때 이 증명에는 비판을 받을 만한 몇 가지 문제점이 있다. 베르누이는 무한히 많은 항을 가진 무한 급수를 '전체로 묶어' 하나로 취급하여 이 전체가 마치 개별적인 실체인 듯 마음대로 조작했다. 유한이 아닌 무한이라는 이러한 수학적 대상을 다룰 때는 상당한 신중함이 필요하다는 것을 오늘날 우리들은 잘 알고 있다. 게다가 발산을 증명하는 베르누이의 방법은 오늘날의 방법과 너무 대조적이다. 오늘날의 수학자라면 이렇게 증명을 해나갔을 것이다. 임의의 자연수 N(얼마나 큰 수인지는 상관없이)을 먼저 잡은 다음 이 급수가 분명히 N을 초과한다는 것을 보이면 된다. 그런 다음 이 급수의 항들이 모든 자연수에 대해서도 초과한다면, 이 급수는 무한대로 발산하는 것이다. 그러나 요한은 이런 식으로 증명을 하지 않았다. 그는 단지 $A=1+A$라는 것으로 A가 발산한다는 것을 증명했는데 오늘날의 견지에서 보면 이 증명은 어떤 양이 무한이라는 것을 입증하는 아주 특이한 방식이라고 할 수 있다.

그렇지만 이 증명에 대해 지나치게 비판적 태도를 취하기 전에 먼저 급수에 대한 엄밀한 이론이 개발되기 150년 전에 베르누이가 이 증명을 했다는 사실을 염두에 두고 그것의 가치를 인정해야 할 것이다. 뿐만 아니라 모든 사람들이 이 증명에 대해 비판적임에도 불구하고 어느 누구도 요한의 아주 교묘한 이 증명을 부정하지 못하고 있다. 이 증명은 바로 수학의 보석이었다.

논문의 이 부분에 대해 형 야곱은 동생 요한이 했던 증명의 중요하면서 비직관적인 결과를 다음과 같이 강조했다. "마지막 항이 아주 작아져서 없어져버리는 어떤 무한 급수의 합은 유한일 수도 있고 어쩌면 무한일 수도 있다." 오늘날의 수학자들은 무한 급수의 '마지막 항'에 대한 야곱의 이 말에 동의하지 않을 것인데 왜냐하면 이런 무한 급수는 끝에 오는 항이 무엇이든 상관없이 무시하는 성질을 가지고 있기 때문이다. 하지만 야곱이 이 말을 어떤 의미에서 했는지는 분명하다. 그가 말하고자 한 것은 무한 급수의 개별 항들이 0으로 접근한다고 하더라도 이 급수의 합은 여전히 무한일 수 있다는 점을 강조하고자 했던 것이다. 요한이 입증한 것은 바로 이러한 현상의 가장 적합한 예인 조화 급수였다.

어쩌면 이렇게 예상하지 못한 결과가 야곱으로 하여금 다음과 같은 수학적 시를 남기도록 했는지도 모를 일이다.

무한 급수가 유한한 값으로 접근할 때

무한한 한계가 나타나고,
그래서 무한의 영혼은 아주 미세한 이 한계 속에 머무르며
그리고 이 한계 속에서는 가장 좁은 한계라도 그 한계가 어디까지인지를 알 수 없네.
무한에서 이 미세한 한계를 식별하는 즐거움이여!
이 미세함 속에서 그 방대함을 인식하는 신과 같은 능력이여!

최단 강하곡선에 대한 도전

베르누이 형제는 이 제목과 함께 다른 많은 기여를 통하여 그 당시의 수학 발전에 주요한 흔적을 남겼다. 그러나 싸우기 잘하고, 경쟁적이며, 논쟁하기 좋아하는 이 형제에 관한 또 한 가지의 이야기가 있는데, 이 이야기는 수학사 전체에서 가장 흥미로운 것 중의 하나이다.

이 이야기는 1696년 6월 요한 베르누이가 라이프니츠가 편집인인 저널 《학술개요》(Acta Eruditorum)에 어렵지만 관심을 끄는 도전적 문제를 발표했을 때부터 시작되었다. 이때까지도 피오와 타르탈리아의 시대부터 있었던 공개 도전의 전통은 여전히 남아 있었다. 하지만 그때와는 달리 이제는 학술지에 발표하는 논문을 통해 진지한 방식으로 경기가 진행되었지만 요한이 다음에서 말하는 것처럼 명성을 유지하거나 잃거나 하는 것은 마찬가지였다.

…… 다른 어떤 수단을 통해서가 아니라 오직 정답을 통해서만 명성을 얻을 수 있고 후대의 자손들에게 영원한 업적을 남길 수 있도록 하면서 귀족과 뛰어난 재능을 가진 사람들이 노력을 경주하여 지식을 증대, 발전시키도록

더 강하게 자극을 주기 위해서는 어렵고 유용한 문제를 제기하여 경쟁하도록 하는 것보다 더 좋은 방법이 없다는 것은 잘 알려져 있다.

요한이 제기한 특이한 문제는 이런 측면에서 볼 때 아주 좋은 것이었다. 그는 땅으로부터 서로 다른 높이에 있으면서 한 점이 다른 점과 수직선상에 있지 않는 두 점 A와 B를 생각했다. 이렇게 하면 이들 두 점을 연결하는 무수히 많은 다른 곡선들이 생기게 되는데 직선으로부터 원의 호, 또는 물결 모양으로 휘어지는 경로를 가지는 곡선에 이르기까지 다양하다. 이제 점 A로부터 B까지 이런 곡선을 따라서 공을 아래로 굴린다고 생각해보자. 이 공이 B에 도착하는 데 걸리는 시간은 당연히 곡선의 모양에 따라 달라진다. 베르누이는 가장 짧은 시간에 이 공이 B에 닿을 수 있는 특수한 곡선인 AMB를 찾아보라는 도전 문제를 수학계에 제기했다(그림 8.3). 그는 이 곡선의 이름을 그리스말로 '가장 짧은 또는 최단'과 '시간'의 뜻을 나타내는 '최단 강하곡선(brachistochrone)'이라고 했다.

가장 먼저 떠오르는 생각은 AMB를 잡아당겨 A와 B를 직선으로 연

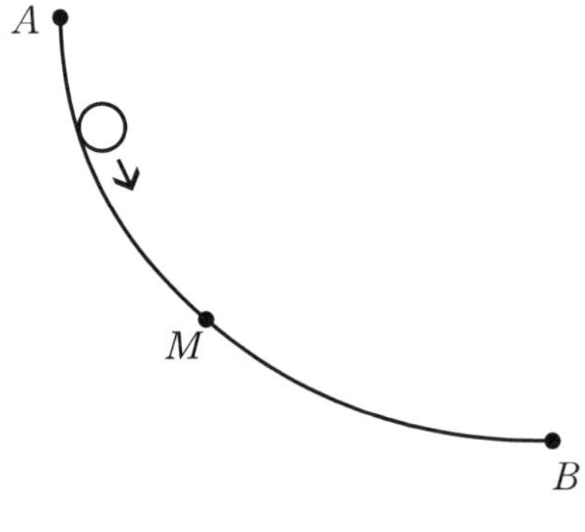

[그림 8.3]

결하는 것이다. 그러나 요한은 이런 단순한 방법에 대해 다음과 같이 경고했다.

> …… 그 생각은 지나치게 성급한 판단으로 직선 AB가 두 점 A와 B 사이의 가장 짧은 거리이긴 하지만 그렇다고 해서 가장 짧은 시간에 공이 B에 도달할 수 있는 경로는 아니다. 만약 올해 말까지 아무도 이 곡선을 찾아낼 수 없다면 기하학자들이 잘 알고 있는 이 곡선 AMB의 이름을 내가 알려주겠다.

요한은 수학계의 사람들에게 1697년 1월 1일까지 이 문제의 해답을 제출해달라고 했다. 그런데 마감일이 되어 그가 받은 해답은 오직 '유명한 라이프니츠'가 보낸 것이 전부였다.

> 라이프니츠는 마감일을 오는 부활절까지로 연장하는 것이 어떻겠냐고 정중하게 물었다. 이렇게 함으로써 더 많은 사람들이 이 문제를 알게 되어 …… 그 어떤 사람도 정해진 마감일이 너무 촉박해서 문제를 풀 수가 없었다고 불평을 하지 못할 것이라고 했다. 그래서 나는 이 훌륭한 제안을 받아들여 마감일 연장을 이렇게 발표하려고 한다. 또한 아주 좋으면서도 어려운 이 문제를 공략해서 마침내 이 문제에 정통한 사람이 누구인지도 보려고 한다.

이렇게 해서 어떤 사람도 이 문제에 대한 오해가 없도록 확실히 하기 위해서 요한은 다음과 같이 이 문제를 한 번 더 설명했다.

> 주어진 두 점을 연결하는 무수히 많은 곡선들 중에서 …… 만약 한 곡선을 선택하여 얇은 관이나 홈통으로 대신하여 작은 구슬을 이 속에 넣어 놓으면

이 구슬은 한 점에서 다른 점으로 굴러간다. 이때 최단 시간에 굴러가게 되는 그런 곡선을 하나 구하시오.

이 시점에서 요한은 그의 최단 강하곡선 문제를 해결하는 사람에게 주어질 보상에 관한 사람들의 큰 기대를 누그러뜨렸다. 그 자신은 이 문제에 대한 해답을 이미 알고 있었다는 것을 고려해보면, 수학의 영광에 대한 그의 다음 논평은 마치 자신을 언급하고 있는 듯하여 약간 이기적으로 느껴진다.

이 문제의 해결자에게는 주기로 약속했던 상을 신속하게 줄 것이다. 하지만 명백하게 밝히는데 이 상은 금도 아니고 은도 아니다. 그 이유는 이런 상은 순수하지 못하고 타락한 영혼만이 관심을 가지기 때문이다. …… 이런 상보다는 고결함 그 자체가 가장 바람직한 상이며 또한 명성을 얻고자 하는 것이 좋은 동기이므로, 이 상은 귀족 가문이면서 명예를 존중하고 다른 사람으로부터 찬동과 칭찬을 받는 그런 사람에게 주고자 한다.

아래의 글은 마치 요한이 불쌍한 형에 대한 또 다른 승리로 자신을 치켜세우고 있는 듯이 들린다. 그러나 이보다는 다른 목표물에 좀더 시야를 겨냥하고 있었다.

…… 그래서 이 이상한 문제를 해결한 사람은 아무도 없는 듯하다. 심지어 특별한 방법을 사용하여 …… 기하학의 가장 심오한 비밀까지 파헤쳤을 뿐만 아니라 뛰어난 방식으로 기하학의 영역을 확장시켰다고 자부하던 그런 사람들조차도, 비록 아무도 알지 못할 것이라고 생각했던 그들의 황금 정리들이 사실은 오래 전에 이미 다른 사람들에 의해 출판되었던 것이기는 하지만, 이

문제를 해결하지 못했다.

그가 언급하고 있는 '황금 정리들'은 유율법의 기법들을 말하고 있는 것이며, 또한 1684년 라이프니츠가 미적분학을 발표하기 오래 전에 그것을 알고 있었다고 주장했던 뉴턴을 염두에 둔 비웃는 말이란 것을 누가 의심할 수 있을까? 그래서 이런 도전의 뜻을 분명하게 하기 위하여 요한은 이 글의 복사본을 편지에 넣어 영국으로 보냈다.

1697년에 뉴턴은 조폐청의 일로 무척 바빴고 그 자신이 인정했듯이 더 이상 수학 연구 활동의 전성기에 보여줬던 그런 놀라운 명민함이 없었다. 뉴턴은 이때 런던에서 조카딸인 컨두잇(Catherine Conduitt)과 함께 살고 있었는데 그녀는 다음과 같이 그 당시를 말했다.

> 베르누이가 보낸 그 문제가 1697년에 도착했을 때 아이작 뉴턴 경은 화폐를 재주조하는 거대한 사업으로 매우 바쁘게 일하고 있었다. 그는 조폐청이 있었던 런던탑에서 오후 4시나 되어서야 피곤하게 돌아와서는 새벽 4시까지 이 문제를 풀려고 잠을 자지 않았다.

비록 생의 말년이었고 바쁜 하루 일과로 지쳐 있었지만 아이작 뉴턴은 대부분의 유럽 수학자들이 실패했던 곳에서 승리를 거두었다. 이 승리는 위대한 영국 천재의 놀라운 힘의 과시였다. 무엇보다도 베르누이와 라이프니츠가 그들의 해답을 출판하려고 대기하고 있었기에 뉴턴은 분명히 그의 명성과 영예가 위기에 처해 있음을 느꼈을 것이다. 그래서 뉴턴은 이 어려운 상황을 헤쳐나가기 위해 한시가 급하게 이 문제를 풀었다. 다소 격분한 어조로 한때 그는 "나는 특히 수학적인 것으로 인해 외국 사람들로부터 …… 놀림당하는 것을 …… 좋아하지 않는다"라고 말했다.

다시 유럽으로 돌아와서 이야기를 계속 해보자. 연장했던 마감일인 부활절이 다가오자 몇 개의 해답이 요한 베르누이에게 전달되었다. 모든 사람들이 찾고 있었던 그 곡선은 — '기하학자들에게 너무도 잘 알려진 곡선' — 바로 사이클로이드를 뒤집어놓은 것이었다. 앞에서도 언급했듯이 이 중요한 곡선은 파스칼과 호이겐스에 의해 연구되었지만 이 두 수학자들도 이 곡선이 최단 시간에 강하하는 곡선이란 사실은 알지 못했었다. 요한은 특유의 과장법을 사용하여 "…… 호이겐스의 …… 이 사이클로이드가 우리가 찾고 있었던 바로 그 최단 강하곡선이라고 말하면 깜짝 놀라 아마도 감각이 굳어져버릴 것이다"라고 말했다.

부활절을 끝으로 도전 시간이 끝났고 요한이 받은 답은 모두 다섯 통이었다. 그 중에는 자신과 라이프니츠의 답도 포함되어 있었다. 그의 형인 야곱의 해답이 세 번째로 들어왔고(아마도 요한은 의외라고 생각했겠지만), 네 번째가 로피탈로부터 왔다. 마지막으로 들어온 답은 영국 소인이 찍혀 있었다. 익명으로 보내진 이 마지막 편지를 열어본 요한은 그 답이 정답임을 알았다. 요한은 아이작 뉴턴이라는 호적수를 만난 것이 분명했다. 비록 서명은 없었지만 그 정답에는 최고의 천재가 풀었다는 명백한 흔적이 있었다.

전해오는 이야기에 따르면 — 출처는 분명치 않지만 — 요한은 한편으로는 감정을 누그러뜨리고 다른 한편으로는 두려움을 느끼면서 서명 없는 이 편지에 "발톱을 보고서야 그가 사자임을 알았다"라고 적었다고 한다.

후 기

조화 급수의 발산에 대한 요한의 증명을 설명하면서, 형인 야곱은 "내 동생이 처음으로 발견했다"라는 말로 이 증명을 시작했다. 만약 이 말에서처럼 야곱이 이 괴상한 급수의 행동을 처음으로 파악한 사람이 요한이라고 생각했다면 그것은 틀린 말이다. 왜냐하면 적어도 그 이전의 두 수학자가 이 급수의 발산을 증명했기 때문이다. 이들의 증명은 서로 달랐고 또한 요한의 증명 방식과도 달랐지만 이들 각자는 자신들만의 고유하고 뛰어난 능력을 발휘했다.

조화 급수의 발산에 대한 최초의 증명은 14세기 프랑스의 수학자 오렘(Nicole Oresme, 1323?-1382)의 연구에 실려 있다. 오렘은 1350년경 《위대한 기하학자 유클리드의 의문》(Quaestiones super Geometriam Euclidis)'이라는 제목의 훌륭한 책을 썼다. 당연히 이 책은 카르다노의 《술법》(Ars Magna)보다 2세기 앞서 쓰여진 아주 오래된 문헌이었다. 그러나 오렘의 이 책은 유럽 수학의 '구석기 시대'라고 하는 때에 출판된 책이면서도 아주 훌륭한 결과들을 담고 있었다.

특히 오렘은 이 책에서 조화 급수의 기본적인 성질에 대해서 언급했다. 이에 대한 그의 증명의 전체적인 요지는 실제로 다음과 같다.

> …… 1피트에 $\frac{1}{2}$, $\frac{1}{3}$, $\frac{1}{4}$ 피트 등을 더하면 그 합은 무한이 된다. 사실, 이렇게 하면 합이 $\frac{1}{2}$보다 큰 무수히 많은 항들의 집단[또는 합]을 만들 수 있다. 그래서 $\frac{1}{3}+\frac{1}{4}$은 $\frac{1}{2}$보다 크고, $\frac{1}{5}+\frac{1}{6}+\frac{1}{7}+\frac{1}{8}$도 $\frac{1}{2}$보다 크고, $\frac{1}{9}+\frac{1}{10}+\cdots+\frac{1}{16}$도 $\frac{1}{2}$보다 크다 ……

아마 이것을 읽은 대부분의 사람들은 좀 혼란스럽다고 느낄 것이다. 무엇보다도 기호를 사용하는 대수학이 출현하기 몇 세기 전의 증명이기 때문에 이것은 완전히 말로 쓰여진 것이다.

하지만 '조금 정리를 해보면' 발산에 대한 이 증명은 놀랄만큼 간단하고 뛰어난 것임을 알 수 있다. 그는 조화 급수에 있는 분수들의 집단(또는 합)을 이 분수들보다 더 작은 분수들로서 그 합이 2분의 1인 분수로 대체하는 통찰을 발휘하였다. 즉, 오렘은 다음과 같이 이 급수를 전개하였다.

$$1+\frac{1}{2}>\frac{1}{2}+\frac{1}{2}=1$$

$$1+\frac{1}{2}+\left(\frac{1}{3}+\frac{1}{4}\right)>1+\left(\frac{1}{4}+\frac{1}{4}\right)=\frac{3}{2}$$

$$\begin{aligned}1+\frac{1}{2}+\frac{1}{3}+\frac{1}{4}&+\left(\frac{1}{5}+\frac{1}{6}+\frac{1}{7}+\frac{1}{8}\right)\\&>\frac{3}{2}+\left(\frac{1}{8}+\frac{1}{8}+\frac{1}{8}+\frac{1}{8}\right)=\frac{4}{2}\end{aligned}$$

$$\begin{aligned}1+\frac{1}{2}+\cdots+\frac{1}{8}&+\left(\frac{1}{9}+\frac{1}{10}+\cdots+\frac{1}{16}\right)\\&>\frac{4}{2}+\left(\frac{1}{16}+\cdots+\frac{1}{16}\right)=\frac{5}{2}\end{aligned}$$

이런 식으로 이 과정을 계속 해나갈 수 있는데, 일반적으로 모든 자연수 k에 대하여 다음이 성립한다.

$$1+\frac{1}{2}+\frac{1}{3}+\cdots+\frac{1}{2^k}>\frac{k+1}{2}$$

예를 들어, 만약 $k=9$라면 다음이 같이 된다.

$$1+\frac{1}{2}+\frac{1}{3}+\cdots+\frac{1}{512}=1+\frac{1}{2}+\frac{1}{3}+\cdots+\frac{1}{2^9}>\frac{9+1}{2}=5$$

$k=99$인 경우에는 다음과 같이 된다.

$$1+\frac{1}{2}+\frac{1}{3}+\cdots+\frac{1}{2^{99}}>\frac{100}{2}=50$$

그리고 $k=9999$인 경우에는 다음과 같이 된다.

$$1+\frac{1}{2}+\frac{1}{3}+\cdots+\frac{1}{2^{9999}}>\frac{9999+1}{2}=500$$

따라서 이런 식으로 조화 급수의 항을 충분히 만들어가보면 그 합은 5, 50, 또는 5000을 초과하게 되며, 일반적으로 말해 그 합은 어떠한 유한값도 초과하게 된다. 이렇게 되면 어떤 유한값보다 더 큰 조화 급수의 전체는 무한으로 발산할 것은 분명하다. 오렘의 증명은 이렇게 재치 있고 간결하며 쉽게 기억할 수 있는 것으로 가장 최근의 수학 교재에도 실려 있을 정도이다. 그런데 베르누이는 오렘의 이 증명을 알지 못하고 있었던 것으로 짐작된다.

조화 급수의 발산에 대한 요한 베르누이의 증명이 나오게 된 배경에는 이 증명을 알고 있었던 또 다른 수학자가 있었는데 이탈리아의 멘골리(Pietro Mengoli, 1625-1686)가 바로 그 사람이었다. 멘골리의 증명은 1647년으로 거슬러 올라가는 것으로 베르누이의 증명보다 40년이나 앞서 있었다. 이 증명 역시 간단한 것으로 먼저 다음과 같은 보조 정리를 제시하고 있다.

정 리 $a>1$일 때, $\frac{1}{a-1}+\frac{1}{a}+\frac{1}{a+1}>\frac{3}{a}$ 이다.

증 명 먼저 $2a^3>2a^3-2a=2a(a^2-1)$이라는 명백한 사실로부터 시작한다. 이 부등식의 양변을 $a^2(a^2-1)$로 나누어주면 다음과 같이 된다.

$$\frac{2a^3}{a^2(a^2-1)}>\frac{2a(a^2-1)}{a^2(a^2-1)} \quad \text{또는 간단히} \quad \frac{2a}{a^2-1}>\frac{2}{a}$$

따라서

$$\begin{aligned}\frac{1}{a-1}+\frac{1}{a}+\frac{1}{a+1}&=\frac{1}{a}+\left(\frac{1}{a-1}+\frac{1}{a+1}\right)\\&=\frac{1}{a}+\frac{2a}{a^2-1} && \text{(통분에 의해)}\\&>\frac{1}{a}+\frac{2}{a} && \text{(위의 부등식에 의해)}\\&=\frac{3}{a}\end{aligned}$$

Q.E.D.

이 정리가 의미하는 것은 연속한 세 자연수의 역수를 더하면 그 합은 반드시 가운데 수의 역수의 세 배보다 크다는 것이다. 예를 들어, 직접 숫자를 대입하여 이 정리를 확인해 볼 수 있다.

$$\frac{1}{8}+\frac{1}{9}+\frac{1}{10}>\frac{3}{9}=\frac{1}{3} \quad \text{또는} \quad \frac{1}{32}+\frac{1}{33}+\frac{1}{34}>\frac{3}{33}=\frac{1}{11}$$

이 정리는 1647년에 멩골리가 조화 급수의 증명을 하는 데 정확하게 필요했던 결과였다.

정 리 조화 급수는 무한대로 발산한다.

증 명 구하고자 하는 조화 급수의 합을 H라 하자. 이 급수의 항들을 위의 정리의 부등식을 반복 적용해서 그룹으로 묶어주면 다음과 같이 된다.

$$\begin{aligned}
H &= 1+\left(\frac{1}{2}+\frac{1}{3}+\frac{1}{4}\right)+\left(\frac{1}{5}+\frac{1}{6}+\frac{1}{7}\right)+\left(\frac{1}{8}+\frac{1}{9}+\frac{1}{10}\right) \\
&\qquad +\left(\frac{1}{11}+\frac{1}{12}+\frac{1}{13}\right)+\cdots \\
&> 1+\left(\frac{3}{3}\right)+\left(\frac{3}{6}\right)+\left(\frac{3}{9}\right)+\left(\frac{3}{12}\right)+\left(\frac{3}{15}\right)+\cdots \\
&= 1+1+\frac{1}{2}+\frac{1}{3}+\frac{1}{4}+\frac{1}{5}+\frac{1}{6}+\frac{1}{7}+\frac{1}{8}+\frac{1}{9}+\cdots \\
&= 2+\left(\frac{1}{2}+\frac{1}{3}+\frac{1}{4}\right)+\left(\frac{1}{5}+\frac{1}{6}+\frac{1}{7}\right)+\left(\frac{1}{8}+\frac{1}{9}+\frac{1}{10}\right) \\
&\qquad +\left(\frac{1}{11}+\frac{1}{12}+\frac{1}{13}\right)+\cdots \\
&> 2+\left(\frac{3}{3}\right)+\left(\frac{3}{6}\right)+\left(\frac{3}{9}\right)+\left(\frac{3}{12}\right)+\left(\frac{3}{15}\right)+\cdots \\
&= 2+1+\frac{1}{2}+\frac{1}{3}+\frac{1}{4}+\frac{1}{5}+\frac{1}{6}+\frac{1}{7}+\frac{1}{8}+\frac{1}{9}+\cdots \\
&= 3+\left(\frac{1}{2}+\frac{1}{3}+\frac{1}{4}\right)+\left(\frac{1}{5}+\frac{1}{6}+\frac{1}{7}\right)+\left(\frac{1}{8}+\frac{1}{9}+\frac{1}{10}\right) \\
&\qquad +\left(\frac{1}{11}+\frac{1}{12}+\frac{1}{13}\right)+\cdots
\end{aligned}$$

그리고 이 과정을 계속해간다. 멘골리 증명의 아름다움은 조화 급수가 반복해서 나타나는 성질에 있다. 앞의 보조 정리를 이 조화 급수에 적용할 때마다 이 조화 급수가 다시 나타나는데 그럴 때마다 이 조화 급수의 합은 1씩 더 커진다. 위에서 만들어진 부등식들을 보면, H가 처음에는 1보다, 그 다음에는 2보다, 그리고 그 다음에는 3보다 커지므로 이 과정을 반복하게 되면 결국에는 이 조화 급수는 정해놓은 어떤 유한 값을 초과하게 된다. 이 결과에 따라 조화 급수의 합은 무한이라고 결론 내릴 수 있다.

Q.E.D.

지금까지의 논의에 따르면 비록 다르게 증명은 했지만 요한의 위대한 정리는 오렘과 멘골리 두 수학자에 의해 이미 발견되었던 것이다. 더구나, 야곱은 《무한 급수에 관한 논문》(Tractatus)에 요한의 이 증명을 게재하고 얼마 지나지 않아 조화 급수의 발산에 대한 자기 자신의 증명도 발표하였다. 야곱의 증명도 아주 뛰어난 것이었는데 ―― 여기에 제시한 것보다는 훨씬 고도의 증명 ―― 이 증명의 발표로 형제이면서 경쟁자인 이들 사이의 수학 전쟁이 더욱 가열될 기미를 보였다.

《무한 급수에 관한 논문》에서 조화 급수에 대한 증명에 이어서 야곱은 자연수 제곱의 역수의 합에 대해서 논의하였다. 즉, 그는 다음과 같이 조사해 나갔다.

$$1+\frac{1}{2^2}+\frac{1}{3^2}+\cdots+\frac{1}{k^2}+\cdots=1+\frac{1}{4}+\frac{1}{9}+\frac{1}{16}+\cdots$$

그는 $\frac{1}{4}<\frac{1}{3}$ 이고, $\frac{1}{9}<\frac{1}{6}$ 이고, $\frac{1}{16}<\frac{1}{10}$ 이며 일반적으로 다음 식

이 성립함을 알았다.

$$\frac{1}{k^2} < \frac{1}{k(k+1)/2}$$

따라서 그는 다음과 같이 추론을 했다.

$$1+\frac{1}{4}+\frac{1}{9}+\frac{1}{16}+\cdots+\frac{1}{k^2}+\cdots<1+\frac{1}{3}+\frac{1}{6}+\frac{1}{10}+\frac{1}{15}+\cdots$$
$$+\frac{1}{k(k+1)}+\cdots=2\left(\frac{1}{2}+\frac{1}{6}+\frac{1}{12}+\frac{1}{20}+\frac{1}{30}+\cdots\right)$$
$$=2\times1=2$$

이것을 보면 이 장의 서두에서 살펴보았던 라이프니츠 급수의 합이 다시 한 번 적용되고 있는 것을 볼 수 있다. 이런 식으로 해서 야곱은 이 급수가 2보다 작은 어떤 유한값으로 수렴한다는 것을 입증했다. 이렇게 이미 수렴한다고 알고 있는 간단한 급수를 사용하여 주어진 급수의 수렴성을 증명하는 방법을 오늘날에는 급수의 '비교 판정법'이라고 한다. 야곱의 증명은 실제로 비교 판정법의 초기의 예라고 할 수 있다.

베르누이 형제는 비록 자연수 제곱의 역수로 된 위의 무한 급수가 수렴하는 것은 알았지만 그 합의 정확한 값을 구하는 데는 실패했다. 야곱은 이 실패에 대해 약간 좌절을 느낀 변명으로 이렇게 말했다. "지금까지 우리의 모든 노력을 허사로 만든 이 값을 찾아서 알려주는 사람이 있다면 그분에게 깊은 감사를 전하고 싶다."

결국 이 급수 $1+\frac{1}{4}+\frac{1}{9}+\frac{1}{16}+\cdots$의 합을 구하는 것은 아주 어려운

문제라는 것이 판명되었으며, 이 어려운 합을 구하는 것은 베르누이 형제의 능력을 넘어서는 또 다른 천재가 필요함을 의미했다.

흥미로운 사실은 이 문제가 바로 요한 베르누이 밑에서 수학을 공부했던 젊은 학자에 의해 1734년에 마침내 해결되었다는 것이다. 이 급수의 합을 구하는 것뿐만 아니라 수학의 많은 다른 분야에서도 이 젊은 학자는 그의 스승의 능력을 훨씬 초월하는 천재였다. 사실 그는 수학을 탐구했던 지금까지 그 어떤 수학자보다도 뛰어난 인물이었다. 이 학생이 바로 다음 장의 위대한 정리의 주인공인 오일러(Leonhard Euler)였다.

CHAPTER 09

오일러가 구한 특별한 급수의 합

The Extraordinary Sums of Leonhard Euler (1734)

수학의 모든 영역에 정통했던 수학자

장구한 수학사에서 레온하르트 오일러가 오늘날 우리에게 남긴 유산은 그 어떤 수학자도 감히 넘볼 수 없는 것이었는데 그의 업적은 양과 질 양쪽 모두에서 사람들을 압도할 정도였다. 오일러의 논문집은 70권이 넘는데 이 논문집은 수학의 모습을 크게 바꾸어놓았던 겸손한 스위스 시민인 그의 천재성을 입증하고 있다. 그의 논문집의 이런 양과 질을 본 사람들의 첫 인상은 그에 대한 이야기가 분명한 역사적 사실이기보다는 한편의 과장된 소설이라고 생각할 정도이다.

이 놀라운 인물은 1707년에 스위스의 바젤(Basel)에서 태어났다. 두말할 필요도 없이 어릴 때부터 그는 천재성을 보였다. 캘빈파의 설교자였던 오일러의 아버지는 어린 레온하르트가 유명한 요한 베르누이로부터 특별 개인지도를 받을 수 있도록 애를 썼다. 오일러는 주중 내내 문제를 풀었고 토요일 오후 정해진 면담 시간 동안에는 주중에 풀지 못했거나 이해하지 못했던 수학 문제에 대해 베르누이의 도움을 받았는데 베르누이는 자신의 학생이 물어보는 질문 때문에 처음에는 짜증을 냈다. 어린 오일러는 사소한 문제로 선생님을 귀찮게 하지 않으려고 가능한 한 열심히 문제를 풀었다.

성미가 까다롭든 아니었든 요한 베르누이는 곧 자신이 가르치고 있는 이 천재를 인정하게 되었다. 얼마 지나지 않아 오일러는 아주 수준 높은 수학 논문을 발표하였고, 19세 때에는 배에 돛대를 설치할 때 최적의 위치에 관한 멋진 분석으로 프랑스 학술원으로부터 상을 받았다.(오일러는 그때까지도 바다를 항해하는 배를 결코 본 적이 없었다는 점에 주목하면 그의 놀라운 능력을 짐작할 수 있다.)

1727년에 오일러는 러시아의 상트페테르부르크 학술원에 임명되었다. 그 당시 러시아 정부는, 파리와 베를린의 훌륭한 학술원과 경쟁할 수 있는 연구기관을 설립하고자 했던 제정 러시아의 시조인 피오트르 대제의 꿈을 실현시키려고 노력하고 있었다. 러시아가 초빙했던 학자들 중에는 요한 베르누이의 아들인 다니엘 베르누이(Daniel Bernoulli)가 있었는데 오일러가 여기에 임명될 수 있었던 이유는 다니엘의 추천이 있었기 때문이었다. 그런데 지원했던 자연 과학 분야에 자리를 얻긴 했지만 오일러는 의학과 생리학 분야에 임명되었다. 그럼에도 불구하고 오일러는 선뜻 그 자리를 수락했다. 러시아 해군의 의무 장교라는 특이한 임무도 수행해야 하는 불안한 시작이었지만, 1733년에 다니엘 베르누이가 스위스로 돌아가면서 공석이 되었던 수학 분야 책임자 자리에 마침내 오일러가 임명되었다.

이때 즈음 오일러는 이미 수학자로서의 끝없는 에너지와 위대한 창의력을 발휘하기 시작했다. 1730년대 중반 시기부터 오른쪽 눈의 시력을 잃기 시작했고 얼마 지나지 않아 오른쪽 눈의 시력을 완전한 잃었지만, 이 신체적 장애가 오일러의 연구를 방해하지는 못했다. 이런 장애에도 전혀 상관하지 않고 기하학, 수론, 조합론뿐만 아니라 역학, 유체역학, 광학과 같은 수학의 응용 분야에 이르기까지 다양한 수학 분야의 중요한 문제에 대한 연구를 계속했다. 시력을 잃어가고 있는 사람이 세상 사람들에게 광학의 신비를 설명하고 있다고 생각하면 마음을 아프게 하면서도 동시에 위대한 정신적 앙양이라고 할 수 있다.

1741년, 오일러는 상트페테르부르크을 떠나서 프로이센의 프레데릭 대왕이 있던 베를린 학술원으로 자리를 옮겼다. 이렇게 자리를 옮기게 된 부분적인 이유는 제정 러시아의 억압적인 정치에 염증을 느꼈기 때문이었다. 그런데 불행하게도 베를린 학술원의 분위기도 오일러 자신의 이상과는 거리가 멀다는 사실을 알게 되었다. 프레데릭 대왕은 오일러가 너무 세련되지 못했고 지나치게 말이 없으며 겸손한 학자라고 생각했다. 이 독일의 왕은 오일러의 시력 장애에 대해서는 고려도 않은 채 그를 '애꾸눈 수학자' 라고 불렀다. 학술원에서의 정치적 내분과 사소한 논쟁과 함께 이러한 대접 때문에 러시아의 예카테리나 여제의 집권기에 오일러는 다시 상트페테르부르크로 돌아왔고 17년 후 죽을 때까지 그곳에 머물렀다.

그 당시 사람들에 따르면 오일러는 채소 가꾸기를 즐겼으며, 13명이나 되는 자녀들에게 이야기를 들려주는 등의 단순한 즐거움을 즐겼던 친절하고 너그러운 사람이었다고 한다.

이런 면에서 볼 때 오일러는 고립적이고 비밀스러움을 좋아했던 아이작 뉴턴과는 대조적으로 수학을 연구하는 불과 몇 안 되는 호의적 성격의 소유자였다. 뉴턴과 같은 수학자에게서 보게 되는 신경증 환자와 같은 성격을 이런 천재에게서는 볼 수 없다는 것은 참 다행스러운 일이다. 즉, 오일러의 경우를 보면 수학의 천재라고 해서 모두 신경증적 성격을 가졌다고 단정할 수 없을 듯하다. 심지어 1771년에 정상적이었던 한쪽 눈의 시력

LEONH.D EULER
NAT. BASILEÆ. MDCCVII.
MORT. PETROP. MDCCLXXXIII.
Ad Prototypum artifice Em: Handmanni Basil.s manu pictum
Inque Honorem summi Viri Bibliothecæ publicæ
Amplissimi Magistratus Basileensis jussu illatum

[레온하르트 오일러]

마저도 잃었을 때도 오일러는 자신의 좋은 성격을 그대로 유지했다. 완전히 실명한 상태에서 약간의 통증까지 느끼면서도 오일러는 훌륭한 방정식과 공식들을 동료에게 받아쓰도록 하면서 예전과 다름없이 수학에 대한 저술 활동을 계속했다. 한 세대 뒤의 일로서 베토벤(Ludwig von Beethoven)의 청각 장애가 음악 작곡 활동에 아무런 장애가 되지 않았던 것처럼 실명이라는 장애가 오일러로부터 분출되어 나오는 수학을 막을 수는 없었다.

전 생애를 통해서 오일러는 비범하다고밖에 표현할 수 없는 뛰어난 기억력을 소유하는 축복을 받았다. 오일러는 100까지의 소수뿐만 아니라 이 소수들의 제곱, 세제곱, 네제곱, 다섯제곱 그리고 여섯제곱의 모든 수를 기억하고 있었는데 이런 수들에 대한 기억은 수에 대한 그의 이론적 탐구에 많은 도움이 되었다. 다른 사람들이 표를 뒤적거리거나 종이와 연필을 꺼내는 동안 오일러는 241^4이나 337^6과 같은 계산 결과를 기억해서 말할 정도였다. 그러나 이것은 그의 능력 중에서 아주 작은 것에 불과했다. 그는 어려운 계산도 암산으로 했는데 어떤 문제는 50자리까지 정확하게 머릿속으로 계산하였다! 프랑스의 아라고(Francois Arago)에 따르면 오일러는 "마치 사람이 호흡하는 것처럼, 독수리가 공중을 나는 것처럼" 전혀 힘들이지 않고 계산을 했다고 한다. 이런 비상한 머리는 계산뿐만 아니라 일상 생활 중에서 기억해야 할 여러 사실들, 여러 기도문들, 그리고 소년 시절에 외워서 50년이 지난 후에도 막힘 없이 암송하는 버질(Virgil)*의 《아이네이스》(Aeneid)를 포함해서 여러 시들까지도 기억할 수 있는 능력

* 고대 로마의 서사 시인. 버질은 영어이름이며 별명. 원래 이름은 베르길리우스(Vergilius Maro, Publius, 기원전 70-19). 11년에 걸쳐 쓴 미완성 장편 서사시이며 현재 12권이 남아 《아이네이스》라는 이름으로 후세에까지 전해지고 있는데, 주인공 아이네이스의 모험담을 적은 서사시이다.

을 가지고 있었다. 어떤 소설 작가라도 이런 기억 용량을 가진 인물을 감히 만들어내지 못했을 것이다.

오일러가 널리 명성을 얻을 수 있었던 부분적인 이유는 그가 쓴 수학 교재 때문이기도 했다. 이들 교재 중 어떤 책은 최고 수준의 수학에 관한 내용을 다루고 있었지만, 초보적인 내용을 다루는 책을 쓰는 것에 대해서도 전혀 자신의 품위를 떨어뜨린다고 생각하지 않았다. 가장 잘 알려진 교재는 아마도 1748년에 쓴《무한소 해석》(Introductio in Analysin Infinitorum)일 것이다. 고전 수학에 대한 이 해설서는 유클리드의《원론》과 비교될 정도로 잘 쓰여진 책이다. 이 책에서 오일러는 이전 수학자들의 발견을 조사해서 그 증명들을 잘 다듬고 조직적으로 정리해놓아 이전에 나온 대부분의 저술들을 찾아볼 필요가 없도록 했다. 이《무한소 해석》에 이어서 1755년에는 미분학을 다룬 한 권의 책을 출판했고, 1768-1774년 사이에는 적분학을 다룬 세 권의 책을 출판함으로써 오늘날 해석학이 발전되어온 전체적인 방향을 설정하기도 했다.

오일러는 그가 쓴 모든 교재의 내용을 아주 명쾌하게 설명했으며, 그 수학 내용의 기초가 되는 아이디어를 독자들이 혼란스러워하지 않고 분명하게 이해할 수 있도록 수학 기호를 잘 선정하여 사용하였다. 사실 오일러가 쓴 수학책과 논문들은 오늘날의 독자들에게도 현대적인 느낌을 주는 최초의 저술이었다. 사람들이 이렇게 느끼는 이유는 그가 사용했던 수학적 기호들이 현대적이었기 때문이 아니라 그의 영향력이 널리 퍼져 그 뒤의 모든 수학자들이 오일러의 스타일, 기호, 형식을 따랐기 때문이다. 또한 오일러는 수학을 공부하는 독자들이 자신처럼 뛰어난 능력을 가지고 있지 않을 것이라고 생각하면서 글을 썼다. 오일러는 자신의 분야에 대해서는 깊은 이해와 통찰을 가졌지만 정작 다른 사람들에게는 그러한 아이디어를 전달하지 못하는 전형적인 수학자와는 달랐다. 오히려 그와는 반대로 다른 사람을 가르치는 것에 대해 항상 유념하는 수학자였다. 프랑스의 수학자이며 철학자였던 콩도르세(Marquis de Condorcet, 1743-1794)는 멋진 짧은 말로 오일러를 이렇게 표현했다. "그는 수학으로 사람들을 놀라게 함으로써 얻는 작은 만족감보다는 학생들을 가르치는 일을 더 좋아했다." 이 말은 마음만 먹으면 언제든지 훌륭한 수학적 솜씨로 그 어느 누구라도 깜짝 놀라게 할 수 있다는 오일러에 대한 훌륭한 찬사였다.

오일러의 수학적 업적에 대한 모든 논의에서 빼놓을 수 없는 업적이 있는데 그것은 73권으로 된 논문집 《저작총보》(Opera Omnia)이다. 886권의 책과 논문으로 구성된 이 논문집은 ― 라틴어, 프랑스어, 독일어로 쓰여진 ― 그의 전 생애에 걸쳐서 저술되었다. 이러한 저술은 심지어 눈이 멀었던 시기에도, 매우 방대하고 빠르게 이루어졌기 때문에 이 모든 저술들이 출판되는 데는 그의 사후 47년이나 걸렸다고 한다.

앞에서도 이미 언급한 것처럼 오일러는 순수 수학 분야만 연구한 것이 아니었다. 이 논문집에는 음향학, 공학, 기계학, 천문학에 관한 논문을 포함하고 있으며 심지어는 망원경과 현미경 같은 광학 장치에 관한 세 권의 논문도 실려 있다. 18세기 후기의 마지막 기간 동안에 쓰여진 수학 분야에 관한 모든 출판물을 수집한다면 대략 3분의 1 정도는 오일러의 펜으로부터 나왔을 것이라고 한다.

오일러의 논문집을 모아놓은 도서관에 서서 책장마다 가득 찬 그의 논문들을 둘러보면 눈으로 봐도 도저히 믿을 수 없다는 생각이 든다. 수천 쪽에 달하는 세미나 논문들은 변화를 다루는 미적분학에서부터 그래프 이론, 복소해석학, 미분방정식에 이르는 모든 수학 영역의 새로운 방향을 제시했다. 수학의 각 분야에 주요한 시사점을 제공하는 정리들은 궁극적으로 오일러의 기여에 의해 만들어진 것이었다. 그래서 수학을 공부하다보면 오일러 상수, 오일러 다항식, 오일러 적분 등은 말할 것도 없고 기하학에서는 오일러 삼각형을, 위상학에서는 오일러 표수를, 그래프 이론에서는 오일러 회로 등을 쉽게 만나게 된다. 그리고 지금까지 말한 것은 오일러가 이룩한 업적의 절반도 안 되는 것인데, 그 이유는 다른 사람들의 연구에 의한 수학적 결과라고 하는 수많은 내용들이 사실은 오일러에 의해 발견된 것들로써 그의 엄청난 연구물 속에서 교묘하게 빼낸 것이기 때문이다. 누군가는 이들을 비꼬아 농담처럼 다음과 같이 말했다.

> …… 발견자가 아닌 사람의 이름을 딴 법칙과 정리들이 많이 있는데 따져보면 이들의 절반은 오일러의 이름을 붙였어야 할 것들이다.

1783년 9월 7일, 오일러는 갑작스럽게 세상을 떠났다. 실명에도 불구하고 그는 죽는 날까지 활발히 수학을 연구했다. 전하는 바에 따르면 오일러는 생의 마지막 날을 손자들과 천왕성에 대한 최근의 이론들을 토론하고 놀면서 보냈다고 한다. 오일러의 갑작스러운 죽음을 콩도르세는 "삶을 마침과 동시에 계산도 중단했다"라고 표현했다. 오일러는 떠났다가 다시 돌아와서 오랜 세월 동안 행복하게 살았던 상트페테르부르크(오늘날의 레닌그라드)에 묻혔다.

위대한 정리: $1+\frac{1}{4}+\frac{1}{9}+\frac{1}{16}+\frac{1}{25}+\cdots+\frac{1}{k^2}+\cdots$의 합 구하기

오일러의 방대한 수학 업적에서 한두 개의 대표적인 정리를 고른다는 것이 결코 쉬운 일은 아니지만 여러 이유에서 위의 정리를 이 장의 위대한 정리로 선정했다. 첫째 이유는 이 정리가 수학사적으로 중요한 결과이며 동시에 사람들을 자극하는 것이기 때문이다. 둘째 이유로 이 정리는 상트페테르부르크에 갔던 첫 해인 1734년에 발표된 것으로 오일러의 초기 업적 중의 하나이기 때문인데, 결국 오일러는 이 업적의 발표로 수학적 천재라는 명성을 확고히 하게 되었다. 끝으로 이것을 오일러의 대표적 정리로 선정한 이유는 그 이전의 수학자들이 난관에 봉착했던 문제를 해결하는 과정에서 오일러의 뛰어난 천재성이 잘 나타나 있으며, 또한 이 정리의 해법을 통해서 전혀 예상치 못했던 일련의 중요한 결과들을 이끌어낸 그의 능력이 잘 드러나 있기 때문이다. 단 하나의 정리를 통해서 오일러의 천재성을 충분히 보여줄 수는 없지만 우리가 살펴보려고 하는 이 정리는 그의 능력을 잘 입증해주고 있다.

이 문제는 제8장의 후기에서 다루었던 것이다. 조화 급수의 성공적인 해결로 의기양양했던 베르누이 형제는 $1+\frac{1}{4}+\frac{1}{9}+\frac{1}{16}+\frac{1}{25}+\cdots$라는 급수를 연구하게 되었다. 이 급수의 합이 2보다 작은 수라는 것은 알았지만 그 수가 정확히 얼마인지에 대해서는 전혀 감을 잡지 못했다. 이 급수의 합을 구하는 것은 야곱과 요한 베르누이뿐만 아니라 라이프니츠까지도 두 손을 들고 말았으니 세계 수학계의 나머지 수학자들은 말할 필요도 없었다.

오일러도 스승인 요한으로부터 이 문제를 분명히 들었는데, 이 급수에 대해 취했던 첫 번째 조치는 그 합을 대충 짐작해보려고 항들을 단순히 더해 나갔다고 오일러는 말했다. 20번째 항까지의 근사값을 구해보려고 항들을 더했는데 ── 컴퓨터가 출현하기 전인 그 당시에는 이것도 상당히 훌륭한 계산에서의 성공이었다. ── 그 합이 1.6449라는 숫자로 접근함을 발견했다. 그런데 이 숫자는 전혀 익숙해보이지 않았다. 이런 결과에 단념하지 않고 오일러는 계속 이 문제를 풀려고 노력하여 마침내 이 문제의 비밀을 밝힐 수 있는 열쇠를 발견하게 되었다. 아주 흥분하며 오일러는 "…… π와 연관된 …… 전혀 예상하지 못한 아주 우아한 공식을 발견했다"라고 적었다.

이 우아한 공식을 유도하기 위해 오일러는 두 가지 도구를 사용했다. 한 가지 도구는 초등 삼각함수에 나오는 이른바 '사인 함수'였다. 이 중요한 수학적 개념에 대한 전체적인 논의는 ── 보통 '$\sin x$'로 적는데 ── 지금 다루는 주제에서 너무 벗어나게 되므로 여기에서는 자세한 언급을 피하고자 한다. 그렇지만 삼각함수나 초급 미적분학을 배운 사람이라면 주기적으로 무한히 움직이는 이 사인곡선을 잘 알 것이다. 오일러는 그림 9.1에 있는 함수 $f(x)=\sin x$의 그래프로부터 영감을 얻었다.

함수에서 그래프가 x축을 지나면서 만나게 되는 x값에서 정확하게 그 함수값이 0이 된다는 사실을 상기하면, x가 $x=0$, $\pm\pi$, $\pm 2\pi$, $\pm 3\pi$, $\pm 4\pi$ 등 일 때 $\sin x=0$임을 알 수 있다. $\sin x$가 0이 되는 x값들을 무

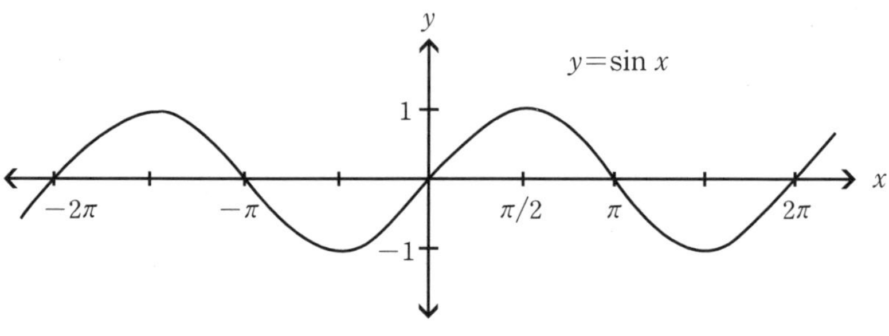

[그림 9.1]

한히 모으면 결국 사인 함수의 반복적이고 주기적인 성질을 나타낼 수 있다.

사인에 대한 이 정도의 지식은 삼각함수에 대한 기초 과정에서 배울 수 있는 내용이다. 그러나 여기에 미적분학이라는 힘을 더하면 다음과 같은 공식이 나타나게 된다.

$$\sin x = x - \frac{x^3}{3!} + \frac{x^5}{5!} - \frac{x^7}{7!} + \frac{x^9}{9!} - \cdots$$

미적분학에서 테일러 급수 전개에 대해 배운 사람들은 금방 이해할 수 있겠지만, 오일러의 위대한 정리를 논의하기 위해서 이 공식을 전개할 필요는 없다고 본다. 이 공식의 중요성은 $\sin x$가 '무한히 긴 다항식' 꼴로 표현될 수 있다는 점을 오일러에게 시사한 것에 있다.

이 $\sin x$의 급수에 대해서는 좀더 설명할 것이 있다. 먼저, 이 급수의 분모들이 수학에서 흔히 사용하는 계승(factorial)의 기호로 되어 있다는 점이다. 이 계승의 정의에 따르면 $3!$은 $3 \times 2 \times 1 = 6$이고 $5! = 5 \times 4 \times 3 \times 2 \times 1 = 120$ 등으로 나타내어진다. 게다가 $\sin x$의 전개식을 보면, x의 지수는 분모의 계승과 연관되어 홀수인 정수로 표시되어 있으면서 양수와 음수의 부호가 번갈아가면서 끝없이 계속된다. 이런 식으로 해서 $\sin x$를 무한히 긴 다항식 꼴로 나타낸 것이다. 이것이 오일러가 이 퍼즐을 푸는 데 필요했던 두 가지 도구 중 하나였다.

또 다른 도구는 삼각 함수나 미적분학에 있었던 것이 아니라 간단한 대수학에 있었다. 위에서 언급했듯이 사인 함수에 대한 테일러 급수 전개는 무한한 다항식 꼴로 표현되기 때문에 오일러는 먼저 평범한 유한한 다항식의 경우를 조사하여 이를 무한한 경우로 과감하게 확장해 나갔다.

$P(x)$가 $x=a$, $x=b$, $x=c$, $\cdots$, $x=d$라는 n개의 근을 가지는 n차 다항식이라고 하자. 다시 말해서, $P(a)=P(b)=P(c)=\cdots=P(d)=0$라고 하고, 또 $P(0)=1$이라고 가정하자. 이렇게 한 후 오일러는 다항식 $P(x)$가 다음과 같이 n개의 일차식의 곱으로 분해된다는 것을 알았다.

$$P(x)=\left(1-\frac{x}{a}\right)\left(1-\frac{x}{b}\right)\left(1-\frac{x}{c}\right)\cdots\left(1-\frac{x}{d}\right)$$

여기서 이렇게 일반적인 형태의 공식으로 표현될 수 있는 이유를 살펴보는 것이 좋을듯하다. $x=a$를 이 다항식에 직접 대입하면 첫 번째 인수는 $1-1=0$이므로 다음과 같다.

$$P(a)=\left(1-\frac{a}{a}\right)\left(1-\frac{a}{b}\right)\left(1-\frac{a}{c}\right)\cdots\left(1-\frac{a}{d}\right)=0$$

마찬가지로 $x=b$를 대입하면 두 번째 인수 역시 $1-1=0$이므로 다음과 같이 된다.

$$P(b)=\left(1-\frac{b}{a}\right)\left(1-\frac{b}{b}\right)\left(1-\frac{b}{c}\right)\cdots\left(1-\frac{b}{d}\right)=0$$

이렇게 하면 $P(x)$에 대해 처음에 가정했던 $P(a)=P(b)=P(c)=\cdots=P(d)=0$를 $P(x)$가 만족함을 알 수 있다.

그런데 $P(x)$에 대한 또 다른 조건인 $P(0)=1$이 남아 있다. 다행스러운 점은 이 조건에 대해서도 위와 같은 방법이 그대로 적용된다는 것이다.

$$P(0)=\left(1-\frac{0}{a}\right)\left(1-\frac{0}{b}\right)\left(1-\frac{0}{c}\right)\cdots\left(1-\frac{0}{d}\right)$$
$$=(1)(1)(1)\cdots(1)=1$$

지금까지의 내용을 요약하면

$$P(x)=\left(1-\frac{x}{a}\right)\left(1-\frac{x}{b}\right)\left(1-\frac{x}{c}\right)\cdots\left(1-\frac{x}{d}\right)$$

이 다항식 $P(x)$는 처음의 조건들을 만족하는 다항식이다.

예를 들어 설명하면 $P(x)$가 $P(2)=P(3)=P(6)=0$이고 $P(0)=1$을 만족하는 3차 다항식이라고 하자. 그러면 인수분해에 의해 다음과 같이 되는데 이 3차식이 조건을 만족하는지는 위에서와 같은 방법으로 쉽게 검사해볼 수 있다.

$$P(x)=\left(1-\frac{x}{2}\right)\left(1-\frac{x}{3}\right)\left(1-\frac{x}{6}\right)=1-x+\frac{11}{36}x^2-\frac{1}{36}x^3$$

이 방정식을 신중하게 조사한 오일러는 여기에 적용되었던 것과 유사한 규칙이 '무한 다항식'에서도 그대로 적용될 것이라고 생각했다. 뉴턴과 마찬가지로 오일러도 패턴의 일관성을 상당히 믿는 사람이었으므로 "만약 유한한 경우에 적용되었던 패턴이라면 무한의 경우로 확장한다고 해서 안 될 이유가 있을까?"라고 생각했다. 하지만 오늘날의 수학자들은 이것이 얼마나 위험천만한 방법인지 그리고 유한의 경우에서 무한의 경우로 식을 확장하는 것이 얼마나 어려운 일인지를 잘 알고 있다. 사실 현대 수학적 관점에서 보면 이렇게 확장하는 것은 오일러가 했던 것보다는 훨씬 어렵고 더 신중하게 다루어져야 한다. 어쩌면 오일러는 단지 운이 좋았다고 할 수도 있고 또 다른 한편으로는 수학적 직관력이 아주 뛰어났다고도 볼 수 있다. 아무튼 오일러의 대담한 확장은 성공했다.

지금까지 살펴본 예비 결과들과 무한 급수 $1+\frac{1}{4}+\frac{1}{9}+\frac{1}{16}+\frac{1}{25}+\cdots$의 합을 구하는 원래 문제와는 상당히 거리가 있는 듯이 보인다. 이 모든 조각들을 하나로 결합하기 위해서는 이 조각들의 조화로운 통합에 대한 '오일러적인' 통찰——너무 심오하여 숨막히게 할 정도의 통찰——이 필요하다.

정 리 $1+\frac{1}{4}+\frac{1}{9}+\frac{1}{16}+\frac{1}{25}+\cdots+\frac{1}{k^2}+\cdots=\frac{\pi^2}{6}$

증 명 다음 함수를 도입하여 오일러는 증명을 시작하였다.

$$f(x)=1-\frac{x^2}{3!}+\frac{x^4}{5!}-\frac{x^6}{7!}+\frac{x^8}{9!}-\cdots$$

오일러의 관점에서 보면 이 함수 $f(x)$는 $f(0)=1$을 만족하는 무한 다항식에 불과했다 (이 점은 곧 분명하게 밝혀진다). 따라서 위에서 했던 대로 이 식은 인수 분해되어 $f(x)=0$의 근을 구할 수 있다. 이것을 위해서 $x\neq 0$에 대하여 다음과 같이 바꾸어본다.

$$f(x)=x\left[\frac{1-\frac{x^2}{3!}+\frac{x^4}{5!}-\frac{x^6}{7!}+\frac{x^8}{9!}-\cdots}{x}\right]$$

$$= \frac{x - \frac{x^3}{3!} + \frac{x^5}{5!} - \frac{x^7}{7!} + \frac{x^9}{9!} - \cdots}{x}$$

$$= \frac{\sin x}{x} \qquad (\sin x\text{의 테일러 전개에 의해})$$

따라서, x가 0이 아니므로 $f(x)=0$을 푸는 것은 $\frac{\sin x}{x}=0$을 푸는 것과 같은데 간단한 곱셈을 하고 나면 $\sin x=0$을 푸는 것으로 된다. 앞에서 보았듯이 사인 함수는 $x=0$, $x=\pm\pi$, $x=\pm 2\pi$ 등에서 정확하게 0이 된다. 그러나 여기서 $f(x)=0$의 해로서 $x=0$은 당연히 제외시켜야 하는데, 그 이유는 $f(0)=1$이라는 조건 때문이다. 다시 말하면 $f(x)=0$의 해는 $x=\pm\pi$, $x=\pm 2\pi$, $x=\pm 3\pi$, …일 때이다.

이러한 사실들을 근거로 하여 오일러는 $f(x)$를 다음과 같이 인수분해했다.

$$f(x)=\left(1-\frac{x}{\pi}\right)\left(1-\frac{x}{-\pi}\right)\left(1-\frac{x}{2\pi}\right)\left(1-\frac{x}{-2\pi}\right)$$
$$\left(1-\frac{x}{3\pi}\right)\left(1-\frac{x}{-3\pi}\right)\cdots$$
$$=\left[\left(1-\frac{x}{\pi}\right)\left(1+\frac{x}{\pi}\right)\right]\left[\left(1-\frac{x}{2\pi}\right)\right.$$
$$\left.\left(1+\frac{x}{2\pi}\right)\right]\left[\left(1-\frac{x}{3\pi}\right)\left(1+\frac{x}{3\pi}\right)\right]\cdots$$

결국 이 식은 다음과 같이 고쳐 쓸 수 있다.

$$1-\frac{x^2}{3!}+\frac{x^4}{5!}-\frac{x^6}{7!}+\frac{x^8}{9!}-\cdots$$
$$=\left[1-\frac{x^2}{\pi^2}\right]\left[1-\frac{x^2}{4\pi^2}\right]\left[1-\frac{x^2}{9\pi^2}\right]\left[1-\frac{x^2}{16\pi^2}\right]\cdots$$

이것을 문제 해결의 '열쇠가 되는 식'이라고 하자. 이 식은 무한합이 무한곱과 같다는 의미이기 때문에 무척이나 놀랄 만한 결과이다. 다시 말해서, 원래 $f(x)$로 정의된 무한 급수가 위 식의 우변과 같은 무한곱과 같아졌다는 것이다. 수학자인 오일러의 눈으로 볼 때 이 식이 시사하는 바는 아주 컸다. 사실 많은 독자들은 여전히 이 증명이 어디로 흘러가고 있는지 전혀 모르겠지만 오일러는 이제 증명을 거의 완성할 단계에 와 있었다.

오일러는 위 식의 우변에 있는 무한 곱을 '곱해서 전개'하여 같은 지수의 x를 갖는 모든 항들을 하나로 묶었다. 이렇게 하면 첫 번째 항은 각 항의 1을 곱한 것이므로 당연히 1이 된다. x^2의 항을 구하기 위해서는 각 항의 1을 아직 곱하지 않은 x^2의 인수 중 하나와 곱하면 된다. 따라서 오일러의 이러한 '무한 곱셈'을 하게 되면 다음과 같은 식을 얻게 된다.

$$1-\frac{x^2}{3!}+\frac{x^4}{5!}-\frac{x^6}{7!}+\frac{x^8}{9!}-\cdots$$
$$=\left[1-\frac{x^2}{\pi^2}\right]\left[1-\frac{x^2}{4\pi^2}\right]\left[1-\frac{x^2}{9\pi^2}\right]\left[1-\frac{x^2}{16\pi^2}\right]\cdots$$
$$=1-\left(\frac{1}{\pi^2}+\frac{1}{4\pi^2}+\frac{1}{9\pi^2}+\frac{1}{16\pi^2}+\cdots\right)x^2+(\cdots)x^4-\cdots$$

드디어 서서히 안개가 걷히고 뭔가 분명하게 보이기 시작한다. 즉,

두 무한곱이 서로 같게 되도록 하기 위해 위의 식의 두 번째 줄을 곱해서 전개하자 x의 같은 지수들이 자연스럽게 양변에 나타난 것이다. 두 급수 모두 1로 시작하고 있다. 또 양변의 각 급수에서 그 다음 항은 x^2이 나오므로 이들의 계수는 분명히 같다. 즉, 다음과 같이 된다.

$$-\frac{1}{3!}=-\left(\frac{1}{\pi^2}+\frac{1}{4\pi^2}+\frac{1}{9\pi^2}+\frac{1}{16\pi^2}+\cdots\right)$$

그리고 양변에 -1을 곱해주면 좌변의 $3!=6$이 되고 우변에서 π^2을 공통으로 묶어주어 오일러는 다음 식을 얻었다.

$$\frac{1}{6}=\frac{1}{\pi^2}\left(1+\frac{1}{4}+\frac{1}{9}+\frac{1}{16}+\cdots\right)$$

그리고 마지막으로 비례식 곱셈을 하여 다음의 놀라운 식을 구했다.

$$1+\frac{1}{4}+\frac{1}{9}+\frac{1}{16}+\cdots=\frac{\pi^2}{6}$$

Q.E.D.

이렇게 해서 오일러는 수십 년 동안 수학자들을 당황하게 했던 답을 구한 것이다. $\pi^2/6$을 수치로 나타내보면 오일러가 처음에 추정했던 1.6449 …가 된다. 또한 이 합은 정말 2보다 작은 값으로 1689년에 야곱 베르누이의 추정이 정확했음을 말해주고 있다.

하지만 오일러 이전의 어떤 수학자도 이 급수의 합이 $\pi^2/6$일 것이라고 짐작하지 못했다. 또한 구하고자 했던 이 급수의 합이 π가 포함된 식으로 나타난다는 것은 아주 괴상한 결과였다. π를 원과 연관지어 생각하는 것은 그래도 자연스럽지만, 정사각형의 넓이와 연관된 1, 4, 9, 16의 숫자들과 이 급수의 합과의 연관성은 아무도 예측하지 못했던 일이다. 심지어 오일러 자신도 이 결과에 놀랐다. 이 식은 모든 수학 분야에서 가장 특이하고 놀라운 것 중의 하나로 오늘날까지 남아 있다. 전혀 예상치 못했던 이 증명의 결과와 뛰어난 증명 방법으로 인하여 오일러의 증명은 제1급 수준의 위대한 정리가 된 것이다.

후 기

지금까지 살펴본 결과로 오일러는 수학계에서 큰 명성을 얻게 되었다. 이 증명은 이의가 있을 수 없는 뛰어난 업적이었으므로 평범한 수학자라면 당연히 이 큰 명예에 만족하여 행복해했겠지만 오일러는 달랐다. 가치있는 것이라면 끝까지 파내고 마는 능력이 오일러가 수학을 연구하는 특징이었다. 이 급수의 놀라운 합을 구한 것은 단지 겉만 조금 긁어놓은 것에 불과했다.

오일러는 위에서 언급했던 문제 해결의 '열쇠가 되는 식' 으로부터 만들어낸 무한곱이 $x \neq 0$일 때 $\sin x/x$와 같다는 사실에 다시 주목했다. 그림 9.1의 사인 함수의 그래프를 보면 $x=\pi/2$일 때 $\sin x$의 최대값이 1이 된다는 것을 알 수 있다. 그래서 $x=\pi/2$를 무한 곱에 대입하면 다음과 같이 된다.

$$\frac{\sin \pi/2}{\pi/2}=\left[1-\frac{(\pi/2)^2}{\pi^2}\right]\left[1-\frac{(\pi/2)^2}{4\pi^2}\right]$$
$$\left[1-\frac{(\pi/2)^2}{9\pi^2}\right]\left[1-\frac{(\pi/2)^2}{16\pi^2}\right]\cdots$$

이 식을 정리하면 다음과 같이 되고

$$\frac{1}{\pi/2}=\left(1-\frac{1}{4}\right)\left(1-\frac{1}{16}\right)\left(1-\frac{1}{36}\right)\left(1-\frac{1}{64}\right)\cdots$$

이를 더 간단히 하면 다음과 같다.

$$\frac{2}{\pi}=\left(\frac{3}{4}\right)\left(\frac{15}{16}\right)\left(\frac{35}{36}\right)\left(\frac{63}{64}\right)\cdots$$

이 식의 역수를 취하고 우변을 인수 분해해서 오일러는 다음과 같은 식을 우연히 발견했다.

$$\frac{2}{\pi}=\frac{2\times2\times4\times4\times6\times6\times8\times8\times\cdots}{1\times3\times3\times5\times5\times7\times7\times9\cdots}$$

짝수의 곱으로 된 분자와 홀수의 곱으로 된 분모 사이의 엄청나게 큰 비의 값이 $\pi/2$가 되는 이 식을 따라 역사를 거슬러 올라가면 1650년, 영국의 수학자 월리스(John Wallis, 1616-1703)가 아주 다른 방법으로 유도했던 것과 같다는 사실을 발견하게 된다. 따라서 무한합과 무한곱을 신기하게 사용하여 월리스가 이미 발견했던 이 식을 오일러가 재발견했기 때문에 새로운 공식의 발견이라고 말할 수는 없을 것이다.

그러나 오일러는 더 많은 마술을 소매 끝에 숨기고 있었다. 급수 $1+\frac{1}{4}+\frac{1}{9}+\frac{1}{16}+\cdots$의 합을 구하기 위해서 개발했던 기법들이 이보다 다루기 훨씬 '까다로운 성질의' 급수의 합을 구하는 데 결정적인 열쇠가 된다는 것을 알았다. 예를 들어, 다음과 같이 짝수 제곱의 역수로 된 급수의 합을 구한다고 해보자.

$$\frac{1}{4}+\frac{1}{16}+\frac{1}{36}+\frac{1}{64}+\frac{1}{100}+\cdots+\frac{1}{(2k)^2}+\cdots$$

오일러는 단순히 $\frac{1}{4}$을 공통 인수로 묶어내고 '위대한 정리'의 결과를 적용하여 다음과 같이 그 합을 구했다.

$$\frac{1}{4}+\frac{1}{16}+\frac{1}{36}+\frac{1}{64}+\frac{1}{100}+\cdots$$
$$=\frac{1}{4}\left(1+\frac{1}{4}+\frac{1}{9}+\frac{1}{16}+\frac{1}{25}+\cdots\right)=\frac{1}{4}\left(\frac{\pi^2}{6}\right)=\frac{\pi^2}{24}$$

이 문제를 해결하고나자 오일러는 홀수 제곱의 역수로 된 급수의 합도 쉽게 구할 수 있었다.

$$1+\frac{1}{9}+\frac{1}{25}+\frac{1}{49}+\cdots=\left(1+\frac{1}{4}+\frac{1}{9}+\frac{1}{16}+\frac{1}{25}+\cdots\right)$$
$$-\left(\frac{1}{4}+\frac{1}{16}+\frac{1}{36}+\frac{1}{64}+\frac{1}{100}+\cdots\right)=\frac{\pi^2}{6}-\frac{\pi^2}{24}=\frac{\pi^2}{8}$$

계속된 이러한 발견들로 인해 기분이 들뜬 오일러는 또 다른 문제에 도전했는데 자연수의 네제곱의 역수로 된 급수의 합을 구하는 문제가 그 중 하나이다.

$$1+\frac{1}{16}+\frac{1}{81}+\frac{1}{256}+\frac{1}{625}+\frac{1}{1296}+\cdots+\frac{1}{k^4}+\cdots$$

오일러는 이 급수의 합도 구할 수 있었을까?

오일러는 앞에서 언급했던 문제 해결의 '열쇠가 되는 식'을 다시 살펴본 후 이번에는 이 식의 양변으로부터 x^4의 계수를 구하면 된다는 것을 알았다. 그렇지만 도대체 어떻게 이 '열쇠가 되는 식'의 우변에 있는 항들을 무한히 곱해서 x^4의 항을 찾을 수 있을까? 이것은 간단한 문제가 아니었다. 이 물음에 해답을 찾기 위해서 오일러는 패턴을 인식하는 자신의 예리한 감각과 유한곱에서 적용된 것은 무엇이든지 무한곱에서도 분명히 적용된다는 신념을 다시 한번 이용했다.

오일러의 추론 과정을 이해하기 위해서 먼저 다음과 같은 간단하지만 암시하는 바가 깊은 두 예를 살펴보자. 이 두 예에서 나타나는 x^4의 계수에 특히 주목해야 한다. 첫 번째는 이런 예이다.

$$\begin{aligned}(1-ax^2)(1-bx^2)&=1-(a+b)x^2+abx^4\\&=1-(a+b)x^2+\frac{1}{2}\left[(a+b)^2-(a^2+b^2)\right]x^4\end{aligned}$$

그리고 두 번째는 이런 예이다.

$$\begin{aligned}&(1-ax^2)(1-bx^2)(1-cx^2)\\&\quad=1-(a+b+c)x^2+(ab+ac+bc)x^4-(abc)x^6\\&\quad=1-(a+b+c)x^2+\frac{1}{2}\left[(a+b+c)^2-\right.\\&\qquad\qquad\left.(a^2+b^2+c^2)\right]x^4-(abc)x^6\end{aligned}$$

이 두 식의 우변에 있는 대괄호의 항들을 곱해서 전개하면 좌변과 같다는 것을 금방 알 수 있다.

자세히 살펴보면 한 가지 패턴이 있음을 볼 수 있다. 즉, $(1-ax^2)$, $(1-bx^2)$, $(1-cx^2)$ 등과 같은 인수들을 계속 곱하면 x^4의 계수는 제곱으로 된 $(a^2+b^2+c^2+\cdots)$의 합과 $(a+b+c+\cdots)$인 합의 제곱과의 차의 절반임을 알 수 있다. 만약 이런 인수들을 둘 또는 세 개를 곱할 때 이 패턴이 나타난다면, 넷 또는 다섯 또는 무한개의 인수를 곱할 때도 당연히 이 패턴이 나타나지 않겠는가? 문제 해결의 '열쇠가 되는 식' 으로 다시 가서 오일러는 흥분된 가슴으로 이 패턴을 적용했다.

$$1-\frac{x^2}{3!}+\frac{x^4}{5!}-\frac{x^6}{7!}+\frac{x^8}{9!}-\cdots$$
$$=\left[1-\frac{x^2}{\pi^2}\right]\left[1-\frac{x^2}{4\pi^2}\right]\left[1-\frac{x^2}{9\pi^2}\right]\left[1-\frac{x^2}{16\pi^2}\right]\cdots$$

이 식과 위의 두 예를 비교해보면 $1/\pi^2$은 a에, $1/4\pi^2$은 b에, $1/9\pi^2$은 c에 이런 식으로 대응되는 것을 알 수 있다. 그리고 x^4의 계수에 대해 위에서 관찰했던 패턴을 적용하면 다음과 같이 된다.

$$1-\frac{x^2}{3!}+\frac{x^4}{5!}-\frac{x^6}{7!}+\frac{x^8}{9!}-\cdots$$
$$=1-\left(\frac{1}{\pi^2}+\frac{1}{4\pi^2}+\frac{1}{9\pi^2}+\cdots\right)x^2$$
$$+\frac{1}{2}\left[\left(\frac{1}{\pi^2}+\frac{1}{4\pi^2}+\frac{1}{9\pi^2}+\frac{1}{16\pi^2}+\cdots\right)^2\right.$$
$$\left.-\left(\frac{1}{\pi^4}+\frac{1}{16\pi^4}+\frac{1}{81\pi^4}+\frac{1}{256\pi^4}+\cdots\right)\right]x^4-\cdots$$

오일러는 이제 이 식의 양변에 있는 x^4의 계수를 조사했다. 좌변에 있는 x^4의 계수는 $1/5!=1/120$으로 간단한 편이다. 하지만 우변의 급수 꼴로 표현된 x^4의 계수는 훨씬 복잡해보이는데 π의 지수를 공통 인수로 묶어내고 위대한 정리의 결과를 사용하면 상당히 간단한 형태로 바뀌게 된다. 우변에 있는 x^4의 계수는 다음과 같다.

$$\begin{aligned}
&\frac{1}{2}\left[\left(\frac{1}{\pi^2}+\frac{1}{4\pi^2}+\frac{1}{9\pi^2}+\frac{1}{16\pi^2}+\cdots\right)^2\right.\\
&\qquad\qquad\left.-\left(\frac{1}{\pi^4}+\frac{1}{16\pi^4}+\frac{1}{81\pi^4}+\frac{1}{256\pi^4}+\cdots\right)\right]\\
&=\frac{1}{2}\left[\frac{1}{\pi^4}\left(1+\frac{1}{4}+\frac{1}{9}+\frac{1}{16}+\cdots\right)^2\right.\\
&\qquad\qquad\left.-\frac{1}{\pi^4}\left(1+\frac{1}{16}+\frac{1}{81}+\frac{1}{256}+\cdots\right)\right]\\
&=\frac{1}{2\pi^4}\left[\left(\frac{\pi^2}{6}\right)^2-\left(1+\frac{1}{16}+\frac{1}{81}+\frac{1}{256}+\cdots\right)\right]\\
&=\frac{1}{72}-\frac{1}{2\pi^4}\left(1+\frac{1}{16}+\frac{1}{81}+\frac{1}{256}+\cdots\right)
\end{aligned}$$

이제 거의 답이 밝혀질 순간이 되었다. 오일러는 x^4의 계수를 똑같이 두고서 다음과 같이 식을 풀어갔다.

$$\frac{1}{120}=\frac{1}{72}-\frac{1}{2\pi^4}\left(1+\frac{1}{16}+\frac{1}{81}+\frac{1}{256}+\cdots\right)$$

따라서

$$\frac{1}{2\pi^4}\left(1+\frac{1}{16}+\frac{1}{81}+\frac{1}{256}+\cdots\right)=\frac{1}{72}-\frac{1}{120}=\frac{1}{180}$$

이렇게 해서 드디어 다음과 같은 오일러의 또 다른 공식이 나오게 되었다.

$$1+\frac{1}{16}+\frac{1}{81}+\frac{1}{256}+\cdots+\frac{1}{k^4}+\cdots=\frac{2\pi^4}{180}=\frac{\pi^4}{90}$$

이 결과에서 보듯 오일러는 네제곱의 역수의 합과 π^4이 서로 연관성을 가지는 아주 이상한 결과를 발견한 것이다. 앞에서 살펴본 위대한 정리에서는 제곱의 역수의 합은 π^2과 연관성이 있었다. 새로 발견한 장난감을 가지고 정신없이 노는 아이처럼 오일러는 다음과 같이 훨씬 이상한 꼴을 하고 있는 급수의 합을 구하는데 이 놀라운 기법을 유감없이 사용하였다.

$$1+\frac{1}{64}+\frac{1}{729}+\frac{1}{4096}+\cdots+\frac{1}{k^6}+\cdots=\frac{\pi^6}{945}$$

그리고 아래와 같은 엄청난 짝수 지수의 역수의 합을 구하는 것까지 계속해서 이런 급수의 합을 구했다.

$$1+\frac{1}{2^{26}}+\frac{1}{3^{26}}+\cdots+\frac{1}{k^{26}}+\cdots=\frac{1315862}{11094481976030578125}\pi^{26}$$

말할 필요도 없이 수학사에서 어느 누구도 이런 쪽으로 연구를 했던 수학자는 없었다. 실용적인 측면에서 볼 때 이런 연구는 아주 사소하게 보일지는 몰라도 이것은 인간 지식의 발전이었으며 자연수 지수의 역수와 아주 중요한 상수인 π와의 지금까지 예측하지 못했던 관련성의 진정한 발견들이었다.

이 결과들을 보면 다음과 같은 의문이 생긴다. 그렇다면 자연수의 홀수 지수의 역수의 합은 어떻게 될까? 예를 들면, 다음과 같은 무한 급수의 합도 구할 수 있을까?

$$1+\frac{1}{2^3}+\frac{1}{3^3}+\frac{1}{4^3}+\cdots=1+\frac{1}{8}+\frac{1}{27}+\frac{1}{64}+\cdots$$

이 문제에 대해서는 오일러도 침묵을 지켰으며, 지난 200년에 걸친 수학 연구를 통해서도 이 문제와 같은 홀수 지수를 갖는 급수의 합을 구하는 쪽에서의 수학적 지식은 전혀 진전이 없었다. 이 문제의 합은 분수인 p/q에 대한 $(p/q)\pi^3$꼴일 것이라고 쉽게 추측할 수 있지만 오늘날까지 이 추측이 정확한지 아무도 그 답을 모르고 있다.

무한에 대한 오늘날의 관점에서 보면 오일러는 무한을 아주 신중하게 다루었어야 했는데 지금까지의 논의를 통해 보았듯이 그렇게 정확하게 사용하지 않았음을 알 수 있다. 유한의 경우에서 나타난 패턴과 그 패턴에 따라 유도된 식이 무한의 경우로 기계적으로 확장된다는 신념은 과학적이기보다는 개인적 신념의 문제이다. 이것에 대해 그 이후의 수학자들은 이런 성급한 일반화에 의한 오류를 보여주는 수많은 예들을 제시했다. 요약해서 말하면, 무한과 관련된 문제의 증명을 할 때 오일러가 논리적 기초에 충분한 주의를 기울이지 않았다는 비난이 제기될 수 있다는 것이다. 하지만 이런 비난은 그의 명성에 조금도 해가 되지는 않았다. 비록 무한 급수에 대한 오일러의 접근 방법이 무한을 정교하게 다루지는 못했지만 이들 급수에 대해 구한 합은 오늘날의 높은 논리적 엄밀성을 기준으로 평가해도 결코 손색이 없다는 것이 입증되었기 때문이다.

지금까지 소개한 이 업적들은 70여 권에 달하는 오일러 논문집의 불과 몇 쪽에 있는 내용이다. 다음 장에서는 이 장의 내용과는 다른 수학 분야인 정수론에서 오일러가 어떤 훌륭한 기여를 했는지 살펴보려고 한다.

CHAPTER 10

오일러의 정수론 선집(選集)

A Sampler of Euler's Number Theory
(1736)

페르마가 남긴 유산

앞 장에서 오일러가 복잡한 무한 급수의 합을 성공적으로 구하는 과정을 살펴보았다. 수학에서는 이 분야를 '해석학'이라고 하는데 오일러의 발견들은 이 분야에서 특히 중요하고 심오한 영향을 미쳤다. 그런데 수학 분야에서 오일러의 이름이 최고 위치에 있었던 정수론에 대한 기여를 살펴보지 않는다면 오일러의 업적을 제대로 고찰하지 못했다고 할 수 있다. 이미 제3장에서 소수의 무한성에 대한 유클리드의 유명한 증명과 함께 정수론을 조금 다루었으며, 또 제7장에서는 풍부한 통찰에 의한 논평과 쉬워 보이면서도 모든 증명을 불가능하게 했던 추측으로 정수론을 변모시켰던 페르마의 연구를 어느 정도 다루었다. 앞에서도 언급했던 것처럼 페르마는 증명없이 추측을 제기했고 페르마와 오일러 사이의 1세기라는 시간의 간극에도 불구하고 페르마의 이 주장을 입증하는 데는 별다른 진전이 없었다. 이렇게 진전이 없었던 부분적 이유는 17세기말 수학 연구의 대부분이 새롭게 발견된 미적분학에 치중되어 있었기 때문이며, 또 다른 이유는 정수론이 실세계의 현상을 이해할 수 있는 응용력이 부족하다는 인식 때문이며, 마지막 이유는 페르마의 주장이 수학자들이 해결하기에는 너무 어려워서 감히 엄두조차 내지 못했기 때문이라고 짐작된다.

오일러가 정수론에 대해 열정을 가지게 된 이유는 제3장의 후기에서 간략하게 소개했던 인물로 골드바흐 추측을 제기한 골드바흐(Christian Goldbach)의 영향 때문이었다. 골드바흐의 정수론에 대한 열정은 자신의 능력을 훨씬 초월하는 것이었지만 그는 수를 다루는 이 학문에 매료되어 있었다. 골드바흐와 오일러는 계속적인 서신 교환을 하고 있었는데, 페르마의 증명되지 않은 많은 추측을 가져와서 오일러의 관심을 끌었던 인물이 바로 골드바흐였다. 오일러는 이 분야에 대해 처음에는 크게 흥미를 느끼지 못했는데 만족을 모르는 자신의 호기심과 끈질긴 골드바흐의 권유 때문에 결국에는 이 추측들을 자세히 연구하게 되었다. 얼마 지나지 않아 오일러는 정수론의 전반적인 내용과 그 중에서도 특히 페르마의 증명되지 않은 추측에 푹 빠지게 되었다. 수학자인 베유(Andre Weil)*는 이런 오일러에 대해 "…… 오일러의 정수론에 대한 업적의 상당한 부분은 페르마의 주장에 대한 증명으로 구성되어 있었다"라고 말했다. 이 일을 끝냈을 때 오일러의 정수론은 《저작총보》 전체 중에서 4권을 차지하게 되었다. 그래서 오일러가 정수론에 대한 연구 외에 아무 연구도 하지 않았다고 하더

* 베유(1906-1998)는 프랑스의 수학자로서 정수론과 군론, 그리고 대수기하학의 발전에 기여했으며, 부르바키라는 단체의 초기 멤버였다. 부르바키는 1930년대 초 프랑스의 젊은 수학자들이 수학의 통합을 시도하면서 조직한 단체의 필명으로 프로이센과 프랑스 전쟁 당시 프랑스 장군이었던 부르바키(Nicholas Bourbaki)의 이름이기도 하다. 이 단체는 발족 이래 줄곧 현대의 유클리드를 지향하면서 공리론적이고 집합론적 기초를 통해 수학의 통합을 시도하였다. 특히 수학 연구의 결과를 공리론적 입장에서 재조명하고 재편성했다는 점에서 현대 수학에 미친 영향력은 매우 크다.

라도 이 4권의 책만으로도 수학사에서 가장 위대한 수학자 중의 한 사람이 되었을 것이라고 한다.

예를 들어, 오일러는 두 완전 제곱수의 합으로 나타낼 수 있는 소수에 대한 페르마의 멋진 추측 중의 하나를 증명했다. 2를 제외한 다른 모든 소수는 홀수인데 어떤 홀수를 4로 나누게 되면 그 나머지는 1 또는 3이 된다.(왜냐하면 실제 나머지는 0, 1, 2, 3이지만 정확히 4의 배수이면 짝수로 나머지가 0이 되고, 또 4의 배수보다 2 더 큰 수도 나머지가 2인 짝수이기 때문이다.) 이것을 좀더 간결하게 표현하면, 만약 $p>2$인 소수이면 어떤 자연수 k에 대해 $p=4k+1$이거나 $p=4k+3$이다. 1640년, 페르마는 첫 번째 유형의 소수들 —— 즉, 4의 배수보다 1이 큰 소수들 —— 은 두 완전 제곱수의 합으로 유일하게 나타낼 수 있다고 주장했다. 반면 $4k+3$ 형식의 소수는 어떤 방법을 사용하더라도 두 완전 제곱수의 합으로 나타낼 수 없다고 주장했다.

이것은 아주 특이한 정리이다. 예를 들어, $193=(4\times 48)+1$과 같은 소수는 두 제곱수의 합으로 표현할 수 있는데 오직 한 가지 유일한 방법만으로 가능하다는 의미이다. 이 경우 $193=144+49=12^2+7^2$가 되고 다른 어떤 방법으로도 합이 193이 되는 두 제곱수는 없다는 것을 쉽게 입증할 수 있다. 한편 $199=(4\times 49)+3$인 소수는 두 제곱수의 합으로 절대 나타낼 수 없다. 따라서 두 제곱수의 합의 표현 가능성에 따라 (홀수)소수는 두 가지 유형으로 구분된다는 사실을 알 수 있다. 이것은 추측이나 직관으로 파악할 수 있는 소수의 성질이 아니다. 그러나 1747년, 오일러는 이것을 증명하였다.

제3장의 후기에서 다루었던 짝수인 모든 완전 제곱수에 대한 성질의 증명에서 정수론에 대한 오일러의 천재성을 이미 목격했다. 이 주제와 관

련해서 오일러는 이른바 친화수(amicable numbers)에 대해 연구했다. 이 수는 다음과 같은 성질을 가지는 한 쌍의 수를 말한다. 즉, 첫 번째 수의 모든 진약수(proper divisor, 자기 자신보다 작은 약수)의 합이 두 번째 수와 같고 두 번째 수의 모든 진약수의 합이 첫 번째 수와 같을 때 두 수를 친화수라고 한다. 친화수에 대한 관심은 고대로까지 거슬러 올라가는 데 이 수들은 신비하며 '수학적으로 특별한' 의미를 지니는 것으로 인식되었다. 심지어 오늘날에도 서로간의 희귀한 친화적 성질 때문에 수점(數占)을 치는 사이비 과학에서 이 수들은 매우 중요하게 취급되고 있다.

그리스 사람들은 220과 284가 친화수라는 것을 알고 있었다. 즉, 220의 진약수인 1, 2, 4, 5, 10, 11, 20, 22, 44, 55, 110을 모두 더하면 284가 되고 동시에 284의 진약수인 1, 2, 4, 71, 142를 모두 더하면 정확하게 220이 된다. 수점을 치는 점술가에게는 실망스럽겠지만 더 이상의 친화수는 없는 것으로 알려졌다. 그런데 1636년에 페르마는 17,296과 18,416이 두 번째 친화수임을 입증했다. 실제로는 이 두 번째 친화수는 3세기보다 훨씬 전에 아라비아 수학자인 알바나(al-Banna, 1256-1321)에 의해 발견되었는데 페르마가 이 두 수를 발견할 때까지 이 사실이 서양 세계에는 알려지지 않았다. 그러다가 1638년에 데카르트가 9,363,584와 9,437,056이 세 번째 친화수임을 자랑스럽게 발표했다.

오일러가 이 문제에 관심을 갖기까지 1세기 동안 이 문제는 그대로 방치되었다. 1747년과 1750년 사이에 오일러는 122,265와 139,815뿐만 아니라 그 외 57개의 친화수를 발견함으로써 세계에 알려져 있던 친화수의 개수를 혼자 힘으로 거의 2000퍼센트나 증가시켰다. 이런 일이 있을 수 있었던 이유는 오일러가 이런 수를 생성해내는 비결을 발견했기 때문이었다.

페르마의 가장 중요한 추측 중 하나가 1640년에 쓴 또 다른 편지에서 발견되었다. 이 편지에서 페르마는 만약 a가 임의의 자연수이고 p는 a의 약수가 아닌 소수이면, p는 $a^{p-1}-1$의 약수라고 말했다. 주장만 하고 증명을 제시하지 않는 식으로 사람들을 짜증나게 하는 평소의 습관 그대로 페르마는 이 이상한 사실도 증명을 했다고 하면서 이 편지에는 적지 않았다. 그 대신 "증명이 너무 길기 때문에 여기에 써보내지 못했습니다"라고 편지 수령인에게 말했다.

이때부터 이 추측은 '페르마의 작은 정리'라고 알려지게 되었다. 소수 $p=5$이고 $a=8$이라고 할 때, 이 정리는 $8^4-1=4096-1=4095$는 5로 나누어 떨어진다는 것이다. 검사를 해보면 금방 알 수 있듯이 이것은 참이다. 마찬가지로, 소수 $p=7$이고 $a=17$이라고 하면 $17^6-1=24{,}137{,}569-1=24{,}137{,}568$은 7로 나누어 떨어진다는 것을 페르마는 주장했다. 이처럼 숫자가 상대적으로 큰 경우는 쉽게 이 주장의 진위를 알 수 없지만 마찬가지로 참인 것은 사실이다.

페르마가 이 주장을 어떻게 증명했는지는 단지 추측에 맡길 수밖에 없다. 이 주장에 대한 완벽한 증명은 오일러에 의해서 1736년에 완성되었다. 그래서 이 증명에 대해서 잠시 살펴보려고 하는데 그 이전에 오일러가 증명을 완성하는 데 필요했던 정수론과 관련된 몇 가지 결과들을 조사해보아야 한다.

(가) 만약 소수인 p로 $a\times b\times c\times\cdots\times d$가 나누어 떨어진다면 a, b, c, $\cdots$, d 중 (적어도) 어느 하나는 이 p로 나누어 떨어진다. 일상적인 말로 풀어보면, 어떤 소수가 곱으로 나타낸 어떤 수를 나누면 이 인수들 중 한 수는 반드시 이 소수로 나누어 떨어진다는 뜻이다. 제3장에서 언급했듯이

이 사실은 유클리드가 오일러보다 2000년 전에 이미 《원론》의 명제 VII.30에서 증명했던 것이다.

(나) 만약 p가 소수이고 a가 임의의 자연수이면, 다음 식도 자연수이다.

$$a^{p-1}+\frac{p-1}{2\times1}a^{p-2}+\frac{(p-1)(p-2)}{3\times2\times1}a^{p-3}+\cdots+a$$

이것에 대한 증명은 하지 않겠지만 그 대신 한두 가지 구체적인 예를 사용해서 이 주장의 진위를 따져보려고 한다. 예를 들어, $a=13$과 $p=7$을 위의 식에 대입하여 계산해보면 그 결과는 정말 자연수이다.

$$\begin{aligned}&13^6+\frac{6}{2\times1}13^5+\frac{6\times5}{3\times2\times1}13^4+\frac{6\times5\times4}{4\times3\times2\times1}13^3\\&\quad+\frac{6\times5\times4\times3}{5\times4\times3\times2\times1}13^2+\frac{6\times5\times4\times3\times2}{6\times5\times4\times3\times2\times1}13\\&=4826809+1113879+142805+10985+507+13=6094998\end{aligned}$$

위의 계산된 식을 보면 처음의 모든 분수들이 약분되어 결국 자연수의 합으로 결과가 나타난다. 물론 이러한 약분이 항상 가능해서 이처럼 쉽게 계산된다고 할 수는 없다. 이 사실을 보이기 위해 만약 p자리에 소수가 아닌 수를 대입하면 쉽게 약분이 되지 않는다. 예를 들어, $a=13$과 $p=4$를 대입하면 다음과 같이 자연수가 나오지 않는다.

$$13^3+\frac{3}{2\times1}\,13^2+\frac{3\times2}{3\times2\times1}\,13=2197+253.5+13$$
$$=2463.5$$

이것으로 볼 때 위의 식의 결과가 항상 자연수가 나오도록 하는 것은 p가 소수이기 때문이다.

오일러가 사용했던 다른 유일한 정리는 $(a+1)^p$에 대한 이항 정리뿐이었다. 다행스럽게도 오일러는 이 정리에 대한 뉴턴의 논문을 읽었기 때문에 익숙한 도구가 되어 있었다. 이러한 정리를 사용해서 페르마의 작은 정리를 4가지 단계로 나누어서 증명하려고 한다. 각 단계의 증명 결과는 바로 다음 단계의 증명으로 연결된다.

정 리 p가 소수이고 a가 임의의 자연수라면, $(a+1)^p-(a^p+1)$은 p에 의해 나누어 떨어진다.

증 명 이항 정리를 사용하여 처음 식을 전개하면 다음과 같다.

$$(a+1)^p=a^p+pa^{p-1}+\frac{p(p-1)}{2\times1}a^{p-2}+\frac{p(p-1)(p-2)}{3\times2\times1}a^{p-3}+\cdots+pa+1$$

이 결과를 $(a+1)^p-(a^p+1)$식에 대입하여 항들을 묶은 다음 p를 공통 인수로 묶어내면 다음과 같이 된다.

$$(a+1)^p-(a^p+1)$$

$$=\left[a^p+pa^{p-1}+\frac{p(p-1)}{2\times1}a^{p-2}+\frac{p(p-1)(p-2)}{3\times2\times1}a^{p-3}+\cdots+pa+1\right]-(a^p+1)$$

$$=pa^{p-1}+\frac{p(p-1)}{2\times1}a^{p-2}+\frac{p(p-1)(p-2)}{3\times2\times1}a^{p-3}+\cdots+pa$$

$$=p\left[a^{p-1}+\frac{(p-1)}{2\times1}a^{p-2}+\frac{(p-1)(p-2)}{3\times2\times1}a^{p-3}+\cdots+a\right]$$

그런데 대괄호 안에 있는 항은 위의 결과 (나)에 의해 자연수가 된다. 따라서 이제 입증해야 할 것은 $(a+1)^p-(a^p+1)$이 소수 p와 어떤 자연수의 곱으로 표현 가능하냐는 것이다. 다시 말해, 이 정리에서 주장하고 있는 것처럼 p로 $(a+1)^p-(a^p+1)$를 나누면 나누어 떨어지는지를 입증해야 한다.

Q.E.D.

정 리 p가 소수이고 a^p-a가 p에 의해 나누어 떨어지면, $(a+1)^p-(a+1)$도 p에 의해 나누어 떨어진다.

증 명 위 정리의 결과에 따르면 $(a+1)^p-(a^p+1)$은 분명히 p에 의해 나누어 떨어진다. 그리고 이 정리의 가정에서 a^p-a도 p에 의해 나누어 떨어진다고 했다. 따라서 이 둘의 합은 분명히 p에 의해 나누어 떨어진다.

$$
\begin{aligned}
[(a+1)^p-(a^p+1)]+(a^p-a) &= (a+1)^p-a^p-1+a^p-a \\
&= (a+1)^p-(a+1)
\end{aligned}
$$

이 결과에 따라 $(a+1)^p-(a+1)$도 p에 의해 나누어 떨어진다.

Q.E.D.

앞의 결과로부터 오일러는 '수학적 귀납법'(mathematical induction)이라는 과정을 사용하여 페르마의 작은 정리를 증명할 수 있을 것이라는 실마리를 찾았다. '수학적 귀납법'이란 자연수와 관련된 명제에 이상적으로 적합한 증명 기법이다. 왜냐하면 이 기법은 앞에 있는 수 바로 뒤에 그 다음 수가 반드시 오게 되는 자연수의 '계단식' 성질을 탐구하는 방법이기 때문이다. 귀납적 증명은 아주 높은 사다리를 올라가는 것과 흡사하다. 이 사다리를 올라가려면 제일 먼저 이 사다리의 첫 번째 단에 올라서야 하고, 그 다음은 이 첫 번째 단에서 두 번째 단으로 올라가야 한다. 이렇게 두 번째 단까지 올라갔으면 이제 여기서 세 번째 단으로 올라가야 하고, 세 번째에서 다시 네 번째 단으로 올라가야 한다. 따라서 어떤 단에서 다음 단으로 올라섰다면 당연히 이 사다리의 끝까지 올라갈 수 있게 된다. 결국 올라가지 못하는 단은 절대 없다고 확신할 수 있다. 오일러는 바로 이 귀납적 증명을 사용했다.

정 리 p가 소수이고 a는 임의의 자연수일 때, a^p-a는 p에 의해 나누어 떨어진다.

증 명 이 정리는 모든 자연수에 대한 명제이므로 오일러는 첫 번째 자연수인 $a=1$에 대해 이 명제가 참임을 입증하기 시작했다. 그런데 이 경우는 $a^p-a=1^p-1=1-1=0$이며, 0은 p에 의해 당연히 나누어 떨어진다.(사실, 0은 모든 양의 정수에 의해 나누어 떨어진다.) 이 정리에 대한 첫 번째 자연수가 성립하므로 오일러는 이 사다리의 첫 번째 단에 올라서게 되었다.

이제 $a=1$에 대해서 성립했던 앞의 정리 —— 즉, p가 소수이고 a^p-a는 p에 의해 나누어 떨어지면, $(a+1)^p-(a+1)$도 p에 의해 나누어 떨어진다는 앞의 정리에 따르면 p는 1^p-1의 약수가 된다 —— 를 적용하여 오일러는 p가 아래와 같은 수의 인수라고 결론을 내렸다.

$$(1+1)^p-(1+1)=2^p-2$$

다시 말해서, $a=2$인 경우에 대해서도 증명하고자 하는 정리는 성립한다. $a=2$에 대해 성립하는 것을 가정으로 하여 다시 앞의 정리를 적용하면 아래의 수는 p에 의해 나누어 떨어진다.

$$(2+1)^p-(2+1)=3^p-3$$

이 과정을 계속해서 반복하게 되면 4^p-4, , 5^p-5 등은 p에 의해 나누어 떨어지게 된다. 사다리의 한 단에서 다음 단으로 올라가듯이 오일러는 자연수라는 사다리를 계속해서 올라가서는 모든 자연수 a에 대해 p는 a^p-a의 약수라는 것을 입증했다.

Q.E.D.

이렇게 해서 오일러는 페르마의 작은 정리의 증명을 위한 준비를 드디어 마치게 되었다. 지금까지의 힘든 기초 준비 덕분에 크게 어렵지 않게 이 증명을 할 수 있었다.

페르마의 작은 정리 p가 소수이고 a가 p를 약수로 갖지 않는 임의의 자연수라면, $a^{p-1}-1$은 p에 의해 나누어 떨어진다.

증 명 조금 전에 아래의 수는 p에 의해 나누어 떨어진다는 것을 증명했다.

$$a^p-a=a(a^{p-1}-1)$$

여기서 p는 소수이므로, 앞의 (가)에 의해 a나 $a^{p-1}-1$ 둘 중 하나는 (또는 둘 다) p에 의해 반드시 나누어 떨어진다. 그런데 가정에서 p는 a의 약수가 아니라고 했으므로 $a^{p-1}-1$만 p에 의해 나누어 떨어진다고 결론내릴 수 있다. 따라서 이렇게 해서 페르마의 작은 정리는 증명된 것이다.

Q.E.D.

오일러의 증명은 반짝이는 보석과도 같았는데 상대적으로 간단한 개념들만을 사용해서 페르마의 작은 정리를 증명했던 것이다. 귀납적 형식을 사용하여 자연수의 성질에 관련된 전형적인 증명을 했고, 유클리드의 원론에 있는 아주 오래된 결과로부터 그 당시로는 아주 새로운 결과였던 뉴턴의 이항 정리까지 사용하여 증명했다. 이런 결과와 형식과 더불어 오일러는 자신의 천재적 재능을 풍부하게 가미하여 페르마가 주장했지만 그때까지 증명하지 못했던 그의 작은 정리를 처음으로 증명하게 되었다.

놀라운 사실은 페르마의 이 작은 정리가 최근에는 실세계 문제에 응용되고 있다는 것이다. 즉, 보안이 요구되는 메시지의 전송을 위한 고도의 암호화 시스템의 설계에 이용되고 있다. 이것은 순수 수학의 추상적인 이론이 매우 실제적인 측면에 사용된 첫 번째 사례가 아니며, 분명 마지막 사례도 아닐 것이다.

위대한 정리: 페르마의 추측에 대한 오일러의 반박

지금까지 다룬 정리의 증명들은 이 장의 위대한 정리를 설명하기 위한 서론이라고 할 수 있다. 이 장의 위대한 정리는 페르마와 오일러의 또 다른 결과에서 생긴 것이다. 오일러가 이 문제에 관심을 가지게 된 것 역시 열심히 서신을 교환했던 골드바흐에 의해서였다. 1729년 12월 1일의 편지에서 골드바흐는 별다른 악의 없이 이렇게 물었다. "$2^{2^n}+1$의 형식을 갖는 모든 수는 소수라고 페르마가 말했는데 이 사실을 알고 있습니까? 페르마는 자기도 증명할 수 없었다고 했고 내가 알기로도 아직까지 아무도 증명을 못하고 있습니다."

이 편지에서 페르마가 발견했다고 주장한 것은 언제든지 소수를 만들어낼 수 있는 공식이었다. n에 처음 몇 개의 값을 넣어보면 그 주장이 참이라는 것을 알 수 있다. 즉, $n=1$을 넣으면, $2^{2^1}+1=2^2+1=5$이므로 소수이다. 또 $n=2$를 넣으면, $2^{2^2}+1=2^4+1=17$이므로 소수이다. 마찬가지로 $n=3$과 $n=4$를 넣어봐도 $2^8+1=257$과 $2^{16}+1=65537$이므로 둘 다 소수이다. 그런데 그 다음에 오는 수인 $n=5$를 넣게 되면 다음과 같이 거대한 괴물이 나타나는데 페르마는 이것도 소수라고 했다.

$$2^{2^5}+1=2^{32}+1=4,294,967,297$$

페르마의 추측이 대부분 참이었던 점을 생각하면 이 수도 소수라는 그의 주장에 대해 즉각적으로 의문을 제기할 이유가 없을 것이다. 한편, 페르마의 이 추측을 반증하려면 이 10자리 수를 더 작은 두 수의 인수로 나누는 방법을 찾아야만 했다. 그런데 이런 방법을 찾기 위해서는 몇 달이 걸릴지 모르며, 또 이 수가 소수라는 페르마의 주장이 틀림없다면 결국 몇 달을 헛고생하는 것이었다. 따라서 페르마의 추측을 참이라고 받아들이고 다른 일을 하는 것이 더 현명했을 것이다.

하지만 오일러는 달랐다. 다른 일을 찾기보다는 이 4,294,967,297이라는 숫자에 관심을 돌렸고 눈앞을 가렸던 먼지가 가라앉을 때 즈음 오일러는 이 수를 인수 분해하는 데 성공했다. 말할 필요도 없겠지만 오일러는 이 수의 약수들을 우연히 발견한 것은 절대 아니었다. 강력 사건에서 여러 용의자들로부터 무고한 사람을 먼저 제외시켜 나가는 형사처럼, 오일러는 4,294,967,297의 몇 개 안 되는 가능한 약수들을 제외한 모든 다른 수들을 처음부터 제거할 수 있는 아주 독창적인 검사 방법을 고안했다. 이런 비상한 통찰력은 엄청나게 큰 이 수의 약수를 찾는 문제를 아주 쉬운 문제로 바꾸어놓았다.

오일러는 임의의 짝수 a와 (구체적인 경우로 $a=2$를 생각하고 있었겠지만) a의 약수가 아닌 소수 p를 가지고 접근해가기 시작했다. 그런 다음 $a+1$, a^2+1, a^4+1 등의 수들이, 일반적으로 $a^{2^n}+1$인 수들이, 이 소수 p로 나누어 떨어질 때 이 소수가 가져야 할 제한 조건을 조사하고자 했다.

특히 오일러는 $n=5$인 경우에 대해 관심을 가졌다. 즉, $a^{32}+1$의 약수인 소수의 경우로부터 무엇인가를 찾아내고자 했다.

오일러가 $2^{2^n}+1$에 대한 페르마의 추측을 반박하는 데 사용했던 주요한 도구가 다름 아닌 페르마의 작은 정리였다는 사실은 운명의 장난이라 고밖에 달리 표현할 길이 없다. 다시 말해서, 페르마는 자신의 몰락을 가져올 씨앗을 뿌린 것이었다. 아래의 위대한 정리를 통해서 오일러의 사고과정을 따라가보면 이미 증명했던 페르마의 작은 정리가 얼마나 효과가 있는지 알게 된다.

정리A a는 짝수이고 p는 a의 약수가 아닌 소수라 하자. 그리고 $a+1$은 p에 의해 나누어 떨어진다고 가정하자. 그러면 적당한 자연수 k에 대해 $p=2k+1$이 성립한다.

증 명 이 증명은 상당히 간단하다. a가 짝수라면, $a+1$은 당연히 홀수이다. 그리고 홀수 $a+1$은 p에 의해 나누어 떨어진다고 가정했으므로, p 자신도 당연히 홀수이다. 따라서 $p-1$은 짝수가 되어 어떤 자연수 k에 대해 $p-1=2k$가 된다. 다시 말해서, $p=2k+1$로 표현된다.

Q.E.D.

숫자를 넣어서 구체적으로 살펴보자. a가 짝수이므로 $a=20$으로 시작해보면 $a+1=21$이 되고 21의 약수인 소수 —— 즉, 3과 7 —— 는 둘 다 $2k+1$의 꼴로 표현된다.

다음 증명은 좀더 까다로운 문제이다.

정리B a는 짝수이고 p는 a의 약수가 아닌 소수라 하자. 그리고 a^2+1은 p에 의해 나누어 떨어진다고 가정하자. 그러면 적당한 자연수 k에 대해 $p=4k+1$이 성립한다.

증 명 a가 짝수이면 a^2도 짝수이므로 정리 A에 의해 a^2+1의 약수인 모든 소수 ── 특히 소수 p ── 는 분명히 홀수임을 알 수 있다. 즉, p는 2의 배수보다 1이 큰 수이다.

그런데 홀수인 p를 4로 나누면 무슨 일이 생길까? 모든 홀수는 4의 배수보다 1이 크거나 또는 4의 배수보다 3이 큰 수이다. 기호로 표시해보면 p는 $4k+1$의 꼴이거나 $4k+3$의 꼴로 나타낼 수 있다. 오일러는 후자인 $4k+3$인 경우를 제외시켜 궁극적으로는 모순을 유도하기 위해 일단 적당한 자연수 k에 대해 $p=4k+3$이 성립한다고 가정했다. 본 정리의 가정에 의하면 p는 a의 약수가 아니므로 페르마의 작은 정리에 따라 p는 아래의 수를 나머지가 0이 되도록 나눈다.

$$a^{p-1}-1=a^{(4k+3)-1}-1=a^{4k+2}-1$$

한편, p가 a^2+1의 약수라고 가정했으므로 p는 또한 다음 곱의 약수이기도 하다.

$$(a^2+1)(a^{4k}-a^{4k-2}+a^{4k-4}-\cdots+a^4-a^2+1)$$

위 식을 전개하고 항들을 소거하면 복잡해보였던 이 곱은 상당히 간단한 형태인 $a^{4k+2}+1$이 된다.

이제 p는 $a^{4k+2}+1$과 $a^{4k+2}-1$ 두 수를 나머지가 0이 되도록 나눈다고 결론내릴 수 있다. 따라서 p는 다음과 같이 이들 두 수의 차의 약수임에 틀림없다.

$$(a^{4k+2}+1)-(a^{4k+2}-1)=2$$

그런데 2는 홀수인 소수 p에 의해 나누어 떨어질 수 없기 때문에 이것은 분명한 모순이다. 이 모순에 따르면 p는 $4k+3$의 꼴로 나타낼 수 없다. 이제 가능성은 한 가지로 좁혀졌다. 즉, 적당한 자연수 k에 대해 p는 반드시 $4k+1$의 꼴로만 표현 가능하다고 할 수 있다.

Q.E.D.

앞에서와 같이 몇 가지 예를 사용해서 이 증명을 확인해볼 수 있다. $a=12$라면, $a^2+1=144+1=145=5\times29$가 되고 5와 29는 $4k+1$의 꼴로 표현되는 소수이다.(즉, 4의 배수보다 1이 큰 수들이다.) 또 $a=68$이라면, $a^2+1=4624+1=5\times5\times5\times37$이 되고 이들 각 소수들도 마찬가지로 4의 배수보다 1이 큰 수들이다.

그런 다음 오일러는 $a^{2^2}+1=a^4+1$이라는 수의 약수인 소수들에 대해서 설명했다.

정리C a는 짝수이고 p는 a의 약수가 아닌 소수이며, a^4+1은 p에 의해 나누어 떨어진다고 하자. 그러면 적당한 자연수 k에 대해

$p=8k+1$이 성립한다.

증 명 먼저 $a^4+1=(a^2)^2+1$임을 상기하자. 이것에 정리 B를 적용하면 p가 4의 배수보다 1이 큰 수라는 결론을 얻을 수 있다. 이 사실을 염두에 두고서 오일러는 만약 p가 4에 의해서는 나누어지지 않지만 8에 의해서는 나누어진다면 무슨 일이 생기는지를 조사했다. 이 조사에 의하면 다음과 같이 8가지의 가능성이 있을 수 있다.

$p=8k$ (즉, p는 8의 배수이다.)
$p=8k+1$ (즉, p는 8의 배수보다 1 더 큰 수이다.)
$p=8k+2$ (즉, p는 8의 배수보다 2 더 큰 수이다.)
$p=8k+3$ (즉, p는 8의 배수보다 3 더 큰 수이다.)
$p=8k+4$ (즉, p는 8의 배수보다 4 더 큰 수이다.)
$p=8k+5$ (즉, p는 8의 배수보다 5 더 큰 수이다.)
$p=8k+6$ (즉, p는 8의 배수보다 6 더 큰 수이다.)
$p=8k+7$ (즉, p는 8의 배수보다 7 더 큰 수이다.)

다행스럽게도 —— 그리고 이것이 오일러의 분석의 핵심적인 것이었는데 —— p의 이런 꼴에서 몇 가지를 제외시킬 수 있다. 무엇보다도 p는 홀수임에 틀림없기 때문에(왜냐하면 홀수인 a^4+1의 약수이기 때문이다.), p는 짝수 꼴인 $8k$, $8k+2$, $8k+4$, $8k+6$가 될 수는 없다.

게다가 $8k+3=4(2k)+3$은 4의 배수보다 3 더 큰 수이므로 정리 B에 의해 p는 이 꼴이 될 수도 없다. 마찬가지로 $8k+7=$

$8k+4+3=4(2k+1)+3$ 또한 4의 배수보다 3 더 큰 수이므로 이 경우 역시 가능성에서 제외된다.
이렇게 해서 a^4+1의 약수인 소수가 될 수 있는 꼴은 $8k+1$이나 $8k+5$밖에 없다. 그런데 오일러는 다음과 같은 이유에서 뒤의 경우도 제외시킬 수 있었다.
모순을 유도하기 위해서 적당한 k에 대해 p가 $p=8k+5$의 형태로 표현 가능하다고 가정해보자. 그러면 p는 a의 약수가 아니기 때문에 페르마의 작은 정리에 의해 아래의 수는 p에 의해 나누어 떨어진다.

$$a^{p-1}-1=a^{(8k+5)-1}-1=a^{8k+4}-1$$

한편, a^4+1은 p에 의해 나누어 떨어지므로 p에 의해 아래의 수도 나누어 떨어진다.

$$(a^4+1)(a^{8k}-a^{8k-4}+a^{8k-8}-a^{8k-12}+\cdots+a^8-a^4+1)$$
$$=a^{8k+4}+1$$

그런데 p가 $a^{8k+4}+1$과 $a^{8k+4}-1$ 두 수 모두의 약수이면, p는 이 두 수의 차의 약수가 된다.

$$(a^{8k+4}+1)-(a^{8k+4}-1)=2$$

이것은 p가 2의 약수라는 뜻이다. 그런데 p는 홀수인 소수이기 때문에 이것은 분명히 모순이다. 이런 결과에 따라 p는 $8k+5$의 꼴이 될 수 없고 $8k+1$인 꼴로만 표현 가능하다.

Q.E.D.

간단한 예를 가지고 이 정리를 확인해보자. a가 짝수라고 했으므로 $a=8$이라고 하자. 그러면 $a^4+1=4097$이 되어 17×241로 인수 분해가 된다. 따라서, 정리 C에서 주장하고 있는 것처럼 이 두 수는 모두 8의 배수보다 1 더 큰 수이다.

이것으로부터 오일러는 유사한 방식으로 몇 가지 경우를 더 입증했는데, 이 경우들에서도 분명한 패턴이 존재했다. 지금까지의 모든 정리들을 요약해 보면, a가 짝수이고 p가 소수라면 다음과 같이 말할 수 있다.

$a+1$이 p로 나누어 떨어지면, p는 $2k+1$의 꼴로 표현된다. (정리 A)
a^2+1이 p로 나누어 떨어지면, p는 $4k+1$의 꼴로 표현된다. (정리 B)
a^4+1이 p로 나누어 떨어지면, p는 $8k+1$의 꼴로 표현된다. (정리 C)
a^8+1이 p로 나누어 떨어지면, p는 $16k+1$의 꼴로 표현된다.
$a^{16}+1$이 p로 나누어 떨어지면, p는 $32k+1$의 꼴로 표현된다.
$a^{32}+1$이 p로 나누어 떨어지면, p는 $64k+1$의 꼴로 표현된다.

이를 일반화하면 $a^{2^n}+1$이 p에 의해 나누어 떨어지면, 적당한 자연수 k에 대해 $p=(2^{n+1})k+1$로 표현된다.

이제 최종적으로 $2^{32}+1$이 소수라는 페르마의 추측으로 돌아가 보자. 지금까지의 정리들을 기초로 하여 소수인 약수가 갖는 성질에 대한 매우 구체적인 정보를 가지고 이 추측을 살펴볼 수 있게 된 것이다.

정 리 $2^{32}+1$은 소수가 아니다.

증 명 $a=2$는 짝수이므로, 앞의 정리들에 따르면 $2^{32}+1$의 모든 소수인 약수는 반드시 $p=64k+1$(k는 자연수)인 꼴로 표현되어야만 한다. 그래서 k에 구체적인 수들을 대입하여 각각의 경우에 대해 p가 (1) 소수인지 그리고 (2) 4,294,967,297을 나누어 떨어지게 하는지를 살펴볼 수 있다. (후자의 경우에 대해 오늘날의 독자는 계산기를 사용했겠지만 오일러는 긴 나눗셈을 했다.)

$k=1$이면, $64k+1=65$는 소수가 아니므로 검사할 필요가 없다.
$k=2$이면, $64k+1=129=3\times43$이므로 소수가 아니다.
$k=3$이면, $64k+1=193$은 소수이지만 $2^{32}+1$을 나누지 못한다.
$k=4$이면, $64k+1=257$은 소수이지만 역시 $2^{32}+1$을 나누지 못한다.
$k=5$이면, $64k+1=321=3\times107$이므로 소수가 아니다.
$k=6$이면, $64k+1=385=5\times7\times11$은 소수가 아니므로 다음 경우로 넘어간다.
$k=7$이면, $64k+1=449$는 소수이지만 $2^{32}+1$을 나누지 못한다.
$k=8$이면, $64k+1=513=3\times3\times3\times19$은 소수가 아니므로 다음 경우로 넘어간다.
$k=9$이면, $64k+1=577$은 소수이지만 $2^{32}+1$의 약수는 아니다.

그런데 오일러가 $k=10$인 경우에 대해 조사했을 때 지금까지의 고생에 대한 보상을 받게 되었다. 이 경우를 살펴보면 $p=(64\times10)+$

1=641이 되어 소수이면서 동시에 페르마의 수를 완벽하게 나누고 있었다. 즉,

$$2^{32}+1=4{,}294{,}967{,}297=641\times 6{,}700{,}417$$

이 되어 $2^{32}+1$은 소수가 아니라는 사실이 증명되었다.

Q.E.D.

이 증명에서 보듯이 소수가 아닌 경우를 제외하고 641이 페르마 수의 약수라는 사실을 겨우 다섯 번의 긴 나눗셈만으로 찾아냈다는 것은 시사하는 바가 크다. 오일러는 $2^{32}+1$의 약수들을 조심스럽게 제외시킴으로써 가능성 있는 약수의 수를 줄일 수 있었고 이렇게 해서 이 증명을 거의 평범한 수준으로 만들게 되었다. 이 증명은 마치 형사가 사건의 미스터리를 풀어나가는 것과 같은 일을 수학 분야에서 볼 수 있는 극적인 예라고 할 수 있다.

이 증명과 더불어 흥미로운 사실은, $4k+1$의 꼴을 갖는 소수는 두 제곱수의 합으로 유일하게 나타낼 수 있다고 오일러가 앞에서 말한 정리와 이 증명이 서로 연관되어 있다는 것이다. 먼저 다음을 살펴보자.

$$2^{32}+1=(2^{2})(2^{30})+1=4(1073741824)+1$$

그래서 $2^{32}+1$은 $4k+1$의 꼴로 나타낼 수 있다. 그런데 오일러가 말한 대로 이렇게 $4k+1$로 나타낼 수 있는 소수는 두 제곱수의 합으로 표현 가능하다는 것을 직접 검사해볼 수 있다.

$$2^{32}+1=4{,}294{,}967{,}297=4{,}294{,}967{,}296+1=65536^2+1^2$$

$$2^{32}+1=4{,}294{,}967{,}297=418{,}161{,}601+3{,}876{,}805{,}696$$
$$=20449^2+62264^2$$

여기서 보면 $2^{32}+1$을 두 완전 제곱수의 합으로 나타내는 방법에는 두 가지 서로 다른 방법이 있다는 것을 알 수 있다. 그러나 오일러의 주장에 의하면 $4k+1$의 꼴로 표현되는 소수는 유일한 한 가지 방법으로만 두 완전 제곱수의 합으로 나타낼 수 있다고 했으므로 $2^{32}+1$은 소수가 아니라고 결론내릴 수 있다. 따라서 구체적인 약수를 구하지 않고서도 이 거대한 숫자가 합성수라는 사실을 우회적인 방법으로 아주 멋지게 입증한 것이다.

모든 자연수 n에 대해 $2^{2^n}+1$이 소수라고 했던 페르마의 주장은 $n=5$인 경우에는 성립하지 않는다는 것을 알았다. 그렇다면 이보다 더 큰 수의 경우에는 어떨까? $n=6$인 경우에 대해 살펴보자.

$$2^{2^6}+1=2^{64}+1=18{,}446{,}744{,}073{,}709{,}551{,}617$$

이 수는 $p=274{,}177$이라는 소수에 의해 나누어진다. 오일러가 발견했던 패턴을 적용해보면 p는 $128k+1$의 꼴을 가지는데 다시 말해서 $p=(128\times2142)+1$이 된다. 여기에서 페르마의 주장이 또 틀렸음을 알 수 있다.

숫자가 커짐으로 해서 상황은 아주 어렵게 되어 갔다. 아주 복잡한 증명을 통해서 1905년에 페르마의 그 다음 수인 $2^{2^7}+1=2^{128}+1$도 합성수임이 밝혀졌는데 이 증명에서는 이 거대한 수의 정확한 약수가 무엇인지는 밝히지 못했다. 이 약수는 1971년이 되어서야 발견되었는데 17자리나 되는 수라고 한다.

1988년까지 수학자들은 $2^{2^8}+1$, $2^{2^9}+1$, $\cdots$, $2^{2^{21}}+1$인 수들이 모두 합성임을 밝혀냈다. 이렇게 되니까 정수론에 관한 정확한 추측으로 승승장구를 하던 페르마도 $2^{2^n}+1$의 꼴을 갖는 수에 대한 추측은 슬그머니 사라져버렸다. 이러한 모든 수들은 소수라고 주장했지만 $n \geq 5$인 경우에 대해서는 아직도 이런 소수는 발견되지 않고 있다. 사실 많은 수학자들은 이제 $n=1, 2, 3, 4$에 대한 $2^{2^n}+1$인 페르마의 네 가지 소수를 제외하고는 이런 꼴의 수들 중 그 어떤 수도 소수가 아니라고 추측하고 있는 듯하다. 이 추측이 맞다면 페르마의 추측은 틀린 정도가 아니라 엄청나게 그 정도를 빗나간 것이다.

이렇게 해서 오일러의 정수론에 대한 간략한 설명을 마치려고 한다. 이미 언급한 것처럼 몇 쪽을 할애하여 다룬 지금까지의 결과들은 정수론 분야에 끼친 오일러의 엄청난 영향에 비하면 너무도 작은 부분에 불과하다. 분명한 사실은 오일러가 뛰어난 재능을 지녔던 선배 수학자들 특히 그 중에서도 페르마라는 거인의 어깨 위에서 수학을 연구하였다는 것이다. 그리하여 오일러가 이 분야에 대한 연구를 마쳤을 때, 그의 연구는 불모지였던 정수론 분야를 놀랄 만큼 비옥하게 만들었으며 이로 인하여 최고의 정수론 학자로서의 위치를 차지하게 되었다.

후기

오일러가 세상을 떠난 해에 가우스(Carl Friedrich Gauss)는 막 여섯 살이 되었다. 그 나이에 벌써 이 독일 아이는 뛰어난 지적 능력으로 어른들을 놀라게 했고 불과 십여 년 내에 세계 수학계를 이끌었던 오일러의 명성을 이어받게 되었다.

제3장에서 정17각형은 컴퍼스와 직선자를 사용해서 작도 가능하다는 가우스의 가장 초기의 중요한 발견을 소개했다. 이 증명은 수학계를 깜짝 놀라게 했는데 그 이유는 고대로부터 그 당시까지 아무도 그러한 작도가 가능하리라고 상상도 못했기 때문이었다. 이것에 대해 어린 가우스는 이렇게 말했다.

> 기하학의 초보자일지라도 삼각형, 오각형, 15각형 등의 다양한 정다각형의 작도뿐만 아니라 이들 정다각형의 변의 개수를 두 배로 해서 만들어지는 정다각형들까지도 기하학적으로 작도 가능하다는 사실을 잘 알고 있다. 이 사실은 이미 오래 전인 유클리드 시대 때부터 알고 있었는데, 그때를 기점으로 해서 사람들은 초등 기하학의 분야는 더 이상 확장될 수 없다고 생각했던 것 같다 …… 그렇지만 작도 가능한 평범한 다각형들 외에도 기하적으로 작도 가능한 다른 다각형들이, 예를 들면 정17각형, 무수히 많다는 사실은 나에게는 아주 놀라운 것이었다.

아직 20세도 안 되었던 가우스는 정다각형의 작도 가능성에 대해 연구했던 선배 수학자인 유클리드, 아르키메데스, 뉴턴, 또는 그 어떤 수학자보다도 더 깊이 있게 이 문제를 연구하였다.

그런데 정17각형의 작도 가능성을 입증하는 것을 넘어서서 가우스는 N개의 변을 갖는 정다각형의 경우 이 N이 $2^{2^n}+1$의 꼴인 소수라면 이 정다각형은 작도 가능하다는 사실까지도 입증했다. 물론 조금 전에 살펴본 것처럼 이 수는 페르마가 소수라고 주장했던 바로 그 수이다. 정수론 분야에서의 문제가 기하의 작도 문제와 어떤 식으로든 밀접하게 연관되어 있다는 사실이 이로써 밝혀진 것이었다. 수학 분야에서 종종 일어나는 일로서 어떤 분야에서의 탐구와 발견이(이 경우에는 정수론에서의) 표면적으로는 전혀 관련 없는 분야에서(이 경우에는 기하에서의 정다각형의 작도 문제) 중요한 역할을 했다. 물론 '표면적으로는 전혀 관련 없는'이란 단어가 여기에서 핵심적인 단어인데 사실상 가우스의 연구는 부인할 수 없는 관련성이 이들 사이에 있다는 것을 입증한 것이었다.

가우스의 이 발견은 $2^{2^2}+1=17$이 소수이므로 정17각형의 작도 가능성뿐만 아니라 정 $2^{2^3}+1=257$각형, 그리고 심지어는 거대한 $2^{2^4}+1=65537$각형도 작도 가능하다는 것을 세상에 보여주었다. 이러한 작도는 물론 전혀 실용성이 없었지만, 이들의 작도 가능성은 그때까지 너무 익숙해 있던 유클리드 기하학 밑바닥에 있으면서 사람들의 눈에 띄지 않은 채 숨어 있던 낯설고 상상하지 못했던 세계의 존재를 알리는 계기가 되었다. 가우스 자신도 이 발견을 아주 자랑스럽게 생각해서 평생에 걸쳐 거대한 수학적 업적이 있음에도 불구하고 자신의 묘비에 이 정17각형을 새겨달라고 부탁했다. 하지만 불행하게도 이 부탁은 실현되지 못했다.

1777년, 독일의 브런즈윅(Brunswick)에서 태어난 가우스는 어려서부터 비범한 재능을 보였다. 책상이 높아 위에 있는 회계 장부를 올려다볼 수도 없는 세 살밖에 안 된 아이였지만 아버지 장부에서 종종 틀린 부분을 고치기도 했다. 가우스가 초등학교에 다닐 때 잘 알려진 재미난 이야기가 있다. 선생님이 그 날 수업을 하지 않으려고 학생들에게 자리에 조용히 앉아서 1부터 100까지를 더하라고 했다. 당연히 이 어린아이들로서는 상당한 시간이 걸리는 일이었다. 그런데 선생님이 말을 채 끝마치기도 전에, 그리고 다른 아이들은 겨우 '$1+2+3+4+5=15$'를 하고 있을 동안에 가우스는 앞으로 걸어나가서 선생님의 책상에 답을 제출했다. 전혀 예기치 못했던 가우스의 이런 행동에 의심스럽고 황당한 표정을 지으면서 선생님이 흘깃 살펴본 가우스의 답은 완벽한 정답이었다. 도대체 가우스는 어떻게 이렇게 빨리 이 문제를 풀 수 있었을까?

무엇보다도 가우스의 풀이는 무슨 마술을 쓴 것도 아니었고, 그렇다고 가우스가 1부터 100까지의 숫자를 번개와 같은 속도로 빠르게 더하는 능력을 가진 것도 아니었다. 가우스는 평생 동안 간직했던 예리한 통찰력을 이렇게 어린 나이에 벌써 발휘했다. 전하는 이야기에 따르면, 가우스는 구하려고 했던 숫자들을 오름차순과 내림차순으로 동시에 적어놓고 구하려고 했던 합 —— 여기서는 이 합을 S라 하자. —— 을 짐작해보았다.

$$S=1+2+3+4+\cdots+98+99+100$$
$$S=100+99+98+97+\cdots+3+2+1$$

가우스는 이 수들을 가로로 더해 나간 것이 아니라 세로인 열로 더해 나갔다. 이렇게 해서 각 열의 합이 101이므로 다음을 구하게 되었다.

$$2S=101+101+101+\cdots+101+101$$

그런데 100개의 열이 있으므로 $2S=100\times101=10100$이고 따라서

1부터 100까지의 합은 아래와 같다고 했다.

$$S=1+2+3+\cdots+99+100=\frac{10100}{2}=5050$$

이 모든 계산 과정은 가우스의 작은 머릿속에서 한순간에 이루어졌다. 이 이야기에서 보듯이 가우스는 명성을 떨치기에 충분한 능력을 가지고 있었다.

뛰어난 능력으로 어린 나이에 다른 학생들보다 학교를 빨리 끝낸 가우스는 이 어린 학생의 비범한 능력에 감명 받은 브룬즈윅 공작의 후원으로 15세에 대학에 입학했고 3년 뒤에는 명문 괴팅겐 대학교에 입학했다. 이 대학교에 다니던 중 1796년에 가우스는 정17각형에 관한 놀랄 만한 발견을 했다. 이 일이 있기 전까지는 단순히 장난삼아 언어학자가 되어볼까 생각했는데 이 발견으로 전문 수학자가 되기로 마음을 바꾸어 먹었다. 이 정17각형은 가우스에게 수학자가 될 운명임을 확신시킨 것이었다.

1799년, 가우스는 헬름스타트 대학교에서 오늘날 '대수학의 기본 정리'(fundamental theorem of algebra)로 알려진 정리에 대해 최초로 완전한 증명을 제시하여 박사 학위를 받았다. 이름만 보더라도 이 정리의 중요성을 단번에 느낄 수 있을 것이다. 이 정리는 다항식의 해법과 관련된 것으로 대수학의 근본을 다루는 주제였다.

17세기까지 거슬러 올라가보면 이 정리와 관련된 몇 가지 설들이 있지만 이 대수학의 기본 정리가 주목을 받게 된 것은 1748년, 이에 대한 증명을 시도했지만 결국 실패했던 프랑스의 수학자 달랑베르(Jean d'Alembert, 1717-1783)에 의해서였다. 달랑베르는 실수 계수를 갖는 임의의 다항식은 실수 계수를 갖는 일차식 또는(과) 이차식의 곱으로 인수 분해가 가능하다

고 말했다. 예를 들면,

$$3x^4+5x^3+10x^2+20x-8=(3x-1)(x+2)(x^2+4)$$

의 인수 분해는 달랑베르가 설명한 인수 분해의 유형을 예시하는 것이다. 여기서 보면 실수 계수를 갖는 다항식은 두 개의 일차식과 한 개의 이차식이라는 더 간단한 모양으로 분해되어 있다.

고급 수준인 복소수를 사용하면 이 이차식을 다시 분해할 수 있다. 이 복소수에 대해서는 이미 3차 방정식에 대한 논의에서 다룬 적이 있으며, 이 수는 대수학의 기본 정리의 후속 역사에서 두드러진 역할을 한다. a, b, c가 실수 계수이며, $a\neq0$이면 다음과 같이 쓸 수 있다.

$$ax^2+bx+c=\left(ax-\frac{-b+\sqrt{b^2-4ac}}{2}\right)\left(x-\frac{-b-\sqrt{b^2-4ac}}{2a}\right)$$

여기서 실수 계수를 갖는 이차식 ax^2+bx+c는 완전한 일차식의 형태라고는 할 수 없지만 어느 정도 가까운 두 일차식으로 분해되어 있다. 예리한 독자라면 이 인수 분해에 이차방정식의 근의 공식이 사용되었다는 점을 알 수 있을 것이다.

물론 $b^2-4ac<0$이면 허수가 나오기 때문에 이들 일차식이 실수가 된다는 보장은 없다. 위의 구체적인 예에서 이차식을 좀더 인수 분해하면 다음과 같이 완전하게 분해가 된다.

$$3x^4+5x^3+10x^2+20x-8$$
$$=(3x-1)(x+2)(x-2\sqrt{-1})(x+2\sqrt{-1})$$

실수 계수를 갖는 사차식으로 시작해서 네 개의 일차식의 곱으로 인수 분해되었으므로 가능한 한 모든 인수 분해를 한 것이다. 이 예를 토대로 보면 실수 계수를 갖는 n차 다항식은 n개의 일차식의 곱으로 (복소수의 경우를 포함해서) 나타낼 수 있다는 것이 대수학의 기본 정리이다.

앞에서 언급한 것처럼 달랑베르는 이런 사실의 중요성을 인식하고 이에 대한 증명을 하려고 했다. 하지만 불행하게도 그는 이 증명의 핵심을 공략하지 못한 채 실패했다. 아마도 이런 시도를 존경해서인지 비록 이 증명의 핵심에 접근하지는 못했지만 이 정리는 오랫동안 '달랑베르의 정리'로 알려져왔다. 이것은 비록 공략은 하지 못한 채 모스크바의 진입을 시도했다는 이유만으로 모스크바를 나폴레옹의 이름으로 바꾸려고 했던 일과 사뭇 비슷한 듯하다.

이렇게 해서 이 문제는 18세기 중반까지 해결되지 않고 있었다. 수학자들의 경우도 이 결과가 참이라고 믿는 부류와 이 정리의 결과는 믿지만 증명을 하는 데는 실패한 부류로 나누어져 있었다. 예를 들어, 골드바흐는 이 정리를 확신하지 않았다. 그 중에서 가장 근접한 증명을 했던 수학자는 1749년, 훌륭한 논문에 이 증명을 발표했던 오일러였다.

오일러의 '증명'은 그가 가진 천재성과 독창성을 그대로 보여주고 있었다. 사차 또는 오차의 실수 계수 다항식은 실계수의 일차나 이차식의 곱으로 분해된다는 것을 정확하게 입증함으로써 좋은 출발을 했다. 그러나 더 고차 다항식으로 이 정리를 파고 들어가자 너무 복잡하여 도무지 갈피를 잡을 수가 없었다. 예를 들면, 어떤 때는 앞에서 도입했던 보조 변수 u

에 대해 방정식이 풀어진다는 것을 입증해야 했다. 그런데 어찌된 영문인지 "미지수 u의 값을 구하려면 이 방정식이 12870차의 방정식이 되어야 가능하다"라고 오일러는 말했다. 우회적인 증명으로 이를 교묘하게 처리하려고 했지만 이 증명이 확신을 주지 못한다는 비판을 들었다. 간단히 요약하면, 오일러는 훌륭한 시도는 했지만 대수학의 기본 정리를 정복하지는 못했다. 천하의 대수학자 오일러까지도 이 증명을 포기하고 물러나 앉을 정도였으니 이 증명을 바라보던 2류급의 수학자들뿐만 아니라 궁극적으로는 모든 사람들까지도 상당히 안도감을 느꼈을 것이다.

오일러조차 포기함으로해서 대수학의 기본 정리 —— 다항식이 완전한 일차식 곱으로 인수 분해되기 위해서는 궁극적으로 복소수가 도입되어야 함을 입증하는 결과 —— 는 매우 불확실한 상태로 남게 되었다. 달랑베르도 증명하지 못했고 오일러도 단지 부분적인 증명만 했을 뿐이었다. 이렇게 해서 이 정리의 진위를 확실하게 결정할 수 있는 대대적인 관심이 필요하게 되었다.

이러한 관심은 긴 제목을 가진 가우스의 획기적인 논문인 《정수와 유리수를 계수로 하는 모든 대수 함수(즉, 실수를 계수로 하는 모든 다항식)는 일차 또는 이차식의 곱으로 인수 분해 가능하다는 정리에 대한 새로운 증명》(A New Proof of the Theorem That Every Integral Rational Algebraic Function Can Be Decomposed into Real Factors of the First or Second Degree)으로 이어지게 되었다. 가우스는 이 증명에 대한 이전의 시도들에 대해 비판적인 검토를 함으로써 이 증명을 시작했다. 오일러가 시도했던 증명을 언급할 때, 가우스는 '수학에서 요구되는 명료성'의 부족이 오일러 증명의 단점임을 지적했다. 따라서 가우스는 이 논문뿐만 아니라 1814년, 1816년, 1848년에 출판되었던 이 정리에 대한 여러 다른 증명 방법에서도 명료성을 제시하려고 노력했다.

중요한 이 정리는 19세기 초반보다는 좀더 일반화되어 사용되고 있다. 이런 의미에서 이 정리는 이제 완전히 복소수의 영역으로 확장되어 있는데, 즉 더 이상 실수 계수를 갖는 다항식이라는 조건이 필요없게 되었다. 일반적으로, 실수 또는 복소수 계수를 갖는 n차 다항식인 다음 식을 생각해보자.

$$z^7+(6\sqrt{-1})z^6-(2+\sqrt{-1})z^2+19$$

복소수로의 확장으로 인해 겉모양은 상당히 복잡해졌지만 대수학의 기본 정리에 따르면 심지어 이런 유형의 다항식일지라도 복소수 계수를 가지는 일차식의 곱으로 인수 분해된다는 것이다.

가우스의 그 다음 주요한 업적은 유클리드, 페르마, 그리고 오일러의 전통을 이어받은 정수론 쪽이었다. 1801년, 그는 정수론에 관한 걸작인 《수론 연구》(Disquisitiones Arithmeticae)를 출판하였다. 말하자면, 이 책의 끝에 정다각형의 작도 —— 전혀 예상하지 못했던 복소수와의 관계성에 대한 논의 —— 와 정수론과의 연관성에 대해 심도 있는 논의를 제시하였다. 평생을 통해 항상 정수론을 소중하게 여겼던 가우스는 "수학은 과학의 여왕이며, 수론은 수학의 여왕이다"라고 말하기도 했다.

겨우 30세의 나이에 이미 기하학, 대수학, 정수론에서 획기적인 발견을 했던 가우스는 괴팅겐 천문대의 책임자로 임명되었는데 그 후 평생을 이 자리에서 일했다. 이 자리에 있으므로 해서 가우스는 사랑했던 정수론과는 전혀 다른 측면인 실제 세계의 현상으로 수학을 응용하게 되었다. 그렇지만 이쪽 분야에서도 뛰어난 업적을 남겼는데, 소행성 케레스(Ceres)*의 궤도를 구하는데 결정적인 역할을 했고 지구의 자기장을 지도로 상세하게 나타냈다. 또한 베버**(Wilhelm Weber, 1804-1891)와 협력한 가우스는 자기학 분야의 초기 개척자였는데 오늘날 물리학자들이 사용하는 자기유도 단위인 '가우스'(gauss)는 그의 업적을 존경하여 붙인 이름이다. 베버와의 협력으로 발명했던 전신기는 모스(Samuel F.B. Morse, 1791-1872)의 명성을 떨치게 했던 전신기에 관한 연구보다 몇 년이나 앞선 발명이었다. 수학의 이러한 응용 분야에서 이룩한 업적은 가우스가 순수 수학에서 쌓은 성공과 비교해서 손색이 없었다. 뉴턴처럼 가우스도 두 분야에서 뛰어난 업적을 남겼던 것이다.

가우스와 아이작 뉴턴 경 사이에는 순수 수학과 응용 수학 두 분야에서 모두 성공한 수학자라는 비슷한 점 외에도 수학자로서의 심리적인 면에 있어서도 많은 유사한 점을 찾아볼 수 있다. 두 사람 모두 다소 차갑고 냉담한 성격을 가지고 있었고 사람들과의 대인 관계를 멀리하여 혼자 고립되어 연구하는 것을 좋아했다. 가우스의 경우 19세기에 아주 뛰어났던 몇 명의 수학자들의 박사 학위 연구를 지도하기는 했지만 둘 다 가르치는 일은 그렇게 좋아하지 않았다.

뿐만 아니라 둘 다 학문적 논쟁에 휘말리는 것을 꺼려했다. 젊은 시절 뉴턴은 연구 결과를 사람들에게 발표함으로써 고통을 겪는 것보다 혼자서

---

* 1801년 1월 1일 이탈리아의 팔레르모 천문대의 피아치(Giusepp Piazzi, 1746-1826)가 발견하였다. 6주간에 걸친 피아치의 관측 결과를 바탕으로 가우스가 궤도를 결정하여 이 천체가 화성과 목성 사이에서 공전하는 천체임을 확인하였다.

** 독일 물리학자로서 전자기학의 개척자 중 한 사람이다. 생리학을 연구했으나 1831년 괴팅겐으로 초빙된 후부터 물리학 분야의 일을 시작하여 지구자기에 관한 연구에서 가우스와 협력하였다. 정밀한 자기계(磁氣計)를 제작하고 괴팅겐에 지구자기관측소를 설립하였다. 전기역학 분야의 연구에 탁월하여 전기현상에 관한 기초방정식을 확립함으로써 '베버의 법칙'(1846)을 도출하였다. 이 법칙에 나오는 상수 C를 '베버수'라고 한다.

발견의 기쁨을 만끽하는 것을 더 좋아했다는 사실을 이미 앞에서 언급했다. 가우스도 뉴턴과 마찬가지로 비유클리드 기하학의 발견에서 가장 명백하게 드러났던 것처럼 그 당시 보편화되어있던 과학적 견해와의 충돌에 메스꺼움을 느꼈다. 제2장의 후기에서도 언급했듯이 기존의 기하학에 대해 혁명적인 다른 견해를 밝히고자 했을 때 '우둔한 자들이 악을 쓰면서 반대하는 소리'를 염려해야만 했다. 1800년대 초 즈음에 가우스는 세계 수학계를 주도하는 인물이 되었는데 이런 이유에서인지 자신의 생각을 발표한 논문에 있을지도 모를 실수에 대한 다른 수학자들의 철저한 심사에 매우 신경을 썼던 것으로 짐작된다. 대수학의 기본 정리에 대한 뛰어난 증명에서 그런 일이 있었는데, 삼각형의 세 내각의 합이 180도보다 작을 수 있다는 가히 혁명적인 사실을 세상에 발표했을 때 또다시 그런 일이 생겼다. 세상 사람들이 떠들어대는 반대의 소리에 가우스는 맞대응하기를 거부했다. 뉴턴과 마찬가지로 단순히 자신의 놀라운 발견들을 접어서 책상 서랍 깊이 넣어두었다.

이처럼 완고하고 보수적인 남자에게도 간과해서는 안 될 한 가지 면, 상당히 예측할 수 없었던 면이 있었다. 19세기 초, 온갖 어려움을 극복하고 세계 수학계에 우뚝 섰던 여자 수학자인 제르맹(Sophie Germain, 1776-1831)이 있기까지에는 가우스의 격려가 있었다는 사실이다. 제르맹의 다음 이야기는 수학이 여자가 공부할 수 없는 분야라는 그 당시 사회적 편견을 여실히 보여주고 있다.

어린 제르맹은 아버지의 서가에서 발견한 수학책에 빠져 있었는데, 특히 목숨보다도 수학을 더 소중히 생각했던 아르키메데스의 죽음에 대해 썼던 플루타르크의 이야기에 흥미를 가졌다. 그래서 수학을 정식으로 더 배우고 싶다는 뜻을 밝혔을 때 그녀의 부모는 절대 반대했다. 수학을 공부할 수 없게 되었던 제르맹은 수학책을 몰래 방으로 가져와 촛불을 켜놓고 읽었다. 은밀하게 수학을 공부하고 있다는 사실을 안 부모는 춥고 어두운 방에서 야밤에 이런 은밀한 행동을 하지 못하게 하려고 촛불과 심지어 옷도 가져가버렸다. 이렇게 심한 반대에도 불구하고 수학을 포기하지 않았던 것은 육체적 인내심과 제르맹의 수학에 대한 열정 때문이었다.

수학을 점점 더 터득해감에 따라 제르맹은 고급 수학의 주제를 다룰 수 있는 지식을 갖추게 되었다. 그 당시 여자가 대학의 수학 수업을 듣는다는 것은 터무니없는 생각이었으므로 강의실 문밖에서 강의를 엿들으면서 필요한 수학 지식을 배웠으며, 그 강의를 듣는 남자 친구들로부터 강의 노트를 빌려서 공부를 계속했다. 이렇게 험난한 과정을 거쳐 고급 수학의 세계를 공부한 사람은 거의 없었다.

그런데도 제르맹은 그 어려움을 극복했다. 1816년, 탄성판이 갖는 진동의 성질에 관한 예리한 분석으로 프랑스 학술원으로부터 상을 받을 정도로 제르맹의 연구는 인상적이었다. 이 과정에서 여자라는 지울 수 없는 죄를 드러내지 않으려고 르블랑(Antoine LeBlanc)이라는 가명을 사용하여 자신의 정체를 숨겼다. 또한 이 가명을 사용하여 세계 최고의 수학자에게 편지를 쓰기 시작했다.

첫 편지를 받을 때부터 가우스는 이 편지를 보낸 프랑스 사람의 재능에 감명을 받았다. 르블랑은 가우스의 수론 연구를 철저하고 깊이 있게 공부했으며, 이를 통해서 이 논문의 결과들에 대한 몇 가지 일반화와 확장을 제안하기도 했다. 그러다가 1807년, 거장 가우스는 르블랑이 사실은 여자인 제르맹이라는 것을 알게 되었다. 자신의 정체를 알게 됨으로 해서 가우스가 받았을 충격을 염려하여 제르맹은 고백과도 같은 글을 가우스에게 보냈다.

…… 저는 르블랑이라는 이름으로 전에 선생님과 편지를 주고받았습니다. 제 정체를 숨겼기에 선생님의 은혜로운 답장을 받을 자격도 분명히 없습니다. …… 오늘 제가 선생님께 이렇게 제 정체를 밝히는 것 때문에 가명을 사용했을 때 선생님이 제에게 베풀어주셨던 영광을 거두어 가시지 않기를 바랍니다. 그리고 선생님의 근황을 알 수 있도록 몇 자 적어보내주시는 관대함을 베풀어주시기를 청합니다.

가우스가 그녀의 이러한 처지에 대해 이해하고 관용을 베풀어 답장을 했다는 것은 상당히 놀라운 일이었다. 르블랑이 제르맹으로 이름이 바뀐 것을 알고서 '깜짝 놀랐다' 고 인정하면서 가우스는 수학계의 불평등한 일들에 대한 깊은 통찰을 밝히기까지 했다.

일반적인 주상 과학과 더불어 특히 수의 신비스러움을 좋아하는 경우는 극히 드문 일입니다. 그렇지만 그리 놀랄 일은 아니라고 보는데 왜냐하면 과학과 수에 내재하는 모든 아름다움에 감추어져 있는 이 웅대한 과학의 매력은 이를 탐구하려는 용기를 가진 자에게만 보이기 때문입니다. 그러나 여자의 경우에는 여성이라는 성, 관습 그리고 편견 때문에 어려운 수학 문제들을 접하여 연구하는 데 남자보다 훨씬 더 많은 난관에 직면하고 있는 게 현실입니다. 이런 어려움 가운데서도 이 구속을 극복하고 과학과 수에 감추어진 아름다움을 탐구해내는 여자야말로 진정 가장 고귀한 용기와 비상한 재능 그리고 뛰어난 천재성을 가졌다고 할 수 있지 않겠습니까.

계속 이어서 가우스는 "저에게 대단한 기쁨을 주었던" 연구라고 하면서 제르맹의 연구를 크게 칭찬했다. 그러면서 "마지막 편지에 감히 평을 간단하게 몇 자 적었는데 당신의 연구에 대한 저의 관심의 증거라고 생각

ACADEMIAE SVAE GEORGIAE AVGVSTAE DECORI AETERNO
GEORGIVS V
PRINCIPI

[칼 프리드리히 가우스]

해주시기 바랍니다"라고 하면서 그녀의 논리적 전개 과정에서의 실수를 지적했다. 제르맹의 수학은 가우스에게 말할 수 없는 기쁨을 주었겠지만 가우스의 이 편지를 보면 자신이 수학의 대가라고 자부하고 있음을 분명히 알 수 있다.

제르맹은 자신의 정체가 밝혀진 뒤에도 활발한 연구를 계속했다. 1831년, 가우스의 적극적인 주장으로 괴팅겐 대학교에서 명예 박사학위를 받기로 되어 있었다. 이 일은 19세기 초 독일에서 여자로서는 화려한 영광이었을 것이다. 그러나 불행하게도 그녀가 세상을 떠남으로서 이 학위는 수여되지 못하고 말았다.

그러면 가우스는 어떻게 되었을까? 78세까지 살면서 거의 반 세기 동안 일했던 괴팅겐 천문대에서 생을 마쳤다. 말년 즈음에 가우스의 명성은 거의 신화적 경지까지 올라갔으며 '수학자 중의 왕자(Prince of Mathematicians)' 라고 하면 가우스를 뜻하게 되었다. 그렇지만 이런 세상의 명성과는 달리 자신의 삶과 연구를 적절하게 표현해주는 가우스만의 다른 좌우명을 가지고 있었는데 '작지만 숙성되게' (Pauca sed matura) 였다. 가우스는 평생을 통해 상당히 적은 논문을 출판한 수학자였다. 그러나 그의 논문에서 출판되지 않았던 결과만 사용해도 수십 명의 유명한 수학자가 나왔을 정도로 심도 있는 내용이었다. 그렇기 때문에 자신의 연구가 가져올 큰 영향을 항상 염두에 두어 완벽하고 아무런 결점이 발견되지 않을 때까지 연구 결과를 출판하지 않았다. 가우스는 오일러만큼 많은 논문을 쓰지는 않았지만 일단 쓰기 시작하면 수학계가 주목을 해야 할 정도였다. 가우스가 우리에게 남겨 놓은 성과들은 ―― 정17각형에서부터 정수론 연구, 그리고 위대한 대수학의 기본 정리에 이르기까지 ―― 수학이라는 학문이 기대하는 정도로 숙성되어 있었다.

CHAPTER

11

연속체의 비가산성

The Non-Denumerability of the Continuum
(1874)

19세기의 수학

세기가 바뀌면 수학적 사고에서 강조하는 것도 달라지고 흐름의 방향도 그 세기에 맞게 다르게 진행되는 이상한 현상이 일어난다. 18세기는 분명 '오일러의 세기'였는데 그것은 수학계를 주도하여 미래 세대를 위한 유산을 남기는 데 그 어떤 경쟁자도 없었기 때문이었다. 이와는 대조적으로 19세기에는 유일하게 걸출한 수학자는 없었지만 수학의 영역을 극적이며 예상하지 못한 방향으로 확장시켰던 다수의 개별 수학자들이 있었던 행운의 세기였다.

1800년대에는 주도적인 유일한 수학자는 없었지만 수학에서 몇 가지 주도적인 주제는 존재했던 때였다. 이 시기에는 수학을 추상화하고 일반화하는 작업이 이루어지던 때였으며, 또한 뉴턴, 라이프니츠, 그리고 오일러가 개발한 훌륭한 이론의 토대가 되었던 수학의 논리적 기초에 대한 깊은 분석도 함께 이루어지던 세기였다. 이 시기에는 자연과학처럼 수학도

'물리적 실체' 에 바탕을 두어야 한다는 요구로부터 자유로워지려는 노력을 하고 있었으며 이 물리적 실체가 갖는 한계에서 벗어나 더욱 독자적인 길로 나아가고 있었다.

현실 세계의 구속으로부터 벗어나려는 수학의 움직임이 19세기 초에 나타난 비유클리드 기하학의 독립 선언을 가져왔다고 보아진다. 제2장의 후기에서 유클리드의 평행선 공준을 폐기하고 이 공준을 다른 대안적 진술로 대치했을 때 '이상하고 새로운 세계' 가 펼쳐지는 것을 목격했다. 직선 위에 있지 않은 한 점을 지나면서 이 직선과 평행한 한 개 이상의 여러 직선이 갑자기 나타나는가 하면, 닮은 삼각형이 합동이 되어버리고, 삼각형의 세 내각의 합은 더 이상 180도가 아닌 일들이 이 세계에서 일어났다. 그렇지만 이런 모든 역설적으로 보이는 현상들이 일어나는 비유클리드 기하학의 세계에서 논리적 모순을 찾을 수 있었던 사람은 아무도 없었다.

벨트라미(Eugenio Beltrami)가 비유클리드 기하학도 유클리드 기하학과 마찬가지로 논리적 일관성을 가진다는 것을 입증함으로써 이들 두 기하학 사이에 다리가 놓이게 되었다. 예를 들어, 수학자 A는 유클리드 기하학의 연구로 평생을 보냈다고 하고, 수학자 B는 다양한 비유클리드 기하학만을 연구했다고 가정해보자. 이 두 수학자는 논리적으로 동일한 타당성을 확립하는 일에 매달려서 열심히 노력했다. 하지만 '현실 세계' 는 유클리드 기하학의 세계인 동시에 비유클리드 기하학의 세계일 수가 없으므로 이들 두 수학자 중 한 명은 '현실적' 이 아닌 세계를 탐구하느라 평생을 허비한 것이 된다. 그렇다면 이 수학자는 평생을 허비했다고 해야 하는가?

19세기에는 이 질문에 대해 '아니오' 라고 생각하는 수학자들이 점점 늘어갔다. 물론 우리를 둘러싼 물리적 세계는 유클리드 기하학의 세계일 수도 있고 아닐 수도 있는데 이 문제의 해답은 물리학자의 몫으로 남겨두어야 했다. 실험과 철저한 관찰을 통해서 그 해답을 찾는 것은 경험 과학의 문제였다. 그렇기 때문에 이 해답을 찾는 것은 경쟁 관계에 있는 두 기하학 체계의 논리적 전개를 구성하는 것과는 전혀 별개의 문제였던 것이다. 비유클리드 기하학의 이상하고 아름다운 정리들에 몰두해 있는 수학자에게는 그 아름다움 자체만으로도 충분했다. 그래서 물리학자가 이 수학자에게 어느 기하학이 '현실적'이라고 말하는 것은 불필요한 일이었는데 그 이유는 논리학 분야에서는 두 기하학 모두 현실적이기 때문이었다.

따라서 기하학에 있어서 근원적인 의문은 현실이라는 실험실의 현상에 지나치게 의존해 있던 수학을 실험실 밖으로 자유롭게 했을 때 이 자유로부터 얻게 될 효과가 무엇이냐는 것이었다. 이런 의미에서 수학과 마찬가지로 현실에 의존해 있던 미술을 현실로부터 해방시켰을 때 생기게 되는 일과 흥미로운 유사점을 관찰할 수 있다. 19세기에 접어들면서 화가의 캔버스는 오랫동안 그래왔듯이 여전히 같은 역할을 했다. 즉, 관찰자의 '창' 역할을 했는데 관찰자는 이 창을 통해서 관심 가는 광경이나 인물을 바라보았다. 물론 화가는 분위기를 설정하고, 색깔을 선택하고, 그리고 밝기를 조절하고, 어떤 부분은 강조하고 다른 부분은 약화시키는 일을 자기 나름대로 자유롭게 할 수 있었다. 하지만 궁극적으로 캔버스는 어느 순간에 정지된 장면을 바라볼 수 있는 창의 역할을 하는 것이었다.

그런데 19세기 중반에 접어들면서 이런 경향은 눈에 띄게 바뀌었다. 세잔(Paul Cézanne), 고갱(Paul Gauguin), 그리고 고흐(Vincent van Gogh)와 같은 위대한 화가들의 영향으로 캔버스는 자기 스스로의 생명을 가지게 되었다. 화가들은 캔버스를 자신들의 화가로서의 기술을 표현할 수 있는 이차원적인 공간으로 생각하게 되었다. 예를 들어, 세잔은 정물화를 그릴 때 예쁜 배와 사과에 종합적인 효과를 주기 위하여 이들을 마음대로 뒤틀었다. 세잔은 인상파의 거장인 모네(Claude Monet)를 단지 '보는 눈'에 불과한 화가라고 비난하면서 이제부터 화가는 자신의 미술을 보이는 것을 단순히 그리는 것 이상의 일을 하는 것으로 인식해야 한다고 말했다.

요약해서 말하면, 이 시기에 미술은 시각적 현실로부터의 독립을 선언하고 있었고, 수학은 우리를 둘러싼 물리적 세계로부터의 자유를 표방하고 있었다. 미술과 수학의 이런 유사성은 흥미로운 것인데, 미술에서 세잔, 고갱, 그리고 고흐에 의해 있었던 일과 같이 가우스, 볼리아이, 그리고 로바체프스키에 의해 수학 분야에 있었던 철학적 변혁은 오랫동안 지속되었고 심오한 영향을 미쳤다. 이러한 견해는 오늘날까지 상당 부분 여전히 지속되고 있다.

그런데 분명히 짚고 넘어가야 할 것은 미술과 수학에 있었던 이런 발전 과정의 흐름에 대해 모든 사람들이 통일된 견해를 가진 것은 아니었다는 사실이다. 20세기 후반에 미술관을 우연히 들른 사람이라면 누구나 시각 예술의 형태와, 아무런 의미없이 페인트로 칠해진 거대한 캔버스들과, 그리고 현실의 그 어떤 것도 반영하지 않은 때때로 아주 값비싼 작품들에 대해 비난하는 소리를 분명히 듣게 된다. 예술 애호가들은 현대 예술가들이 지나치게 자유로움을 추구하고 있다고 불평한다. 이 애호가들은 익숙한 초상화나 편안하게 감상할 수 있는 풍경화를 갈망하고 있는 것이다.

이런 의미에서 볼 때 미술과 수학은 비슷한 과정을 거쳐왔다. 현대 수학계에서도 오늘날의 수학이 직면한 상황을 탄식하는 목소리가 있다. 비유클리드 기하학의 혁명으로 얻게 된 지적 자유를 만끽하면서 20세기의 수학자들은 현실 세계와의 접촉을 멀리한 채 자신들만의 분야를 계속 추구한 결과, 이제 이들 분야의 논리적 구조는 너무 추상적이고 난해해져서 물리학자나 공학자들은 도저히 이해할 수 없는 상황까지 되어버렸다. 이런 경향 때문에 많은 수학자들은 수학을 여러 쪽에 걸쳐서 의미 없는 수학 기호들을 쫓아다니는 목적을 잃어버린 연습으로 전락시킨 결과를 가져오게 되었다. 이런 경향을 가장 큰 목소리로 비난한 사람 중의 한 사람이었던 수학 역사가 클라인(Morris Kline)은 다음과 같이 말했다.

> 추상적인 이론들을 공식화함으로써 수학자들은 원래 그 공식의 근원이었던 구체적인 상황들은 멀리하면서 추상적인 구조에 노력을 집중하였다. 수백 개의 하위 개념들을 도입함으로써 수학 분야 사이의 관련성도 없고 원래의 구체적인 상황과도 관련성이 없는 아주 작은 분야가 우후죽순격으로 성장하는 분야가 되어버렸다.

클라인이 주장하는 것은 수학이 물리학으로부터 어렵게 얻은 자유를 부당하게 이용하여 그 근원에서 너무 떨어지는 위험에 직면했으며, 이로써 불모이면서 자기 만족에 가득 차고 다른 분야와의 상호 작용이 없는 내향적인 학문이 되어버렸다는 것이다. 그의 신랄한 비평은 수학계가 심각하게 귀기울여야 할 내용이다. 이에 대한 반응으로 수학적 정리들이 외관상으로 나타난 추상성의 정도와는 상관없이 종종 아주 구체적인 현실 세계에 응용된 적이 있지 않았느냐는 흥미로운 주장이 제기될 수 있다. 그 예로 수학과 현실을 연결하는 데 큰 역할을 했던 학문인 비유클리드 기하학을 들 수 있는데, 오늘날 우주론의 상대성 이론은 비유클리드 모델에 크게 의존하여 우주의 현상을 밝히고 있으므로 현대 물리학 책에는 비유클리드 기하학의 내용이 들어가 있다. 그런데 이러한 의존성은 현실에 대한 응용에는 관심 없이 비유클리드 기하학 자체만의 이론을 연구했던 19세기의 수학자들은 전혀 예상하지 못했던 일이다. 그러나 오늘날 비유클리드 기하학은 물리학자에게 필요한 응용 수학의 일부분으로 자리잡고 있다. 이렇듯이 추상적 수학은 언제 어떤 곳에서 현실에 응용될지 아무도 예상하지 못하는 일인 것이다.

수학의 현실 응용성에 대한 논란은 계속되고 있다. 궁극적으로 수학 역사가들은 오늘날의 수학이 현실 세계와의 관련성을 지나치게 등한시한 채 연구되어왔다고 결론 내리고 있다. 그렇다고 해서 다른 과학에서 필요한 수학 관련 부분을 제공하는 역할을 수학이 담당해야 한다는 것은 터무니없는 주장이다. 이러한 수학적 자유는 19세기의 영원한 유산일 것이다.

지금까지의 논쟁은 비유클리드 기하학의 탄생으로 야기되었던 것이며, 미적분학의 논리적 기초에 대한 또 다른 주요한 논란도 계속되고 있었다. 미적분학은 뉴턴과 라이프니츠에 의해 17세기말에 그 기초를 갖추면서 기호화되었으며, 18세기에 와서는 오일러에 의해 더욱 발전된 모습을 갖추게 되었다. 그러나 이들 선구자와 그 당대의 뛰어난 수학자들은 미적분학의 기초를 다지는 일에는 충분한 주의를 기울이지 않았다. 이것은 마치 얇은 얼음판 위에서 스케이트를 타듯이 수학자들은 기초가 부실한 미적분학에서 의기양양하게 활보하고 다녔지만 어느 순간에 이 기초가 무너져 내리는 큰 재난이 닥칠 수도 있었다.

아주 오랫동안 틀림없다고 생각했던 곳에 문제가 있었던 것이다. 이 문제는 바로 뉴턴의 유율법과 라이프니츠의 미적분학의 핵심적인 내용인 '무한히 큰' 양(무한대)과 '무한히 작은' 양(무한소)의 사용에 있었다. 미적분학의 모든 부분에 있어서 핵심적인 개념 중의 하나가 '극한' 인데 정도의 차이는 있겠지만 미분학과 적분학 둘 다, 급수의 수렴과 함수의 연속성은 말할 것도 없이 이 극한의 개념에 의존하고 있다. 이 '극한' 은 직관과 강하게 연결된 암시적인 단어로서 일상적으로 인내의 극한(극단적 한계)이나 내구성의 극한(극단적 한계)이라고 흔히 사용하고 있다. 그렇지만 더 논리적으로 정확하게 극한이 의미하는 바가 무엇인지를 규명하려고 하면 금방 어려움에 봉착하고 만다.

뉴턴은 극한의 의미를 규명하려는 시도를 했다. 유율법의 개념에서 뉴턴은 두 양의 비를 조사한 다음 이 두 양이 동시에 0으로 접근할 때 이 비가 어떻게 되는지를 연구하였다. 현대적인 용어로 말하면, 비록 '최종의 비'라는 좀더 화려한 용어를 사용했지만, 뉴턴은 이들 양의 비의 극한을 설명한 것이다. 뉴턴의 설명에 따르면, 이 최종의 비는 궁극적으로 없어지는 양으로 다음과 같이 말했다.

> …… 없어지기 전의 양도 아니고 없어진 후의 양도 아니면서 결국에는 둘 다 없어지게 되는 이 양들 사이의 비로 이해될 수 있다.

물론 뉴턴의 이 설명은 수학적 정의로는 거의 도움이 되지 않는 것이었다. 극한은 두 양이 아주 작아져서 0으로 접근해가기 전의 비와 연관된 것이 아니라는 뉴턴의 설명에는 동의하지만 도대체 아주 작아져서 결국에는 0이 된 후의 비란 어떤 의미로 사용한 것일까? 아마 뉴턴은 분자와 분모 둘 다 0이 되는 바로 그 정확한 순간의 비를 극한으로 생각했던 것으로 보인다. 그렇다고 해도 그 순간 분수 0/0은 아무런 의미가 없다. 이런 상황은 논리적 난국이라고밖에 표현할 수 없었다.

라이프니츠는 이 문제에 대해 어떤 기여를 했을까? 뉴턴과 마찬가지로 극한의 작용에 대해 설명할 필요가 있었는데, '무한히 작은 양'이라는 무한소의 논의를 통해서 이 문제에 접근하려고 했다. 이렇게 해서 무한소란

0이 아니면서 0보다는 더 작아질 수 없는 양을 뜻한다고 라이프니츠는 설명했다. 화학에서의 원자처럼 이 무한소는 0 바로 앞에 있으면서 0에 가장 가까이 있는 양으로서 수학이라는 건물을 구성하고 있는, 눈에 보이지 않는 벽돌과도 같은 것이었다. 무한소에 관련된 철학적인 문제는 분명 라이프니츠를 곤란하게 만들었는데, 다음과 같은 이해하기 어려운 문장을 사용한 것에 잘 나타나 있다.

> 무한소(즉, 우리가 알고 있는 지식의 범위 내에서 최소의 것)를 말할 때 …… 무한히 작은 …… 양을 의미하는 것으로 이해한다면 충분하리라 생각한다. 만약 이것[무한히 작은]을 궁극적인 것으로 …… 비록 이러한 것은 완전히 불가능하다고 생각하면서도 …… 이해하고 싶다면 …… 그렇게 할 수도 있다. 대수학자들이 허근을 버리지 않고 유지함으로써 큰 혜택을 누리는 것처럼 이 무한소를 단순히 큰 이점이 있는 계산 도구로서 사용하는 것으로 족하다고 본다.

이 글에서 보면 복소수에 대한 라이프니츠의 편견을 읽을 수 있는 것 외에도 수학자가 했던 말이라고 믿기 어려울 정도로 수학적으로 전혀 이해되지 않는 말로 가득 차 있음을 알 수 있다. 이런 부정확한 생각들은, 특히 미적분학의 근간을 이루고 있는 생각들은, 라이프니츠에게 상당히 부담감을 주었던 것이다.

미적분학의 기초에 대해 나타났던 수학자들의 거북함은 성직자였던 버클리 주교*(Bishop George Berkeley, 1685-1753)로부터 조롱을 당하는

* 아일랜드 출생으로 17~18세기 영국 고전 경험론을 대표하는 철학자이며 성직자. 그의 철학의 근본 명제는 '존재한다는 것은 지각(知覺)된다는 것'으로 요약되는데, 버클리는 지각되지 않는 추상적 관념의 존재를 부정하였으며 물체적 실체의 존재를 부정하였다. 주요 저서로는 《인지원리론》(人知原理論, 1710)이 있다.

결과를 가져왔다. 버클리 주교는 그의 신랄한 에세이인 《신앙심이 없는 수학자에 대한 분석과 설교》(The Analyst, or a Discourse addressed to an Infidel Mathematician)에서 신학은 입증되지 않은 믿음에 기초한 학문이라고 비난하면서도 정작 기초가 부실하기 짝이 없는 미적분학은 기꺼이 받아들였던 수학자들을 비웃었다. 버클리는 이런 수학자들을 비웃고 싶어서 도저히 참을 수가 없었던 것 같다.

> 수학의 이러한 모든 것들이, 말하자면 종교에 있어서 어떤 엄격한 증거를 강요하는, 그러면서 자기들이 보는 것을 초월한 존재에 대해서는 믿으려고 하지 않는 수학자들에 의해서 추측되고 믿어지고 있다. …… 그래서 기초도 허술하고 눈에 보이지도 않는 2차나 3차의 미분을 이해할 수 있을 정도의 수학자들이라면 신에 대한 일에 그렇게 까다롭게 신경질적일 필요가 없지 않을까라고 나는 생각한다.

이것으로도 부족했는지 버클리는 아주 신랄한 평을 덧붙였다.

> 그리고 이 유율법이란 어떤 것인가? 이것은 무한히 작은 양(量)들의 증가량에 대한 속도를 의미한다. 그렇다면 무한소들이 동일한 증가량을 가진다는 것은 또 무엇인가? 이들은 유한한 양도 아니고 무한히 작은 양도 아니며 또한 존재하지 않는 것도 아니다. 이들을 죽은 양들의 유령이라고 부르면 안 될까?

미적분학의 기초가 '죽은 양들의 유령'이라는 비난에까지 직면하게 되면 비참함을 느낄 수밖에 없다. 이런 통렬한 비난에 수백 명의 수학자들이 안절부절못했을 것이라고 쉽게 짐작된다.

수학계는 이 괴로운 문제를 어떻게든 해결해야만 했다. 18세기 대부분의 세월 동안 미적분학을 활용하는 데 지나치게 많은 성공과 그로부터 너무 많은 즐거움을 느꼈던 수학자들은 잠시 멈춰 서서 근간이 되는 원리를 심각하게 따져보지 않았다. 그런데 버클리의 외부적인 비난과 함께 수학계 내부에서의 관심의 고조에 따라 이제 수학자들에게는 선택의 여지가 없었다. 수학자들은 이 문제를 어떻게 해서든지 해결해야 할 처지가 되었던 것이다.

이렇게 해서 천부적인 재능을 가진 일련의 수학자들이 이 근원적인 문제를 다루게 되었다. '극한' 이란 아이디어를 구체화하는 작업은 아주 힘든 일이었는데, 그 이유는 이 개념이 사고의 정밀함과 까다로운 실수 체계의 본질에 대한 정확한 이해가 요구되는 아주 깊은 내용이었기 때문이다. 그럼에도 불구하고 수학자들은 이 어려운 극한의 개념을 조금씩 정복해갔다. 1821년경 프랑스의 수학자 코시(Augustin-Louis Cauchy, 1789-1857)는 극한에 대해 다음과 같은 정의를 제안했다.

> 어떤 특정한 변수에 의해 연속적으로 생기는 값들이 고정된 하나의 값으로 무한히 접근해가서 결국에는 원하는 만큼 아무리 작은 값을 택하더라도 이 고정된 값과 다를 때, 이 고정된 값을 이 접근해가는 모든 수들의 극한이라고 한다.

코시의 이 정의는 '무한히 작은' 과 같은 부정확했던 용어를 사용하지 않았다는 데 주목할 필요가 있다. 이렇게 함으로써 코시는 이 변수의 값들이 극한에 도달하는 그 정확한 순간에 어떤 일이 일어나는지를 결정하는 데 구속될 필요가 없었다. 이 정의에는 죽은 양들의 유령도 없었다. 대신에 코시는 한 고정된 값이 한 변수의 극한이라 함을 이 변수와 극한의 차를 우리가 원하는 만큼 작게 할 수 있음을 의미했다. 이것을 소위 코시의 '극한 회피적' 정의라고 하는데, 코시는 이렇게 극한을 정의함으로써 극한에 도달하는 순간에 일어나는 일에 대한 철학적 난제를 제거할 수 있었다. 사실 코시는 이 철학적 논쟁에 대해 관심이 없었는데, 그가 오직 문제시했던 것은 이 극한에 원하는 만큼 얼마나 가까이 접근할 수 있느냐는 것이었다.

코시의 이 정의가 상당한 영향력을 가질 수 있었던 것은 미적분학의 주요한 정리들을 증명하는 데 이 정의가 계속해서 사용되었기 때문이다. 극한에 대한 이 정의를 토대로 수학자들은 버클리 주교가 제기했던 문제에 답을 하는 데 오랜 길을 걸어왔던 셈이었다. 그렇다고 해도 여전히 코시의 정의는 정확성을 요하는 손질이 필요했다. 한 가지 예를 들면, 하나의 변수가 극한에 '접근' 한다는 표현을 사용했는데 이것이 어떤 움직임을 의미하는지 분명하지 않았다. 점들이 움직여서 서로 접근한다는 직관적인 생각으로 이 움직임을 이해해야 한다면, 코시가 말한 움직임에 의한 극한의 이해가 '극한' 자체에 대한 직관적인 이해보다 더 낫다고 할 수 있는가? 둘째로 코시가 사용한 '무한히' 라는 용어도 명확하게 보이지 않으므로 역시 분명히 해야 할 필요가 있었다. 마지막으로 극한에 대한 코시의 정의는 너무 장황하기 때문에 이 정의에 있는 단어와 어구들을 분명하게 정의하여 모호함이 전혀 없는 기호로 대체할 필요성이 있었다.

그래서 '미적분학의 산술화' 라고 알려진 미적분학의 기초를 간결하게 하려는 작업이 독일의 수학자 바이어슈트라스(Karl Weierstrass, 1815-1897)와 그의 제자들 집단에 의해 이루어졌다. 바이어슈트라스 학파는 "x가 a로 접근할 때 함수 $f(x)$의 극한은 L이다"를 간결하게 다음과 같이 표현하였다.

> 임의의 $\varepsilon>0$에 대해 $\delta>0$이 존재하여 만약 $0<|x-a|<\delta$이면 $|f(x)-L|<\varepsilon$이다.

극한에 대한 코시의 정의와 바이어슈트라스의 이 정의가 어떤 면에서 현격하게 다른지를 알기 위해서 이 정의를 완벽하게 이해할 필요는 없다. 왜냐하면 이 정의는 거의 기호로 표현되어 있고 어떤 양이 다른 양으로 접근해야 한다는 그런 조건도 없다. 간단히 말해서 이 정의는 극한의 정적(靜的)인 정의라고 할 수 있다. 게다가 이 정의는 앞에서도 언급했던 뉴턴과 라이프니츠의 애매하고 웃음밖에 나올 게 없었던 극한에 대한 정의와는 상당히 차이가 있다. 바이어슈트라스의 엄격한 논리적 정의는 선배 수학자들이 내린 정의와 비교해서 흥취와 매력은 부족했지만 수학적으로 볼 때는 아주 견고했다. 이 기초에 근거하여 바이어슈트라스는 오늘날까지 그대로 남아 있는 미적분학의 체계를 세웠던 것이다.

무한에 대한 칸토어의 도전

과학에서 흔히 일어나는 일처럼 한 가지 의문에 대한 해결은 또 다른 문제로 향하는 문을 여는 일이 생겼다. 수학자들은 이처럼 엄격한 관점에서 미적분학을 연구함으로써, 그리고 점차 직관적 개념에 의한 이해를 버리고 바이어슈트라스식 수학인 ε과 δ에 더 의존함으로써 아주 특이하고 결론이 불분명한 발견들을 하게 되었다.

예를 들면, 유리수와 무리수의 차이점에 대해 생각해보자. 유리수는 두 정수의 비로 표현 가능한 수들로서 모든 분수가 여기에 속한다. 그런데 이 유리수를 소수로 변환시켜보면, 유리수는 여러 경우로 분류된다. 즉, 소수점 아래의 수가 갑자기 끝나버리는 유리수와 (예를 들어, 3/8=0.375) 계속해서 무한히 반복되는 수들의 마디로 (예를 들어, 3/11=.27272727…) 나타나는 유리수로 구분된다. 그런데 무리수는 분수로 표현할 수 없는 실수를 말한다. 잘 알려진 무리수의 예로는 $\sqrt{2}$ 나 π를 들 수 있다. 무리수의 소수 표현을 보면, 소수점 아래의 수가 끝나지도 않고 반복되는 순환 마디도 없다. 즉, 무리수를 소수로 변환시켜보면 소수점 아래의 수가 반복되는 패턴이 없이 끝없이 계속된다.

유리수와 무리수 둘 다 수직선을 따라 조밀하게 분포되어 있다는 사실을 다음과 같이 보일 수 있다. 임의의 두 유리수 사이에는 무한히 많은 무리수가 있고, 반대로 임의의 두 무리수 사이에는 무한히 많은 유리수가 존재한다. 따라서 실수는 유리수 집단과 무리수 집단이라는 거대하면서 거의 개수가 같은 두 수로 균등하게 나누어져 있다고 결론 내릴 수 있다.

하지만 이런 결론과는 반대로 19세기가 진행되면서 이 두 수 집단은 서로 균등하게 나누어져 있는 것이 아니라는 수학적 발견이 있었다. 이 발견은 고도의 수학적 기술과 아주 세밀한 사고가 요구되는 일이었다. 예를 들어, 이 발견에 따르면 무리수의 각 점에 대해서는 연속이면서 (직관적으로 끊어지지 않은) 유리수의 각 점에 대해서는 불연속(끊어져 있는)인 함수가 있다고 했다. 그런데 유리수의 각 점에 대해서는 연속이면서 무리수의 각 점에 대해서는 불연속인 함수는 존재할 수 없다는 사실도 증명되었다. 이 발견은 유리수 집합과 무리수 집합 사이에는 대칭적이거나 균형적인 관계가 존재하지 않는다는 놀라운 사실을 말해주고 있다. 이 사실을 근원적인 의미에서 해석하면 유리수와 무리수는 서로 교환 가능한 집합이 아니라는 것이지만 오늘날의 수학자들도 이들 사이에 어떤 관계가 있는지는 정확하게 밝히지 못하고 있다.

실수 체계의 가장 근원적인 본질에까지 도달하게끔 했던 이런 생각들은 이 장에서 논의하려고 하는 정리들이 나타나게 된 자극제가 되었다. 코시, 바이어슈트라스, 그리고 이들과 협력한 수학자들은 '극한'의 기초적인 개념 위에 미적분학의 토대를 성공적으로 구축했지만, 미적분학의 가장 중요하고 근원적인 의문은 집합(set)의 심오한 성질의 탐구에서 답을 얻을 수 있음을 알게 되었다. 이런 측면에서 문제를 해결했고 그 과정에서 믿기 어려울 정도로 뛰어난 집합론을 혼자의 힘으로 만들었으며, 어떤 때는 중상 모략을 당했고 또 어떤 때는 편집증을 보였던 천재 수학자가 바로 칸토어(George Ferdinand Ludwig Philip Cantor)였다.

1845년, 칸토어는 러시아에서 태어났는데 12세 때 가족이 독일로 이주했다. 칸토어 집안은 종교를 중요하게 생각했는데 칸토어의 아버지는 유대교에서 신교도로 개종했고 어머니는 천주교 집안에서 태어났다. 다양한 종교가 어우러진 집안에서 자란 이유로 칸토어가 평생에 걸쳐 신학에 관심을 가졌다는 것은 놀라운 일이 아닐 것이다. 특히 무한의 본질과 관련된 종교적인 것들은 성인이 되어 수학을 연구하는 데 직접 혹은 간접적으로 영향을 주었다.

그뿐 아니라 칸토어의 집안은 예술을 사랑하는 집안이었다. 주요한 심포니에서 연주를 했던 친척들이 있을 정도로 이 집안은 음악을 좋아했다. 칸토어 자신도 데생에 뛰어난 재능을 보였는데 이런 재능은 그가 남긴 몇 점의 데생에 잘 나타나 있다. 한마디로 말해 칸토어는 '예술적' 기질을 타고난 수학자였다.

이런 섬세한 감각을 소유했던 칸토어는 수학에 뛰어났는데 1867년, 바이어슈트라스와 함께 공부했고 앞에서 언급했던 미적분학에 대한 엄격한 방법을 철저하게 습득했던 베를린 대학교에서 박사 학위를 받았다. 수직선상의 세밀한 점에 대한 수학적 분석을 다루었던 칸토어는 다양한 수집합 사이의 본질적인 차이점에 대해 점점 더 깊은 연구를 하게 되었다. 이 연구를 하면서 특히 집합들 사이의 크기를 비교할 수 있는 방법을 고안하는 것이 중요하다는 사실을 깨닫게 되었다.

피상적으로 생각하면, 크기를 가지고 집합들을 비교하려면 그 집합의 수를 셀 수 있는 능력만 있으면 가능한 아주 간단한 문제이다. 만약 누군가가 "오른손 손가락의 개수와 왼손 손가락의 개수가 같으냐?"라고 묻는다면 각 손의 손가락을 따로 헤아려서 각각 다섯 개의 손가락이 있다는 것을 보이면 이 문제에 답을 한 것이다. 따라서 '세기'라는 원시적인 방법은 좀더 정교한 개념인 '같은 크기' 또는 '동일한 개수'를 알아보는 데 선수요건임을 명확하게 알 수 있다. 그런데 칸토어는 믿을 수 없을 정도의 단순한 관찰을 통해 이 자명한 사실을 완전히 뒤집어놓았다.

어떻게 이런 일이 가능했는지 알아보기 위해서 먼저 아주 초보적인 수학적 지식을 소유하고 있기 때문에 많이 세어봐야 겨우 '셋'까지밖에 셀 수 없는 사회에 살고 있다고 가정하자. 이런 사회에서는 '다섯'까지 셀 수 있는 수체계가 없기 때문에 세기를 통해서는 왼손과 오른손의 손가락 개수를 서로 비교할 수가 없다. 이 정도의 세기 능력만 있는 경우라면 동일한 개수를 갖는지를 알아보는 것은 불가능한 일일까? 사실은 전혀 그렇지 않다. 이 문제에 답하기 위해서는 손가락을 세려고 하지 말고 왼손의 엄지는 오른손의 엄지와 맞대고 왼손의 집게손가락은 오른손의 집게손가락과 맞대도록 해서 왼손의 다섯 손가락이 오른손의 다섯 손가락과 각각 서로 맞대도록 하면 된다. 이렇게 하면 완벽한 일대일 대응이 되어 왼손과 오른손의 손가락 개수가 같다는 질문에 "예"라고 답할 수 있다.

다른 예를 가지고 살펴보자. 대형 공연장에 청중들이 들어온다고 가정하자. 이 청중 수만큼 좌석이 있는지 알아보기 위해서는 청중 수와 좌석 수 둘 다 지루하게 헤아린 다음 비교하면 된다. 그런데 이렇게 하는 대신에 간단하게 청중들에게 좌석에 일단 앉아보라고 하면 되는데, 이때 만약 한 사람이 한 좌석에 앉도록 했는데 모두 자기 자리에 앉았다면 이 착석하는 과정은 정확하게 일대일 대응을 나타내고 있기 때문에 청중 수만큼 좌석이 확보되어 있다고 답할 수 있다.

이 예는 좌석 수가 청중 수와 같은지를 알아보기 위하여 좌석수를 일일이 셀 필요가 없다는 중요한 사실을 예시하고 있다. 따라서 어떤 대상들의 개수가 동일하다는 것을 결정하고자 할 때 일대일 대응이 더 원시적이고 기초적인 개념이며 이와는 반대로 세기는 훨씬 더 정교하고 진보된 개념이다.

칸토어는 이 아이디어를 이용하여 다음과 같은 정의를 이끌어냈다.

> 두 집합 M과 N이 **대등**(equivalent)하다는 것은 …… 어떤 법칙에 따라 어느 한쪽 집합의 각각의 모든 원소가 다른 집합의 각 원소와 유일하게 서로 대응되는 관계가 되도록 할 수 있을 때를 말한다.

집합 M과 N이 칸토어의 대등에 관한 위의 정의를 만족할 때 현대 수학자들은 이들 두 집합은 '멱(power)이 같다' 또는 '기수(cardinality)가 같다' 라고 한다. 그러나 용어야 어떻든 이 정의는 집합 M과 N이 유한일 필요가 없으며, 무한히 많은 원소를 포함하는 집합에도 충분히 잘 적용되는 정의라는 점에서 중요하다.

이 정의를 사용해서 칸토어는 미지의 영역으로 옮겨갔다. 수학의 역사를 통해 무한은 해로운 것은 아니지만 의심스러운 존재로서 건드리지 않고 그냥 두는 것이 더 나은 것으로 생각되어왔다. 그리스 시대 때부터 칸토어가 활동하던 시대에 이르기까지 철학자들과 수학자들은 '잠재적 무한' 만을 무한으로 인정했다. 즉, 이들은 0을 포함하는 자연수인 범자연수 집합이 무한이라는 데 이의를 제기하지 않았다. 그 이유는 아무리 세도 끝이 없고 이들 수 중에서 어떤 수를 택하더라도 항상 이보다 하나 더 큰 다음 수가 있기 때문이었다. 예를 들어, 범자연수의 각 수를 메모 용지에 적어서 이 용지를 아주 큰 가방에 넣는다면 이 과정은 끝없이 계속될 것이다.

그러나 칸토어 이전의 철학자들과 수학자들은 '완비된 무한,' 즉 어느 시점에서 끝이 있거나 어느 시점에서 가방이 꽉 차게 되는 과정으로의 무한을 반대했다. 가우스가 했던 다음 말을 보면 이 사실을 알 수 있다.

> …… 무엇보다도 나는 무한을 수학에서 절대 허용하지 않는 완비된 무한의 의미로 사용하는 데 반대한다. 이 무한은 어떤 식으로 말하느냐 하는데 불과하다. ……

그런데 칸토어는 이 말에 반대했다. 모든 범자연수를 포함하는 집합은 다른 무한 집합과 비교될 수 있으며 필요한 모든 것이 갖추어진 완비된 존재라고 기꺼이 생각했다. 가우스와는 달리 칸토어는 '무한' 을 단지 일종의 말하는 방식이라고 간단히 생각하려고 하지 않았다. 칸토어에게 이 무한은 가장 심오한 지적 탐구를 할 가치가 충분하며 견고하고 아무렇게나 함부로 취급할 수 없는 수학적 개념이었다.

그래서 이러한 두 가지 근원적인 가정만을 가지고서 —— 집합의 기수가 같다는 것은 일대일 대응으로 결정할 수 있으며 그리고 완비된 무한은 타당한 개념이다. —— 칸토어는 수학의 역사를 통해서 가장 흥미 있고 지적인 여행이라 할 수 있는 여행을 시작했다. 이 여행은 이상한 길로 가게 되었고 수학계의 일부 수학자들은 그의 노력을 조롱하느라 여념이 없었지만 칸토어는 묵묵히 자기만의 연구를 계속했다. 칸토어는 그 이전에 어느 누구도 하지 못했던 방식으로 무한과 정면으로 맞설 수 있는 능력과 용기를 가지고 있었다.

이 여행의 시작을 위해서 $\mathbf{N}=\{1,\ 2,\ 3,\ \cdots\}$을 자연수 집합이라고 하고 $\mathbf{E}=\{2,\ 4,\ 6,\ \cdots\}$을 짝수 집합이라고 하자. 그리고 여기서 이 두 집합은 무한의 성질을 띠지만 완비된 집합으로 간주하고 있다는 사실에 주목해야 한다. 칸토어의 정의에 따르면, 두 집합 **N**과 **E**의 원소들 사이에 일대일 대응이 존재한다는 것을 다음과 같이 쉽게 보일 수 있으므로 이 두 집합의 '기수는 같다'고 할 수 있다.

$$
\begin{array}{lccccccccc}
\mathbf{N}: & 1 & 2 & 3 & 4 & 5 & \cdots & n & \cdots \\
 & \updownarrow & \updownarrow & \updownarrow & \updownarrow & \updownarrow & & \updownarrow & \\
\mathbf{E}: & 2 & 4 & 6 & 8 & 10 & \cdots & 2n & \cdots
\end{array}
$$

이 대응을 보면 **N**의 각 원소는 한 개의 짝수와 (즉, 각 자연수의 두 배) 유일하게 대응되어 있고 반대로 각 짝수는 한 개의 자연수와 (즉, 각 짝수의 반) 유일하게 대응되어 있다. 칸토어는 이 두 무한 집합은 크기가 분명히 같다고 생각했다. 물론 짝수 집합의 원소의 개수는 범자연수 집합의 원소의 개수의 절반이어야 한다고 생각하기 때문에 언뜻 보면 칸토어의 생각은 역설적으로밖에 보이지 않는다. 그렇지만 무슨 근거로 칸토어의 추론이 틀렸다고 비판할 수 있는가? 칸토어의 이 추론을 비판하기 위해서는 자연수의 집합을 필요한 것이 모두 갖추어진 실체로 간주할 수 없다는 주장에 근거하여 완비된 무한의 개념을 거부하거나 또는 기수가 같다는 단순하고 우스운 정의를 거부해야 한다. 그런데 만약 이들 두 가정을 인정한다면 짝수의 개수는 자연수보다 작지 않다라는 결론을 받아들일 수밖에 없다.

마찬가지로 $\mathbf{Z}=\{\cdots, -3, -2, -1, 0, 1, 2, 3, \cdots\}$를 양수, 음수, 그리고 영을 포함하는 모든 정수의 집합이라고 하면 다음의 일대일 짝짓기로부터 **N**과 **Z**는 같은 기수를 가지게 된다.

N:	1	2	3	4	5	6	7	8	9	⋯
	↕	↕	↕	↕	↕	↕	↕	↕	↕	
Z:	0	1	−1	2	−2	3	−3	4	−4	⋯

이 특수한 대응의 경우 **N**의 각 자연수 n은 **Z**에 있는 짝과 다음의 규칙에 의해 대응된다는 사실을 점검해볼 수 있다.

$$\frac{1+(-1)^n(2n-1)}{4}$$

여기에 이르게 되자 칸토어는 대담한 시도를 했다. 자연수 **N**과 일대일 대응 관계가 성립하는 모든 집합을 가산(可附番, denumerable) 또는 무한히 셀 수 있는(countably infinite) 집합이라고 했다. 더욱 놀라게 만드는 것은 이 가산 집합에 있는 원소의 개수를 나타내는 새로운 '초한(超限) 기수(transfinite cardinal number)'라는 수를 도입한 것이다. 이 초한 기수를 표시하기 위해 칸토어는 히브리 알파벳의 첫 글자인 $\aleph_0$('알레프 놋'으로 읽음)을 선택했다.

무한 집합에 대한 칸토어의 연구는 새로운 수이면서 새로운 종류의 수를 창조하기에 이르렀다. 그 당시의 많은 수학자들은 칸토어를 이런 엉뚱한 생각에 빠져 있는 불쌍한 수학자라고 고개를 저었을 것이다. 여기서 다시 셋까지밖에 셀 수 없는 사람들이 살고 있는 수학적으로 원시적인 사회를 생각해보자. 이 사회에서 놀라운 천재가 나타나서 갑작스러운 통찰을 통해 다음과 같이 다섯(또는 오)이라는 새로운 기수를 도입해서 기존의 수 체계를 확장시키는 일이 생겼다. 즉, 어떤 집합의 원소가 오른손의 손가락과 일대일 대응 관계가 성립한다면 이 집합은 다섯 개의 원소를 가지는 것이라고 했다.

이 정의는 완벽하게 잘 맞아 떨어졌다. 이 정의는 어떤 집합이 다섯 개의 원소를 갖는지를 알아볼 수 있는 명백한 방법을 제공한 것이었다. 이런 식으로 해서 이제 손가락은 다섯 개의 원소를 사용해서 집합인지 아닌지를 결정하는 표준적인 기준이 되었다.

이 가상적 이야기가 칸토어가 했던 연구를 정확하게 표현하는 것이다. 이 가상적 이야기에서는 다섯 손가락을 기준으로 삼았지만 칸토어는 유한을 초월하여 우리 인간의 수체계를 확장시키기 위한 기준으로 **N**이라는 자연수 체계를 사용했다는 점이 다를 뿐이었다. 칸토어는 **N**을 $\aleph_0$개의 원소를 갖는 전형적인 집합으로 간주했다. 어떤 집합 '**M**의 기수'를 뜻하는 기호로 $\overline{\mathbf{M}}$를 도입하면 다음과 같이 쓸 수 있다.

$$\overline{\overline{\mathbf{N}}}=\overline{\overline{\mathbf{E}}}=\overline{\overline{\mathbf{Z}}}=\aleph_0$$

이제 유리수 집합인 **Q**에 대해 살펴보면 어떤 일이 생길까? 앞에서도 언급했듯이 유리수는 수직선상에 조밀하게 분포되어 있다. 이런 의미에서 보면 유리수는 앞의 수와 항상 1씩 떨어져서 수직선상을 메워나가는 정수와는 다르다. 사실 임의의 두 정수 사이에는, 예를 들어 0과 1 사이에는, 무한히 많은 유리수가 존재하고 있다. 따라서 유리수가 자연수보다 개수가 훨씬 많을 것이라는 추측을 제기할 수 있다.

그러나 칸토어는 유리수 집합도 가산 집합이라는 사실을 입증했다. 즉, $\overline{\overline{\mathbf{Q}}}=\aleph_0$이다. 이 사실을 입증하기 위해서 칸토어는 유리수 집합과 자연수 집합 사이에 일대일 대응이 있다는 것만 간단하게 제시하였다. 어떻게 이 대응 관계를 생각해낼 수 있었는지 알아보기 위해서 다음과 같이 유리수를 배열했다고 하자.

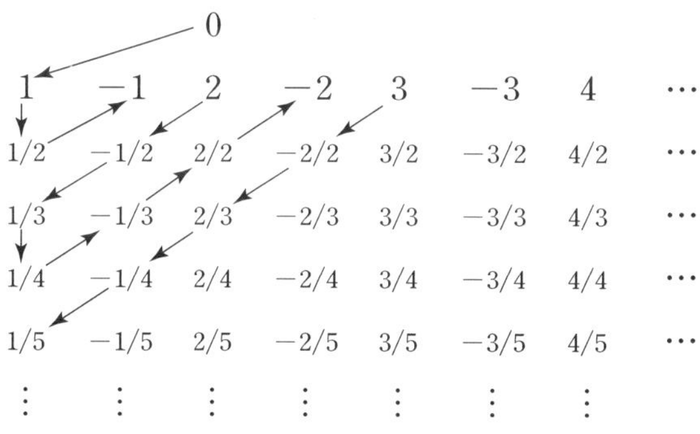

이 배열을 보면 첫 번째 열에 있는 모든 수의 분자는 1, 두 번째 열에 있는 모든 수의 분자는 −1, ⋯ 등으로 되어 있는 반면 첫 번째 행에 있는

모든 수의 분모는 1, 두 번째 행에 있는 모든 수의 분모는 2, … 등으로 되어 있다는 것에 주목하기 바란다. 간단히 요약하면 어떠한 분수가 주어지더라도, 예를 들어 $\frac{133}{191}$ 이 주어졌다면, 이 배열의 위에서 아래로 191번째 행으로 그리고 265번째 열(양수와 음수를 번갈아 헤아려야 하므로)에 이 분수가 위치한다는 것을 알 수 있다. 그래서 이 배열에는 **Q**의 모든 수가 중복되어 포함되어 있다.

그런데 이제 이 배열에 있는 화살표를 따라서 아래위 대각선 방향으로 움직이면서 그 숫자들을 적은 다음 아래와 같이 자연수와 짝짓기를 한다.

N:	1	2	3	4	5	6	7	8	9	10	11	12	13	14	…
	$\updownarrow$	$\updownarrow$	$\updownarrow$	$\updownarrow$	$\updownarrow$	$\updownarrow$	$\updownarrow$	$\updownarrow$	$\updownarrow$	$\updownarrow$	$\updownarrow$	$\updownarrow$	$\updownarrow$	$\updownarrow$	
Q:	0	1	$\frac{1}{2}$	-1	2	$-\frac{1}{2}$	$\frac{1}{3}$	$\frac{1}{4}$	$-\frac{1}{3}$	-2	3	$\frac{2}{3}$	$-\frac{1}{4}$	$\frac{1}{5}$	…

여기서 주목할 것은 이미 한번 나왔던 분수는 중복되므로 이 대응에서는 제외되었다는 점이다(예를 들어, $1=\frac{2}{2}=\frac{3}{3}$, … 등). 그래서 이 방법에 따르면 각 자연수는 하나의 유리수와 유일하게 대응되며, 더 놀라운 사실은 각 유리수 또한 하나의 자연수와 유일하게 짝짓기가 가능하다는 것이다. 그러므로 칸토어의 정의에 따르면 유리수도 자연수와 같은 개수의 원소를 가진다고 결론 내릴 수 있다.

여기까지 진행되고 보면 모든 무한 집합이 가산, 즉 양의 정수와 일대일 대응 관계를 갖는 집합이라고 할 수 있을 듯했다. 그러나 1874년, 수학계는 무미 건조한 제목인 《모든 대수적 수의 전반적인 성질에 관하여》(Ueber eine Eigenschaft des Inbegriffes aller reellen algebraischen Zahlen)라는 칸토어의 논문을 통해서 그렇지 않다는 것을 알게 되었다. 이 논문에서 칸토어는 무한 집합이면서 가산이 아닌 집합을 구체적으로 밝혔다.

다음 쪽에 실려 있는 거창해보이지 않는 이 논문의 표지를 훑어본 사람이라면 이 논문이 뭐 그렇게 혁신적인 내용을 담고 있는지 이해하기가 어려울 것이다. 이것은 종종 두드러진 혁신적인 모습을 보였던 예술 분야에서의 급진적인 시도와는 다르기 때문이다. 1874년, 모네의 그림을 보려고 파리를 방문한 적이 있는 아마추어 화가라면 어느 누구라도 모네가 도입했던 '인상주의' 기법에 충격을 받았을 것이다. 심지어 어쩌다 찾아오는 관람객들도 빛의 양을 조절하여 사물을 표현함으로써 그 이전의 화가였던 앵그르*와는 확연하게 다른 모네의 화풍을 보았을 것이다. 마찬가지로 같은 해 수학에서의 획기적인 사건으로는 칸토어가 혁명적인 시도를 시작했다는 것이었다. 인쇄 매체를 통해 전달되는 수학은 급진적인 예술 작품이 즉각적인 영향력을 미치는 것과는 다르다.

칸토어가 발견했던 비가산 집합은 모든 실수들로 구성된 모임이었다. 칸토어는 1874년의 논문에서 실수로 된 어떠한 구간일지라도 그 구간이 얼마나 짧은지에 상관없이 **N**과 일대일 대응 관계가 되는 그런 구간은 없다는 것을 입증했다. 이것에 대한 원래의 증명은 해석학의 영역으로서 상대적으로 고도로 발달된 수학적 도구가 필요했다. 그렇지만 1891년, 칸토어는 다시 이 문제의 해결에 착수하여 다음의 위대한 정리에서 살펴보게 될 아주 간단한 증명을 제시할 수 있었다.

---

* Ingres, Jean Auguste Dominique(1780-1867). 19세기 프랑스의 고전주의를 대표하는 화가. 주요 작품으로는 〈아가멤논의 사절들〉(1801), 〈목욕하는 여자〉, 〈잔다르크〉 등이 있다. 고전주의 미술의 특색은 형식의 정연한 통일과 조화, 명확한 표현, 형식과 내용의 균형 등을 중시하며, 특히 조형미술에서는 엄격하고 균형 잡힌 구도와 명확한 윤곽, 형상의 입체적 형성 등을 중요시한다.

Ueber eine Eigenschaft des Inbegriffes aller reellen algebraischen Zahlen.

(Von Herrn *Cantor* in Halle a. S.)

Unter einer reellen algebraischen Zahl wird allgemein eine reelle Zahlgrösse ω verstanden, welche einer nicht identischen Gleichung von der Form genügt:

$$(1.) \quad a_0 \omega^n + a_1 \omega^{n-1} + \cdots + a_n = 0,$$

wo $n, a_0, a_1, \cdots a_n$ ganze Zahlen sind; wir können uns hierbei die Zahlen n und a_0 positiv, die Coefficienten $a_0, a_1, \cdots a_n$ ohne gemeinschaftlichen Theiler und die Gleichung (1.) irreductibel denken; mit diesen Festsetzungen wird erreicht, dass nach den bekannten Grundsätzen der Arithmetik und Algebra die Gleichung (1.), welcher eine reelle algebraische Zahl genügt, eine völlig bestimmte ist; umgekehrt gehören bekanntlich zu einer Gleichung von der Form (1.) höchstens soviel reelle algebraische Zahlen ω, welche ihr genügen, als ihr Grad n angiebt. Die reellen algebraischen Zahlen bilden in ihrer Gesammtheit einen Inbegriff von Zahlgrössen, welcher mit (ω) bezeichnet werde; es hat derselbe, wie aus einfachen Betrachtungen hervorgeht, eine solche Beschaffenheit, dass in jeder Nähe irgend einer gedachten Zahl α unendlich viele Zahlen aus (ω) liegen; um so auffallender dürfte daher für den ersten Anblick die Bemerkung sein, dass man den Inbegriff (ω) dem Inbegriffe aller ganzen positiven Zahlen ν, welcher durch das Zeichen (ν) angedeutet werde, eindeutig zuordnen kann, so dass zu jeder algebraischen Zahl ω eine bestimmte ganze positive Zahl ν und umgekehrt zu jeder positiven ganzen Zahl ν eine völlig bestimmte reelle algebraische Zahl ω gehört, dass also, um mit anderen Worten dasselbe zu bezeichnen, der Inbegriff (ω) in der Form einer unendlichen gesetzmässigen Reihe:

$$(2.) \quad \omega_1, \omega_2, \cdots \omega_\nu, \cdots$$

[연속체의 비가산성에 대한 최초의 증명이 실려 있는 칸토어의 1874년 논문]

위대한 정리: 연속체의 비가산성

여기서 '연속체(continuum)' 란 실수 구간을 의미하는 것으로 기호로 나타내면 다음과 같다(그림 11.1).

$$(a,\ b)=\{a<x<b\text{를 만족하는 모든 실수 }x\text{의 집합}\}$$

아래의 증명에서 비가부번성(non-denumerability)을 보이기 위해 선택한 특별한 구간은 $(0,\ 1)$로서 이른바 '단위 구간' 이라고 한다. 이 구간에 있는 실수들은 무한 소수꼴로 표시될 수 있다는 사실에 주목하기 바란다. 예를 들어,

$$\frac{1}{2}=0.50000000\cdots,\qquad \frac{3}{11}=0.27272727\cdots,$$
$$\frac{\pi}{4}=0.78539816\cdots$$

두 가지 서로 다른 소수 표현이 가능한 수에 대해서는 기술적인 이유로 해서 이 두 소수 표현을 동시에 사용하는 것은 피하고자 한다. 예를 들어, $0.50000\cdots=\frac{1}{2}$ 은 또한 $0.49999999\cdots$로 표현될 수 있다. 이런 경우 일련의 9가 계속되는 소수 표현보다는 일련의 0이 계속되는 소수 표현을 사용하고자 하는데 이렇게 하면 $(0,\ 1)$에 있는 어떠한 실수에 대한 소수 표

[그림 11.1]

기도 유일하게 된다.

이제 (0, 1)이 비가산임에 대한 칸토어의 증명을 살펴보려고 한다. 이 증명은 **N**과 (0, 1)은 일대일 대응으로 짝짓기가 가능하다는 가정으로부터 시작해서 그로부터 어떤 논리적인 모순을 유도해 내려고 하는 귀류법을 사용했다. 이것은 위대한 증명이라고 하기에 충분한 자격이 있는 증명이었다.

정 리 0과 1 사이의 모든 실수로 구성된 구간은 가산이 아니다.

증 명 이 구간 (0, 1)과 **N** 사이에 일대일 대응이 존재하도록 할 수 있다고 가정하고 이 가정으로부터 최종적으로 어떤 모순을 찾으려고 한다. 칸토어의 추론 과정을 분명히 하기 위해 다음과 같은 대응 관계가 존재한다고 생각해보자.

N	$\leftrightarrow$	구간 (0, 1)에 있는 실수들
1	$\leftrightarrow$	$x_1 = 0.371652\cdots$
2	$\leftrightarrow$	$x_2 = 0.500000\cdots$
3	$\leftrightarrow$	$x_3 = 0.142678\cdots$
4	$\leftrightarrow$	$x_4 = 0.000819\cdots$
5	$\leftrightarrow$	$x_5 = 0.987676\cdots$
$\vdots$		$\vdots$ $\vdots$
n	$\leftrightarrow$	$x_n = 0.a_1a_2a_3a_4a_5\cdots a_n\cdots$
$\vdots$		$\vdots$ $\vdots$

만약 이것이 정말 일대일 대응이라면 왼쪽의 각 자연수와 대응되

는 (0, 1)의 구간에 있는 각각의 모든 실수는 오른쪽 어딘가에 분명히 있어야 한다.
칸토어는 이제 아래와 같은 규칙에 따라 $0.b_1b_2b_3b_4b_5\cdots b_n\cdots$의 소수 표현을 갖는 임의의 실수 b에 대해서 설명했다.

x_1의 소수 첫째 자리와는 다른 수이면서 동시에 0 또는 9가 아닌 수를 b_1(b의 소수 첫째 자리수)으로 택한다.
x_2의 소수 둘째 자리와는 다른 수이면서 동시에 0 또는 9가 아닌 수를 b_2(b의 소수 둘째 자리수)로 택한다.
x_3의 소수 셋째 자리와는 다른 수이면서 동시에 0 또는 9가 아닌 수를 b_3(b의 소수 셋째 자리수)로 택한다.
일반적으로, x_n의 소수 n번째 자리와는 다른 수이면서 동시에 0 또는 9가 아닌 수를 b_n(b의 소수 n번째 자리수)으로 택한다.

이 과정에 대한 이해를 돕기 위하여 위의 규칙에 따른 구체적인 예를 살펴보도록 하자. x_1의 소수 첫째 자리수는 '3'이므로 $b_1=4$를 택할 수 있고, x_2의 소수 둘째 자리수는 '0'이므로 $b_2=1$을 택할 수 있고, x_3의 소수 셋째 자리수는 '2'이므로 $b_3=3$을 택할 수 있고, x_4의 소수 넷째 자리수는 '8'이므로 $b_4=7$을 택하면 된다. 이런 식으로 계속 실수 b의 소수점 아래 자리수를 택해 나간다. 그러면 이 b는 다음과 같은 수가 된다.

$$b=0.b_1b_2b_3b_4b_5\cdots=0.41378\cdots$$

이제 모순이 되는 두 가지 간단한 사실만 확인하면 모순을 이끌어낼 수 있다.

(1) b는 무한 소수로 표현되기 때문에 실수이다. 그런데 위의 규칙에서 0이나 9를 선택하지 않는 것으로 했기 때문에 b는 $0.00000\cdots=0$일 수 없고 또한 $0.99999\cdots=1$일 수도 없다. 다른 식으로 말하자면 b는 0과 1 사이에 반드시 있어야만 한다는 것이다. 따라서, b는 앞 쪽의 대응 관계를 나타내는 그림에서 오른쪽 열 어딘가에 있어야만 한다.

그러나

(2) b와 x_1은 소수 첫째 자리가 다르기 때문에 $b\neq x_1$이고, b와 x_2는 소수 둘째 자리가 다르기 때문에 $b\neq x_2$이므로, 일반적으로 말해 b와 x_n은 소수 n번째 자리가 다르기 때문에 $b\neq x_n$이다. 이런 이유로 해서 b는 $x_1, x_2, x_3, \cdots, x_n, \cdots$ 중 어디에도 있을 수 없다.

따라서 (1)은 b가 반드시 오른쪽 칸에 있어야 한다고 했지만, (2)는 또한 동시에 b는 $x_1, x_2, x_3, \cdots, x_n, \cdots$ 중 어떤 수와도 대응되지 않도록 세밀하게 '설계' 했기 때문에 오른쪽 열에 있을 수 없다. 이 논리적 난관은 증명의 시작에서 가정했던 자연수와 단위 구간에 있는 모든 실수 사이에는 일대일 대응이 존재한다는 사실이 타당하지 않다는 것을 입증하는 것이다. 유도된 이 모순에 의해 그러한 일대일 대응은 불가능하다고 결론 내릴 수밖에 없으며, 따라서 0과 1 사이의 모든 실수로 구성된 집합은 가산이 아니다.

Q.E.D.

b의 소수점 아래 자리수를 선택하는 데 '9'를 제외한 데는 또 다른 이유가 있다. 앞에서 살펴보았던 구체적인 대응 관계를 다시 생각해보자. 그런데 이번에는 9를 b_n의 소수점 아래의 수로 사용할 수 있는 것으로 한다. 그러면 $b_1=4$, $b_2=9$, $b_3=9$, $b_4=9$ 등으로 선택할 수 있다. 이렇게 선택하면 결국 b는 $b=0.49999\cdots$가 된다. 그런데 이 수는 정확하게 말해 $\frac{1}{2}$로서 오른쪽 칸에 x_2라고 표시되어 있는 수이다. 이렇게 되면 임의의 실수 b는 오른쪽 칸에 있지 않다는 유도하고자 했던 모순이 사라져버리게 된다. 그래서 실수 b를 구성할 때 신중하게 '9'를 제외시키면, 무한 소수의 중복된 표현에 의해 야기되는 기술적인 함정을 피해 증명을 완성할 수 있게 된다.

칸토어 자신조차도 이 증명에 아주 기분이 좋았는지 "…… 정말 놀랄 만큼 …… 엄청나게 단순하다"고 이 증명에 대해 평했다. 여기서 주목할 것은 첫 번째 실수(소수)의 첫째 자리수, 두 번째 실수(소수)의 둘째 자리수 등으로 이 배열의 대각선 방향으로 내려가면서 이들 수의 소수 자리수를 사용해서 실수 b를 구성했다는 점이다. 이렇게 해서 이 방법을 칸토어의 '대각선화 과정(diagonalization process)'이라고 부르게 되었다.

바로 위에서 예시했던 증명이 반드시 이러한 구체적인 대응에 의해서만 완성된 것은 결코 아니다. 이와 같은 추론 방식을 사용한다면 언제든지 단위 구간 (0, 1)과 $\mathbf{N}$ 사이에 일대일 대응이 존재하지 않는다는 사실을 입증할 수 있다.

이 증명에 대해 회의적인 학생들은 칸토어가 대각선화 과정을 통해서 앞에서 제시했던 단위 구간 (0, 1)과 **N** 사이의 일대일 대응 목록에 원래 있지 않았던 b를 발견했음을 마지못해 인정하면서도 다음과 같이 생각해 볼 수 있지 않느냐고 종종 제안하기도 한다. 즉, 그냥 간단하게 b를 자연수 1과 대응되도록 둔 다음 목록에 있는 각각의 다른 자연수들을 한 단계 아래로 내리면 되지 않느냐고 한다. 이렇게 하면, 2는 x_1과 짝이 되고 3은 x_2와 짝이 되는 식으로 된다. 그런데 이렇게 하게 되면 b가 이 대응의 오른쪽 칸의 제일 위에 나타나기 때문에 칸토어가 증명에서 유도했던 모순이 사라지게 될 듯도 하다.

이런 회의적인 사람에게는 불행하게도 칸토어는 이 조정에 따라 목록이 완전히 될 때까지 조용하게 앉아 있은 다음, 이 새로 만들어진 목록에 대각선화 과정을 실시하여 이 목록 어디에도 있지 않은 실수 b'을 만들어 낸다. 만약 회의적인 사람이 b'을 다시 목록의 처음에 끼워넣으면, 다시 대각선화 과정을 반복해서 이 목록에 없는 수 b''을 만들어낸다. 간단히 설명하면, 단위 구간 (0, 1)과 **N** 사이에 일대일 대응은 불가능하다는 뜻이다. 여기에 이르게 되면 회의적이었던 사람도 칸토어의 증명을 믿지 않을 수 없게 된다.

이렇게 해서 칸토어는 많은 무한 집합들의, 특히 유리수의 기수가 $\aleph_0$임을 밝혔으며, 0과 1 사이의 실수들로 구성된 구간은 무한이지만 원소가 어느 정도 '더 많은' 무한이라는 사실을 입증했다. 이 구간에 있는 점들은 자연수를 훨씬 초과할 만큼 그 수가 많다는 것이므로 단위 구간 (0, 1)의 기수는 $\aleph_0$가 아니게 된다.

이런 의미에서 본다면 이 단위 구간 (0, 1)은 별다르게 특별한 점을 가지고 있지 않다. 그러면 임의의 실수 구간 (a, b)의 기수는 어떻게 되

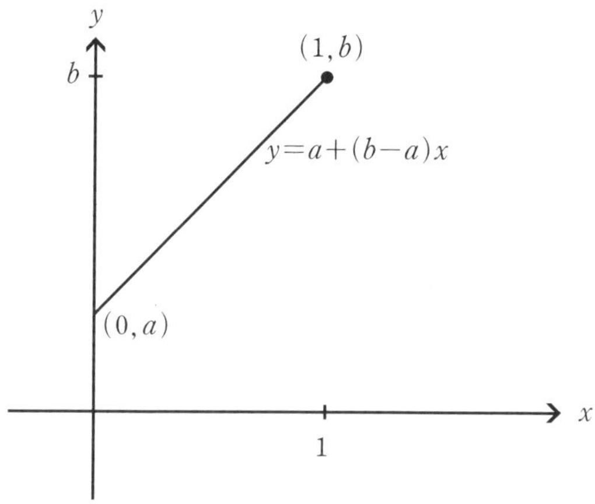

[그림 11.2]

는가? 임의의 유한 구간 $(a,\ b)$가 주어지면, 그림 11.2와 같이 이 유한 구간의 점(y축의 점)과 단위 구간 $(0,\ 1)$에 있는 점(x축의 점)이 서로 일대일 대응이 되도록 함수 $y=a+(b-a)x$를 구성할 수 있다. 이 일대일 대응은 구간 $(0,\ 1)$과 $(a,\ b)$의 기수가 서로 같다(비가산)는 사실을 확증해 주고 있다. 임의의 구간의 기수가 이 구간의 길이와는 전혀 무관하다는 것은 상당히 놀라운 일이다. 즉, 0과 1 사이의 모든 실수들로 이루어진 집합은 2와 1000 사이의 모든 실수들로 구성된 집합보다 원소 수가 절대 적지 않다는 것이다.(이 경우 함수 $y=998x+2$가 이들 구간 사이의 일대일 대응 관계를 성립하게 해준다.) 언뜻 보기에 이 사실은 도저히 직관적으로 이해할 수 없을 듯이 보이지만 무한 집합의 성질에 점차 익숙하게 되면 곧 직관의 힘이 얼마나 나약한지를 깨닫게 된다.

지금까지 살펴본 것으로부터 모든 실수들로 이루어진 집합은 $(0,\ 1)$과 같은 기수를 갖는다는 것도 보일 수 있다. 이 경우 일대일 대응 관계가 존재하도록 하는 함수가 다음과 같이 주어져 있다.

$$y=\frac{2x-1}{x-x^2}$$

그림 11.3의 그래프가 보여주듯이 (0, 1)에 있는 각각의 x는 유일한 실수 y와 짝이 되며 반대로 각각의 실수 y에 대해서는 이에 대응하는 유일한 실수 x가 (0, 1)에 존재한다. 즉, 이 함수는 (0, 1)과 수직선상의 모든 실수가 서로 일대일 대응임을 보여주고 있으므로 이들의 기수는 같게 된다.

이제 칸토어가 이끄는 대로 따라가보면 또 한번의 과감한 단계를 경험하게 된다. 칸토어는 최초의 초한 기수인 $\aleph_0$를 도입하기 위한 기본이 되는 집합으로 **N**을 사용했던 것처럼 구간 (0, 1)을 더 큰 새로운 무한 집합의

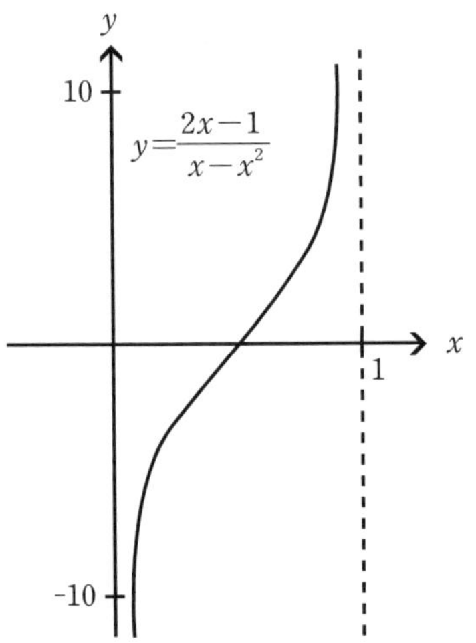

[그림 11.3]

기수를 정의하기 위한 표준으로 삼았다. 즉, 이 단위 구간의 기수를 **c**('연속체' 인 continuum을 표시하는 문자)라고 정의했다. 그러면 앞에서의 논의에 따라 (0, 1)의 기수도 **c**이며, 유한 길이를 갖는 모든 임의의 구간뿐만 아니라 모든 실수로 된 집합도 같은 기수 **c**를 가지게 된다. 더 나아가서 (0, 1)의 비가산성은 **c**가 $\aleph_0$와는 다른 기수임을 보인 것이다. 이렇게 해서 칸토어는 초한수의 위계를 정했다.

지금까지 살펴보았던 무한 집합에 관련된 모든 내용들은 유리수 집합과 무리수 집합 사이의 본질적인 차이를 명백히 밝힐 수 있는 계기가 되었다. 즉, 이 본질적인 차이는 유리수 집합은 끝이 있거나 반복되는 소수로 표현되는 반면 무리수는 그렇지 않다고 하는 사실보다 더 큰 차이였다. 이것을 좀더 분명하게 살펴보기 위해 칸토어가 필요로 했던 것은 다음 결과뿐이었다.

정리U **B**와 **C**가 가산 집합이고 **A**는 **B**에 속하거나 **C**에 속하는 (또는 둘 다에 속하는) 모든 원소들로 된 집합이라고 하면, **A** 집합 자체도 가산이다. [이 경우 **A**를 **B**와 **C**의 합집합(union)이라 하고 **A**=**B**∪**C**로 적는다.]

증 명 **B**와 **C**가 가산이라고 가정했으므로 다음과 같이 이들 집합 각각에 대한 일대일 대응이 존재한다.

$$\begin{array}{llllll} \mathbf{N}: & 1 & 2 & 3 & 4 & \cdots \\ & \updownarrow & \updownarrow & \updownarrow & \updownarrow & \\ \mathbf{B}: & b_1 & b_2 & b_3 & b_4 & \cdots \end{array} \quad \text{그리고} \quad \begin{array}{llllll} \mathbf{N}: & 1 & 2 & 3 & 4 & \cdots \\ & \updownarrow & \updownarrow & \updownarrow & \updownarrow & \\ \mathbf{C}: & c_1 & c_2 & c_3 & c_4 & \cdots \end{array}$$

이제 **B**와 **C**의 원소들 사이를 한번씩 번갈아 가면서 적으면 **N**과 **A**=**B**∪**C** 사이의 일대일 대응 관계를 다음과 같이 만들 수 있다.

N:	1	2	3	4	5	6	7	8	…
	↕	↕	↕	↕	↕	↕	↕	↕	
A:	b_1	c_1	b_2	c_2	b_3	c_3	b_4	c_4	…

따라서 집합 **A**도 가산이 된다. 이 결과로부터 가산인 두 집합의 합집합도 가산임을 알 수 있다.

Q.E.D.

이 정리에 따라 이제 유리수 집합과 무리수 집합 사이의 주요한 차이에 대해 증명할 수 있게 됐다. 위에서 유리수 집합은 가산임을 입증했으며 무리수 집합은 그렇지 않다는 것을 입증하고자 한다. 그런데 만약 무리수 집합이 가산인 무한 집합이라고 가정해보자. 그러면 이미 증명했던 사실인 가산성인 유리수 집합과 지금 가정했던 가산성인 무리수 집합의 합집합도 위의 정리 **U**에 의해 가산 집합이 된다. 그런데 이 합집합은 모든 실수로 구성된 비가산성의 실수이다. 따라서 이 모순은 무리수가 가산인 무한 집합이라고 가정한 데서 생긴 것이므로 무리수 집합은 **N**과 일대일 대응으로 짝을 짓기에는 원소가 너무 많다는 결론을 내릴 수 있다.

좀더 쉬운 말로 표현하면 무리수는 유리수보다 개수가 훨씬 많다는 의미이다. 유리수보다 실수가 훨씬 많이 존재하는 이유는 무리수가 압도적으로 많다는 사실로밖에 설명될 수 없다. 그래서 수학자들은 종종 '대부분의' 실수는 무리수라고 한다. 이에 비해 아주 중요하면서 조밀하게 분포된 무한 집합으로 인정되어온 유리수 집합은 단지 큰 통 속에 떨어져 있는 물방울 한 개 정도에 지나지 않는다는 것이다. 이렇게 되니까 유리수의 경우처럼 처음에는 원소가 엄청날 것으로 생각되었던 가산 집합이 실수에서는 하찮은 존재로 여겨질 것이다. 하지만 칸토어는 그렇지 않다고 말했다. 유리수의 개수도 실제로는 엄청난데 기수라는 용어의 측면에서 보면 유리수는 아주 드문드문 존재하고 무리수는 그 대부분을 차지하고 있다는 것이다.

이런 아주 이상한 정리들은 미적분학의 깊이 숨겨진 비밀을 찾고자 하는 열망에서 비롯된 것이다. 칸토어의 연구는 실수 집합들 사이에 본질적으로 존재하는 차이를 명확하게 밝혔으며 지금까지 설명할 수 없었던 현상들을 설명하는 데 도움을 제공했다. 그런데 칸토어의 연구는 정해진 계산 규칙이 왜 타당한지에 대한 근본적인 이해는 무시한 채 단지 그 규칙을 적용해서 문제를 푸는 것만 강조했던 미적분학의 산술화 작업에서 야기된 의문에서부터 시작되었지만, 다음 장에서 살펴보면 알 수 있듯 그가 이룩한 집합론은 그 자체가 하나의 새로운 학문이 되었다.

후 기

지금까지 살펴본 모든 결과들에 많이 놀랐겠지만 칸토어의 1874년 논문에는 더 놀라운 결과가 또 하나 있었다. 칸토어는 임의의 실수 구간의 비가산성에 대한 증명을 한 후 이 증명의 결과를 오랫동안 수학자들을 괴롭혀왔던 의문인 초월수(transcendental numbers)의 존재를 밝히는 데 적용했다.

조금 전 위에서 모든 실수 집합은 상대적으로 드문드문하여 빈약한 유리수와 이에 비해서는 풍부하게 많은 무리수로 나누어진다고 했다. 그런데 제1장의 후기에서 실수는 절대 서로 겹쳐지는 부분이 없이 상호 배타적인 두 부류인 대수적 수와 초월수로 나누어진다고 했다.

대수적 수는 방대한 집합으로 구성되어 있는 듯하다. 모든 유리수들이 여기에 속하며, 모든 작도 가능한 수가 여기에 포함되며, 또한 $\sqrt{2}$ 나 $\sqrt[3]{5}$ 와 같은 무리수들도 이 대수적 수에 포함된다. 이와 대조적으로 초월수는 찾아내는 것이 엄청나게 힘든 수이다. 초월수가 존재할지도 모른다고 최초로 의문을 품은 수학자는 오일러였다. 즉, 모든 실수가 상대적으로 다루기 쉬운 대수적인 수는 아닐 것이라고 생각했다. 그러나 1844년이 되어서야 프랑스 수학자 리우빌(Joseph Liouville, 1809-1882)*이 초월수의 구체적인 예를 최초로 제시하였다. 칸토어가 1874년 이 초월수에 대해 연구한 것은 π가 초월수임을 증명한 린데만(Lindemann)보다 거의 10년이나 앞섰다. 다시 말하면, 칸토어가 무한에 대한 이론을 정립하고 있을 시기까지 알려진 초월수는 거의 없었다고 해도 과언이 아니다. 그 당시까지도 초월수는 규칙으로 정해진 수는 아니었지만 실수 중에서 특이한 수로 취급했던 것으로 짐작된다.

그렇지만 칸토어는 예외적인 것일지라도 규칙의 테두리 안으로 끌어들이는 데 익숙해져가고 있었는데 이 초월수에 대해서도 그렇게 했다. 먼저 모든 대수적 수가 가산임을 증명했다. 이 결과를 이용하여 칸토어는 실제로는 그렇지 않지만 표면적으로는 희귀해보이는 초월수를 찾고자 했다.

* 리우빌은 수학 전 분야에 걸쳐 약 450편의 논문을 발표했는데, 이들 논문 중 초월수의 존재 증명과 미분, 적분 및 해밀턴의 정준운동(正準運動) 방정식의 풀이는 이후의 연구에 커다란 영향을 미쳤다. 코시와 협력하여 함수론에서 대수학의 기본정리를 귀류법으로 증명할 때 이용되는 '리우빌의 정리'를 발표하였다.

임의의 구간 (a, b)로 이 작업을 시작했는데, 이 구간 안에 포함된 대수적 수는 가산 집합이라는 사실을 증명했다. 그리고 초월수도 마찬가지로 가산이라고 가정하면, 실수 구간 (a, b) 자체는 정리 **U**에 의해 가산이 된다. 그런데 이미 앞에서 임의의 구간은 가산이 아니라고 증명했다. 따라서 초월수는 비가산이 되어 어떤 구간에 있는 초월수는 대수적 수보다 훨씬 그 수가 많다는 결론을 내릴 수 있다.

이를 다른 식으로 설명해보면, 칸토어는 구간 (a, b)에는 드문드문 존재하는 대수적 수보다 훨씬 많은 수의 실수가 있다는 것을 알았다. 그렇다면 대수적 수도 아닌 이 많은 실수들은 어디서 온 것일까? 이 수들은 압도적으로 많이 존재하는 초월수가 틀림없다.

초월수가 압도적으로 많이 존재한다는 이 정리는 참으로 호기심을 끄는 결과였다. 왜냐하면 무엇보다도 그 당시까지 단지 몇 개의 비대수적인 수, 즉 초월수만 알려졌기 때문이다. 그럼에도 불구하고 칸토어는 이 초월수의 구체적인 예는 단 한 가지도 제시하지 않은 채 자신 있게 실수의 대부분을 차지하는 수는 초월수라고 했다! 그 대신 이 구간에 있는 점들을 '헤아린' 후 여기에 있는 대수적 수는 이 헤아린 전체 수의 아주 작은 부분에 해당할 뿐이라는 사실을 칸토어는 알았던 것이다. 이 주장은 초월수의 존재성을 입증하는 놀라운 간접적인 방법이었다. 인기 있는 수학사 저자인 벨(Eric Temple Bell, 1883-1960)은 다음과 같은 시적 표현으로 이 사실을 말했다.

> 어두운 밤하늘에 빛나는 별과 같이 대수적 수는 드문드문 산재해 있으며, 이 별들을 제외한 짙은 어둠은 초월수로 된 부분이다.

지금까지 논의한 것은 단 한 편이었지만 획기적이었던 칸토어의 1874년의 논문이 남긴 유산이다. 이러한 결과들을 보면서 많은 수학자들은 놀라움으로 고개를 끄덕였는가 하면 노골적인 의심으로 고개를 가로 저었다. 보수적인 수학자들은 여러 무한을 서로 비교하는 것을 보고 신비스러운 젊은 학자가 꿈에서나 가능한 엉뚱한 놀음을 했다고 여겼다. 사실 구체적인 예라고는 하나도 제시하지 않은 채 초월수가 엄청나게 많다고 자신있게 말한 것은 완전히 정신나간 소리로밖에 들리지 않았을 것이다.

칸토어는 이러한 비난을 들었지만 자신이 해왔던 연구 과정을 굳게 믿고서 이제 막 이 연구의 다음 단계를 시작하려 하고 있었다. 칸토어가 준비하고 있었던 것은 심지어 지금까지의 이러한 발견들을 무색하게 하는 놀라운 것이었다.

CHAPTER 12

칸토어와 초한수

Cantor and the Transfinite Realm
(1891)

무한 기수의 본질

칸토어는 제11장의 연구에서 그 다음 단계의 연구 방향을 어디로 잡았을까? 1874년의 논문을 발표한 다음 몇 년 동안 칸토어는 무한 집합의 본질에 대해 더 자세하게 연구했다. 여러 방향으로 진행된 연구는 예상하지 못했던 새로운 분야를 개척하기도 했지만, 칸토어가 했던 연구의 특징은 대담성과 상상력을 이용하여 이전에 답을 하지 못했던, 사실은 의문을 제기하지도 않았던 무한에 대한 문제를 해결하고자 한 것이었다.

하나가 아닌 여러 초한 기수를 성공적으로 정의할 수 있음을 알게 된 칸토어는 이 새로운 종류의 수에 대해 '보다 작다' 라는 개념을 형식화할 필요가 있었다. 이것을 위해서 일대일 대응을 다시 사용하는 것이 타당한데 이 시점에서부터는 상당히 조심스럽게 진행해야 했다.

이 문제를 추상적으로 다루기 전에 셋까지밖에 세지 못하는 사람들이 살고 있는 원시 사회를 다시 한번 생각해보자. 이 사회에 천재가 나타나서 오른손의 손가락과 일대일 대응이 되는 모든 집합의 새로운 기수인 다섯(또는 오)을 도입하게 되었다는 사실을 기억하고 있을 것이다. 그런데 이제 셋(또는 삼)이 다섯(또는 오)보다 작다는 것을 어떻게 입증할 수 있을까? 셋 이상 세고 있는 우리로서는 너무나 사소한 문제로 보일 것이다. 이 문제를 한참 생각한 천재는 오른손에 엄지, 인지, 약지 세 손가락만 있는 사람을 운좋게 찾을 수 있었다고 가정해보았다. 그래서 이 천재는 자신의 오른손 다섯 손가락과 이 사람의 손가락을 일대일로, 즉 엄지는 엄지끼리, 인지는 인지끼리, 약지는 약지끼리 맞대어보았다. 이렇게 하자 이 천재의 오른손에는 여전히 짝짓지 못한 두 손가락이 남아 있었고 이렇게 손가락이 남아 있다는 사실은 다섯이 셋보다 크다는 것을 입증한 것이었다.

이 정의를 일반적인 집합으로 확장시켜 집합 **A**와 **B**가 있을 때 집합 **A**의 모든 원소들이 집합 **B**의 일부 원소들과 일대일 대응이 된다면, 집합 **A**의 기수는 집합 **B**의 기수보다 작다(기호로는 $\overline{\mathbf{A}}<\overline{\mathbf{B}}$로 씀)라고 한다. 다시 말해, **A**가 **B**의 부분 집합과 일대일 대응 관계에 있다면, **A**는 **B**보다 원소의 개수가 작다고 한다.

그런데 이 정의는 3<5임을 보이는 데는 적합한 듯이 보이지만, 무한 집합을 다루는 경우에 있어서는 만족스러운 정의가 되지 못한다. 예를 들어, 자연수 집합 **N**과 유리수 집합 **Q**를 생각해보자. **N**의 모든 원소와 분자가 1인 양의 분수로 된 **Q**의 부분 집합의 원소 사이에는 쉽게 일대일 대응을 맺을 수 있다.

$$\begin{array}{lcccccccccc} \mathbf{N:} & 1 & 2 & 3 & 4 & 5 & 6 & \cdots & n & \cdots \\ & \updownarrow & \updownarrow & \updownarrow & \updownarrow & \updownarrow & \updownarrow & & \updownarrow & \\ \mathbf{Q:} & 1 & \frac{1}{2} & \frac{1}{3} & \frac{1}{4} & \frac{1}{5} & \frac{1}{6} & \cdots & \frac{1}{n} & \cdots \end{array}$$

하지만 이 대응을 사용해서 $\overline{\overline{\mathbf{N}}}<\overline{\overline{\mathbf{Q}}}$라는 결론을 내리기에는 분명 뭔가 석연치 않다. 왜냐하면 이미 앞에서 **N**의 모든 원소와 **Q**의 모든 원소 사이에는 다른 일대일 대응이 존재하며 이로부터 두 집합의 기수는 같다는 것을 증명했기 때문이다. 언뜻 보면 기분 나쁜 막다른 길에 들어선 느낌을 준다.

하지만 칸토어는 '보다 작다' 라는 개념이 아니라 '보다 작거나 같다' 는 정의를 먼저 도입함으로써 이 수렁에서 재치 있게 빠져 나오는 방법을 발견하였다.

- **정의** **A**와 **B**가 집합이라고 할 때, **A**의 모든 원소에서 **B**의 부분 집합의 원소로 일대일 대응이 존재하면 $\overline{\overline{\mathbf{A}}}\leq\overline{\overline{\mathbf{B}}}$라고 한다.

B의 '부분 집합' 은 **B**의 모든 원소들로 될 수 있기 때문에 이런 경우에는 $\overline{\overline{\mathbf{A}}}=\overline{\overline{\mathbf{B}}}$가 된다는 점에 주의해야 한다. 이렇게 해주면 좀더 포괄적인 진술인 $\overline{\overline{\mathbf{A}}}\leq\overline{\overline{\mathbf{B}}}$와 완벽하게 일관성을 가지게 된다. 게다가, 위에서 본 **N**의 모든 원소와 **Q**의 부분 집합 사이의 대응은 $\overline{\overline{\mathbf{N}}}\leq\overline{\overline{\mathbf{Q}}}$로 나타낼 수 있다. 왜냐하면 이 두 집합은 같은 기수 $\aleph_0$를 가지기 때문이다.

이제 칸토어는 두 집합 사이의 등호를 포함하지 않는 부등식인 $\overline{\overline{\mathbf{A}}}<\overline{\overline{\mathbf{B}}}$가 무엇을 의미하는지 정의할 수 있게 되었다.

- **정의** $\overline{\overline{\mathbf{A}}}<\overline{\overline{\mathbf{B}}}$는 $\overline{\overline{\mathbf{A}}}\leq\overline{\overline{\mathbf{B}}}$이지만 (앞의 정의에서와 것과 같이) **A**와 **B** 사이에 일대일 대응 관계가 존재하지 않는 경우이다.

겉보기에는 이 정의는 아주 자명한 것을 정의하고 있는 것으로 보이지만 약간만 더 깊이 생각하면 이 정의는 일대일 대응의 중요한 성질에 좌우되고 있음을 알 수 있다. 왜냐하면 $\overline{\mathbf{A}}<\overline{\mathbf{B}}$을 보이기 위해서는 먼저 **A**의 모든 원소와 **B**의 부분 집합 사이의 일대일 대응 관계를 찾아야 하고 (이렇게 함으로써 $\overline{\mathbf{A}}\leq\overline{\mathbf{B}}$임을 입증할 수 있다), 그런 다음 **A**의 모든 원소와 **B**의 모든 원소 사이에는 일대일 대응 관계가 존재하지 않는다는 것을 보여야 하기 때문이다. 그렇기 때문에 이 정의가 자명하다고 결코 말할 수 없다.

그럼에도 불구하고 이 정의는 자기 역할을 제대로 하고 있다. 예를 들어, 이 정의는 앞에서 가정했던 원시 사회의 $3<5$를 증명하는 데 사용되기 때문이다. 즉, 엄지, 인지, 약지만 있는 손의 손가락을 그에 대응하는 다섯 손가락이 있는 손의 손가락과 짝을 짓는 것은 $3\leq5$임을 입증한 것이다. 그렇지만 다섯 손가락 모두를 세 손가락과 일대일로 짝지을 수 있는 방법은 없기 때문에 결국 3과 5라는 기수는 같지 않다. 따라서 $3<5$라는 결론을 이끌어낼 수 있다.

무한 기수의 영역으로 옮겨가더라도 위와 똑같은 논리적 접근 방법으로 $\aleph_0<\mathbf{c}$임을 충분히 입증할 수 있는데 그 이유는 **N**의 모든 원소와 (0, 1)의 부분 집합의 원소 사이에 일대일 대응을 아래와 같이 쉽게 만들 수 있기 때문이다.

$$\begin{array}{lcccccccc} \mathbf{N}: & 1 & 2 & 3 & 4 & 5 & \cdots & n & \cdots \\ & \updownarrow & \updownarrow & \updownarrow & \updownarrow & \updownarrow & & \updownarrow & \\ (0,\ 1): & \frac{1}{\pi} & \frac{1}{2\pi} & \frac{1}{3\pi} & \frac{1}{4\pi} & \frac{1}{5\pi} & \cdots & \frac{1}{n\pi} & \cdots \end{array}$$

그러므로 $\overline{\mathbf{N}}\leq\overline{(0,\ 1)}$이다. 그러나 칸토어의 대각선화 과정을 통한 증

명에 따르면 이들 두 집합 사이에는 일대일 대응이 존재하지 않는다. 따라서 $\overline{\overline{\mathbf{N}}} \neq \overline{\overline{(0,\ 1)}}$가 된다. 이 두 사실을 종합하면 $\overline{\overline{\mathbf{N}}} < \overline{\overline{(0,\ 1)}}$, 즉 $\aleph_0 < \mathbf{c}$라는 결론을 얻게 된다.

이렇게 해서 칸토어는 기수의 크기를 비교하는 방법을 정립하게 되었다. 기수의 크기를 비교하는 위의 정의로부터 **A**가 **B**의 부분 집합이기만 하면 $\overline{\overline{\mathbf{A}}} \leq \overline{\overline{\mathbf{B}}}$이라는 직관적으로 쉽게 이해되는 부수적인 결과를 얻게 된다는 사실에 주목할 필요가 있다. 즉, **A**가 **B**의 부분 집합이면 **A**의 각 원소는 **A** 자신의 원소와 틀림없이 짝을 지을 수 있으므로 이 말은 **B**의 부분 집합인 **A**의 모든 원소와 **B**의 부분 집합의 원소(즉, **A**) 사이에 일대일 대응이 존재한다는 뜻이다. 따라서 첫 번째의 정의에 따라 $\overline{\overline{\mathbf{A}}} \leq \overline{\overline{\mathbf{B}}}$가 된다. 결국, 어떤 집합의 기수는 그 집합의 부분 집합의 기수보다 크거나 같다. 무한 기수를 다루면서 직관적으로 이해하기 어려웠던 많은 결과들 중에서 이것은 다소 쉽게 받아들일 수 있다.

여러 기수들의 크기를 서로 비교할 수 있게 되자 칸토어는 자신의 관점에서 보면 아주 결정적인 다음의 주장을 내놓았다.

만약 $\overline{\overline{\mathbf{A}}} \leq \overline{\overline{\mathbf{B}}}$이고 $\overline{\overline{\mathbf{B}}} \leq \overline{\overline{\mathbf{A}}}$이면, $\overline{\overline{\mathbf{A}}} = \overline{\overline{\mathbf{B}}}$이다.

유한 기수로 한정해서 생각하면 이 주장은 상당히 평범하게 받아들여진다. 그런데 초한 기수를 다루게 되면 이 명백한 진리가 어느 듯 자취를 감추어버리게 됨으로 칸토어가 어떤 주장을 제기하고 있는지 신중하게 생각해보아야 한다. 칸토어가 주장하고 있는 것은 만약 **A**의 모든 원소와 **B**의 부분 집합의 원소 사이에 일대일 대응이 존재하면(즉, $\overline{\overline{\mathbf{A}}} \leq \overline{\overline{\mathbf{B}}}$) 그리고 만약 **B**의 모든 원소와 **A**의 부분 집합의 원소 사이에도 유사한 일대일 대응이 존재하면(즉, $\overline{\mathbf{B}} \leq \overline{\mathbf{A}}$), **A**의 모든 원소와 **B**의 모든 원소 사이에는 일대일 대응이 존재한다고(즉, $\overline{\mathbf{B}} = \overline{\mathbf{A}}$) 결론을 내릴 수 있다는 것이다. 그런데 도대체 $\overline{\mathbf{A}} = \overline{\mathbf{B}}$가 되는 이 마지막 대응을 어떻게 구할 수 있다는 말인가? 조금만 생각해보면 이것은 정말 심오한 주장이라는 것을 알게 된다.

칸토어는 이 주장이 참이라고 확신하고 있었는데 이 확신은 정립되어 가고 있던 자신의 집합론의 '합리성'에 대한 믿음에서 비롯되었다고 보인다. 그렇지만 칸토어는 결국 이 주장에 대한 만족할 만한 증명을 제시하지 못했는데, 증명의 복잡성을 짐작할 수 있는 흔적이라고 볼 수 있다. 다행스럽게도 1896년에 슈뢰더(Ernst Schröder)가, 그리고 1898년에는 베른슈타인(Felix Bernstein)이 각각 독자적으로 이 정리를 증명했다. 이런 독자적인 업적을 나타내기 위하여 오늘날에는 이 정리를 '슈뢰더-베른슈타인 정리,' '칸토어-베른슈타인 정리,' '칸토어-슈뢰더-베른슈타인 정리'라고 하며 다른 식으로 이름을 조합해서 부르기도 한다. 이 정리의 이름이 뭐든지간에 그 결과는 초한 기수의 연구에 유용한 도구가 되고 있다.

비록 이 정리의 증명은 이 책에서 다루기에는 어려운 내용이지만, 모든 무리수로 구성된 집합 **I**의 기수를 구하는데 이 정리가 얼마나 강력한 위력을 발휘하는지를 예시하려고 한다. 제11장에서 이미 무리수 집합은 가산이 아니라는 사실을 입증했다. 즉, 무리수 집합의 기수는 $\aleph_0$보다 크다고 했다. 그런데 크다고만 했지 무리수 집합의 기수를 정확하게 구하지는 않았었다. 그래서 슈뢰더-베른슈타인 정리를 사용하여 무리수 집합의 기수를 구하려고 한다.

먼저, 무리수 집합은 실수 집합의 부분 집합이므로 앞의 정리에 따르면 분명히 $\overline{\mathbf{I}} \leq \mathbf{c}$가 된다. 한편, 각각의 실수를 다음과 같이 정의된 각각의 무리수와 대응시키는 방법을 생각해 보자. 만약 $x = M.b_1b_2b_3b_4 \cdots b_n \cdots$이 소수로 표현된 실수라고 하면, 여기서 M은 정수 부분이고, 이 x를 다음의 실수와 대응시킨다.

$$y = M.b_1 0 b_2 11 b_3 000 b_4 1111 b_5 00000 b_6 111111\cdots$$

즉, 소수 첫째 자리수 다음에는 0을 한 개, 둘째 자리수 다음에는 1을 두 개, 셋째 자리수 다음에는 0을 세 개 적는 식으로 해서 실수를 구성한다. 예를 들어, 실수 $x=18.1234567\cdots$이면 이에 대응되는 수는 아래와 같게 된다.

$$y = 18.10211300041111500000611111117\cdots$$

한편 실수 $x=-7.25=-7.25000\cdots$이면 이에 대응되는 수는 다음과 같다.

$$y = -7.20511000001111000000111111\cdots$$

어떠한 실수 x를 선택하더라도 이에 대응되는 y는 소수점 아래의 수가 유한으로 끝나지도 않고 반복되지도 않는 소수로 표현되는데, 왜냐하면 0과 1이 소수 아래 자리수에 따라 끝도 없이 계속 나오기 때문이다. 따라서 이렇게 y를 구성하면 각각의 실수 x에 대해 무리수 y가 각각 대응하게 된다.

뿐만 아니라 이 대응은 일대일이다. 왜냐하면 만약 y가 $5.30411400071111000002\cdots$라고 주어졌다면, 이 수를 풀어보면 한 가지 유일한 수 x와 대응되는데 이 경우 $x=5.344712\cdots$가 된다. 그렇다고 해서 개개의 무리수 모두가 어떤 실수와 대응되는 것은 아니라는 점에 주의해야 한다. 무리수 $y=\sqrt{2}=1.414159\cdots$에 이 대응 방법을 적용해보면 소수점 아래가 0과 1이 반복되어 나타나지 않았기 때문에 어떠한 실수 x와도 짝이 될 수가 없다.

이런 식으로 모든 실수와 무리수의 일부 사이에 일대일이 존재한다는 것은 $\mathbf{c}\leq\overline{\mathbf{I}}$임을 의미한다. 그런데 이미 앞에서 $\overline{\mathbf{I}}\leq\mathbf{c}$라고 했으므로 슈뢰더-베른슈타인 정리에 의해 무리수 집합의 기수는 모든 실수 집합의 기수와 같이 $\mathbf{c}$라고 결론내릴 수 있다.

이 결과에 의해 칸토어가 제기하여 슈뢰더-베른슈타인이 증명한 초한 기수에 관련된 가장 큰 쟁점 중의 하나가 마침내 성공적으로 해결되었다. 그런데 칸토어는 이런 성공에 만족하여 자신의 훌륭한 창조물인 초한 기수에 관련된 의문 제기를 그만둘 그런 사람이 아니었다. 그래서 $\mathbf{c}$보다 더 큰 초한 기수가 존재하는지에 또다시 의문을 제기했다. 초기의 편지 내용으로 미루어 짐작해보면 칸토어는 '그렇다'고 생각했으며, 또한 $\mathbf{c}$보다 더 큰 기수의 집합을 어디서 찾아야 하는지도 알고 있었던 것으로 보인다.

칸토어는 (0, 1)이라는 1차원 구간의 기수인 $\mathbf{c}$보다 더 큰 기수를 찾는 열쇠를 x축 상에서 (0, 1)의 구간을 잡고 y축 상에서도 (0, 1)의 구간을 잡아서 만든 그림 12.1과 같은 2차원인 정사각형에서 찾으려고 했다. 1874년 1월, 친구이던 데데킨트(Richard Dedekind, 1831-1916)에게 쓴 편지에서 칸토어는 이들 두 집합, 즉 (0, 1)인 구간과 정사각형 사이에 일대일 대응을 줄 수 있는지를 물었다. 칸토어는 2차원인 정사각형과 1차원인 선분 사이에는 일대일 대응이 존재할 수 없다고 확신하고 있었다. 왜냐하면 2차원인 정사각형이 1차원인 선분보다 훨씬 더 많은 점을 포함한

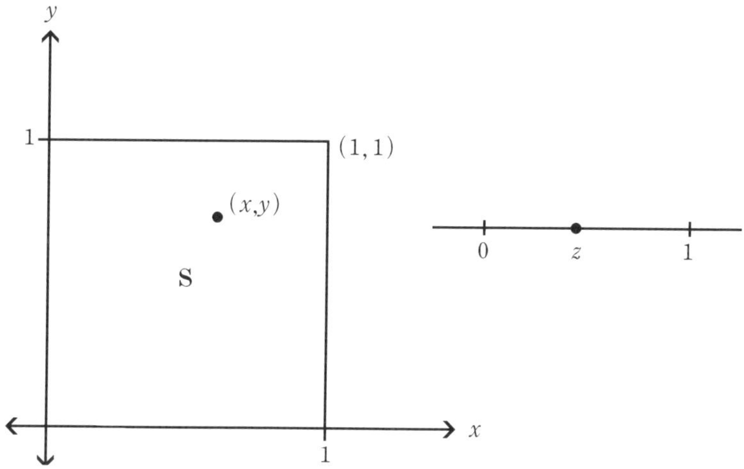

[그림 12.1]

다는 것이 분명했기 때문이었다. 이 사실을 증명하는 것은 어려울지 모르겠지만, 칸토어는 이 사실이 너무 분명했으므로 '증명이 필요 없을' 것이라고 생각했다.

그런데 흥미롭게도 이렇게 증명할 필요조차 없을 정도로 분명했던 사실에 대한 증명은 결코 성공하지 못했다. 할 수 있는 모든 방법을 다 동원해서 시도했지만 결국 이 구간과 이 정사각형 사이에는 일대일 대응이 존재할 수 없다는 사실을 입증하는 데 실패했다. 그러다가 1877년, 칸토어는 원래의 직관이 완전히 틀렸다는 것을 발견했다. 직관에 의한 판단과는 달리 그러한 일대일 대응은 존재했던 것이다!

이 놀라운 사실을 증명하기 위해서, $0<x<1$과 $0<y<1$를 만족하는 모든 순서쌍 $(x,\ y)$으로 이루어진 정사각형을 **S**라고 표시하자. $(0,\ 1)$에 있는 점 z를 **S**에 있는 순서쌍 $\left(z,\ \frac{1}{2}\right)$과 짝을 지워주면 크게 어려움 없

이 단위 구간에 있는 모든 점과 이 $\mathbf{S}$의 일부분에 속하는 점을 서로 일대일 대응으로 짝지을 수 있다. 이렇게 해주면 앞에서 내린 정의에 따라 $\overline{(0,\ 1)} \leq \overline{\mathbf{S}}$가 된다.

한편, $\mathbf{S}$의 임의의 점 $(x,\ y)$에서 좌표를 나타내는 x 성분과 y 성분 각각은 무한 소수로 표현된다. 다시 말해서, $x=0.a_1a_2a_3a_4\cdots a_n\cdots$이고 $y=0.b_1b_2b_3b_4\cdots b_n\cdots$이다. 제11장에서 논의했듯이 이들의 소수 표현은 유일하다고 할 수 있는데, 왜냐하면 어떤 수의 소수점 아래가 일련의 0이나 일련의 9로 표시되는 경우, 9가 반복되는 것이 아닌 0이 반복되는 소수 표현을 사용한다고 했기 때문이다. 그래서 1/5은 0.1999⋯ 보다는 0.2000⋯로 나타내는 것으로 한다.

이러한 규칙을 정하고서 $\mathbf{S}$에 있는 각각의 $(x,\ y)$를 다음과 같이 정의된 $(0,\ 1)$에 있는 점 z와 짝을 짓는다.

$$z=0.a_1b_1a_2b_2a_3b_3a_4b_4\cdots$$

예를 들어, 정사각형에 있는 임의의 순서쌍을 $(2/11,\ \sqrt{2}/2)=(0.18181818\cdots,\ 0.70710678\cdots)$이라고 할 때 이 점의 소수점 아래의 수를 번갈아 적어서 만들어진 0.1780178110861788⋯은 단위 구간에 있게 된다. 이 순서쌍의 점과 이렇게 해서 만들어진 수를 대응시킨다. 마찬가지로 단위 구간에 속하면서 $\mathbf{S}$에 있는 어떤 순서쌍과 대응되는 임의의 점이 있다고 할 때, 위에서 정한 규칙에 따라 이 점의 소수점 아래의 수를 정리하면 원래의 순서쌍을 쉽게 구할 수 있다. 즉, 단위 구간의 점 $z=0.93440125\cdots$는 정사각형에 있는 다음과 같은 순서쌍과 대응된 것이 분명하다.

$$(x,\ y)=(0.9402\cdots,\ 0.3415\cdots)$$

이런 식으로 대응을 시키더라도 단위 구간에 있는 각각의 모든 점이 정사각형의 일부분의 점과 항상 짝이 되는 것은 아니라는 사실에 주의해야 한다. 예를 들어 보면, $(0,\ 1)$에 있는 $z=6/55=0.109090909\cdots$의 소수점 아래의 수를 규칙에 따라 정리하면 순서쌍 $(0.19999\cdots,\ 0.0000\cdots)$이 된다. 그런데 조금 전 $0.19999\cdots$라는 식의 소수 표현은 제외시키기로 했으므로 $0.2000\cdots$으로 대체시켜야 한다. 더욱 심각한 문제는 순서쌍의 y 좌표인 $0.0000\cdots=0$은 0과 1 사이에 없기 때문에 이 순서쌍은 정사각형인 $\mathbf{S}$의 밖에 존재하게 된다. 다시 말해, $6/55=0.10909090\cdots$은 이 정사각형의 어떤 순서쌍과도 대응되지 않는다.

그렇지만 $\mathbf{S}$의 모든 점과 $(0,\ 1)$의 일부분의 점 사이에는 일대일 대응이 존재하기 때문에 $\overline{\mathbf{S}}\leq\overline{(0,\ 1)}$라고 결론내릴 수 있다. 따라서 앞에서 구한 부등식 $\overline{(0,\ 1)}\leq\overline{\mathbf{S}}$와 슈뢰더-베른슈타인 정리를 이 결과에 적용하면 $\overline{\mathbf{S}}=\overline{(0,\ 1)}=\mathbf{c}$라는 결론이 유도된다.

이 논의는 비록 차원이 서로 다르더라도 정사각형에 있는 점이 구간에 있는 점보다 더 많지 않다는 사실을 입증한 것이므로 이들 두 집합은 같은 기수 $\mathbf{c}$를 가진다. 이 사실은 놀라운 발견이었다. 데데킨트에게 보낸 1877년의 편지에서 이 발견에 대해 칸토어는 "보고 있으면서도 도저히 믿을 수가 없다"라고 썼다.

그렇다면 연속체의 기수인 $\mathbf{c}$보다 더 큰 초한 기수를 갖는 집합은 어디에 있을까? 칸토어는 좀더 큰 정사각형이나 혹은 실수 평면 전체에 있는 모든 점들도 단위 구간 $(0, 1)$과 같은 기수를 갖는다는 것을 쉽게 입증할 수 있었다. 심지어 3차원의 정육면체라고 하더라도 이 기수보다 더 크지 않으므로 **c**가 가장 큰 초한 기수일 것으로 생각되었다.

그런데 1891년, 칸토어는 더 큰 초한 기수가 존재할 뿐만 아니라 믿을 수 없을 만큼 많이 존재한다는 것을 입증하는 데 성공했다. 이 증명의 결과를 오늘날에는 칸토어의 정리라고 부른다. 수학자로서의 생애 동안 결정적으로 중요한 아주 많은 정리들을 증명했지만 이 정리에만 칸토어의 이름이 붙여진 것은 그만큼 이 정리가 높은 평가를 얻었음을 나타내는 것이다. 이 정리의 결과는 집합론이 보여주고자 하는 그 어떤 결과만큼이나 훌륭한 것이었다.

위대한 정리: 칸토어의 정리

이 정리를 증명을 하기 위해서는 먼저 다음의 추가적인 개념에 대해 알아야 한다.

- **정의** 임의의 집합 **A**가 주어질 때, 이 집합 **A**의 멱집합(power set)은 **A**의 모든 부분 집합들로 구성된 집합을 말하는 것으로 기호로는 $P[\mathbf{A}]$로 나타낸다.

이것은 아주 간단한 정의이다. 예를 들어, $\mathbf{A}=\{a, b, c\}$라면 **A**의 부분 집합은 8개고, **A**의 멱집합은 이들 8개의 부분 집합으로 구성된 다음의 집합을 말한다.

$$P[\mathbf{A}]=\{\{\quad\}, \{a\}, \{b\}, \{c\}, \{a, b\}, \{a, c\}, \{b, c\}, \{a, b, c\}\}$$

공집합{ }과 집합 $\mathbf{A}$ 자신도 이 멱집합의 원소에 포함되어 있다는 점에 주의해야 한다. 이것은 어떤 집합이든 상관없이 항상 참이다. 그리고 멱집합 자체도 하나의 집합이란 사실도 유념해야 한다. 이 기초적인 사실은 가끔 간과하기 쉬운데 칸토어의 생각에서는 중요한 역할을 했다.

위의 예에서 볼 때 멱집합의 기수는 그 원래 집합의 기수보다 분명히 크다는 것을 쉽게 알 수 있다. 즉, $\mathbf{A}$는 3개의 원소를 가지는 반면에 그 멱집합은 $2^3=8$개의 원소를 가지고 있다. 4개의 원소로 된 집합은 $2^4=16$개의 부분 집합을 가지고, 5개의 원소로 된 집합은 $2^5=32$개의 부분 집합을 가지며, 일반적으로 n개의 원소로 된 집합 $\mathbf{A}$는 2^n개의 부분 집합을 가진다는 사실은 별로 어렵지 않게 증명할 수 있다. 이 결과를 기호로는 $\overline{\overline{P[\mathbf{A}]}}=2^n$으로 표시한다.

그런데 만약 집합 $\mathbf{A}$가 무한 집합이라면 무슨 일이 생길까? 무한 집합의 경우에서도 멱집합은 원래 집합보다 원소가 많을까? 호기심을 불러일으키는 이 의문에 대한 답을 제시한 것이 바로 칸토어의 정리였다.

정 리 $\mathbf{A}$가 임의의 집합이면, $\overline{\overline{\mathbf{A}}}<\overline{\overline{P[\mathbf{A}]}}$이다.

증 명 이 정리를 증명하기 위해서는 이 장의 서론 부분에서 소개했던 초한 기수들 사이의 부등식에 대한 칸토어의 정의를 사용해야 한다. $\mathbf{A}$와 $P[\mathbf{A}]$의 부분 집합 사이에 존재하는 일대일 대응은 쉽게 구할 수 있다. 왜냐하면 $\mathbf{A}=\{a, b, c, d, e, \cdots\}$라 하면 원소 a는 부분 집합 $\{a\}$와 짝을 짓고, 원소 b는 부분 집합 $\{b\}$와 짝을 짓는 식으로 할 수 있기 때문이다. 그리고 이들 부분 집합 $\{a\}$, $\{b\}$, $\{c\}$, $\cdots$은 $\mathbf{A}$의 모든 부분 집합 중에서 단지 일부분에 해당하므로 이러한 일대일 짝짓기에 따라 $\overline{\overline{\mathbf{A}}} \leq \overline{\overline{P[\mathbf{A}]}}$ 가 성립한다.

여기까지는 별 어려움이 없으므로 이제 남아 있는 일은 **A**와 $P[\mathbf{A}]$의 기수가 같지 않다는 것을 입증하는 것이다. 간접 증명법을 사용해서 증명하려면 먼저 이 사실과 반대되는 주장을 가정한 다음 모순을 유도해야 한다. 다시 말해서, **A**의 모든 원소와 $P[\mathbf{A}]$의 모든 원소 사이에 일대일 대응이 존재한다고 가정한다. 이 가정으로부터 증명을 만들어 나가는 과정에서 참조하기 위해 가정했던 대응의 예를 다음과 같이 구성하자.

집합 **A**의 원소들		집합 $P[\mathbf{A}]$의 원소들 (즉, 집합 **A**의 부분집합들)
a	$\longleftrightarrow$	$\{b, c\}$
b	$\longleftrightarrow$	$\{d\}$
c	$\longleftrightarrow$	$\{a, b, c, d\}$
d	$\longleftrightarrow$	$\{\ \}$
e	$\longleftrightarrow$	$\mathbf{A}$
f	$\longleftrightarrow$	$\{a, c, f, g, \cdots\}$
g	$\longleftrightarrow$	$\{h, i, j, \cdots\}$
$\vdots$		$\vdots$

이런 식으로 대응을 구성하면 **A**의 모든 원소와 $P[\mathbf{A}]$의 모든 원소 사이에는 가정에서 말했던 일대일 대응이 존재하게 된다. 이 대응하에서 **A**의 어떤 원소들은 자신과 대응되는 $P[\mathbf{A}]$ 의 원소의 부

분 집합이 된다는 사실에 유의해야 한다. 예를 들면, **A**의 원소 c는 대응되는 $P[\mathbf{A}]$의 원소인 $\{a, b, c, d\}$ 집합의 한 원소이다. 이와 대조적으로 **A**의 어떤 원소들은 또 대응되는 집합의 부분 집합에 속하지 않는데, 예를 들면 a는 대응되는 짝인 $\{b, c\}$의 원소가 아닌 경우이다.

이상하게도 이 양분된 현상이 이 증명에서 유도하고자 하는 모순을 찾는데 핵심적인 역할을 하고 있는데, 그 이유는 다음과 같이 **B**라는 새로운 집합을 정의하기 때문이다.

B는 **A**의 원소이면서 이 원소와 대응하는 **A**의 부분 집합의 원소가 아닌 각각의 원소들로 이루어진 집합이다.

대응 관계를 나타낸 위의 그림을 참조하면 a는 집합 **B**에 속하고, b도 속하고(b는 $\{d\}$의 원소가 아니므로), d도 속하고(공집합에는 당연히 속할 수가 없으므로), 그리고 g도 집합 **B**에 속한다(g는 $\{h, i, j, \cdots\}$의 원소가 아니므로). 그렇지만 c, e, f는 각각 $\{a, b, c, d\}$, **A**, $\{a, c, f, g, \cdots\}$의 원소이므로 집합 **B**에 속할 수 없다.

이런 식으로 해서 집합 $\mathbf{B}=\{a, b, d, g, \cdots\}$가 만들어지는데 당연히 **B**는 원래 집합 **A**의 부분 집합이 된다. 따라서 **B**는 **A**의 멱집합에 속하므로 위의 대응 관계 그림의 오른쪽 칸 어딘가에 반드시 있어야 된다. 그런데 일대일 대응이 존재한다고 가정했기 때문에 이 집합 **B**와 대응되는 y라는 **A**의 한 원소가 반드시 왼쪽 열에 있어야 한다.

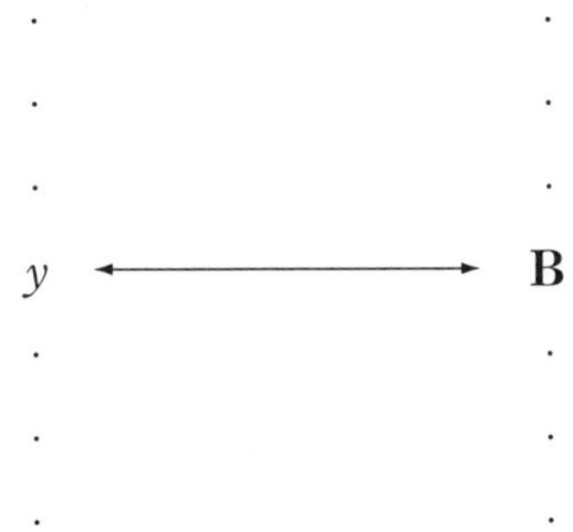

여기까지는 별 무리 없이 잘 되었는데, 이제 결정적인 의문인 "그렇다면 y는 **B**의 원소인가?"에 대해 증명해야 하는데, 이 의문은 당연히 두 가지로 구분해서 증명해야 한다.

경우1 y가 **B**의 원소가 아니라고 가정해보자.

그러면 **B**는 '**A**의 원소이면서 이 원소와 대응하는 **A**의 부분 집합의 원소가 아닌 각각의 원소들로 이루어진 집합이다'라고 했던 정의에 의해 y는 반드시 **B**의 원소가 된다.
다르게 설명하면 y가 **B**에 속하지 않는다고 가정을 하고 시작하게 되면, y는 반드시 **B**의 원소가 된다. 이것은 명백하게 모순이므로 경우 1은 일어날 가능성이 없다.

경우2 y가 **B**의 원소라고 가정해보자.

집합 **B**의 원소가 될 수 있는 조건을 다시 한번 살펴보자. y가 **B**에 속한다고 가정했으므로, y는 대응되는 집합의 원소가 아니어야 한다. 그런데 y와 짝이 되는 집합은 $\mathbf{B}$이므로 y는 집합 $\mathbf{B}$의 원소가 될 수 없다.

그래서 경우 2와 같이 y가 $\mathbf{B}$의 원소라고 가정을 하면, 그렇지 않다라는 결론에 금방 도달하게 된다. 여기서 또다시 논리적 난관에 봉착한 듯하다.

무엇인가가 아주 잘못된 듯한데, 유일한 가능성인 경우 1과 2 모두 결국 모순이 있는 것으로 판명되었기 때문이다. 그렇다면 분명히 증명 과정의 어딘가에 잘못된 가정이 있는 것이라고 결론 내릴 수 있다. 이런 문제가 생긴 것은 이 증명의 시작에서 $\mathbf{A}$와 $P[\mathbf{A}]$ 사이에 일대일 대응이 존재한다고 가정했기 때문이다. 따라서 발생된 모순에 따라 이 가정은 잘못된 것이므로 이러한 대응은 존재할 수 없다.

최종적으로 $\overline{\mathbf{A}} \leq \overline{P[\mathbf{A}]}$이지만 $\overline{\mathbf{A}} \neq \overline{P[\mathbf{A}]}$ 라는 결론을 종합하면 임의의 집합 $\mathbf{A}$에 대해 $\overline{\mathbf{A}} < \overline{P[\mathbf{A}]}$ 가 되어 칸토어의 정리가 증명되었다.

Q.E.D.

유한 집합을 사용한 구체적인 예를 통해서 칸토어의 천재성을 잠깐 엿보기로 하자. $\mathbf{A}=\{a, b, c, d, e\}$ 라 하고 $\mathbf{A}$의 모든 원소와 그 멱집합의 일부 원소와의 사이에 다음과 같은 대응을 만든다.

집합 **A**의 원소들		집합 P[**A**]의 원소들 (즉, 집합 **A**의 부분집합들)
a	⟷	$\{a, c\}$
b	⟷	**A**
c	⟷	$\{a, e\}$
d	⟷	$\{d\}$
e	⟷	$\{a, b, c, d\}$

집합 **B**는 **A**에 속하면서 대응되는 집합의 부분 집합에는 속하지 않는 원소들로 된 집합이라는 정의에 의해 **B**$=\{c, e\}$가 된다.

칸토어가 발견한 것은 집합 **B**가 위의 대응 그림의 오른쪽 열에 있을 수 없다는 것이다. 왜냐하면 논리적으로 볼 때 이 집합 **B**와 짝이 될 수 있는 원소가 없기 때문이다. 칸토어 증명에서 놀라운 점은 **A**와 P[**A**] 사이에 어떠한 대응을 만들더라도 **A**의 어떠한 원소와도 짝이 될 수 없는 원소들로 된 집합인 **B**, 즉 이 집합 **A**의 멱집합의 원소를 구할 수 있다는 것이다. 이 결과에 따르면, 임의의 집합과 그 집합의 멱집합 사이에는 일대일 대응이 존재할 수 없다는 것이다.

칸토어의 이 정리가 시사하는 것이 무엇인지를 잠시 생각해보자. 처음의 집합이 어떤 집합이든지 그 집합의 멱집합의 기수는 처음 집합의 기수보다 크다는 것을 증명했다. 칸토어는 다음과 같이 이 사실을 표현했다.

> …… 어떤 집합 **L**이 주어지더라도 이 **L**보다 더 많은 원소를 갖는 [더 큰 기수를 갖는] 집합 **M**을 구성할 수 있다.

따라서 $\mathbf{c}$보다 더 큰 기수를 갖는 집합의 예를 찾기 위해서 평면상에 있는 정사각형이나 3차원의 정육면체를 조사할 필요가 없게 되었다. 그 대신 구간 $(0, 1)$에 있는 점들로 구성된 모든 부분 집합의 집합인 $P[(0, 1)]$을 취하면 된다. 칸토어의 정의에 따르면 $\mathbf{c} = \overline{(0,\ 1)} < \overline{P[(0,\ 1)]}$가 되어 $\mathbf{c}$보다 더 큰 초한 기수를 찾게 되었다.

그런데 멱집합 또한 하나의 집합이므로 $P[(0, 1)]$의 멱집합을 생각해 보면 이 과정은 계속 반복되게 된다. 즉, $(0, 1)$의 모든 부분 집합으로 된 집합이 있다면 이 집합의 모든 부분 집합으로 된 집합이 또다시 있다는 것이다. 이것은 정말 놀랄 만한 결과로서 위의 증명은 $\overline{P(0,\ 1)} < \overline{P[P[(0, 1)]]}$임을 입증한 것이다. 요술 램프의 요정처럼 칸토어는 더 큰 기수를 갖는 집합을 계속해서 만들 수 있게 되어 다음과 같이 기수가 증가하는 집합의 고리 사슬을 만들었다.

$$\aleph_0 < \mathbf{c} < \overline{P(0,\ 1)} < \overline{P[P[(0, 1)]]} < \overline{P[P[P[(0, 1)]]]} < \cdots$$

숨돌릴 겨를도 없이 계속해서 더 큰 기수들이 만들어진다. 칸토어는 제일 작은 초한 기수($\aleph_0$)로 향하는 문을 열었고, 그런 다음 더 큰 기수인 $\mathbf{c}$를 찾아냈으며, 칸토어의 정리를 반복 적용해서 더 큰 초한수의 고리 사슬을 이제 무한히 만들어낼 수 있게 했다. 이렇게 해서 초한수는 무수히 많게 되었다.

무한에 관련된 칸토어의 심오한 모든 결과들과 함께 이 결론도 반대자들의 강력한 항의를 불러왔다. 하지만 이런 항의에도 불구하고 칸토어는 철학 영역과 형이상학 영역이 만나는 미개척지로 수학을 이끌었다. 칸토어가 만든 수학은 형이상학적 시사점도 가지고 있다는 것을 지적해두고자 한다. 칸토어에 대한 현대 최고의 전기 작가인 도벤(Joseph Dauben)에 따르면, 칸토어는 초한수에 관련된 종교적 중요성을 발견하게 되었으며, 칸토어는 자기 자신을 "초한수에 관해 새롭게 밝혀진 이론을 정확하게 기록, 보고, 전달하는 신의 사자(使者)일 뿐만 아니라 또한 신의 대사이기도 하다"고 생각했다고 한다. 칸토어 자신도 이것을 다음과 같이 적었다.

> 초한수가 가진 여러 가지 진리를 정말 즐거운 마음으로 밝혔다. 이 진리들은 신의 도움을 통해서 알게 되었고, 초한수가 가진 다양성을 밝히는데 20년 이상을 연구했다. 이 기간 동안 매년 그리고 거의 매일 이 초한수의 더 깊은 곳으로 점점 빠져들게 되었다.

이 인용문에서도 볼 수 있듯이 종교는 칸토어 사고의 많은 부분을 차지하고 있었다. 칸토어의 부모는 여러 종교의 혼합된 배경을 지녔다는 점을 생각해보면 칸토어 집안에는 항상 종교적 토론으로 충만했을 것이라고 쉽게 짐작할 수 있다. 어쩌면 이런 종교적 가정 분위기로 인하여 칸토어가 무한에 더욱 관심을 가지게 되었는지도 모른다. 종교적 관심은 수학 분야에서든 아니면 다른 분야에서든 칸토어 사고의 특징을 형성하는 데 큰 역할을 했다.

칸토어의 이러한 이상하고 신비스러운 태도는 비판자들의 호감을 전혀 사지 못했다. 무한에 관한 급진적인 이론을 반대했던 사람들은 칸토어의 수학을 신으로부터의 계시라고 주장했던 사람들을 인신 공격했다. 게다가, 칸토어는 종교적인 문제에 심취한 것과 더불어 베이컨(Francis Bacon)이 셰익스피어의 작품들을 썼다고 하는 엉뚱한 주장을 증명하는 데 열성적인 관심을 보임으로써 자신에 대한 인상을 더욱 나쁘게 했다. 이런 상식

밖의 일들로 인하여 수학계의 동료들도 칸토어를 이상한 사람으로 생각했는데 더욱이 "이 문제의 발표로 최초의 영국왕은 영국 정부를 장악하는 데 실패하지 않을 것이다"라고 주장함으로써 많은 사람들의 인상을 찌푸리게 했다. 이렇게 되자 칸토어를 더욱 미치광이 같은 사람으로 보게 되었다.

칸토어의 수학에 관련된 이야기를 몇 가지 덧붙이려고 한다. 고국인 독일뿐만 아니라 다른 나라의 보수적 수학자들도 칸토어의 연구를 격렬하게 비난했는데 이 과정에서 칸토어와 아주 영향력 있었던 몇몇 수학자들과 칸토어 사이에 좋지 않은 감정이 생기게 되었다. 분명히 이러한 비난들은 전적으로 보수적인 수학자들의 반응만은 아니었는데, 왜냐하면 칸토어의 수학은 심지어 그 당시 뛰어난 수학자들조차도 당황하게 만드는 의문을 제기했기 때문이었다. 이 의문 중의 한 가지를 후기에서 다시 다루고자 한다.

칸토어의 비판자들 중에는 그 당시 독일 수학계에서 강력한 영향력을 발휘하는 인물이었으며 바이어슈트라스와 칸토어를 포함한 뛰어난 제자들을 배출했던 명문 베를린 대학교의 간판 인물인 크로네커(Leopold Kronecker, 1823-1891)가 있었다. 칸토어는 베를린 대학교에서 교수 생활을 하고 싶었지만 이보다 훨씬 명성이 떨어지는 할레 대학교(University of Halle)에서 교수로 있었다. 칸토어는 명성이 떨어지는 대학으로 밀려난 것을 상당히 모욕적으로 느꼈으며 종종 이것을 크로네커의 따돌림 때문이라고 생각했다. 칸토어와 비판 수학자들은 서로 비난의 공격을 퍼부었는데 칸토어는 분명히 피해 망상적 행동을 보였다. 이 과정에서 칸토어는 자신의 친구와 비판자들을 똑같이 공격함으로써 베를린 대학교의 교수가 될 수 있는 기회를 결코 가질 수 없었다.

이런 실망감에 빠진 채 무한이라고 하는 가장 난해한 개념을 둘러싼 논쟁에 휘말린 삶을 살았던 칸토어는 정신 질환에 시달리면서 수많은 발작을 일으켰다는 것은 어떻게 보면 당연하게 생각된다. 첫 번째 정신 발작은 1884년에 왔는데 앞에서 잠깐 논의했던 '연속체 가설'(continuum hypothesis)로 알려진 결과에 대해 열정적으로 매달려 연구할 때였다. 자신이 전개한 수학과 크로네커의 따돌림에 의해 더욱 심해진 스트레스 때문에 이런 정신 발작이 생겼을 것이라고 보는 견해가 일반적이다. 그러나 의학적 자료에 대한 현대적 해석에 따르면 이 견해는 지나치게 과장된 것이라고 한다. 왜냐하면 칸토어의 의학적 자료에서 보면 양극의 정신이상(즉, 조병 躁病*이면서 우울증)을 겪고 있었기 때문에 정신 발작이 생기는 것은 시간 문제였을 뿐이라고 한다. 칸토어가 겪은 정신 발작은 개인적 고통과 그가 다룬 수학적 난해함에 의해 발생했을 수도 있겠지만 어쩌면 좀더 깊고 근본적인 원인 때문이었다고 본다.

불안전한 정신 발작이 계속해서 더 자주 일어났는데 1884년, 잠시 병원에 입원한 후에 칸토어는 회복되었지만 언제 발작이 다시 일어날지 항상 걱정하게 되었다. 수학적으로 그리고 교수로서의 지위에 대한 실망감으로 가득 차 있던 1899년, 애지중지했던 아들의 갑작스러운 죽음을 맞이하게 되었다. 칸토어는 1902년, 다시 정신 병원에 입원한 후 1904년, 1907년, 그리고 1911년에 계속해서 입원하게 되었다. 병원에서 퇴원한 뒤에는 집에서 거동도 하지 못하고 침묵한 채 앉아 있는 날들이 계속되었다.

칸토어는 분명 불행한 삶을 살았다. 정신 발작이 다시 일어나 병원에

* 기분이 들떠서 쉽게 흥분하는 상태가 1주일 이상 계속되는 증세로 조증이라고도 한다. 정확한 원인이 밝혀지지는 않았지만, 뇌신경 세포의 전달 물질이 많아지거나 그 기능이 너무 활발해져서 발생한다. 유전, 호르몬 변화, 환경적 요인에 의한 스트레스도 원인이 될 수 있다. 성격적으로는 활동적이고, 다혈질적인 사람에게 많이 생기며 우울증과 교대로 나타나는 경우도 있다.

입원해 있던 1918년 1월 6일에 칸토어는 생을 마감했는데 이것이 위대한 수학자의 슬픈 마지막이었다.

칸토어의 삶과 연구를 돌이켜 보면 그 당시 미술계의 고흐와 여러 가지 면에서 비교해볼 만하다. 칸토어의 아버지는 신앙심이 아주 높은 사람이었으며, 고흐의 아버지도 이와 비슷하게 성직자였다. 칸토어와 고흐 두 사람 모두 예술적 재능을 가지고 있었고 문학을 좋아했으며 또한 시도 적었다. 칸토어와 마찬가지로 고흐도 쉽게 흥분하는 기질이었기 때문에 고갱과 같은 친구들까지도 결국에는 등을 돌리게 되었다. 둘 다 자신들의 분야에 대해 강한 애착을 보이면서 놀라울 정도의 열성으로 몰두했다. 또한 둘 다 정신 질환을 겪었는데 이로 인하여 입원을 하게 되었고 언제 다시 정신 발작이 일어날지 모른다는 불안감에 시달렸다.

[게오르그 칸토어]

이런 정신적 질환과 가정 환경의 유사성보다도 칸토어와 고흐는 둘 다 자기 분야에서 혁명을 이끌었던 인물이었다는 사실이 더 큰 의미를 지닌 유사성이었다. 고흐가 짧고 격정적인 미술가로서의 생애를 통해 인상주의 예술의 한계를 초월하여 예술의 경지를 끌어올린 것과 마찬가지로 칸토어도 수학을 심오한 새로운 방향으로 이끌었다. 위대했지만 불행한 삶을 살았던 칸토어에 대해 어떤 평을 하든 무한의 본질을 완전히 독창적인 방법으로 탐구했던 그의 용기에 존경을 표하지 않을 수 없다.

자신의 불행한 삶에도 불구하고 칸토어는 자신의 연구가 갖는 가치에 대해서 절대 좌절감을 느끼지 않았다. 무한에 대한 자신의 논쟁적인 견해를 제시하면서 칸토어는 다음과 같이 말했다.

> 나는 이 견해가 완벽하게 옳다고 생각하지만 이것을 지지하는 사람은 단지 극소수에 불과하다. 그렇지만 역사를 통해서 이런 입장을 이처럼 명백하게 밝히는 최초의 인물일 수도 있겠지만 모든 논리적 결과들을 종합해볼 때 내가 그 마지막 사람은 아닐 것이라고 확신한다.

분명 칸토어가 마지막 사람은 아니었다. 여러 세대에 걸쳐 수학자들은 기하학, 대수학, 그리고 수론에 관련된 과거의 오래된 의문들을 엄밀하게 연구하였지만 칸토어는 어느 누구도 예상하지 못했던 새로운 전망을 열어주었다. 그 이전에는 결코 생각하지 못했던 의문을 제기하고 자기 스스로 그 해답을 제시했으므로 칸토어의 연구를 그리스 시대 이후 최초의 진정한 독창적인 수학이라고 평할 수 있을 것이다.

후기

이렇게 칸토어의 업적을 살펴보고 나면 칸토어의 위대한 천재성조차도 해결하지 못하고 남긴 집합론의 문제는 과연 무엇일까라는 의구심이 생긴다. 가장 골치 아픈 문제 중의 하나가 칸토어의 발견들로부터 야기된 불가피한 역설의 발생이었는데, 이 역설을 논리학자들은 서로 모순이나 대립하는 두 명제가 동등한 타당성을 가지고 주장되는 뜻인 '이율 배반적(antinomy)' 이라는 단어로 표현한다. 이러한 논리적 곤경 중에서도 칸토어의 정리의 결과로부터 생긴 것이 아마도 가장 단순한 형태일 것이다.

모든 집합들로 된 집합을 만들어서 이것을 **U**('전체 집합')라고 하자. 이렇게 만든 집합은 상상할 수 없을 정도로 방대한 원소를 가지게 된다. 이 집합은 모든 아이디어의 집합, 모든 수의 집합, 수로 된 부분 집합들의 집합 등이 포함된다. 따라서 존재할 수 있는 각각의 모든 집합을 이 **U**에서 찾을 수 있다는 의미이므로 집합 **U**는 더 이상 확장될 수 없다. 즉, 이미 가능한 모든 집합을 포함하고 있는 것이다.

그런데 이제 이 집합 **U**에 칸토어의 정리를 적용해보자. 칸토어는 앞에서 언급한 것처럼 $\overline{\overline{\mathbf{U}}} < \overline{\overline{P[\mathbf{U}]}}$ 를 증명했다. 이것은 $P[\mathbf{U}]$가 **U** 자체보다 압도적으로 많은 원소를 가진다는 것을 의미하는 것으로 모든 원소를 포함하고 있는 **U** 집합에도 속하지 않는 원소들이 $P[\mathbf{U}]$에 있다는 것이다. 여기서 칸토어 집합론의 핵심에 존재하는 모순을 발견하게 된다.

1895년, 칸토어는 이러한 이율 배반적인 현상들을 알게 되었고 그 이후 수십 년에 걸쳐서 수학계는 이 논리적 모순을 제거할 수 있는 방법을 모색하게 되었다. 이 문제에 대한 최종적인 해결책은 기하학을 연구하기 위해 공리적 접근을 취했던 유클리드처럼 집합론에 대한 형식적인 공리화 작업을 하는 것이었다. 이렇게 함으로써 세심하게 선택된 공리들은 이러한 논리적 역설들의 발생을 억제할 수 있기 때문이다. 그런데 논리적으로 이것은 결코 쉬운 일이 아니었다. 그런데도 결국에는 '공리론적 집합론(axiomatic set theory)'을 새롭게 만들어서 '집합'과 '집합이 아닌 것'을 더욱 신중하고 정확하게 취급하게 되었다. 이 집합론에 따르면 '전체 집합'은 결코 하나의 집합이 될 수 없다. 즉, 전체 집합은 집합론의 공리에서 말하는 대상들의 모임에서 제외된다. 이렇게 정의하자 마치 마술을 부리듯 역설이 해결되었다.

이 해결책은 칸토어가 만들어놓은 집합의 좋은 점은 그대로 유지한 채 이 집합론에서 문제가 되는 부분을 정확한 외과 수술을 통해서 잘라낸 공리론적 시도였는데 이것은 분명히 타협적인 조치라고 할 수 있었다. 공리론적 집합론의 거대한 논리적 구조와 비교하여 칸토어 스스로가 만든 보다 덜 형식적인 접근을 오늘날에는 '원시적 또는 단순한 집합론'(naive set theory)이라고 부른다. 이 공리론적 집합론은 비록 다소 난해하고 고도의 기술적인 부분이 있긴 하지만 오늘날까지 집합 이론의 만족스러운 토대를 구축하고 있다. 집합론이 이룩한 승리의 기쁨을 독일의 수학자 힐베르트(David Hilbert, 1862-1943)*는 "어느 누구도 칸토어가 만들어놓은 낙원에서 우리를 쫓아낼 수 없다"라고 했다.

그런데 칸토어가 만족스럽게 해결하지 못했던 또 다른 문제가 있었는

* 독일의 쾨니히스베르크 대학을 졸업하였고 1893년 이 대학의 교수로 있다가 1895년 괴팅겐 대학으로 옮겨 괴팅겐 대학을 세계 수학의 중심지로 만들었다. 힐베르트의 학풍을 찾아 우수한 수학자들이 많이 모여들었다고 한다. 업적은 수학의 거의 모든 부문에 미치고 있으나, 특히 기하학의 기초 확립, 수학의 과제로서의 몇몇 문제의 제시, 힐베르트 공간론의 창설, 공리주의 수학 기초론의 전개 등을 들 수 있다. 특히 저서 《기하학의 기초》(1899)에서 제시한 공리계에 의한 기하학의 이론 구성 문제는 1900년 파리 수학자회의에서 행한 수학의 전망에 관한 강연과 함께 수학에서의 공리주의의 방향을 자리잡게 함으로써 새로운 시대를 열어준 획기적인 것이었다.

데 그것은 자신이 만든 집합론에서 발생한 역설만큼이나 칸토어를 괴롭혔다. 사실 이 문제는 해가 거듭되어도 칸토어의 머릿속에서 떠나지 않았는데 어떤 사람들에 따르면 이 문제가 정신 쇠약을 가져온 주요한 원인이었다고 한다. 이것을 오늘날에는 칸토어의 '연속체 가설'(continuum hypothesis)이라고 부른다.

이 가설은 상당히 간단히 기술될 수 있는데, 이 연속체 가설은 $\aleph_0$와 **c**와 같지 않으면서 이 사이에 속하는 초한 기수는 존재하지 않는다는 것이다. 이 가설에 따르면 $\aleph_0$와 **c**는 0을 포함하는 자연수인 범자연수의 0이나 1과 유사한 역할을 하고 있다. 이 두 수는 음이 아닌 정수 중에서 처음으로 나타나는 두 수이며, 또한 어떠한 범자연수도 이들 사이에 존재하지 않는다. 칸토어는 이 가설에서 두 정수에서 나타나는 이런 현상이 자신이 만들었던 두 초한 기수 $\aleph_0$와 **c**에서도 유사하게 나타난다고 추측했다.

다른 식으로 설명하면, 이 연속체 가설이 주상하고 있는 것은 실수로 구성된 임의의 무한 부분 집합은 가산이거나 (이 경우에는 $\aleph_0$를 기수로 가짐) 또는 (0, 1)과 일대일 대응이 되는 (이 경우에는 **c**를 기수로 가짐) 집합이란 뜻이다. 따라서 이들 두 초한 기수 사이에 또 다른 초한 기수가 존재할 가능성은 없다는 것이다.

칸토어는 수학자로서의 오랜 세월 동안 이 문제를 해결하고자 끊임없이 노력했다. 그런데 정신 질환을 일으켰던 1884년에 가장 거센 비난 중의 하나로 꼽을 수 있는 비난을 받게 되었다. 그 해 8월 칸토어는 자신의 노력이 성공했다고 생각하여 동료 중의 한 명이었던 미타그레플러(Gustav Mittag-Leffler, 1846-1927)에게 이 가설에 대한 증명을 편지로 보냈다. 그런데 3개월 후 다시 보낸 편지에서 칸토어는 8월에 보낸 증명을 없던 것으로 해달라고 했으며, 또한 연속체 가설이 잘못된 추측임을 이제 증명했다고 말했다. 이렇게 하루가 멀다하고 생각이 바뀌는 가운데 미타그레플러에게 또다시 편지를 보내 두 증명 모두 틀린 곳이 있다고 했다. 한 번도 아니고 두 번씩이나 자신의 증명에 오류가 있다는 점을 인정했던 칸토어는 여전히 자신의 연속체 가설이 참인지 아닌지를 알지 못하고 있었다.

만약 칸토어가 이 가설을 증명했더라면, 제11장의 후기에서 언급했던 초월수 집합의 기수를 쉽게 구할 수 있었을 것이다. 그 장의 후기에서 초월수 집합은 실수 집합의 비가산 부분 집합이라고 했기 때문에 그 기수는 **c**가 될 수밖에 없다. 따라서 칸토어가 이 연속체 가설만 증명했더라면 모든 것이 아주 쉽게 해결될 수 있었다.

그러나 칸토어는 결국 이 문제를 해결하지 못했다. 엄청난 노력을 기울였지만 수십 년 전에 비해 이 가설의 증명에 조금도 진전을 보지 못한 채 생을 마감하게 되었다. 자신의 인생 최대의 강박관념에 시달리면서 이 증명에 매달렸지만 그 결과는 엄청난 좌절감만 주었을 뿐이었다.

이 가설에 대한 해답을 찾으려고 한 수학자는 비단 칸토어만은 아니었다. 1900년, 힐베르트는 수학의 다양한 분야에 걸쳐 미해결된 수학 문제들을 조사하였는데 그 중에서 23개를 100년 동안 수학자들이 앞으로 도전해야할 중요 문제로 선정했다. 바로 칸토어의 연속체 가설이 이 문제 목록의 첫 번째에 올라 있었는데, 힐베르트는 이 가설은 "…… 아주 타당하다고 생각되는 정리인데도 불구하고 불굴의 노력을 쏟았지만 아직 아무도 이것을 증명하는 데 성공하지 못했다"라고 소개하였다.

그로부터 훨씬 많은 노력을 쏟아부은 후에야 단순하게 보이는 집합론의 이 정리를 밝히는 데 조금씩 빛이 보이기 시작했다. 20세기 가장 위대한 수학자 중의 한 명이었던 괴델(Kurt Gödel, 1906-1978)이 1940년 이 가설의 증명에 가장 거대한 돌파구를 마련하였다. 괴델은 공리론적 집합론을 이용하여 이 연속체 가설은 집합론의 다른 공리들과 논리적으로 동치라는 사실을 증명하였다. 즉, 집합론의 공리들을 가지고는 이 연속체 가설이 틀렸음을 증명할 방법이 없다는 것이었다. 칸토어가 살아 있었다면 이 발견을 듣고서 뛸 듯이 기뻐했을 것인데, 왜냐하면 이 발견은 자신이 올바른 방향으로 연구를 진행하고 있었음을 의미하는 것으로 받아들여지기 때문이다.

실제로도 그랬을까? 괴델의 결과는 이 가설을 증명하지는 않았으며 그 의문은 1963년까지 미해결로 남아 있었다. 그러다가 미국의 스탠포드 대학교의 수학자 코헨(Paul Cohen, 1934-)이 집합론의 공리를 사용해서는 이 연속체 가설을 증명할 수 없다는 사실을 입증했다. 괴델의 연구 결과와 이 사실을 종합해보면, 연속체 가설과 관련된 의문은 아주 놀라운 방식으로 해결된다는 것을 알 수 있다. 다시 말해서, 연속체 가설은 집합론의 다른 공리들과 서로 독립적임을 알 수 있다.

이 사실은 역사적으로 유클리드 기하학에서 일어난 일과 아주 유사하다는 것을 발견할 수 있다. 2000년보다 더 이전에 유클리드는 평행선 공준을 소개했는데 그 이후의 수학자들은 기하학의 다른 공준으로부터 이 공준을 유도하려고 말로 다 할 수 없는 노력을 기울였다. 그 결과로서 평행선 공준은 다른 공준들과 독립적이기 때문에 그러한 유도는 불가능하다는 것이 밝혀졌다. 즉, 평행선 공준은 다른 공준들을 통해서 확증될 수도 없고 반박될 수도 없는 것으로 마치 해안으로부터 뚝 떨어져 있는 섬처럼 독자적으로 존재하는 공준인 것이다.

유클리드의 평행선 공준이 겪었던 일처럼 칸토어의 연속체 가설도 집합론에서 유사한 입장이었다. 연속체 가설을 수용하느냐 거부하느냐 하는 것은 수학자가 취하는 입장에 따른 선택의 문제이지 결코 필연성의 문제는 아니었다. 만약 $\aleph_0$와 $\mathbf{c}$ 사이에 속하는 초한 기수는 존재하지 않는 입장을 취하는 집합론에서는 연속체 가설을 하나의 공리로 받아들여 완벽한 집합론을 구성할 수 있다. 그런데 만약 다른 입장에서 집합론을 다루고자 한다면 이 연속체 가설을 언제든지 거부할 수 있다. 유클리드 기하학과 비유클리드 기하학과의 유사성은 놀라운 일이다. 이 상황은 우리가 살고 있는 이 세기의 가장 유명한 수학 문제 중의 하나와 고대 그리스 때부터의 수학 문제 사이에 놀라운 관련성이 있다는 것을 말해준다. 또한 이 관련성은 수학에서는 많은 것이 변하면 변할수록 더 많은 것이 같은 상태로 남아 있음을 시사해 주기도 한다.

그렇다면 연속체 가설의 증명과 관련해서 칸토어가 미해결로 남겨둔 것은 무엇인가? 20세기에 들어와서 괴델과 코헨의 연구 결과에 따르면 칸토어는 해결 불가능한 어려운 문제에 직면했던 것이 아니라 해결될 수 없었던 문제와 씨름하고 있었던 것이다. 이 사실은 불행한 삶을 살았던 한 수학자를 비꼬는 듯한 가슴에 사무치는 결과였다.

그렇더라도 칸토어가 남긴 유산은 이런 실패의 결과에 의해 작은 흠집조차 나지 않을 만큼 위대한 것이었다. 1888년, 칸토어는 초한수로의 대담한 탐험에 대한 자기 스스로의 평가를 다음과 같이 말했다.

> 내 이론은 바위처럼 단단히 서 있다. 그러기에 이것을 향해 쏜 모든 화살은 쏜 사람에게 빠르게 되돌아갈 것이다. 내가 어떻게 이것을 알고 있냐고? 왜냐하면 몇 년 동안 모든 측면에 대해 이 이론을 연구해왔기 때문이다. 왜냐하면 이 무한수에 대해 야기되었던 모든 반대 견해를 조사해왔기 때문이다. 그리고 무엇보다도 내 이론에 창조되어 있는 모든 것의 근원까지, 말하자면 절대 확실한 최초의 발생 원인까지 파헤쳤기 때문이다.

맺음말

무수히 많은 무한의 존재를 규명했던 칸토르의 초한 기수를 마지막으로 위대한 수학적 걸작들에 대한 여행은 끝을 맺었다. 키오스의 히포크라테스로부터 20세기까지 긴 여행이었는데 무대를 휘저으면서 훌륭하게 연기했던 놀라운 주연 인물들과 함께 한 인상 깊은 여행이 되었기를 바라는 마음이다. 이 여행은 꼭 들려주고 싶은 좋은 이야기들이었다.

제4장에서 라마누잔에 대한 논의에서 나왔던 인물인 하디는 수학적 증명에 대한 예리하고 미학적 감각을 가지고 있었는데, 하디에 따르면 진정으로 위대한 정리들은 경제성, 필연성, 그리고 예측 불가능성이라는 세 가지 특징을 가진다고 한다. 지금까지 살펴본 정리들은 이러한 특징을 잘 나타냈다고 생각한다. 유클리드의 소수의 무한성에 대한 증명은 어느 누구의 요구에도 충분한 간결성과 우아함, 그리고 '경제성'을 지니고 있었다. 요한 베르누이의 무한 급수의 전개는 필연적으로 조화 급수의 발산으로 이어졌는데, 아르키메데스가 수학에 대해 말한 것처럼 "그런 줄 알았더라면 내가 그것을 발견했을 것이다"라고 생각하게 하는 필연적인 결과였다.

그리고 궁형이 구적 가능하다는 사실에서부터 3차 방정식의 해를 구할 수 있다는 사실, 그리고 칸토어가 했던 그 모든 것에 이르기까지 다루었던 많은 명제들은 아주 예측 불가능한 것들이었다. 이 책에서 선별한 '위대한 정리들' 이 하디가 제시해놓은 이러한 세 가지 기준에 대체로 부합되는 정리들이었기를 희망한다.

마지막으로 수학에 대한 두 가지 인용문을 제시하면서 이 책을 끝맺으려고 한다. 첫 번째 인용문은 5세기 그리스의 평론가 프로클로스가 한 말이다.

> 수학은 자기 스스로 발견한 것들에 생명력을 불어넣는다. 수학은 정신을 일깨우며 지식을 정화(淨化)한다. 수학은 내재된 아이디어가 빛을 발하게 한다. 수학은 출생 때부터 인간이 소유했던 망각과 무지함을 없애준다. 이것이, 그러므로, 수학이다.

마지막으로 이 책의 서문을 장식했던 20세기의 러셀이 말한 수학에 대한 또 다른 견해를 제시하고자 한다. 러셀은 수학에 있는 아름다움을 깨달았으며 그 누구보다도 수학의 특징을 잘 표현하였다. 러셀의 이 인용문이 이 책에서 다룬 수학적 걸작들에 대한 독자들의 반응을 잘 반영한 것이었으면 한다.

> 올바른 관점에서 볼 때 수학은 진리를 소유하고 있을 뿐만 아니라 이 세상의 최고의 아름다움까지도 간직하고 있다. 미술이나 음악이 갖는 화려한 장식도 없으며 인간의 나약한 그 어떤 본성도 호감을 갖지 않는, 조각 작품이 풍기는 그런 차갑고 엄격한 아름다움이지만 수학이 가진 이 아름다움은 위대한 예술에서만 볼 수 있는 그런 고귀한 순수함과 완벽함이다.

참고문헌

Alexanderson, G.L. "Ars Expositionis: Euler as Writer and Teacher." *Matbematics Magazine* 56 (November, 1983) 274-278.

Beckmann, Petr. *A History of π*. New York: St. Martin's Press, 1971.

Bell, Eric Temple. *Men of Mathematics*. New York: Simon & Schuster, 1937.

Bernoulli, Jakob. *Ars Conjectandi*. Basel, 1713.

Borwein, Jonathan M. & Borwein, Peter B. "Ramanujan and Pi." *Scientific American* 258 (February, 1988) 112-117.

Burton, David M. *A History of Mathematics: An Introduction*. Boston: Allyn & Bacon, 1985.

Calinger, Ronald. *Classics of Mathematics*. Oak Park, Ill.: Moore Publishing Co., 1982.

Cantor, Georg. *Contributions to the Founding of the Theory of Transfinite Numbers* (Trans. by Philip E.B. Jourdain). New York:

Dover (Reprint), 1955.

Cardano, Girolamo (a.k.a. Jerome Cardan). *De Vita Propria Liber* (Trans. by Jean Stoner). New York: Dover (Reprint), 1962.

______. *The Great Art, or The Rules of Algebra* (Trans. by T. Richard Witmer). Cambridge, Mass.: M.I.T. Press, 1968.

______. *Opera Omnia* (1662 edition), Vol. IV. New York: Johnson Reprint Corporation, 1967.

Cicero. *Tusculanes*. Paris: Societe d' Edition "Les Belles Lettres," 1968.

Dauben, Joseph. *Georg Cantor: His Mathematics and Philosophy of the Infinite*. Cambridge, Mass.: Harvard University Press, 1979.

Dunham, Wiliam. "The Bernoullis and the Harmonic Series." *The College Mathematics Journal* 18 (January, 1987) 18-23.

Edwards, C.H. Jr. *The Historical Development of the Calculus*. New York: Springer-Verlag, 1979.

Euler, Leonhard. *Opera Omnia* (1), Vols. 2, 6, and 14. Leipzig, 1915-1925.

Eves, Howard. *An Introduction to the History of Mathematics*, 5th Ed. Philadelphia: Saunders, 1983.

Fauvel, John & Gray, Jeremy. *The History of Mathematics: A Reader*. London: The Open University, 1987.

Fermat, Pierre de. *Oeuvres*, Vol. 1. Paris: Gauthier-Villars et Fils, 1891.

Gillispie, Charles C. (Ed.-in-chief). *Dictionary of Scientific Biography* (in 16 vols.). New York: Scribners, 1970.

Grattan-Guinness, Ivor (Ed.). *From the Calculus to Set Theory, 1630-*

1910. London: Duckworth, 1980.

Hall, rupert. *Philosophers at War*. New York: Cambridge University Press, 1980.

Hardy, G.H. *A Mathematician's Apology*. Cambridge: Cambridge University Press, 1967.

______. *Ramanujan*. New York: Chelsea, 1959.

Heath, Sir Thomas L. *A History of Greek Mathematics* (2 vols.). New York: Dover (Reprint), 1981.

______. *The Thirteen Books of Euclid's Elements* (3 vols.) New York: Dover (Reprint), 1956.

______. *The Works of Archimedes*. New York: Dover (Reprint), 1953.

Hilbert, David. *Foundations of Geometry* (Trans. by E.J. Townsend). Chicago: Open Court, 1902.

Kline, Morris. *Mathematical Thought from Ancient to Modern Times*. New York: Oxford University Press, 1972.

Loomis, Elisha Scott. *The Pythagorean proposition*. Washington: National Council of Teachers of Mathematics, 1968.

Ore, Oystein, *Cardano*: *The Gambling Scholar*. New York: Dover (Reprint), 1965.

______. *Number Theory and its History*. New York: Dover (Reprint), 1988.

Oresme, Nicole. *Quaestiones super Geometriam Euclidis* (Commentary by H.L.L. Busard). Leiden: E.J. Brill, 1961.

Plutarch. *The Lives of the Noble Grecians and Romans* (trans. by John

Dryden). New York: Modern Library, no date.

Proclus. *A Commentary on the first book of Euclid's Elements* (trans. by Glenn R. Morrow). Princeton: Princeton University Press, 1970.

Rickey, V. Frederick. "Issac Newton: Man, Myth, and Mathematics." *The College Mathematics Journal* 18 (November, 1987) 362-389.

Russell, Bertrand. *The Autobiography of Bertrand Russell* (2 vols). Boston: Little, Brown & Co., 1951.

Sandburg, Carl. *Abraham Lincoln: The Prairie Years*. New York, Harcourt, Brace & Co. 1926.

Smith, David E. *A Source Book in Mathematics*. New York: Dover (Reprint), 1959.

Struik, Dirk. *A Source Book in Mathematics: 1200-1800*. Princeton: Princeton University Press, 1986.

Trudeau, Richard. *The Non-Euclidean Revolution.* Boston: Birkhauser, 1987.

Viète, Francois. *The Analytic Art* (trans. by T. Richard Witmer). Kent, Ohio: Kent State University Press, 1983.

Weil, André. *Number Theory: An approach through History*: Boston: Birkhauser, 1984.

Westfall, Richard S. *Never at Rest: A Biography of Issac Newton*. Cambridge: Cambridge University Press, 1980.

Whiteside, D.T. *The Mathematical Works of Issace Newton*, Vol. 1. New York: Johnson Reprint, 1964.

Wolfe, Harold. *Introduction to Non-Euclidean Geometry*. New York:

Dryden Press, 1945.

Young, Jeff & Bell, Duncan A. "The Twentieth Fermat Number is Composite." *Mathematics of Computation* 50 (January, 1988) 261-263.

찾아보기

[ㅇ]

[ㅈ]

[ㅊ]

[ㅋ]